Verweilzeitanalyse

Анализ времени пребывания

Grundlagen der Verfahrenstechnik und chemischen Technologie

Основы химической техники и технологии

Herausgeber

Prof. Dr. K. Hartmann, Merseburg

Prof. Dr. W. Schirmer, Berlin
Ordentliches Mitglied der Akademie der Wissenschaften der DDR

Prof. Dr. M. G. Slinko, Moskau
Korr. Mitglied der Akademie der Wissenschaften der UdSSR

Редакторы

профессор доктор К. Хартманн, Мерзебург

профессор доктор В. Ширмер, Берлин
член АН ГДР

профессор доктор М. Г. Слинько, Москва
член-корреспондент АН СССР

AKADEMIE-VERLAG · BERLIN

1978

Verweilzeitanalyse in technologischen Strömungssystemen

Анализ времени пребывания потоков в технологических аппаратах

von

PROF. DR. SC. NAT. WINFRIED PIPPEL, Dresden

unter Mitarbeit von

DR. K. RUNGE, DR. H. GEYER, DIPL.-ING. R. NIESWAND, DR. G. NAAKE

Mit 97 Abbildungen und 32 Tabellen

AKADEMIE-VERLAG · BERLIN

1978

Verantwortlich für die Herausgabe dieses Bandes:
Prof. Dr. K. Hartmann, Merseburg

Erschienen im Akademie-Verlag, 108 Berlin, Leipziger Straße 3—4

Lizenznummer: 202 · 100/479/78
Gesamtherstellung: VEB Druckhaus „Maxim Gorki", 74 Altenburg
Bestellnummer: 762 531 5 (2144/7) · LSV 1205/1085
Printed in GDR
DDR 78,— M

Geleitwort der Herausgeber

Der Verweilzeitbegriff ist auf vielen Gebieten der Technik aber insbesondere dem Verfahrensingenieurwesen zu einer grundlegenden Größe für theoretische und praktische Untersuchungen sowie für die Auslegung und Konstruktion von Apparaten und Ausrüstungen geworden. Auf der Grundlage des Verweilzeitverhaltens wird zum Beispiel über den Modelltyp bei der mathematischen Modellierung kontinuierlich betriebener Prozeßeinheiten entschieden, werden wichtige Hauptabmessungen und konstruktive Besonderheiten festgelegt. Die umfassende theoretische und praktische Untersuchung der unterschiedlichen Aspekte und Anwendungsmöglichkeiten des Verweilzeitbegriffes waren deshalb dringend notwendig.

In der vorliegenden Monographie hat ein Autorenkollektiv unter Leitung von *Prof. Pippel* auf der Grundlage langjähriger theoretischer und angewandter Forschungsarbeiten eine tiefgründige Analyse dieses Problems durchgeführt und wichtige Ergebnisse erzielt. Durch die Ausgewogenheit zwischen theoretischen Grundlagen, Anwendungsaspekten, Auswertungsmethoden, die teilweise bis zum Fortran-Programm ausgeführt sind, wird Chemikern, Physikern und Verfahrensingenieuren ein Buch vorgelegt, das vielseitige Anwendungsmöglichkeiten enthält und — so hoffen wir — bei den Lesern gute Aufnahme finden wird.

Die Herausgeber

Vorwort

Seit Anfang der 60er Jahre hat sich die Verweilzeitanalyse zu einer weit verbreiteten Untersuchungsmethode kontinuierlich betriebener chemischer Reaktoren, Apparate der Stofftrennung, Vermischung u. a. Einheitsoperationen entwickelt. Hierbei spielten die Fortschritte der Kerntechnik und Radiochemie keine unwesentliche Rolle, indem sie eine Reihe radioaktiver und stabiler Indikatoren sowie Indikatorsysteme zur Verfügung stellten und somit die meßtechnischen Voraussetzungen für ein bequem handhabbares Markierungsverfahren schufen. Trotz des allgemein bekannten Nachteils einer jeglichen Prozeßanalyse — keine differentiellen, sondern nur integrale Aussagen über das untersuchte System zu erhalten — haben sich die Verweilzeituntersuchungen in der technologischen Praxis einen festen Platz erobert und werden, wie die zahlreichen Veröffentlichungen zeigen, weit praktiziert. Diese Tatsache ist vor allem darauf zurückzuführen, daß im Verlaufe der schnellen Überführung chemischer und anderer Verfahren in den großtechnischen Maßstab nicht alle physikalischen, chemischen und technologischen Gesichtspunkte im Detail untersucht und berücksichtigt werden können, so daß fast alle großtechnischen Verfahren fortlaufend verbessert und weiterentwickelt werden. Hinzu kommt, daß in den Grundlagenwissenschaften ständig neue Erkenntnisse gewonnen werden und daher die Frage nach der optimalen Auslegung und Prozeßführung eines bereits realisierten Verfahrens stets neu beantwortet werden muß. Hierbei erweist sich die Verweilzeitanalyse als schnelle, oftmals einzig mögliche Untersuchungsmethode, die überhaupt Aussagen über das Strömungsverhalten der Großanlage gestattet.

In dem vorliegenden Buch wird der Versuch unternommen, die verschiedenen Aspekte und Interpretationsmöglichkeiten der Verweilzeit sowie der daraus ableitbaren mathematischen Modelle zur Beschreibung technologischer Prozesse zusammenfassend darzustellen, wobei auch die Meßtechnik unter besonderer Berücksichtigung der radioaktiven Methoden (Kap. 2.) abgehandelt wird. Eine Darstellung der Verweilzeitverteilung vom Standpunkt der allgemeinen Systemtheorie (Kap. 3.) im Zeit- und Frequenzbereich soll vor allem der systemverfahrenstechnischen und regelungstechnischen Einordnung der Methode dienen. Die wahrscheinlichkeitstheoretische Interpretation (Kap. 4.) verdeutlicht die statistische Natur des Verweilzeitbegriffes und dient der Klärung einiger technologisch wichtiger Entscheidungsgrundlagen. Schließlich werden bekannte Verweilzeittypenmodelle und deren Verwendung zur Ableitung von Gesamtprozeßmodellen einschließlich der Fehlerquellen bei der Auswertung von Verweilzeitanalysen vorgestellt (Kap. 5. und 6.).

Die unterschiedlichen Standpunkte, von denen aus der Verweilzeitbegriff behandelt wird, führten zu einem gewissen Dilemma in der Verwendung der Symbole. Als beste Variante bot sich die Anwendung der für den jeweiligen Wissenschaftszweig typischen Symbole an. Dadurch wird dem betreffenden Fachmann das Studium, insbesondere im Hinblick auf die Verwendung zusätzlicher Literatur wesentlich erleichtert. Zur Vermeidung von Mißverständnissen infolge zwei- und mehrfacher Verwendung ist im Symbolverzeichnis ein Hinweis auf das entsprechende Kapitel enthalten. Im Anhang befindet sich eine Reihe von Programmen und Tabellen die Auswertung von Verweilzeitmessungen betreffend sowie auch einige für die industrielle Praxis wichtige radioaktive Indikatorsysteme. Das zusammengestellte Programmsystem erhebt nicht den Anspruch auf Vollständigkeit. Als ein vom Autor bei vielen Industriezweigen erprobtes Auswertungsverfahren soll es dem Anfänger die Arbeit erleichtern.

Das Buch ist in erster Linie für Verfahrenstechniker und andere in der stoffwandelnden Industrie tätige Ingenieure und Naturwissenschaftler geschrieben. Die Methode der Verweilzeitanalyse ist jedoch allgemein auf alle Strömungs- und Ausbreitungsprozesse, zum Beispiel der Geologie, Meteorologie, Biologie, Landwirtschaft, Medizin und anderer Bereiche anwendbar, so daß die vorliegende Monografie auch den in diesen Wissenschaftsgebieten tätigen Fachleuten dienlich sein kann.

Der Autor ist für Hinweise und Anregungen, die die Verbesserung und Weiterentwicklung des Buches betreffen, dankbar.

Zum Schluß sei noch all jenen gedankt, die an dem Zustandekommen mitgewirkt haben: Herrn *Prof. Dr. sc. techn. Klaus Hartmann*, TH Leuna-Merseburg, für die stetige Förderung und anregende Diskussion, Herrn *Dr. René Otto* vom Zentralinstitut für Isotopen- und Strahlenforschung der Akademie der Wissenschaften der DDR für die Bereitstellung der Arbeitsvorschriften zur Herstellung radioaktiver Markierungssubstanzen sowie den Mitarbeitern des Wissenschaftsbereiches Technische Chemie der Sektion Chemie der TU Dresden, insbesondere Herrn *Dr. Gerd Philipp* für Anregungen und Zuarbeiten auf dem Gebiet der stochastischen Prozeßtheorie und numerischen Datenverarbeitung und den Ingenieuren Frl. *Gabriele Kunze* und Frl. *Birgit Arnold* für die tatkräftige Unterstützung bei der Fertigstellung des Manuskripts.

Inhalt

Symbolverzeichnis

1. Einleitung 1

1.1. Aufgabenstellung der chemischen Ingenieurwissenschaften und Verweilzeitbegriff 1
1.2. Erläuterung des Verweilzeitbegriffes und seiner Anwendung 3
1.3. Zur Gliederung des Buches 12

2. Experimentelle Untersuchungen von Strömungssystemen mit Indikatorverfahren 14

2.1. Charakterisierung der Methode (Indikatoren, Empfindlichkeit) 14
2.2. Radionuklide als Indikatoren 18
2.2.1. Gesichtspunkte zur Auswahl des Radionuklids 19
a) Halbwertszeit 19
b) Strahlenart und Energie der Strahlung 20
c) Strahlenschutzbestimmungen 21
2.2.2. Erzeugung der Radionuklide 23
2.2.3. Herstellung des markierten Materials 25
a) Isotope und nichtisotope Markierung 25
b) Markierung von Gesteinsmehl 26
c) Markierung von Kalisalzen 27
d) Markierung von Sand und Kies 28
e) Markierung von flüssigen und gasförmigen Materialien (Wasser, Polymerschmelzen, Öle) 29
2.2.4. Realisierung von Eingangssignalen 31
a) Signalarten 31
b) Technische Realisierung von Impulssignalen unter verschiedenen Bedingungen 33
2.2.5. Messen und Registrieren 35
2.3. Aktivierbare Indikatoren (Methode der nachträglichen Aktivierung) . . 37
2.4. Indikatoren aus Radionuklidgeneratoren 41
2.5. Einsatzmöglichkeiten von Neutronengeneratoren 43

3. Deterministische Beschreibung von Verweilzeitsystemen 45

3.1. Systeme 47
3.1.1. Definitionen 48

3.1.2. Systemeigenschaften, Einteilung 50
a) Lineare und nichtlineare Systeme 51
b) Zeitvariante und zeitinvariante Systeme 52
c) Systeme mit konzentrierten und verteilten Parametern 52
3.2. Signale 53
3.3. Die Ein-Ausgangsbeschreibung von Systemen 56
3.3.1. Ein-Ausgangsbeschreibung im Zeitbereich 57
3.3.2. Ein-Ausgangsbeschreibung im LAPLACE- und Frequenzbereich 60
3.4. Die Systembeschreibung mit Zustandsgrößen 69
3.4.1. Die dynamischen Zustandsgleichungen 71
3.4.2. Die Lösungen der dynamischen Zustandsgleichungen 80
3.5. Grafische Methoden zur Beschreibung von Systemen 83
3.5.1. Signalflußbilder 83
3.5.2. Grafische Darstellung systemkennzeichnender Funktionen im Zeitbereich 91
3.5.3. Grafische Darstellung systemkennzeichnender Funktionen im LAPLACE- und Frequenzbereich 96
a) Die Ortskurve 96
b) Das BODE-Diagramm 101

4. Systemanalyse der Verweilzeit als Wahrscheinlichkeitsgröße 105

4.1. Einfache Systembeschreibung, die Verweilzeit als eindimensionale Zufallsvariable 106
4.1.1. Stochastischer Charakter des Materialtransports und Verweilzeit im Gesamtsystem 107
4.1.2. Integrale (stetige) Wahrscheinlichkeitsverteilung 108
4.1.3. Komplimentäre integrale Wahrscheinlichkeitsverteilung 109
4.1.4. Differentielle Wahrscheinlichkeitsverteilung 110
(Wahrscheinlichkeitsdichteverteilung)
4.1.5. Indikatorkonzentrationskurven des Gesamtsystems 111
4.2. Innere Systembeschreibung, die Verweilzeit als zweidimensionale Zufallsvariable 112
4.2.1. Strömungssystem und Verweilzeitstruktur 112
4.2.2. Zeitbegriffe der Verweilzeitstruktur von Strömungssystemen 114
4.2.3. Zweidimensionaler Verweilzeitprozeß 115
4.2.4. Verteilungsfunktionen des zweidimensionalen Verweilzeit-Zufallsvektors 117
4.2.5. Zusammenstellung von Verteilungsfunktionen der zweidimensionalen Verweilzeit-Zufallsgröße 121
4.3. Verweilzeit und Ergodensatz (stationäres und gestörtes Strömungsverhalten) 127
4.3.1. Ensemble- und Zeitfunktionen 127
4.3.2. Verteilungsfunktionen der Zeitfunktionen 128
4.3.3. Ergodizität technologischer Verweilzeitsysteme 130
4.4. Deutung von Indikatorkonzentrationskurven 133
4.4.1. Allgemeiner Indikatorkonzentrationsverlauf (kontinuierliche Darstellung) 134
4.4.2. Stoßmarkierung (kontinuierliche Darstellung) 134
4.4.3. Zulaufmarkierung (kontinuierliche Darstellung) 135
4.4.4. Verdrängungsmarkierung (kontinuierliche Darstellung) 136
4.4.5. Indikatorkonzentrationsverlauf in diskreter Darstellung 136

4.5. Charakteristische Parameter und Funktionen der Verweilzeitverteilung 138
4.5.1. Mittelwert und Erwartungswert der Verweilzeit 138
4.5.2. Momente der Verweilzeitverteilung 141
a) Momente bezüglich des Nullpunktes 142
b) Zentralmomente 143
c) Gewichtete Momente 143
4.5.3. Lageparameter (Quantile, Moden und abgeleitete Größen) und Intensitätsfunktion 144
a) Halbwertszeit, Quantil 144
b) Wahrscheinlichste Verweilzeit (Mode) t_w 144
c) Standardabweichung 145
d) Asymmetriefaktor 145
e) Exzeß 145
f) Hold-back 145
g) Intensitätsfunktion 146
4.5.4. Charakteristische Funktionen und Momente 147
4.5.5. Semiinvarianten 147
4.6. Stochastische Verweilzeit-Raum-Strukturen 148
4.6.1. Stetige Abbildungen, allgemeine Grundlagen 149
4.6.2. Diskretisierte Abbildungen, Markow-Ketten 152

5. Verweilzeitmodelle und chemische Reaktion 155

5.1. Verweilzeit und Reaktion, Begriffserläuterungen 155
5.2. Modelle idealer Mikromischung mit konzentrierten Parametern 157
5.2.1. Modell idealer Vermischung (Mischreaktor, Mischzelle, Rührkessel). (1) 157
5.2.2. Modell idealer Verdrängung, Pfropfenströmungsmodell (2) 160
5.2.3. Kombinierte Reaktormodelle (Ersatzschaltungen) 162
a) Zellenmodelle, Serienschaltung (3) 162
b) Kombinierte Modelle ohne Zirkulation mit Totzonen und Kurzschluß 164
— ideale Vermischung mit Totvolumen (4) 167
— ideale Verdrängung mit Totvolumen (5) 167
— ideale Vermischung mit Kurzschluß (6) 167
— ideale Verdrängung mit Kurzschluß (7) 168
— zwei parallele Zellen idealer Verdrängung (8) 168
— ideale Vermischungs- und Verdrängungszonen in Serienschaltung (9) 169
— ideale Vermischung mit Kurzschluß und Totzone (10) 169
— Parallelschaltung idealer Vermischung und Verdrängung (11) . . 170
c) Kombinierte Modelle mit Zirkulation 170
— Zirkulation durch zwei Zonen idealer Verdrängung (12) 170
— Zirkulation mit drei Umlaufströmungen (13) 171
5.3. Modelle idealer Mikromischung mit verteilten Parametern (Diffusionsmodelle) 171
5.3.1. Allgemeine Differentialgleichung (eindimensionales Diffusionsmodell) 171
5.3.2. Rand- und Anfangsbedingungen — Lösung für einfaches Diffusionsmodell 173
5.3.3. Einfaches Diffusionsmodell und chemische Reaktion (1. und 2. Ordnung) 177
5.3.4. Erweiterte Diffusionsmodelle, Anwendungsformeln 180

5.4. Modelle mit Berücksichtigung der Segregation . . . 183
5.4.1. Verweilzeit und Vermischung (Mikromischung, Makromischung, Segregation) . . . 183
5.4.2. Parallele Pfropfenströmung (minimale Vermischung, maximale Segregation) . . . 186
5.4.3. Maximale Vermischung und Interpolationsmodelle . . . 190
a) Zwei-Bereichs-Modelle (1. Weg) . . . 191
b) Tropfen-Modelle (2. Weg) . . . 191
5.5. Kombinierte stochastisch-deterministische Methode basierend auf dem universellen Zellenmodell und MARKOW-Ketten . . . 192
5.5.1. Begriffserklärungen zu MARKOW-Ketten . . . 193
a) Zustandswahrscheinlichkeit $a_j(k)$ nach k Schritten . . . 193
b) Zustandsklassen und Prozesse mit offenen und isolierten Systemen 194
5.5.2. Darstellung des konvektiven Transports . . . 195
5.5.3. Darstellung des konduktiven Transports (Triebkraftansatz und Randbedingungen) . . . 196
5.5.4. Zusammenfassende Prozeßbeschreibung . . . 198

6. Auswertung gemessener Verweilzeitkurven — Fehlerbetrachtungen und -korrekturen . . . 200

6.1. Auswertung von Verweilzeitkurven . . . 200
6.1.1. Übersicht über Auswertungsstrategien . . . 200
6.1.2. Beurteilung von Verweilzeitmeßkurven . . . 202
6.1.3. Überschlägige Auswertungsmethoden . . . 204
a) wahrscheinlichste Verweilzeit t_w . . . 206
b) Hilfsfunktion φ_B . . . 206
c) Verhältnis t_a/t_b . . . 208
d) direkte Auflösung nach n . . . 209
e) STIRLINGsche Näherungslösung . . . 209
f) Anpassung über statistische Parameter . . . 210
6.2. Wirkung experimenteller Einflußgrößen auf statistische Momente und Parameter . . . 210
6.2.1. Experimentelle Einflußgrößen . . . 211
6.2.2. Verschiebung des Nullpunktes auf der Abszisse . . . 214
6.2.3. Zeitdauer der Indikatorzugabe . . . 217
6.2.4. Bestimmung der Indikatorkonzentration in einem endlichen Volumen des transportierten Materials . . . 220
6.2.5. Integrationszeitkonstante der Meßanordnung . . . 223
6.2.6. Auflösungszeit der Meßanordnung . . . 225
6.2.7. Halbwertszeit des Radionuklides . . . 228
6.2.8. Zeitdauer der Messung . . . 229
6.2.9. Zeitlicher Abstand der Meßwerte der Impulsdichte . . . 231
6.2.10. Verschiebung des Nullpunktes auf der Ordinate . . . 235
6.2.11. Statistik der radioaktiven Umwandlung . . . 237
6.3. Anwendungsmöglichkeiten . . . 241

7. Anhang . . . 247

7.1. Radioaktive Indikatoren und Präparate . . . 247

7.1.1. Generatorsysteme zur Erzeugung kurzlebiger Nuklide (Halbwertszeiten der Tochtersubstanzen kleiner als 2 Stunden) 247
7.1.2. Generatorsysteme zur Erzeugung kurzlebiger Nuklide (Halbwertszeiten der Tochtersubstanzen größer als 2 Stunden) 247
7.1.3. Präparative Arbeitsvorschriften zur Herstellung markierter Verbindungen (Dr. OTTO, Akademie der Wissenschaften der DDR, Leipzig) 248
7.2. Zusammenstellung verschiedener Beschreibungsmöglichkeiten von Verweilzeittypenmodellen 255
7.2.1. Technologische Schaltbilder von Typenmodellen 255
7.2.2. Signalflußbilder von Typenmodellen 258
7.2.3. Bilanzgleichungen von Typenmodellen 261
7.2.4. Gewichtsfunktion von Typenmodellen, analytisch 268
7.2.5. Gewichtsfunktionen von Typenmodellen, grafisch 269
7.2.6. Übertragungsfunktion von Typenmodellen 273
7.2.7. Ortskurven von Typenmodellen 275
7.2.8. BODE-Diagramme von Typenmodellen 280
7.3. LAPLACE-Transformation 285
7.3.1. Rechenregeln der LAPLACE-Transformation 285
7.3.2. Korrespondenztabelle der LAPLACE-Transformation 286
7.4. Tabellen zum Diffusionsmodell 288
7.5. Programme zur Auswertung von Verweilzeitkurven 294

VWZAUS: Auswertung von Verweilzeitkurven im Zeitbereich . . . 294
FREGA 1: Berechnung der Frequenzgangfunktion aus den Meßwerten des Amplitudenspektrums (Gewichtsfunktion) . . 301
FREGA 2: Berechnung der Frequenzgangfunktion aus den Meßwerten impulsförmiger Ein- und Ausgangssignale 309
ZEMO 01: Anpassung von Verweilzeitkurven an ein Mischreaktor-Zellenmodell 314

REAKO 01: Simulation des Ablaufs einer Reaktion im Mischreaktor-Zellenmodell 320

8. **Literatur** 325

Symbolverzeichnis

		Kapitel
a_i	allgemeiner Koeffizient, Parameter	3.
a	Zustand, Elemente eines Zustandsvektors	5.
A	Radioaktivität	2.
A	Amplitudengang	3.
A	Ereignis, Urbild	4.
A_{ij}	Austauschflächen zwischen benachbarten Zellen	5.
$\boldsymbol{A}$	Systemmatrix	3.
	Zeilenvektor (Zustand)	5.
$\bar{A}$	komplementäres Ereignis zu A	4.
b_i	allgemeiner Koeffizient, Parameter	3.
B_r	Zeitverteilungsfunktion	4.
$\boldsymbol{B}$	Steuermatrix	3.
Bo	Bodensteinzahl	1., 5.
c	Konzentration eines Stoffes	1., 3.
C	elektrische Kapazität	3.
C	(genormte) Konzentration eines Stoffes	1..3., 5.
$\boldsymbol{C}$	Beobachtungs- oder Meßmatrix	3.
	Konzentrationsvektor	5.
c_p	spezifische Wärme	3.
D	Diffusionskoeffizient	1.
D	Streuung einer Zufallsgröße	4.
$D\,(\,)$	Operator zur Bildung der Streuung (Dispersion)	4.
$\boldsymbol{D}$	Durchgangsmatrix	3.
Da	DAMKÖHLER-Zahler	1., 5.
DE	zulässiges Ortsdosisäquivalent (einer radioaktiven Strahlung)	2.
e	Elementarereignis	4.
E	Aktivierungsenergie	3.
E	Verweilzeitwahrscheinlichkeitsdichte	5.
$E(t^r)$	Moment einer Zufallsgröße t r-ter Ordnung bezüglich des Nullwertes von t (mit Indizes $A, B, C \ldots$ versehen)	6.
	(Symbole kennzeichnen fehlerhafte Größen)	6
$E\,(\,)$	Operator zur Bildung des Erwartungswertes einer Zufallsgröße	4., 6.
$\boldsymbol{1}$	Einheitsmatrix	3.
f	Wahrscheinlichkeitsdichte	1., 4.
f	Meßausbeute (der Radioaktivität)	2.
F	Wahrscheinlichkeitsverteilungsfunktion	1., 4.
F	Frequenzgangfunktion	3.
F	FOURIER-transformierte Gewichtsfunktion	3.

		Kapitel
f_A	Ansprechwahrscheinlichkeit eines Zählrohres	2.
f_g	Geometriefaktor einer Zählanordnung	2.
f_R	Rückstreufaktor der radioaktiven Strahlung	2.
f_s	Selbstabsorptionsfaktor (Radioaktivität)	2.
g	Gewichtsfunktion	3.
G	Masse (eines bestrahlten Elementes)	2.
G	Übertragungsfunktion, LAPLACE-transformierte Gewichtsfunktion	3.
h	(relative) Häufigkeit eines aktivierbaren Nuklids	2.
	Häufigkeit eines Ereignisses	4.
h	Übergangsfunktion	3.
H	Reaktionsenthalpie	3.
	Hold-back	4.
	reduzierte Höhe einer Verweilzeitkurve	6.
Im ( )	Imaginärteil eines komplexen Ausdrucks	3.
I	komplementäre Wahrscheinlichkeitsverteilung	4.
	Segregationsgrad	5.
j	imaginäre Einheit $(\sqrt{-1})$, als Produkt $j\omega$: FOURIER-Variable	3.
k	Verstärkungs-, Proportionalitätsfaktor	3.
k	Zahl der Standardabweichungen	2.
k_0	Stoßzahl	3.
k_s	Semiinvariante, Kumulante	4.
l_{ij}	Abstand zwischen Zellenmittelpunkten	5.
L	Länge eines Strömungssystems	5.
L ( )	LAPLACE-Operator	3.
m	Laufzahl	3.
	Indikatormenge (Masse)	4.
M	relative Atommasse	2.
	Moment einer Verteilung (M_a^r-Moment r-ter Ordnung bezüglich a)	4.
M	Zahl der Ausgänge eines Systems	3.
n	Impulsdichte	2., 6.
	Objektmenge einer Komponente (Mol)	4.
n	Reaktionsordnung	5.
n	Rührstufenzahl	5.
$\dot{n}$	Komponentenstrom	4.
n	Laufzahl	3.
	Zellenzahl	5.
$n(t_w)$	maximale Impulsdichte	
N	Zahl der Eingänge eines Systems	3.
	(insgesamt) gemessene Impulszahl (Zählrohr)	6.
N	Zahl der radioaktiven Teilchen	2.
N ( )	Teilchenzahl als Zufallsgröße	4.
$N^{-1/2}$	charakteristischer Faktor	6.
p	Druck	3.
$p_{ij}(k)$	bedingte Übergangswahrscheinlichkeit von i nach j nach k-Schritten	5.
$\boldsymbol{P}(k)$	Matrix der bedingten Übergangswahrscheinlichkeiten nach k-Schritten	5.
P ( )	Wahrscheinlichkeitssymbol	4.

		Kapitel
p	Lösungsansatz-Vektor	3.
$\boldsymbol{P}$	Lösungsansatz-Vektor	3.
q_c	Umrechnungsfaktor (Wahrscheinlichkeit auf Konzentration)	5.
q_r	Umrechnungsfaktor (Wahrscheinlichkeit-Temperatur)	5.
r	Reaktionsgeschwindigkeit	1.
r	Volumenstrom im Rücklauf	3.
R	allgemeine Gaskonstante	3.
Re ( )	Realteil eines komplexen Ausdrucks	3.
Re	REYNOLDS-Zahl	5.
s	Parameter der LAPLACE-Transformation	3.
(s)	nach dem Symbol, bezeichnet die entsprechende LAPLACE-Transformierte	3.
S	Verweilzeitsystem	4.
S_a	dem Strömungssystem vorgeschalteter Raum	4.
S_b	dem Strömungssystem nachgeschalteter Raum	4.
t	(astronomische) Zeit	1.
t_R	Reaktionszeit	1.
t_v	Verweilzeit	1.
t_w	Zeit zwischen Aktivierungsende und Beginn der Messung	2.
	wahrscheinlichste Verweilzeit	4.
$\bar{t}_v$	mittlere Verweilzeit	1.
T	Temperatur (absolute)	3.
T ( )	linearer Operator	3.
T_a	Auslösezeit (Zählrohr)	6.
T_A	Arbeitszeit (Stunden) mit radioaktiven Stoffen während eines Monats	2.
T_m	Meßzeit	2.
T_M	monatliche Arbeitszeit (Stunden)	2.
T_v	Verweilzeit als Zufallsvariable	1., 4.
$T_{1/2}$	Halbwertszeit	2.
$\boldsymbol{T}$	Temperaturverteilungsvektor	5.
u	lineare Strömungsgeschwindigkeit	1.
U	elektrische Spannung	3.
v	Volumen	2.
v_R	Volumen eines Strömungssystems	4.
$\dot{v}_M$	Volumenstrom	4.
v_T	Totvolumen	5.
W	Belegungsfaktor	2.
x	beliebige Eingangsgröße	3.
X	LAPLACE-transformierte Eingangsgröße	3.
	dimensionslose Raumkoordinate	5.
	Umsatz	5.
y	beliebige Ausgangsfunktion	3.
Y	LAPLACE-transformierte Ausgangsfunktion	3.
z	Komponente des Zustandsvektors	3.
Z	Zählrate	2.
Z_0	Nulleffekt (Zählrate)	2.

Indizes

		Kapitel
b	Reservoir nach dem Strömungssystem	3., 4.
a	Reservoir vor dem Strömungssystem	3., 4.
A	allgemeiner Stoff, Komponente	1., 5.
A (oben)	Ausgang eines Strömungssystems, Austritt	
E (oben)	Eingang eines Strömungssystems	
i	Laufzahl (Zelle, Reaktionskomponente, Teilchen)	
I	Indikator	
j	Laufzahl (z. B. Reaktion)	
M (oben)	Meßstelle	
o	Anfangszustand ($t = 0$)	
P	bzgl. eines „Punktes" der Reaktionsmasse	5.
PF	Pfropfenströmungssystem	
R	Reaktor, Strömungssystem	3.
	radiale Richtung	5.
st	Stoßmarkierung	2.
s	Sättigungswert	
S (oben)	System	4.
v	Verdrängungsmarkierung	3.
w	Wahrscheinlichkeitswert	6.
x	Abszissenrichtung	1., 5.
z (oben)	Zustand	3.
— (oben)	Mittelwert	
— (unten)	Vektor, bei Kleinbuchstaben (1)	
	Matrix, bei Großbuchstaben (1)	
. (oben)	erste Ableitung nach der Zeit	
	Strom	

Griechisches Alphabet

α	Alter eines Teilchens in S	4.
	Realteil der komplexen Variablen s im LAPLACE-Bereich	3.
	Wärmeübergangskoeffizient	3.
A	Alter als Zufallsvariable	4.
$\delta(t)$	DIRACsche Deltafunktion, (Impuls)	3.
$\vartheta(\,)$	HEAVISIDEsche Einheitssprungfunktion (auch σ)	4.
ϑ	Zahl der Teilchen (Quanten), die je Kernumwandlung emittiert werden	2.
	Integrationsvariable	3.
θ	dimensionslose Zeit (bezgl. d. mittl. Verweilzeit)	4.
λ	Restverweilzeit eines Teilchens in S	4.
	Zerfallskonstante	2.
λ_i	Übergangsintensität	4., 5.
Λ	Restverweilzeit als Zufallsvariable	4.
ν_{ij}	Stöchiometriezahl des Stoffes i in der j-ten Reaktion ($i = 1 \ldots K$, $j = 1 \ldots R$)	1.
ν	kinematische Viskosität	
ϱ	Dichte	4.
σ	Standardabweichung	2., 4.

		Kapitel
	Neutronenaktivierungsquerschnitt	2.
	Sprungfunktion	3., 6.
τ	Raumzeit, Füllzeit (mittlere Verweilzeit)	1., 3.
τ	Argument der charakteristischen Funktion	
	Zeitkonstante	2., 6.
$\varphi(j\omega)$	Phasengang (Phasenspektrum)	3.
$\varphi(\tau)$	charakteristische Funktion	4.
$\varphi_{A,B}$	Hilfsfunktionen	5.
φ	horizontaler Öffnungswinkel	5.
Φ	Übergangsmatrix	3.
ω	Kreisfrequenz	3.
Ω	Raumwinkel	6.

1. Einleitung

1.1. Aufgabenstellung der chemischen Ingenieurwissenschaften und Verweilzeitbegriff

Auf dem Gebiet der stoffumwandelnden Industrie ist die Intensivierung der chemisch-technologischen Prozesse eine wichtige volkswirtschaftliche Aufgabe [136]. Ihre erfolgreiche Lösung hängt in entscheidendem Maße davon ab, wie es gelingt, diskontinuierliche Verfahren durch kontinuierliche abzulösen und diese zu optimieren. Diese früher vorwiegend in der chemischen Großproduktion anzutreffende Tendenz greift immer mehr auf Bereiche über, für die bislang der Satzbetrieb charakteristisch war (Zwischenproduktchemie, Pharmazeutische Industrie). Der Trend zum Fließbetrieb wird durch die internationale Wirtschaftsintegration und die daraus folgende Arbeitsteilung verstärkt.

Für die chemischen Ingenieurwissenschaften zeichnen sich hierbei zwei wichtige Teilaufgaben ab:

- die schnelle Überführung neu entwickelter Verfahren aus dem Laboratoriumsmaßstab in die Produktion
- die bessere technologische Beherrschung und Weiterentwicklung bereits realisierter Prozesse.

Der zweitgenannten Aufgabe gebührt insofern ein Vorrang, als grundsätzlich neue Verfahren, gemessen an der Vielfalt der chemischen Produktion, relativ selten entwickelt werden.

Zur Lösung der Aufgabe werden empirisch-heuristische, ingenieurtechnische, naturwissenschaftliche und mathematische Methoden benötigt. Auch hierbei ist ein Trend nach naturwissenschaftlich-mathematischer Durchdringung sichtbar. Optimale Betriebsweise, Beherrschung der Einlauf- und Abfahrphasen, der Einsatz von Prozeßrechnern für Hochleistungsreaktoren (Einstranganlagen) sind ohne mathematische Abbildung der Prozeßdynamik undenkbar.

Es gibt zwei extreme Arten von Modellen: Das formal logische Modell, z. B. in Gestalt eines Regressionsansatzes, ist relativ leicht abzuleiten. Es kann durch sukzessive Vergrößerung der Anzahl frei wählbarer Parameter beliebig genau mit den experimentellen Daten in Übereinstimmung gebracht werden. Derartige formal angepaßte Modelle besitzen jedoch den Nachteil, daß ihre Aussagen nicht weit über den experimentell überprüfbaren Gültigkeitsbereich hinaus extrapolierbar sind. Sie sind wenig geeignet, grundsätzlich neue Lösungswege erschließen zu helfen. Das andere Extrem ist das exakt naturwissenschaftlich (physikalisch-chemisch) begründete Modell. Es besitzt die genannten Nachteile nicht und ist insofern das erstrebenswerte Ziel aller Ingenieurwissenschaften. Die chemische Reaktionstechnik ist jedoch zur Zeit nicht in der Lage, für beliebige Prozesse auf der Basis naturwissenschaftlicher Vorstellungen allgemeingültige analytische Lösungen abzuleiten, obwohl die im Mikrobereich stattfindenden Vorgänge, einzeln genommen, im Wesen erforscht und als Triebkraftprozesse mit Hilfe einfacher mathematischer Linearansätze darstellbar sind. Die Schwierigkeit ist in der Überlagerung und Kopplung verschiedener Prozesse und den komplizierten Randbedingungen zu sehen.

Desgleichen gibt es verschiedene Möglichkeiten, mathematische Modelle abzuleiten. Der konventionelle Weg beruht auf den Masse-, Energie- und Impulsbilanzen. Der Bilanzgedanke ist ein allgemeingültiger, auf dem Gesetz der Erhaltung der Materie basierender Grundsatz der Ingenieurwissenschaften. Er erfordert die Festlegung eines (euklidschen) Raumes, bezüglich dessen die entsprechende Größe bilanziert wird. Dieser Bilanzraum ist

a) ein infinitesimales Volumenelement
b) ein Apparateteil
c) der Gesamtapparat (Reaktor)
d) die Anlage, der Betrieb usw. [58, 150]

Die Bilanzräume können bestimmten, durch mathematische Operationen ineinander überführbaren Hierarchieebenen (a bis d), (siehe [58, 150]) der Modellbildung zugeordnet werden.

Dabei können die Ebenen (Niveaus) in beliebiger Richtung, d. h. von a) nach d) (mikrosystemtheoretischer Weg) oder von d) nach a) (makrosystemtheoretischer Weg) durchlaufen werden.

Beim mikrosystemtheoretischen Weg versucht man, durch Integration der Infinitesimalansätze Lösungen für die großtechnische Prozeßgestaltung abzuleiten. Diese können dann als dynamische Modelle für die Prozeßsteuerung und Regelung, das An- und Abfahren verwendet werden.

Der mikrosystemtheoretische Weg ermöglicht grundsätzliche Aussagen darüber, welchen Einfluß die im Laboratorium ermittelten kinetischen und thermodynamischen Grunddaten auf die großtechnische Prozeßgestaltung ausüben. Er ist mithin für die erstgenannte Teilaufgabe, die Überführung neu entwickelter Verfahren in die Produktion, charakteristisch und zur Aufstellung naturwissenschaftlich begründeter Modelle geeignet.

Der makrosystemtheoretische Weg geht vom bereits realisierten Prozeß aus und versucht, vom Bilanzraum Reaktor in die Mikroprozesse vorzudringen. Experimentelle Grundlage bilden die verschiedenen Methoden der Prozeßanalyse (vgl. hierzu [80]) in Verbindung mit der Kenntnis über die physikochemischen Stoff- und Prozeßgrößen. Dieser Weg ist für die Rationalisierung und Weiterentwicklung bereits realisierter Verfahren charakteristisch.

Der mikrosystemtheoretische Weg ist naturwissenschaftlich exakt, jedoch kompliziert, der makrosystemtheoretische hingegen formal und einfach, führt jedoch auch zu Schwierigkeiten, je tiefer man zu den Mikroprozessen vorzudringen versucht. Es ergibt sich somit für die Problemstellung der chemischen Ingenieurwissenschaften folgende widersprüchliche Situation:

- zur Lösung der Probleme sind möglichst genaue und naturwissenschaftlich begründete mathematische Modelle erforderlich.
- brauchbare Modelle sind ohne Vereinfachungen und Einschränkungen nicht ableitbar.

Diese Aussage trifft auch für andere, nicht auf der deterministischen Bilanz beruhende Methoden zu, so daß Chemie-Verfahrenstechniker, Chemiker, Konstrukteure und Technologen vor der schwierigen Aufgabe stehen, zu entscheiden, welcher Weg der Modellierung zu beschreiten ist und welche Teilaspekte der Gesamtphänomenologie vereinfacht werden können, ohne daß dabei das Ergebnis im Hinblick auf die zu lösende Fragestellung wesentlich verfälscht wird.

Hierbei haben sich Praktiken herausgebildet, verschiedene Verfahren miteinander zu kombinieren, neue Größen und Begriffe einzuführen, die verschiedene Phänomene unter technologisch günstigen Gesichtspunkten zusammenfassen. Ein solcher vielschichtiger Begriff ist die Verweilzeit, deren Nützlichkeit in der technologischen Praxis vielfach erwiesen ist. Im folgenden sollen einige erläuternde Ausführungen zum Verweilzeitbegriff gemacht werden.

1.2. Erläuterung des Verweilzeitbegriffes und seiner Anwendung

Der Verweilzeitbegriff wird nicht einheitlich verwendet. In der technischen Praxis hat sich eingebürgert, unter Verweilzeit eine Größe zu verstehen, die man als mittlere Aufenthaltsdauer $\bar{t}_v$ eines Stoffes im Strömungssystem (Apparat, Reaktor, Anlage u. dgl.) bezeichnen kann. Man spricht von der Verweilzeit schlechthin, ohne dabei in Betracht zu ziehen, daß die Zeitspannen des Aufenthaltes im Strömungssystem für einzelne Teilchen recht unterschiedlich sein können. Ein anderer Begriff, der in der chemischen Reaktionstechnik häufig als Verweilzeit bezeichnet wird, ist das Verhältnis von freiem Reaktionsraum v_R zum Volumenstrom der Reaktionsmasse am Eingang des Strömungssystems $\dot{v}_M{}^E$:

$$\tau = v_R/\dot{v}_M{}^E. \tag{1.1}$$

Die Größe τ ist mit der erstgenannten mittleren Verweilzeit $\bar{t}_v$ verwandt, aber nicht identisch; nur im Falle eines beständigen Volumenstromes gilt $\tau = \bar{t}_v$. Das Verhältnis $v_R/\dot{v}_M{}^E$ gibt die Zeit an, in der sich der freie Reaktionsraum unter der Bedingung einmal füllen würde, wenn der Zustand am Eingang für das gesamte Strömungssystem zuträfe. Es wird in der englischsprachigen Literatur richtig als „space time“ (Raumzeit) bezeichnet und sollte zur Vermeidung von Irrtümern auch im Deutschen besser Füllzeit genannt werden. Diese Füllzeit τ hat sich als eine sehr nützliche Größe zur Auslegung von

Reaktionssystemen im stationären Zustand erwiesen (vgl. hierzu LEVENSPIEL [98]).

In der vorliegenden Arbeit wird unter Verweilzeit die Differenz der Zeitpunkte des Austritts t^A und des Eintritts t^E eines Teilchens i im Strömungssystem verwendet (Kap. 4.):

$$t_{vi} = t_i^A - t_i^E = 0. \tag{1.2}$$

Die Verweilzeit ist also mit der Vorstellung verbunden, daß diskrete Teilchen (Atome, Moleküle, Atom- und Molekülverbände, Körnchen, Klumpen u. dgl.) das Strömungssystem durchwandern.

Für eine zum Zeitpunkt t^E in das Strömungssystem eintretende Fraktion — ein Teilchenensemble — sind gemäß (1.2) im Prinzip so viele Einzelverweilzeiten möglich, wie Teilchen im Ensemble enthalten sind. In diesem Falle ist die Verweilzeit als eine komplexe Größe aufzufassen. Sie kann nicht mehr durch eine Zahl beschrieben werden, zu ihrer Charakterisierung benötigt man alle möglichen Realisierungen gemäß Gl. (1.2) und deren Häufigkeits- bzw. Wahrscheinlichkeitsverteilung.

Die *Verweilzeit T_v ist eine Zufallsgröße*: Sie wird daher mit Hilfe von (deterministischen) Verteilungsfunktionen beschrieben. Letztere können ersatzweise durch Zahlenwerte (Zahlencharakteristika; vgl. M. FISZ [45]), wie Mittelwerte, Streumaße u. dgl. dargestellt werden. Die mittlere Verweilzeit $\bar{t}_v$ ist ein solcher deterministischer Zahlenkennwert der Zufallsgröße Verweilzeit (näheres hierüber in Kap. 4.).

Die Verweilzeit T_v bildet das gesamte Strömungsgeschehen in stark reduzierter Form, nämlich als Verteilungsfunktion auf der Zeitachse, ab. Hieraus resultiert einerseits ein Informationsverlust: Von einer gemessenen Verweilzeitkurve kann nicht eindeutig auf das Strömungsmodell geschlossen werden (näheres hierüber im Zusammenhang mit der Diskussion von Gl. (1.7) auf Seite 11). Zum anderen ist eine vereinfachende Typisierung der Stofftransportprozesse möglich. Die räumlich-zeitlichen Vorgänge werden als Mischwirkung zusammengefaßt und entweder nur zeitlich (Mischzelle) oder zeitlich-räumlich vereinfacht (Diffusionsmodell) abgebildet.

Diese Betonung des Zeitstandpunktes stellt einen direkten Bezug zur chemischen Kinetik und anderen Umwandlungsvorgängen her. Die meisten Prozesse der chemischen Kinetik (Satzbetrieb) werden auch durch reine Zeitgesetze beschrieben. Räumliche Koordinaten werden nicht benötigt. Im chemischen Laboratorium können die Versuchsbedingungen durch intensives Mischen oder Rühren fast immer so gestaltet werden, daß Gradienten der intensiven Prozeßgrößen, wie Temperatur, Konzentration, Umsatz sich entweder gar nicht ausbilden können, oder sofort nach der Entstehung verschwinden. Man spricht in diesem Zusammenhang von der Mikrokinetik. Die Gesetze der Mikrokinetik werden durch einfache Differentialgleichungssysteme mit der Reaktionszeit t_R als Funktionsargument beschrieben.

Es liegt nun nahe, für durchströmte Systeme die Reaktionszeit durch die Verweilzeit T_v, genauer genommen durch eine entsprechende Kenngröße (mittlere Verweilzeit, Füllzeit), zu ersetzen, um dadurch einfache Zeitmodelle zu erhalten. Der Vorteil einer solchen Substitution wird insbesondere für die typisierten Strömungssysteme der idealen Verdrängung (Pfropfenströmung) deutlich. Hier können die Gesetze der Mikrokinetik direkt übertragen werden. So gilt für eine Komponente i im Satzbetrieb

$$t_R = \int_{c_{i0}}^{c_i} \left(\sum_{j=1}^{R} \nu_{ij} r \right)^{-1} dc = F_S^{-1}(c_i) \tag{1.3}$$

und für einen kontinuierlich betriebenen idealen Pfropfenströmungsreaktor (Modell der idealen Verdrängung)

$$t_v = \int_{c_{i0}}^{c_i} \left(\sum_{j=1}^{R} \nu_{ij} r \right)^{-1} dc = F_{PF}^{-1}(c_i) \tag{1.4}$$

mit den Umkehrungen

$$c_i = F_S(t_R) \tag{1.3a}$$

und

$$c_i = F_{PF}(t_v) . \tag{1.4a}$$

Beide Funktionen, F_S und F_{PF}, sind gleich; die kinetischen Zeitbeziehungen sind invariant gegenüber einer Substitution der Reaktionszeit durch die Verweilzeit. Da der Pfropfenströmungsreaktor für viele chemisch-technologischen Prozesse die erstrebenswerte Ideallösung darstellt, wird die These über die besondere Eignung der Verweilzeit zum Auffinden geeigneter Modelle unterstrichen. Etwas komplizierter, aber noch gut überschaubar, sind die Verhältnisse bei anderen Typenreaktoren, wie z. B. beim idealen Mischreaktor. Es sei darauf hingewiesen, daß diese Betrachtungen nur für die stationären Zustände der Strömungssysteme gelten.

Die Verweilzeit ist eine leicht meßbare Größe: Hierzu wird ein an der chemischen Reaktion nicht beteiligter Indikator in Form eines Signals in den Eingang des Strömungssystems gegeben und seine Konzentration am Ausgang als Funktion der Zeit gemessen. Bei Verwendung radioaktiver Markierungssubstanzen (Gammastrahlern) kann die Messung auch an Zwischenabschnitten durch die Gefäßwände hindurch erfolgen. Eine Unterbrechung oder zeitweilige Umstellung des Produktionsprozesses ist nicht erforderlich (Kap. 2.). Mit Hilfe der Indikatormethode (Verweilzeitanalyse) wird, je nach Zeitform der Zugabe des Indikators, eine Verteilungsfunktion der Verweilzeit gemessen.

Die Verweilzeitanalyse ist eine instationäre Methode (vorzugsweise) zur Untersuchung stationärer Vorgänge: Bei den meisten kontinuierlichen technologischen Verfahren wird der stationäre Zustand als wichtige Voraussetzung für eine gleichmäßige Produktgüte angestrebt, so daß mit der Methode vorwiegend stationäre Prozesse analysiert werden. Durch die Markierung wird in dem System ein vorübergehender Prozeß eingeleitet, der Auskunft über den stationären Zustand geben soll. Dieses scheinbare Paradoxon findet eine Analogie in der Selbstdiffusion (vgl. hierzu [120, 121, 122]). Auch hier wird ein „Prozeß" gemessen, der sich in einem System abspielt, von dem wir annehmen, daß es sich im thermodynamischen Gleichgewicht befindet.

Die Erklärung ist im Wesen der Indikatoranalyse, wozu die Verweilzeituntersuchung zählt, begründet. Markieren heißt, etwas unterscheidbar machen, was ansonsten nicht unterschieden werden kann. Dabei ist die Unterscheidbarkeit die einzige in das System hineingetragene Störung (Kap. 2.). Alle anderen Zustands- und Prozeßparameter, die das Gleichgewicht bzw. das stationäre Regime kennzeichnen, bleiben von der Methode unangetastet. Daher sind aus den Markierungsuntersuchungen grundsätzlich neue, zusätzliche Informationen erhältlich, die es gestatten, tiefer in die Vorgänge einzudringen. Hierin ist der wesentliche Unterschied zu den üblichen Verfahren der Prozeßanalyse zu sehen.

Die Verweilzeituntersuchung ist zum Unterschied von den üblichen Methoden der Prozeßanalyse störungsfrei: Bei der konventionellen Prozeßanalyse wird gewöhnlich eine der am Prozeß beteiligten Eingangsgrößen (Konzentration eines Reaktionspartners, Temperatur, Druck in einer bestimmten Zeitfunktion (Signal)) verändert. Dadurch wird der Prozeß zeitweilig aus dem stationären Zustand herausgeführt. Infolge der für chemisch-technologische Prozesse charakteristischen (nichtlinearen) Kopplung [80] reagiert das Gesamtsystem auf das Testsignal einer Einzelgröße (das Testsignal spricht alle Kanäle an). Hierin sind Vor- und Nachteile der üblichen prozeßanalytischen Methoden zu erblicken. Ein Vorteil ist auf alle Fälle darin zu sehen, daß hierbei die Reaktion des Systems auf tatsächlich in der Produktion vorkommende Schwankungen und Störungen direkt untersucht wird. Dadurch können für den betreffenden Prozeß genaue formale Modelle abgeleitet werden. Die Methode ist jedoch sowohl in der experimentellen Durchführung als auch in ihrer Aussage begrenzt. So können bei laufender Produktion, ohne diese zu gefährden, nicht beliebig hohe Störsignale auf den Eingang gegeben werden (das ideale Testsignal der allgemeinen Systemanalyse ist jedoch der DIRAC-Impuls, s. Kap. 2. und 3.). Dadurch kann sich der Meßeffekt so weit verringern, daß er sich nur unwesentlich von den statistischen Untergrundschwankungen abhebt. Desweiteren spricht die Methode nicht auf Teilvorgänge isoliert an, wodurch der analytische Wesenszug der Methode abgeschwächt wird.

Bei der Verweilzeituntersuchung hingegen kann durch Verwendung einer Indikatorsubstanz mit hoher Nachweisempfindlichkeit (was für radioaktive Materialien — abgesehen von sehr schnellen Durchsätzen — zutrifft) der DIRAC-Impuls mit hinreichender Genauigkeit realisiert werden (Kap. 2.).

Der Indikator spricht nur die Transportvorgänge an: Die Verweilzeitanalyse ermöglicht daher eine getrennte Untersuchung von Materialtransport und chemischer Reaktion (Kap. 3.). Sie ist demnach einmal geeignet, tiefer in das Wesen des komplizierten Gesamtprozesses einzudringen, zum anderen auch praktische Hinweise über Ursachen und Zuordnungen von Störeffekten an laufenden Produktionsanlagen zu geben. Es ist in der Produktion für das

Auffinden einer richtigen Entscheidung oft von Bedeutung zu wissen, worauf ein Fehlverhalten (verminderte oder nichtgleichbleibende Qualität, unökonomische Betriebsweise, geringe Produktionsintensivität) vorrangig zurückzuführen ist, auf die konstruktive Auslegung der Anlage, den Betrieb derselben oder die darin ablaufenden chemischen Umwandlungsprozesse. So können viele Probleme der technischen Praxis auf einfachem Wege durch eine Verweilzeitanalyse gelöst werden. Aus der Form der gemessenen Verteilungskurve kann das strömungstechnische Fehlverhalten in Form von „Toten Winkeln", „Kurzschlüssen" und anderen Unregelmäßigkeiten erkannt werden.

Auf Grund der Linearität der Transportvorgänge sind die Ein-Ausgangsbeziehungen der Verweilzeitanalyse linear und somit durch die Operation der Faltung darstellbar: Auf die Verweilzeitbeziehungen ist die gesamte Theorie linearer Systeme anwendbar. Daher können Untersuchungen, Darstellungen und Auswertungen sowohl im Zeitbereich als auch in den Bereichen der Funktionaltransformation (LAPLACE, FOURIER) vorgenommen und die Vorzüge der Operatorenrechnung zur Geltung gebracht werden (Kap. 3.).

Aus der Verweilzeitanalyse sind bestimmte idealisierte Stofftransportmodelle, die sogenannten Verweilzeittypenmodelle ableitbar: Sie beruhen auf gedanklich extrapolierten Vorstellungen über die Art und Weise, wie sich Einzelteilchen durch das Strömungssystem bewegen können. Als wichtigstes Modell wurde die Pfropfenströmung bereits genannt. Die Teilchen durchwandern hierbei den Reaktor in Form eines Pfropfens, alle mit der gleichen Verweilzeit. Beim idealen Mischmodell (künftig auch als Mischreaktor bezeichnet) findet eine unendlich schnelle Durchmischung des gesamten Gefäßinhaltes statt, so daß über den Zeitpunkt, bei dem ein Teilchen das Strömungssystem verläßt, nur Wahrscheinlichkeitsaussagen getroffen werden können (Kap. 4.). Dabei ist die innere Durchmischung so extrem hoch, daß die Austrittswahrscheinlichkeit eines Teilchens unabhängig von der bereits im Gefäß verweilten Zeit ist. Beide Typen verdienen deshalb besondere Aufmerksamkeit, da sie bzw. ihre Kombination in der chemischen Reaktionstechnik für bestimmte formalkinetische Reaktionsschemata und Reaktionsmechanismen die erstrebenswerte optimale technologische Lösungsvariante darstellen [59].

Des weiteren sind die Elementarvorgänge des Vorwärtsschreitens (Pfropfenströmung) und Durchmischens (Mischreaktor) kombiniert in vielen anderen Typenmodellen anzutreffen (Diffusionsmodell [169], Irrfahrtmodelle [158], siehe auch die Zusammenstellung der Modelle in [180]).

Die Interpretationsmöglichkeiten des Verweilzeitbegriffes sind vielseitig. Dabei sind die verschiedenen Deutungen einander äquivalent. In der deterministischen Betrachtungsweise sind Verweilzeittypenmodelle aus der erweiterten Kontinuitätsgleichung (DAMKÖHLER-Gleichung) ableitbar; sie geben die Zusammenhänge Konzentration als Funktion von Ort und Zeit wieder. Die gleichen Funktionen können in genormter Form als Verteilungsfunktionen der Zufallsvariablen Verweilzeit aufgefaßt werden, die durch den vom Standpunkt der Theorie stochastischer Prozesse deutbaren Stofftransport erzeugt wird (Kap. 4.). Die formale Verknüpfung der Ein- und Ausgangsbeziehungen von Verweilzeitsystemen geschieht mit Hilfe der Theorie linearer Systeme und Netzwerke (Kap. 3.).

Daraus ergeben sich Analogiebeziehungen zu den Methoden der Regelungstechnik, Informationstheorie, Elektrotechnik u. a. So können beispielsweise Pfropfenströmungsreaktor als Totzeitglied (Zeitbereich), oder Allpaß (Frequenzgangdarstellung), Mischreaktor als Verzögerungsglied (Zeitbereich) oder Tiefpaß (Frequenzgangdarstellung) dargestellt werden. Alle in der Elektro- und Regelungstechnik entwickelten Methoden der Systemanalyse sind auf die Auswertung von Verweilzeituntersuchungen übertragbar. Hierdurch ist auch der Verweilzeitbegriff bereichert und weiterentwickelt worden.

Die geschichtliche Entwicklung des Begriffes ist mit den Fortschritten der Einführung kontinuierlicher Produktionsweisen verbunden. Bereits 1908 leitete BODENSTEIN [20] für die Charakterisierung einer mit Mischungsprozessen überlagerten Strömung eine der PECLET-Zahl (vgl. hierzu [83]) ähnliche Kennziffer

$$Bo = (u_x L)/D_{ax} \tag{1.5}$$

ab. Sie ist als BODENSTEIN-Zahl bekannt und spielt bei der Dimensionierung von Strömungssystemen mit turbulenter Vermischung, insbesondere von Rohrreaktoren eine wichtige Rolle. HABER [56] entwickelte in den zwanziger Jahren den Raum-Zeit-Ausbeute-Begriff und DAMKÖHLER [34, 35] erweiterte (1936) die Kontinuitätsgleichung durch Diffusions- und Quellenglied der chemischen Stoffumwandlung.

In diesem Zusammenhang wurden neue adimensionale Kriterien — die vier DAMKÖHLER-Zahlen (vgl. hierzu [24]) — eingeführt.

Der Wert der DAMKÖHLER-Gleichung

$$\frac{\partial c_A}{\partial t} = -\text{div}\,(c_A \boldsymbol{u}) + \text{div}\,(D_A\,\text{grad}\,c_A) + \sum_{j=1}^{R} \nu_{ij} r_j \tag{1.6}$$

für die Entwicklung der chemischen Ingenieurwissenschaften wird mit der fundamentalen Bedeutung verglichen, welche die MAXWELLschen Gleichungen für die Elektrodynamik erlangten (vgl. hierzu [14]).

Die weitere Entwicklung des Verweilzeitbegriffes ist mit den Fortschritten der Indikatorverfahren verbunden. Insbesondere waren es — bedingt durch die stürmische Entwicklung der kerntechnischen Ingenieurwissenschaften in den fünfziger Jahren — die in zunehmendem Maße zur Verfügung stehenden radioaktiven Markierungssubstanzen, die für Untersuchungen an Produktionsanlagen ein breites Feld eröffneten. Die Indikatormethoden verdeutlichen den statistischen Charakter der Verweilzeit. Es werden keine Verweilzeiten schlechthin, sondern Konzentrations-Zeit-Kurven, die sogenannten „Verweilzeitspektren" gemessen. Diese Kurven geben Auskunft darüber, daß sich die Teilchen auf ihrem Weg durch das Strömungssystem miteinander vermischen. Somit wurden durch die Präzisierung des Verweilzeitbegriffs auch schrittweise Elemente der Wahrscheinlichkeitsrechnung und Statistik in die Prozeßbeschreibung hineingetragen [36, 71, 105, 123, 158, 159, 187].

Die Aufmerksamkeit war zunächst vorwiegend auf

- die Interpretation der durch die verschiedenen Meßverfahren erhältlichen Verteilungsfunktionen
- die Herleitung von Zusammenhängen zwischen Eingangs- und Ausgangs-Meßkurven und
- die Interpretation der aus den Meßkurven ableitbaren Zahlencharakteristika (Mittelwerte, Momente, Quantile etc.)

gerichtet.

Es ist hierbei das besondere Verdienst P. V. DANCKWERTS [36], eine Reihe von grundsätzlichen Fragen angesprochen zu haben. Dazu gehören u. a.:

- die Deutung der Meßkurven als „Internal age distribution“ und „Exit age distribution“
- Klärung des Zusammenhanges zwischen mittlerer Verweilzeit und Raumzeit, Einführung des Begriffes „Hold back“
- Anwendung der Faltungsoperation zur Erklärung meßtechnischer Zusammenhänge
- Aufstellung der Kreuzkorrelationsfunktion zur Erklärung der Systembeziehungen bei statistischen Schwankungen des Speichervolumens („blenders“) u. a.

Darüber hinaus wurden konzeptionelle Gesichtspunkte über den Teilchenbegriff (Punktmenge, „point“) und den Zustand der Mikromischung (Segregationsgrad) entworfen, die in Verbindung mit der Theorie stochastischer Prozesse geeignet sind, einen wesentlichen Beitrag zur Weiterentwicklung der chemischen Ingenieurwissenschaften zu leisten.

Seit dieser Zeit ist die Entwicklung auf verschiedenen Wegen parallel vorangeschritten.

Die Deutung der Meßkurven und Parameter wurde weiter präzisiert. NAOR und SHINNAR [111] führten 1963 die sogenannte Intensitätsfunktion ein, die zum besseren Auffinden von strömungstechnischen Unzulänglichkeiten der Anlage (Totvolumen, Kurzschlüsse und Durchbrüche) aus Verweilzeitmeßkurven geeignet ist. Die aus der mathematischen Statistik bekannten Zahlencharakteristika (absolute und relative Momente, Moden, Quantile) und daraus abgeleitete Größen, wie Streumaß, Asymmetriefaktor, Exzeß, wurden — bedingt durch die neuen Möglichkeiten der elektronischen Datenverarbeitung — in die Auswertungsverfahren eingeführt. Eine zusammenfassende Darstellung gibt DILMAN [41], (1966). Durch die Einführung der Methode der gewichteten Momente durch ANDERSSEN und WHITE [5], (1971) scheint dieser Weg einen gewissen Abschluß gefunden zu haben.

Die konsequente Anwendung der systemtheoretischen Betrachtungsweise wurde durch die Übernahme von Methoden der Regelungs- und Elektrotechnik gefördert. Insbesondere haben sich hierbei die Methoden der Funktionaltransformation bewährt. Während MASON und PIRET [104], (1952) die LAPLACE-Transformation lediglich als Hilfsmittel zur Lösung der Differentialgleichungssysteme dynamischer Verweilzeittypenmodelle (Mischreaktor-Batterien mit linearen chemischen Prozessen) verwendeten, untersuchten KRAMERS und ALBERTA [92], (1953) die Frequenz-Antwortfunktionen von kontinuierlichen

Strömungssystemen; WEN und CHUNG [180] verfaßten 1965 eine Übersicht aller bishin bekannten Verweilzeitmodelle, wobei Übertragungsfaktor und Frequenzgang in Tabellenform zusammengestellt wurden. In einer neueren sowjetischen Veröffentlichung (MATROS und GUDKOW [61]) finden (1969) erstmalig die in der Elektro- und Regelungstechnik üblichen Verfahren der Ortskurvendarstellung Anwendung.

Eine große Zahl von Arbeiten ist dem Zusammenhang von Verweilzeit und Reaktion (Makrokinetik, Kinetik offener Systeme) gewidmet. Daher können im Rahmen dieser Abhandlung nur die wichtigsten Leistungen genannt werden. MASON und PIRET [104] stellten für Rührstufenmodell mit linearen kinetischen Umwandlungsbeziehungen (Reaktion 0., 1. und Folgereaktionen 1. Ordnung) die dynamischen Gleichungen auf und leiteten deren Lösungen ab. LIANG TSENG FAN [101] erweiterte (1960) diese Beziehungen und fand die stationären Lösungen für Reaktionen 0., 0,5, 2. und 3. Ordnung. Zusammenfassende Darstellungen finden wir bei SCHOENEMANN [156], (1952), wo erstmalig der Gedanke eines Pfropfenströmungsmodells mit Parallelschaltung abgeleitet, und bei VAN KREVELEN [173], (1958) die Äquivalenz von Diffusions- und Rührstufenmodell anhand mathematischer Relationen zwischen BODENSTEIN-Zahl und Rührstufenzahl demonstriert wurde. Das Diffusionsmodell wurde — obwohl eigentlich schon in der DAMKÖHLER-Gleichung enthalten — 1953 erstmalig von TAYLOR [163, 164, 165, 166, 167] konzipiert und in zahlreichen späteren Arbeiten, entsprechend der verschiedenen Randbedingungen insbesondere in den Arbeiten von BISCHOFF und LEVENSPIEL [71, 18], weiterentwickelt. Eine zusammenfassende Darstellung und Interpretation vom statistischen Standpunkt findet sich bei SCHÜGERL [158].

DENBIGH [39] und letztgenannter Autor haben darüber hinaus Auslegungsprinzipien für komplexe Reaktionen aufgestellt, die von K. HARTMANN [59], 1974 verallgemeinert werden konnten, wobei für bestimmte Optimallösungen analytische Invariantenbeziehungen gefunden wurden.

Eine weitere Entwicklungslinie der Verweilzeitproblematik geht von den durch DANCKWERTS [36] abgeleiteten Vorstellungen über Segregation und Mikromischung aus. ZWIETERING [187] führte diesen Gedanken (1959) weiter und schuf die Strömungsmodelle der maximalen und minimalen Durchmischung (maximum bzw. minimum mixedness). Hierdurch wird der Verweilzeitbegriff, der zunächst eine rein makrosystemtheoretische Wahrscheinlichkeitsgröße ist, durch strukturelle Vorstellungen über das Strömungssystem erweitert.

Diese interessante, z. Z. noch nicht abgeschlossene Entwicklung ist darauf gerichtet, über die Präzisierung des Teilchenbegriffs mit Hilfe der Statistik tiefer in die Prozesse der Mikromischung einzudringen, um so zu Aussagen über die chemische Stoffumwandlung zu gelangen. Die dabei entwickelten Strömungsstrukturen haben einen typischen Verweilzeitcharakter. Ein markantes Beispiel ist das von NG und RIPPIN [114] vorgestellte Two-environment-Modell, wobei die Verweilzeitstruktur dadurch gegeben ist, daß jedem im Strömungssystem befindlichen Teilchen ein Alter und eine Restverweilzeit zugeordnet werden kann; die räumliche Struktur (der Ort, an dem sich ein Teilchen mit bestimmtem Alter und Restverweilzeit aufhält) bleibt zunächst offen.

In der Arbeit von McCord [105], (1972) werden wahrscheinlichkeitstheoretische Betrachtungen unter dem erweiternden Gesichtspunkt der bedingten Verteilungsfunktionen zusammengefaßt, Begriffe der Mikro- und Makromischung präzisiert, darüber hinaus die fundamentale Beziehung

$$\int_{t_V}^{\infty} f^E(r/t^E)\, dr = \int_S f_{X/a}(t^E + t_v, x/t^E)\, dx \tag{1.7}$$

abgeleitet, die eine Verbindung von Verweilzeit- und Raumstruktur hergestellt. Die integrale Beziehung zwischen Verweilzeit- (f^E) und Orts-Dichteverteilungsfunktion ($f_{X/a}$) zeigt noch einmal mit allem Nachdruck die Vieldeutigkeit der Relation Verweilzeitkurve—Strömungsmodell. Technologisch brauchbare Auswertungen von Verweilzeitkurven im Hinblick auf Strömungsmodelle sind überhaupt nur dann möglich, wenn der Modelltyp bekannt ist und lediglich der Parameter angepaßt werden muß. Es gibt in der technologischen Praxis eine Reihe von Beispielen, wo das der Fall ist (z. B. turbulente Strömung in einem Rohr-Diffusionsmodell bzw. Serienschaltung von Mischstufen). Seltener kommt es vor, daß ein völlig unbekanntes technologisches Strömungssystem zu untersuchen ist. Das Problem der hydrodynamischen Vieldeutigkeit von Verweilzeitkurven präsentiert sich demzufolge, je nach Vorkenntnissen stets in mehr oder weniger abgeschwächter Form. In allen Fällen sollte jedoch versucht werden, die Verweilzeitmeßmethoden so zu betreiben, daß möglichst viel Informationen erhalten bzw. bestehende Vorkenntnisse erhärtet werden. Das Bestreben aller Experimentatoren muß daher darauf gerichtet sein, die Dichteverteilungsfunktion $f_{X/a}$ direkt zu messen, d. h. die Verweilzeituntersuchung nicht als integrale sondern möglichst als differentielle Meßmethode zu betreiben. Die Markierung von Teilabschnitten sowie die Verfolgung radioaktiver Indikatoren mit Hilfe mehrerer an der Außenwand des Strömungssystems angebrachten Strahlendetektoren können als erste Schritte in dieser Hinsicht angesehen werden. Ein weiteres Problem ist die mathematische Abbildung des Strömungsmodells.

Vom gegenwärtigen Standpunkt scheint die Anwendung der Theorie stochastischer Prozesse erfolgversprechend. Irmer [71] zeigte z. B., daß alle bekannten Darstellungen der Verweilzeitmodelle, sowohl die mit konzentrierten als auch jene mit verteilten Parametern, auf die Kolmogorowschen Differentialgleichungen [90] zurückzuführen sind.

In eigenen Arbeiten [123] konnte gezeigt werden, daß die Darstellung des Stofftransportes in Form von wahrscheinlichkeitstheoretisch belegbaren Übergängen in diskretisierten Raumstrukturen mit Hilfe von Markow-Prozessen in diskreter Zeit (Markow-Ketten) zu einem Algorithmus führt, der geeignet ist, komplizierte reaktionstechnische Systeme einschließlich instationärer, nichtisothermer Prozesse zu berechnen.

1.3. Zur Gliederung des Buches

In *Kapitel 2.* werden die Meßmethoden dargestellt, wobei die radioaktiven Verfahren im Vordergrund stehen. Es wird auf die Herstellung der verschiedenartigsten Markierungssubstanzen (Markierung des Materials durch Radionuklide) eingegangen. In diesem Sinne wird auch der Begriff Markierung verwendet, z. B. Aufbringen des Radionuklids auf Sand, Kies u. dgl. Der folgende Abschnitt befaßt sich dann damit, wie das markierte Material in das Strömungssystem (Reaktor, Apparat, Anlage u. dgl.) eingebracht wird (Realisierung von Eingangssignalen). Schließlich werden die Methoden zur Registrierung der Antwortsignale (Messung der Verweilzeitkurven) behandelt.

Kapitel 3. dient der Auswertung von Verweilzeitmeßkurven vom Standpunkt der deterministischen Systemanalyse. Es hat sich herausgestellt, daß viele Methoden und Praktiken der Auswertung von Verweilzeituntersuchungen eine Analogie zu jenen Verfahren besitzen, die in der Elektrotechnik, Regelungstechnik, Informationstechnik und Kybernetik entwickelt worden sind. Es soll daher in diesem Kapitel gezeigt werden, wie diese Methoden auf die Untersuchung vom Strömungssystem anzuwenden sind. Hierbei spielen gewisse Formalismen, z. B. die der Funktionaltransformation (LAPLACE-Transformation, FOURIER-Transformation) sowie sich daraus ergebende neue Darstellungsmöglichkeiten von Verweilzeitsystemen eine Rolle. So können Verweilzeitsysteme spektral veranschaulicht, oder in Ortskurvendarstellung auf der komplexen Zahlenebene abgebildet werden. Es sei darauf hingewiesen, daß es sich hierbei um verschiedene Darstellungsmöglichkeiten ein und desselben Sachverhaltes handelt. Eine gemessene Verweilzeitkurve verfügt über einen bestimmten, codierten Informationsgehalt. Dieser kann durch modifizierte Darstellungsformen grundsätzlich nicht erhöht werden. Was man bestenfalls erwarten kann, sind gewisse Erleichterungen bei der Entschlüsselung des Informationsgehaltes.

Dieses Kapitel dient der Auswertung von Verweilzeitkurven, ist jedoch keinesfalls so aufzufassen, daß für jeden Versuch alle Darstellungsverfahren nacheinander anzuwenden sind. Es geht vielmehr um die Förderung des interdisziplinären Verständnisses. So wird z. B. in der Regelungstechnik die dem Chemiker und Verfahrenstechniker weniger geläufige Form der spektralen Darstellung von Prozessen und Systemen bevorzugt. Es ist daher sinnvoll, diese Methoden insbesondere dann zu verwenden, wenn mit Hilfe von Verweilzeitanalysen auch regelungstechnische Probleme gelöst werden sollen. Die in der Elektrotechnik entwickelten Methoden der Schaltregeln sind insbesondere dann geeignet, wenn Verweilzeitkurven auf dem Analogrechner ausgewertet werden sollen. Schließlich dienen die Methoden der Phasenraumdarstellung der Verbindung von Verweilzeit mit anderen Prozessen, beispielsweise der chemischen Reaktion.

Im *Kapitel 4.* wird auf die statistische Natur der Stofftransportprozesse eingegangen, infolge derer die Verweilzeit als Zufallsgröße aufzufassen ist. Die gemessenen Verweilzeitkurven werden als Verteilungsfunktionen interpretiert. Die Verteilungsfunktionen können näherungsweise durch Zahlencharakteristika beschrieben werden (Momente, Quantile), die mit bestimmten Modellvorstellungen korrelieren. Hieraus haben sich weit verbreitete Auswertungsverfahren abgeleitet (vgl. z. B. [41]).

Während die in Kap. 3 abgehandelte Systembeschreibung zum großen Teil formalen Charakter trägt, dringt die Darstellung vom Standpunkt stochastischer Prozesse tiefer in das Wesen der Verweilzeitvorgänge ein. Es können einige Begriffe präzisiert und auf stochastischen Prozessen beruhende Modelle vorgeschlagen werden, die eine verbesserte Verknüpfung mit chemischen und thermochemischen Umwandlungsvorgängen ermöglichen.

Kapitel 5. ist ausschließlich den Problemen der Verweilzeitmodelle in Verbindung mit chemischer Reaktion gewidmet. Es wird davon ausgegangen, daß der größte Teil der Verweilzeituntersuchungen in kontinuierlich betriebenen chemischen Reaktoren mit der am Anfang erläuterten Zielstellung der chemischen Ingenieurwissenschaften durchgeführt wird. Aus den in Kap. 3. und Kap. 4. beschriebenen Methoden können bestimmte Modellvorstellungen über den in Strömungssystemen vonstatten gehenden Stofftransport abgeleitet werden. Es handelt sich hierbei um stark vereinfachte, typisierte Vorstellungen über den Strömungsprozeß. Er wird hierbei nur von bestimmten, verweilzeitrelevanten Gesichtspunkten gekennzeichnet. Eine besondere Rolle spielt dabei die Mischwirkung des Strömungsvorganges. Sie ist dafür verantwortlich, daß die Verweilzeitstreuung zustande kommt. Daher sind die Verweilzeittypenmodelle vorwiegend Mischmodelle, wobei die Mischwirkung entweder in finiten Bereichen (Zellenmodelle) oder als Kontinuum (Diffusionsmodelle) dargestellt wird. Diese vereinfachten Vorstellungen von Transportprozessen sind es, die eine Verknüpfung mit chemischen Vorgängen überhaupt ermöglichen.

Bei diesen Modellbetrachtungen spielt das Problem der Mikro- und Makromischung eine Rolle. Die Teilchen können z. B. in Mikrobereichen als relativ selbständige Ensembles das Strömungssystem durchwandern, während die Gesamtreaktionsmasse, makroskopisch betrachtet, gut durchmischt wird. Dieser Umstand wird mit Hilfe des von Danckwerts [36, 37] eingeführten Segregationsgrades beschrieben, mit dessen Hilfe weitere, präzisierte Mischmodelle abgeleitet worden sind.

Kapitel 6. enthält einige Fehlerbetrachtungen für Größen der Meßtechnik und deren Auswirkung auf abgeleitete Kenndaten der Verweilzeitmodelle.

Schließlich werden in *Kapitel 7.* Tabellen und Programme vorgestellt, die, auf den beschriebenen Methoden aufbauend, dem Praktiker die Auswertung erleichtern sollen.

2. Experimentelle Untersuchungen von Strömungssystemen mit Indikatorverfahren

2.1. Charakterisierung der Methode (Indikatoren, Empfindlichkeit)

Zur Untersuchung von Strömungsvorgängen in verfahrenstechnischen Systemen sind Methoden entwickelt worden, die auf periodischen oder aperiodischen Änderungen der in das System eintretenden Stoff- und Energieströme (Signale, siehe Kap. 3.) beruhen. Die Gesamtheit dieser Methoden wird unter dem Begriff der Prozeßanalyse zusammengefaßt.

Man unterscheidet aktive und passive Verfahren. Bei den *aktiven Verfahren* werden die Eingangsgrößen gezielt verändert und der zeitliche Verlauf der Änderungen der Ausgangsgrößen analysiert. Bei den *passiven Verfahren* werden auftretende Schwankungen (meist stochastischer Natur) der Eingangsgrößen beobachtet und die hiermit zusammenhängende zeitliche Änderung der Ausgangsgrößen wiederum analysiert. Neben diesen Methoden haben sich andere entwickelt, die unter dem Begriff *Indikatorverfahren*, verschiedentlich auch als Traceruntersuchungen bezeichnet, zusammengefaßt werden sollen. Diese Methoden beinhalten die Zugabe einer leicht nachzuweisenden Substanz (den Indikator, Spurstoff, Tracer) mit einem definierten zeitlichen Konzentrationsverlauf in den Eingang und die Bestimmung des zeitlichen Verlaufs der Indikatorkonzentration (Spurstoffkonzentration, Tracerkonzentration) am Ausgang des Systems. Die Menge des Indikators ist immer so klein, daß Störungen im Strömungsverhalten des Materials nicht auftreten können. Abb. 2.1 zeigt schematisch die Möglichkeiten der Untersuchung von Strömungssystemen für den einfachsten Fall einer verfahrenstechnischen Anlage.

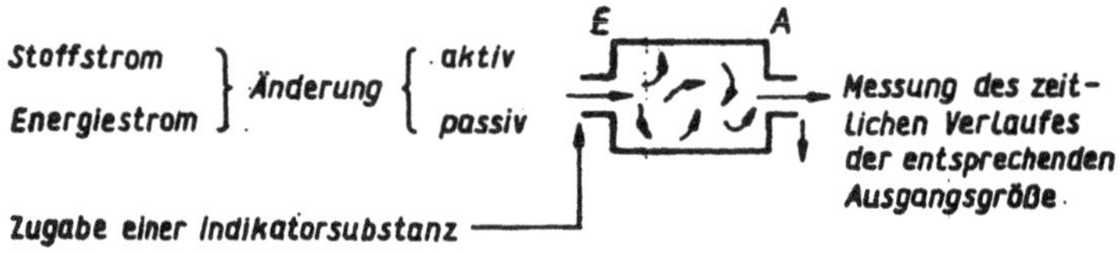

Abb. 2.1: Verweilzeituntersuchung eines Strömungssystems mit der Markierungsmethode.

Hierbei wird angenommen, daß am Strömungssystem nur ein Eingang und ein Ausgang und keine Rückführungen vorhanden sind. Desweiteren ist auszuschließen, daß der Indikator an Einbauten, Füllstoffen bevorzugt absorbiert, in die chemische Stoffumwandlung einbezogen wird oder durch Übergang in eine zweite Phase einen anderen Weg nimmt und dadurch seine Indikatoreigenschaften verliert.

In der technischen Praxis sind diese Bedingungen nicht immer leicht zu erfüllen. An großtechnischen Anlagen sind mitunter Rückführleitungen angebracht oder innere Zirkulationen vorhanden. Noch häufiger sind solche Erscheinungen an komplizierteren Strömungssystemen, wie ober- und unterirdischen Gewässerläufen oder gar biologischen Systemen festzustellen, wobei zusätzlich die Sorptionserscheinungen störend wirken können.

Derartige Erscheinungen können die Untersuchungen von Strömungsvorgängen erheblich erschweren. Natürlich ist die Indikatoranalyse auch zur Untersuchung dieser Störerscheinungen geeignet. Hierbei sind jedoch andere Anforderungen an den Indikator zu stellen als bei den Verweilzeitmessungen. Der Indikator muß die gleichen wesentlichen Eigenschaften besitzen, wie die Substanz, deren Weg verfolgt werden soll. Im Falle der Verweilzeituntersuchung sind es mechanische, strömungstechnische Eigenschaften (Dichte, Viskosität, geometrische Gestalt bei Schüttgut, Kornspektrum), die übereinstimmen müssen, bei Sorptionsvorgängen und Stoffumwandlungen spielen die chemischen Eigenschaften bei der Indikatorwahl eine entscheidende Rolle. Es ist auf alle Fälle zu empfehlen, bevor man eine Strömungsuntersuchung durchführt, zuvor alle möglichen chemischen und physikochemischen Phänomene, die im Strömungssystem auftreten können, ausführlich zu studieren und erst danach die geeignete Indikatorsubstanz auszuwählen.

Die Indikatorverfahren haben mit der Verfügbarkeit von Radionukliden eine sehr breite Anwendung in den verschiedensten Bereichen gefunden. Was die Untersuchung von technischen Strömungssystemen anbelangt, so sind noch nicht alle Möglichkeiten erschöpft. Auch scheint es, daß die Vorteile der Methoden nicht immer voll erkannt werden. Die Indikatorverfahren sollen dabei keinesfalls andere, weitaus mehr praktizierte Methoden der Prozeßanalyse [80] ersetzen, sondern als eine bereichernde Ergänzung derselben angesehen werden. Es wird in der vorliegenden Monografie stets davon ausgegangen, daß es gelingt, die für eine exakte Anwendung der Methode erforderlichen Bedingungen zu realisieren.

Das Indikatorverfahren besteht aus folgenden allgemeinen Arbeitsschritten:

— Vorbereitung der Untersuchung und Auswahl einer geeigneten Indikatorsubstanz. Hierbei ist darauf zu achten, daß der Indikator durch die Stoffe im transportierten Material und durch die Bedingungen in der Anlage nicht zerstört wird, und daß eine hohe Nachweisempfindlichkeit mit möglichst einfachen Verfahren gegeben ist. Der letztgenannte Gesichtspunkt ermöglicht die Arbeit mit geringen Indikatormengen, die eine Störung des Systems ausschließt.

— Markierung einer kleinen Menge des Materials, welches das System durchströmt und dessen Verhalten untersucht werden soll. Hierunter soll z. B. das Anfärben von Partikeln oder die Fixierung von Radionukliden auf der Oberfläche der Partikel verstanden werden. Als Grundforderung ist die Bedingung zu erfüllen, daß durch die Markierung der Partikel keine Änderung in ihrem physikalischen und chemischen Verhalten auftritt, daß das Transportverhalten gleichbleibt.

- Erzeugung eines vorgegebenen zeitlichen Konzentrationsverlaufes der Indikatorsubstanz mit Hilfe des markierten Materials im Eingang des Systems (Eingangssignal).
- Messung und Registrierung des zeitlichen Konzentrationsverlaufes der Indikatorsubstanz am Ausgang und/oder an Zwischenabschnitten des Systems durch Meßsonden oder in Proben, die aus dem austretenden Materialstrom entnommen werden (Ausgangssignal).
- Auswertung der Meßergebnisse, Genauigkeitsbetrachtungen, Charakterisierung der Transportvorgänge, Modellierung.

Im Mittelpunkt dieses Verfahrens steht die Indikatorsubstanz mit ihren speziellen Eigenschaften. Hohe Nachweisempfindlichkeit und störungsfreie Nachweisverfahren sind hier an erster Stelle zu nennen.

Im Laufe der Entwicklung haben sich einige Substanzen als Indikatoren feste Plätze erobert. Im folgenden soll eine Übersicht über diese Substanzen bzw. Substanzgruppen und die entsprechenden Meßverfahren gegeben werden, wobei ebenfalls auf ausführlichere Darstellungen der Meßverfahren für die konventionellen Indikatoren verwiesen werden kann [9].

Mögliche Indikatoren sind:

- Stoffe, die elektromagnetische Wellenstrahlung stark beeinflussen, insbesondere Farbstoffe wie Fluoreszein, welches sich in der Aufklärung von versickernden Flußläufen, ihrer unterirdischen Verläufe und dem erneuten Zutagetreten bewährt hat. Diese Stoffe werden durch optische Nachweisverfahren analysiert, die auf der Adsorption verschiedener Wellenlängenbereiche, der Streuung, der Brechung und der Drehung der Polarisationsebene beruhen.
- Elektrolyte, die durch elektrochemische Verfahren auf der Grundlage der elektrolytischen Leitfähigkeit, des elektrochemischen Potentials bzw. des Redoxpotentials und der Polarographie nachgewiesen werden können.
- Stoffe mit extremer Wärmeleitfähigkeit, z. B. Wasserstoff und Helium, die oft zur Untersuchung der Transportvorgänge in Gasströmen herangezogen werden. Ihr Nachweis beruht auf der Wärmeleitfähigkeitsmessung.
- Radionuklide, die mit Hilfe ihrer Kernstrahlung im Materialstrom sowie in Proben durch radiometrische Methoden nachgewiesen werden können.
- Aktivierbare Indikatoren, d. h. spezielle Nuklide, die bevorzugt von thermischen Neutronen aktiviert werden. Diese Nuklide werden in inaktiver Form in geringe Menge dem Material zugemischt und es werden Proben im Ausgang des Systems entnommen. Diese Proben werden im Kernreaktor mit thermischen Neutronen bestrahlt und in den Proben kann dann die Kernstrahlung des aktivierten Indikators analysiert werden.
- Angereicherte stabile Isotope, die durch massenspektrometrische Verfahren analysiert werden können.
- Spezielle Stoffe, wie Ziegelsplitt, der zur Untersuchung in der Kalisalzproduktion eingesetzt wird und dessen Nachweis gravimetrisch (nach Lösen der Salzprobe) oder durch Auszählen der Partikel in den Proben erfolgt. Eisenoxidpulver, welches

magnetisch aus den Proben abgetrennt werden kann und Sauerstoff, dessen paramagnetische Eigenschaften benutzt werden. Auch die Farbreaktion des Systems KJ/Na_2SO_3 und Stärke, in dem nach einer Induktionsperiode eine Blaufärbung erfolgt, ist ebenfalls zur Untersuchung von Transportvorgängen herangezogen worden [40].

Bei der Auswahl einer Indikatorsubstanz aus der aufgeführten Übersicht muß von der Nachweisgrenze des entsprechenden Analysenverfahrens sowie von der Einsetzbarkeit der auszuwählenden Substanz für die jeweilige Aufgabe ausgegangen werden. Bei Untersuchungen an Modellanlagen, die bei Normalbedingungen mit Modellsubstanzen betrieben werden, gibt es viele Möglichkeiten. Hier bieten sich Farbstoffe oder gefärbte Substanzen an und im Fall von Wasser als transportiertes Material eignen sich Elektrolyte, Säuren und Laugen sehr gut als Indikatoren.

Für Untersuchungen an Pilotanlagen und Großanlagen, in denen eine Stoffwandlung erfolgt, in denen bei erhöhter Temperatur und in einem aggressiven Medium gearbeitet wird, verringert sich die Zahl der verfügbaren Indikatoren stark. Diese Untersuchungen lassen sich am besten mit radioaktiven Indikatoren durchführen, da diese neben ihren guten Nachweismöglichkeiten auch eine extrem niedrig liegende Nachweisgrenze besitzen, die bei 10^{-10} bis 10^{-14} Gramm liegt.

Die Nachweis- und Meßmöglichkeiten für Kernstrahlung beruhen auf Wechselwirkungseffekten dieser Strahlung mit Stoffen. Da alle diese Wechselwirkungen zu Anregungen oder Ionisation führen, erfolgen die Strahlungsmessungen durch Bestimmung der Anregung oder Ionisation von Gasen, Flüssigkeiten oder Feststoffen. Hierfür gibt es eine Vielzahl von technischen Lösungen, wie z. B. gasgefüllte Ionisationsdetektoren, Szintillationszähler und Halbleiterdetektoren.

Der Szintillationszähler besteht aus Szintillator und Sekundärelektronenvervielfacher. Die Kernstrahlung erzeugt durch einen komplexen Prozeß Lichtblitze (Szintillationen) im Szintillator. Die von diesen ausgehenden Lichtquanten erzeugen in einer Photokathode Elektronen, deren Zahl im Sekundärelektronenvervielfacher erhöht wird. Für die Messung von γ-Quanten kommen Natriumjodideinkristalle mit Talliumbeimengungen als Szintillator in Frage.

Die Nachweisgrenze für radioaktive Indikatoren hängt bei dieser Methode ab von:

- dem Nulleffekt Z_0, der durch die kosmische Strahlung und die Radioaktivität der Umgebung in der Meßsonde erzeugt wird. Als allgemeine Forderung gilt, daß der Meßeffekt mindestens so groß wie der Nulleffekt sein soll.
- von der Meßausbeute f in der Meßanordnung
- von der Halbwertzeit $T_{1/2}$ des zu bestimmenden Radionuklids und
- von der Zahl ν der Teilchen bzw. Quanten, die je Kernumwandlung emittiert werden.

Die Nachweisgrenze, d. h. die minimalnachweisbare Zählrate Z_{min} wird durch den Nulleffekt Z_0 und durch die statistischen Schwankungen des radioaktiven Zerfalls bestimmt. Es gilt:

$$N_{\min} = 2k(Z_0/t)^{1/2} \tag{2.1}$$

$k = n \cdot \sigma$ (Anzahl der Standardabweichungen)
t — Meßzeit (in Minuten)

Für die minimal nachweisbare Aktivitätskonzentration $A_{\min}$ gilt:

$$A_{\min} = \frac{2k \cdot (Z_0/t)^{1/2}}{2{,}22 \cdot 10^6\, V \cdot \lambda \cdot \nu} = \frac{2kt^{1/2}}{2{,}22 \cdot 10^6 \cdot V \cdot \nu} \cdot F^{-1/2} \tag{2.2}$$

V — Volumen in cm^3

Die Maßeinheit der Aktivität ist das Curie (1 Ci = $3{,}7 \cdot 10^{10}$ Zerfälle/Sekunde). In der Formel (2.2) erhält man die Aktivitätskonzentration in Mikrocurie (10^{-6} Ci) pro cm^3. Die Meßzeit beträgt wiederum eine Minute. Die Größe F (figure of merit) ergibt sich aus dem Quadrat der Meßausbeute dividiert durch den Nulleffekt Z_0. Diese Größe charakterisiert die Güte einer Meßanordnung.

Die für eine Untersuchung notwendige Aktivität muß abgeschätzt werden. Im ersten Schritt dieser Abschätzung müssen Annahmen über die Verteilung des Indikators in dem zu untersuchenden System gemacht werden. In diesem Schritt liegen die größten Unsicherheiten, denn die Bestimmung der Indikatorverteilung ist ja ein wesentlicher Teil der Untersuchung. In einem zweiten Schritt muß die benötigte Zählrate ermittelt werden, wenn für die Ergebnisse eine angestrebte Genauigkeit vorgegeben wird [142]. Aus dieser Zählrate und der Meßausbeute der verwendeten Meßanordnung sowie der angenommenen Verteilung des Indikators kann die benötigte Aktivität ermittelt werden. Wenn keinerlei Anhaltspunkte über die Verteilung des Indikators in der zu untersuchenden Anlage vorliegen, dann sollte stets der ungünstigste Fall, die sofortige Durchmischung und Verteilung über das gesamte Volumen angenommen werden. Die Aktivitätskonzentration sollte dann so bemessen sein, daß sie mindestens zwei Größenordnungen über der minimal nachweisbaren Aktivitätskonzentration liegt.

Die Nachweisgrenze der Radionuklide mit radiometrischen Methoden liegt in der Regel um einige Größenordnungen tiefer als die Nachweisgrenze chemischer und anderer physikalischer Methoden. Dieser Umstand führt dazu, daß die eingesetzten Indikatormengen extrem klein gehalten werden können und hierdurch wiederum Störungsfreiheit erreicht wird. Im folgenden wird deshalb die Anwendung von Radionukliden als Indikatoren im Vordergrund stehen. Auf die Grundlagen der Radioaktivität kann hier nicht eingegangen werden, und es muß auf die entsprechende Literatur (z. B. [162]) verwiesen werden.

2.2. Radionuklide als Indikatoren

Bei der Anwendung radioaktiver Nuklide als Indikatoren müssen alle Schritte des Indikatorverfahrens und einige zusätzliche Forderungen, die in den folgenden Abschnitten in ihrer zeitlichen Reihenfolge diskutiert werden sollen, erfüllt werden. Für den Umgang mit radioaktiven Materialien existieren gesetzliche Festlegungen, die den notwendigen Strahlenschutz gewährleisten sollen und jede einzelne derartige Untersuchung ist genehmigungspflichtig. Die bisherige Entwicklung auf diesem Gebiet hat dazu geführt, daß spezialisierte Arbeitsgruppen von Forschungseinrichtungen und Großbetrieben derartige Untersuchungen in enger Zusammenarbeit mit den Betrieben durchführen.

2.2.1. *Gesichtspunkte zur Auswahl des Radionuklids*

Untersuchungen, die mit Hilfe radioaktiver Materialien an laufenden Produktionsanlagen durchgeführt werden sollen, erfordern im Interesse eines störungsfreien Ablaufs eine gründliche organisatorische Vorbereitung. Folgende wichtige Gesichtspunkte müssen beachtet werden:

- der normale Produktionsablauf darf nicht gestört werden (dieser Gesichtspunkt betrifft nicht nur die betriebliche Sicherheit, sondern auch die Aussagekraft der Meßwerte)
- alle Maßnahmen sollten darauf gerichtet sein, daß Wiederholungsmessungen möglich sind
- Vorbereitung des Arbeitsplatzes, insbesondere zur Eingabe des Indikators, Anbringen der Meßstellen
- strahlenschutztechnische Maßnahmen, einschließlich Belehrung des Personals
- An- und Abtransport des radioaktiven Materials sowie der Meßgeräte.

Der erste Schritt in der Vorbereitung von Untersuchungen der Transportvorgänge in großtechnischen Anlagen mit Hilfe radioaktiver Indikatoren besteht in einer ausführlichen Arbeitsberatung zwischen Isotopenanwendern und Verfahrenstechnikern oder Technologen des Betriebes. Hier muß von Seiten des Betriebes die Aufgabenstellung klar formuliert werden und vom Isotopenanwender muß ein Vorschlag über das einzusetzende Radionuklid und die benötigte Meßtechnik unterbreitet werden. Nach eingehender Besichtigung der Anlage sind das Versuchsprogramm festzulegen, die vertraglichen Vereinbarungen zu fixieren und der Antrag auf Genehmigung bei der entsprechenden staatlichen Stelle einzureichen.

Im folgenden sollen die Gesichtspunkte, die bei der Auswahl des Radionuklids zu beachten sind sowie die grundsätzlichen Überlegungen zur Einhaltung der Strahlenschutzbestimmungen bei derartigen Untersuchungen behandelt werden.

Bei der Auswahl haben kernphysikalische Gesichtspunkte wie Halbwertzeit sowie Art und Energie der emittierten Strahlung und physikalisch-chemische Gesichtspunkte Bedeutung.

a) Halbwertzeit:

Hinsichtlich der Halbwertzeit des Radionuklids sind Gesichtspunkte zu beachten, die zu gegenläufigen Aussagen führen. Einerseits sollte man stets bemüht sein, ein Nuklid mit möglichst kurzer Halbwertzeit einzusetzen, um die radioaktive Kontamination der in die Untersuchung einbezogenen Materialmenge zeitlich möglichst gering zu halten, da insbesondere an Großanlagen die Möglichkeiten einer Zwischenlagerung sehr begrenzt sind und eine Weiterverarbeitung oder gar die Auslieferung des Endproduktes nach kurzer Zeit erfolgen müssen.

Andererseits muß aber auch die Transportzeit des Radionuklids vom Herstellungs- zum Einsatzort berücksichtigt werden und die Dauer des Versuchsprogramms, das mehrere Messungen und die entsprechenden Umarbeitungen des Radionuklids umfassen kann. Außerdem sollte angestrebt werden, die Einflüsse des Abklingens der Radioaktivität während der eigentlichen Messung möglichst klein zu halten. Da in der Regel die mittlere Verweilzeit des Materials in der Anlage aus dem Verhältnis von Durchsatz und Volumen zumindest abgeschätzt werden kann und die Messung der Verweilzeitverteilung immer über 3 bis 5 mittlere Verweilzeiten ausgedehnt werden sollte, ergibt sich bereits für die Halbwertzeit der Hinweis, daß sie nicht kleiner als der Zeitraum von 5 bis 10 mittleren Verweilzeiten sein soll. Der Antransport einschließlich eventueller Umarbeitungen des Präparats legt eine untere Grenze der Halbwertzeit von ca. 10 Stunden fest (natürlich können in Sonderfällen bei entsprechender Vorbereitung auch Präparate mit kleinerer Halbwertzeit Anwendung finden). Geht man davon aus, daß kontinuierliche Prozesse mit mittleren Verweilzeiten größer als 20 Stunden (z. B. Polymerisationsreaktionen) in der chemischen Industrie selten auftreten, so kann in erster Näherung angenommen werden, daß radioaktive Nuklide mit Halbwertzeiten zwischen 10 und 100 Stunden als Indikatoren für Verweilzeituntersuchungen von Interesse sind. Tab. 2.1 enthält eine Zusammenstellung häufig benutzter Radioindikatoren, die nach ihren Halbwertzeiten geordnet sind.

Tabelle 2.1: Wichtigste Radionuklidindikatoren

Nuklid	Halbwertzeit	Quantenenergie [MeV]
Kalium-42	12,4 h	1,5
Kupfer-64	12,8 h	1,3; 2,7
Natrium-24	15 h	1,3
Brom-82	35,9 h	1,32
Lanthan-140	40 h	1,6
Gold-198	64,6 h	0,41

b) Strahlenart und Energie der Strahlung:

Die Auswahl der Radionuklide nach der emittierten Strahlenart und der Energie der Teilchen bzw. Quanten erfolgt im Hinblick auf eine möglichst einfache Durchführung des Strahlennachweises. Heute haben sich im wesentlichen Szintillationsdetektoren für den Strahlennachweis durchgesetzt, und es wird immer angestrebt, Quantenstrahlung aussendende Radionuklide als Indikatoren zu verwenden. Bei der Emission energiereicher γ-Quanten ($> 0{,}5$ MeV) ist ein Nachweis des Indikators auch ohne Eingriff in die zu untersuchende Anlage durch die Wandungen der Anlage und der Rohrleitungen mit Hilfe von Szintillationsmeßsonden möglich. Reine β-Strahler werden relativ selten für Untersuchungen an verfahrenstechnischen Anlagen eingesetzt. In der Untersuchung biologischer Systeme und der Strömungsvorgänge in Untergrundwassersystemen benutzt man häufiger reine β-Strahler. Hier werden Tritium und Kohlenstoff C-14 bevorzugt, deren Einsatz jedoch erhöhten Aufwand in der Meßtechnik erforderlich macht.

Anforderungen sind auch an die Reinheit der Indikatorsubstanz zu stellen, die hinsichtlich der Verunreinigung durch andere Radionuklide und der sogenannten radiochemischen Reinheit erfolgen müssen. Unter radiochemisch rein wird das Vorliegen des Radionuklids in der gewünschten chemischen Form verstanden, insbesondere dürfen keine radioaktiven Fremdstoffe enthalten sein. Ebenfalls muß beachtet werden, daß einige Radionuklide radioaktive Folgeprodukte bilden und aus diesem Grunde keine radioaktive Reinheit besitzen können. Die physikalische und chemische Form muß so gewählt werden, daß die Forderungen erfüllt werden, die sich aus der Markierung ergeben.

In der Regel soll eine chemische Umarbeitung mit einfachen Methoden durchführbar sein. Einzelheiten dieser Problematik werden im Abschnitt „Markierung“ behandelt.

c) Strahlenschutzbestimmungen:

Dieser wichtige Gesichtspunkt stellt die Grundvoraussetzung dafür dar, daß der Versuch überhaupt durchgeführt werden kann. Es gilt hierbei alle von den staatlichen Organen erlassenen Gesetze und die von den Betrieben erlassenen Sicherheitsvorschriften exakt zu erfüllen. Zur Durchführung solcher Versuche sind daher in fast allen Ländern staatliche Genehmigungen erforderlich. In der Beantragung müssen in der Regel neben einer Beschreibung der Anlage und des Zieles der geplanten Untersuchungen sowie des Zeitraumes Angaben zum gewählten Radionuklid und der pro Versuch benötigten Menge an radioaktiver Substanz gemacht werden. Die benötigte Radioaktivität pro Versuch kann mit Gl. (2.1) abgeschätzt werden. Die im Beispiel des Abschn. 2.2. geforderte Gleichheit von Meßeffekt und Nulleffekt bedeutet, daß die Abschätzung die untere Grenze der Radioaktivität darstellt. Man sollte bei den Untersuchungen mit einem um den Faktor 10 größeren Wert der Radioaktivität arbeiten. Dies bedeutet, daß nach ca. 5 Halbwertzeiten die Nachweisgrenze des Radionuklids erreicht ist und damit jede Gefährdung ausgeschlossen ist. Bis zum Erreichen dieses Zeitpunktes oder bis zum Abklingen auf die gesetzlich festgelegte maximal zulässige Konzentration (*MZK*) ist das Material als Gefahrenquelle anzusehen. Möglichkeiten der Minderung dieser Gefahren sind die Verdünnung oder Mischung mit nicht kontaminiertem Material sowie die Zwischenlagerung in abgeschlossenen Behältern oder Räumen.

Die Strahlenschutzmaßnahmen, die durchzuführen sind, lassen sich in zwei Gruppen einteilen. Einerseits müssen alle Operationen vom Öffnen der Transportgefäße für die radioaktiven Lösungen bis zum Einbringen der radioaktiv markierten Substanz in die Anlage unter Einhaltung aller Vorschriften, die in radiochemischen Laboratorien üblich sind, durchgeführt werden. Diese Operationen müssen unter allen Umständen von Mitarbeitern des Isotopenanwenders durchgeführt werden. Das Ziel aller Strahlenschutzmaßnahmen muß darin bestehen, die Strahlenbelastung der Mitarbeiter so niedrig wie möglich zu halten. Als maximal zulässiges Dosisäquivalent DE_{max} sind 5 rem[1]) pro Jahr festgelegt (für Personen, die ständig mit Radioaktivität arbeiten). Für die praktische Arbeit ergibt sich hieraus bei Gesamtkörperbestrahlung ein Wert von 2,5 mrem pro Stunde. Für den Personenkreis des Betriebes, der nicht zu den beruflich strahlenexponierten Personen gehört, und während der Messungen überwacht wird, ist dieser Wert um mindestens eine Größenordnung zu verringern. Das zulässige Ortsdosisäquivalent DE pro Stunde ergibt sich zu

$$DE = \frac{2{,}5 \cdot T_M}{W \cdot U \cdot T_A} \text{ [mrem]} \tag{2.3}$$

Es bedeuten:

T_M — die monatliche Arbeitszeit (Stunden)
T_A — die Arbeitsstunden mit radioaktiven Stoffen im Monat
W — der Belegungsfaktor (ca. 1)
U — der Belastungsfaktor (ca. 1)

Es ist zu gewährleisten, daß diese gesetzlichen Bestimmungen eingehalten werden und daß eine Kontamination der Umgebung ausgeschlossen ist. Diese Forderung gilt auch für den zweiten Bereich, der den Schutz der Mitarbeiter des Betriebes umfaßt, die in der Regel mit der radioaktiven Substanz erst in sehr stark verdünnter Form in Berührung kommen. Es handelt sich hier weniger um das Bedienungspersonal der Anlage als um Arbeiter in nachgeordneten Produktionsabschnitten. Durch die starke Verdünnung der radioaktiven Substanz um den Faktor 10^6 und größer wird die Strahlenbelastung dieses Personenkreises in der Regel sehr gering sein, aber die Gefahr einer möglichen Inkorporation besteht.

Die Hauptaufgabe besteht in einer gründlichen und umfassenden Belehrung dieses Personenkreises. Die Grundlage für diese Belehrung ist eine spezielle Arbeitsordnung für die Durchführung der Versuche, die zusammen mit dem Antrag um Genehmigung dem zuständigen staatlichen Organ zugeleitet werden muß. In der Belehrung aller am Versuch beteiligten Personen sollte man die Gelegenheit nutzen, das Ziel und die Methode der Untersuchung in allgemeiner Form darzustellen, um das Interesse und die bewußte Mitarbeit aller Beteiligten zu wecken. Geringe Aufwendungen in dieser Richtung bringen oft sehr gute Ergebnisse in einer fruchtbaren Zusammenarbeit.

---

[1]) Einheit des Dosisäquivalent DE = 1 roentgen equivalent man = 1 rem = 1 rad $\cdot$ QF; QF = Qualitätsfaktor (für Gamma-Strahlung $QF \simeq 1$ für schnelle Neutronen $QF \simeq 10$)
Einheit der Energiedosis = 1 rad = $10^2 \frac{\text{erg}}{\text{g}} = 10^{-2} \frac{\text{Ws}}{\text{kg}}$

2.2.2. *Erzeugung der Radionuklide*

Die weitverbreitete Anwendung radioaktiver Nuklide in Medizin, Industrie, Landwirtschaft und Forschung hat zur Entwicklung eines ausgedehnten Sortiments kommerziell hergestellter Radionuklide geführt. Die Zahl der angebotenen Radionuklidverbindungen übersteigt in den Ländern mit eigener Produktion einige Hundert (DDR: > 500 Erzeugnisse mit ca. 60 verschiedenen Radionukliden). Besonders die Anzahl der Verbindungen mit Tritium, Kohlenstoff-14 und Schwefel-35 nimmt ständig zu.

Der größte Teil der Radionuklide wird durch Bestrahlung mit thermischen Neutronen im Kernreaktor gewonnen. Bei diesem Verfahren existieren zwei Möglichkeiten: Die Bestrahlung einer Substanz, deren Nuklid durch eine Kernreaktion aktiviert wird (bevorzugt werden Neutroneneinfangreaktionen, die sogenannten (n, γ) Reaktionen) oder die Bestrahlung von Spaltmaterial z. B. Uran-235 und die Isolierung des gewünschten Radionuklids aus den entstehenden Spaltprodukten mit radiochemischen Methoden.

Die Aktivierung mit thermischen Neutronen im Kernreaktor soll etwas eingehender dargestellt werden. Das zu aktivierende Nuklid wird in einer geeigneten chemischen Form (z. B. schwerlösliches Salz, Oxid u. a.) in einer Ampulle aus Quarz oder Polystyrol in der aktiven Zone des Kernreaktors bestrahlt. Grundlage für die Berechnung der zu erwartenden Aktivitäten ist die sogenannte Aktivierungsgleichung

$$A = \sigma \cdot \Phi \cdot \frac{G}{M} \cdot h \cdot \frac{6{,}023 \cdot 10^{23}}{3{,}7 \cdot 10^{10}} \left(1 - e^{-\frac{0{,}693}{T_{1/2}} \cdot t}\right) \cdot e^{-\frac{0{,}693}{T_{1/2}} \cdot t_w} \tag{2.4}$$

Es bedeuten:

A — Aktivität in Curie
σ — Aktivierungsquerschnitt in barn ($1\ \text{b} = 1 \cdot 10^{-24}\ \text{cm}^2$)
Φ — Neutronenflußdichte in $\text{cm}^{-2} \cdot \text{s}^{-1}$
G — Masse des bestrahlten Elementes in Gramm
M — Atommasse des bestrahlten Elementes in Gramm
h — relative Häufigkeit des aktivierten Nuklids
$T_{1/2}$ — Halbwertzeit in Sekunden
t — Bestrahlungszeit in Sekunden
t_w — Zeit zwischen Bestrahlungsende und Messung in Sekunden

Die entstehende Aktivität nimmt mit dem Aktivierungsquerschnitt, der Neutronenflußdichte und der Bestrahlungszeit zu. Die Erzeugung des Radionuklids wird durch seinen ständigen radioaktiven Zerfall begleitet. Es stellt sich im Verlauf der Bestrahlung ein stationärer Zustand ein, wenn diese über genügend große Zeiten fortgesetzt wird (über $t \geqq 10\ T_{1/2}$). Man spricht von einer Sättigungsaktivität A_s. Nach Abbruch der Bestrahlung führt der radioaktive Zerfall zur Abnahme der Aktivität (vgl. Abb. 2.2).

Der Begriff Aktivierungsquerschnitt leitet sich von der Vorstellung her, daß der geometrische Querschnitt der Atomkerne im Ablauf der Kernreaktion eine entscheidende Größe darstellt. Mit Kerndurchmessern in der Größenordnung von 10^{-12} cm wurde für die Einheit der Aktivierungsquerschnitte 10^{-24} cm^2 = 1 barn festgelegt.

Es zeigte sich dann in der Praxis, daß es eine Reihe von Kernreaktionen gibt, in denen $\sigma_{geom.} \sim \sigma_{Kernreakt.}$ ist, daß es aber besonders bei Kernreaktionen mit thermischen Neutronen starke Abweichungen in beiden Richtungen gibt.

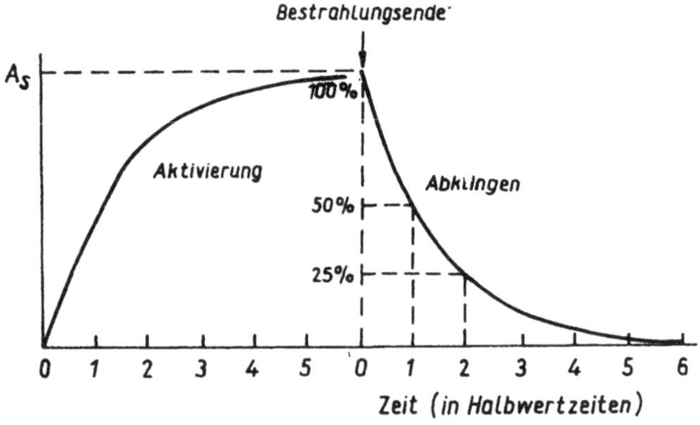

Abb. 2.2: Zeitverlauf der Bildung durch Neutronenaktivierung und des Zerfalls eines Nuklids nach Abbruch der Aktivierung.

Außerdem hängt der Aktivierungsquerschnitt von der Energie der Neutronen ab. Die Aktivierungsquerschnitte sind in Spezialwerken tabelliert, z. B. in [14].

Die Neutronenflußdichte gibt an, wieviel Neutronen die Fläche von 1 cm^2 je Sekunde durchströmen. In Kernreaktoren, die zur Produktion von Radionukliden verwendet werden, liegt die Neutronenflußdichte in der Größenordnung von 10^{13} n/cm$^2 \cdot$ s. Dieser Wert weist im Kernreaktor örtliche und zeitliche Schwankungen auf und innerhalb einer Probe treten ebenfalls Änderungen auf, so daß man von einer Selbstabschirmung spricht, wenn das zu aktivierende Material in kompakter Form vorliegt.

Die Bestrahlungszeit muß unter Berücksichtigung verschiedener Gesichtspunkte festgelegt werden. Zu berücksichtigen sind die benötigte Aktivität, die erforderliche spezifische Aktivität, das im Reaktor zur Verfügung stehende Volumen für eine Probe des Materials und die Bestrahlungskosten. Die obere Grenze der Bestrahlungszeit ist durch die Sättigungsaktivität festgelegt. Bei einer Bestrahlungszeit von 5 Halbwertzeiten des zu erzeugenden Radionuklids ist die Sättigungsaktivität zu 97% erreicht und eine weitere Bestrahlung bringt praktisch keinen Zuwachs. Weiterhin folgt aus Gl. (2.4) für relativ kleine Bestrahlungszeiten (bis 15% der Halbwertzeit) praktisch ein linearer Anstieg der Aktivität mit der Zeit.

Die Methode der Aktivierung, hier an der Herstellung von Radionukliden als Indikatoren erläutert, findet auch eine analytische Anwendung, in der Spuren einer Substanz, z. B. Arsen im Menschenhaar, Verunreinigungen in Halbleitermaterialien u. a. mit hoher Genauigkeit bestimmt werden können. Eine weitere Anwendung findet diese Methode in der nachträglichen Aktivierung von Indikatorsubstanzen mit großem Aktivierungsquerschnitt, die ebenfalls zur Untersuchung von Transportvorgängen herangezogen werden.

Neben der hier beschriebenen Methode, bei der vom Isotopenanwender das zu aktivierende Material vorbereitet wird und die nur in Sonderfällen für die Radionuklidherstellung angewandt wird, gibt es die Möglichkeit der Auswahl eines geeigneten Radionuklides aus dem großen Sortiment der kommerziellen Produktion, wobei man auch noch unter verschiedenen chemischen Verbindungen eines speziellen Radionuklids wählen kann, z. B. La-140 als Lanthanchlorid, -nitrat und -oxid. Zu beachten sind hier die Produktionszyklen im Kernreaktor für kurzlebige Radionuklide.

2.2.3. Herstellung des markierten Materials

a) Isotope und nichtisotope Markierung

Unter Markierung soll die Kennzeichnung eines Volumen- oder Masseelementes des zu untersuchenden Stoffstromes mit Hilfe einer Indikatorsubstanz verstanden werden. Wird als Indikatorsubstanz ein Radionuklid verwendet, dann bestehen prinzipiell zwei Möglichkeiten der Markierung. Diese beiden Möglichkeiten sind die sogenannte *isotope Markierung*, bei der ein stabiles Nuklid in der entsprechenden Verbindung durch ein chemisch gleichartiges, aber radioaktives Nuklid (d. h. durch ein Isotop) ersetzt wird und die *nichtisotope Markierung*, bei der keine chemische Identität, sondern nur möglichst weitgehende Ähnlichkeit im chemischen und physikalischen Verhalten zwischen Indikator und zu markierenden Material angestrebt wird. Die letztgenannte Methode ist vom experimentellen Standpunkt einfacher durchzuführen und wird immer dann bevorzugt, wenn es sich um Untersuchungen von Transportvorgängen ohne Phasenübergang handelt. Sie steht deshalb im Mittelpunkt der weiteren Betrachtungen. Bei der Untersuchung des Verhaltens eines bestimmten chemischen Elementes in einem komplizierten Prozeß mit verschiedensten Stoffwandlungen (z. B. im biologischen Stoffwechselprozeß) muß immer die Methode der isotopen Markierung gewählt werden. Die bei der nichtisotopen Markierung als Indikatoren benutzten Radionuklide müssen folgende wichtige Grundforderungen erfüllen:

1. Sie dürfen sich in physikalischer und chemischer Hinsicht von den zu markierenden Materialien nicht unterscheiden,
2. sie müssen eine gut nachweisbare Strahlung besitzen und
3. eine günstige Halbwertzeit haben.

Die erste Grundforderung kann nur in einigen Fällen durch die in der Ausgangslösung vorliegende chemische Form der Radionuklide unmittelbar erfüllt werden. Daher ist es in vielen Fällen erforderlich, die radioaktiven Stoffe umzuarbeiten. Sie müssen häufig auf Feststoffoberflächen chemisch gebunden werden oder aus der wäßrigen Lösung unter Bildung von Komplexen in eine organische Lösung überführt werden. Die zu markierende Substanz kann in fester, flüssiger oder gasförmiger Phase in verschiedenen Formen vorliegen und die Arbeitsgänge, die eine möglichst weitgehende Übereinstimmung in physikalischer und chemischer Hinsicht zwischen Indikator und zu markierende Substanz zum Ziel haben, umfassen die eigentliche Markierung. In Tab. 2.2 ist eine Übersicht über die Problematik enthalten.

Tabelle 2.2: Arbeitsoperationen der Markierung von Stoffen in verschiedener Form

Phase	Form	Arbeitsoperation zur Markierung
fest	Pulver Granulat	adsorbieren durch Benetzen oder Besprühen, fixieren auf der Oberfläche durch chemische Bindung, Fällung, thermische Zersetzung, elektrolytisches Abscheiden, Aufdampfen im Hochvakuum, Eindiffundieren
flüssig	Flüssigkeit (Schmelze) Lösung wäßrige organische	mischen, lösen lösen (evtl. mit Komplexbildner) extrahieren unter Komplexbildung
gasförmig	Gas Dampf	mischen, durchblasen, verdampfen

Im folgenden sollen einige Beispiele die Arbeitsoperationen näher erläutern.

Die Markierung von Material in fester Phase umfaßt die Kennzeichnung von pulverförmigen Substanzen oder Granulaten durch Fixierung der Radionuklide auf der Oberfläche der Partikel, z. B. auf Gesteinsmehl, auf Kalisalzen und Ziegelsplitt und auf Sand- und Kieskörnern. Eine andere Möglichkeit ist die Aktivierung derartiger Substanzen im Kernreaktor. Diese Methode findet jedoch relativ selten Anwendung.

Im folgenden sollen einige wichtige Beispiele beschrieben werden.

b) Markierung von Gesteinsmehl

Die Markierung von Gesteinsmehl zur Untersuchung von Prozeßabschnitten in der Zementproduktion nach den Trockenverfahren besteht nur aus den einfachen Arbeitsoperationen: Benetzen der Substanz mit der radioaktiven Lösung und anschließende Trocknung, da die Partikel der Ausgangssubstanzen der Zementherstellung bei diesen Verfahren nur mit heißen Gasen und anderen Feststoffteilchen in Kontakt kommen. Die Markierung von z. B. 100 g Gesteinsmehl mit 100 mCi Lanthan-140 erfordert eine Verdünnung der wäßrigen Ausgangslösung des Radionuklids (z. B. 1 ml salpetersaure Lanthannitratlösung mit 5 mg Lanthan) mit 50 ml Aceton (95%) oder Alkohol (95%) und die Durchmischung des Gesteinsmehls mit dieser Lösung in einer Porzellanschale sowie die anschließende Trocknung unter einem Infrarotstrahler. Bei dieser Operation darf zur Verdünnung der radioaktiven Lösung kein Wasser verwendet werden, da sonst bei der Trocknung Krusten- und Klumpenbildung auftritt und die größeren Konglomerate des Gesteinsmehls im aufsteigenden Heißgasstrom ein wesentlich anderes Transportverhalten als die Gesteinsmehlpartikel besitzen. Änderungen der Partikelgröße müssen auf jeden Fall vermieden werden, da sonst Unterschiede im physikalischen Verhalten auftreten. Weiterhin muß gewährleistet sein, daß das Radionuklid annähernd gleichmäßig über die 100 g Gesteinsmehl verteilt ist. Es darf deshalb das organische Lösungsmittel nicht in reiner Form verwendet werden, da in diesem Fall eine Ausfällung bzw. Auskristallisation des Salzes der radioaktiven Ausgangslösung erfolgen kann. Eine derartige Ausfällung würde zu einer sehr ungleichmäßigen Verteilung des Radionuklids im Gesteinsmehl führen. Im vorliegenden Fall verhindern 5% Wasser im Lösungsmittel derartige Erscheinungen.

c) Markierung von Kalisalzen

Die Markierung von Kalisalzen zur Untersuchung der Transportvorgänge in Trockentrommeln oder Wirbelschichttrocknern gestaltet sich analog der Markierung von Gesteinsmehl. Da diese Salze im feuchten Zustand eingesetzt werden, entfällt die Trocknung und nach der Benetzung von ca. 1 kg feuchtem Salz mit der durch Aceton verdünnten Lösung des Radionuklids genügt eine weitere Vermischung mit ca. 5 kg des feuchten Salzes.

Wesentlich komplizierter gestaltet sich die Markierung von Rohsalzen, die einem Löseprozeß (z. B. Heißverlösung in den Kalifabriken) unterworfen werden. Hier wurden Untersuchungen durchgeführt, die aus der Aktivierung von Hartsalz im Kernreaktor und die Anwendung von aktiviertem Spezialglas (Vakuumverbindungsglas C 12 und C 14) mit verschiedenen Partikeldurchmessern bestehen.

In der industriellen Praxis hat sich in den letzten Jahren Ziegelsplitt als Indikator für derartige Untersuchungen mit entsprechender Korngröße bewährt. Diese Substanz stimmt in ihrer Dichte mit dem Rohsalz überein und zeigt ein ähnliches Transportverhalten. Eine vollständige Übereinstimmung kann natürlich nicht erreicht werden, da aus den Rohsalzpartikeln der Kalianteil herausgelöst wird und deshalb Änderungen der Partikel eintreten. Die quantitative Bestimmung der Indikatorsubstanz erfolgte früher durch Auszählung der Ziegelsplitteilchen in Proben. Dieses Verfahren ist mit sehr hohem Zeitaufwand verbunden und in Bereichen geringer Indikatorkonzentrationen stark fehlerbehaftet. Es lag deshalb nahe, den Ziegelsplitt radioaktiv zu markieren, um die Messung wesentlich zu vereinfachen und die Vorteile der radiometrischen Methode, z. B. Messung durch die Apparate- und Rohrwände, voll zu nutzen. Durch diese Maßnahme hat sich die Funktion des Ziegelsplitts in der Untersuchung geändert. Der Ziegelsplitt dient jetzt als Ersatzsubstanz für die Rohsalzteilchen und die Indikatorfunktion hat das verwendete Radionuklid, von dem gefordert werden muß, daß es auch in konzentrierten Salzlösungen mit einer Temperatur von ca. 115 °C fest auf der Oberfläche der Ziegelsplittpartikel haftet.

Die Markierung umfaßt das Benetzen des Ziegelsplitts mit einer alkoholischen Lösung des Radionuklids Lanthan-140 in Nitratform, das Trocknen und Erhitzen des Materials auf 300 °C über ein Stunde.

d) Markierung von Sand und Kies

Diese Markierung hat für Untersuchungen an Modellanlagen, für die Erforschung der Transportvorgänge von Sand und Schlamm in Flüssen und an Meeresküsten sowie für Intensivierungsarbeiten an Erdöl- und Erdgassonden große Bedeutung.

An das Resultat der Markierung, d. h. an die Art und Weise wie das Radionuklid auf der Oberfläche der Partikel fixiert ist, werden je nach Einsatz verschiedene Anforderungen gestellt.

Die geringsten Anforderungen an die Markierung dürften beim Einsatz von Sand in Modellanlagen für die Entwicklung von Feststoff-Gas-Wirbelschichten vorliegen. Hier genügt eine Benetzung einer kleinen Sandmenge mit einer wäßrigen Lösung des Radionuklids z. B. Natrium-24 und anschließende Trocknung zur Herstellung der markierten Substanz. In Untersuchungen mit höheren Anforderungen an die Markierung werden häufig Ersatzstoffe wie z. B. Glaspartikel eingesetzt. In diesen Glaspartikeln ist die Indikatorsubstanz im Inneren fixiert. Ein Beispiel hierfür ist das Auflösen von Scandiumoxid (Sc_2O_3) in einer Glasschmelze. Das Glas kann dann zerkleinert werden und die gewünschte Kornfraktion wird im Kernreaktor aktiviert. Das entstehende Scandium-46 dient als Indikator [139].

Die Bestrahlung im Kernreaktor entfällt, wenn bereits in die Glasschmelze Radionuklide eingeführt werden (z. B. Kobalt-60, Silber-110 oder Zink-65), [70]. Der Einsatz von Glaspartikeln gewährleistet jedoch nicht die erforderliche weitgehende Ähnlichkeit im Transportverhalten mit Sand, so daß weitere Arbeiten eine direkte Markierung von Sand anstreben. Hier muß das Radionuklid fest auf der Oberfläche haften und es sind eine Reihe von Methoden entwickelt worden, um diese Forderung weitgehend zu erfüllen.

Eine dieser Methoden enthält als ersten Schritt die Erzeugung einer Silberschicht auf dem Sandkorn, in dem der Sand mit Silbernitratlösung benetzt und dann mit einem Reduktionsmittel behandelt wird. Enthält die Silbernitratlösung das Nuklid Silber-110, dann kann dieser Sand bereits als markierte Substanz eingesetzt werden [49].

Eine andere Methode geht von den versilberten Sand- bzw. Kieskörnern (ohne Zusatz des radioaktiven Silber) aus und bringt diese mit einer Lösung zusammen, die radioaktives Gold-198 enthält. Das Gold scheidet sich auf Grund seiner elektrochemischen Eigenschaften auf der Silberoberfläche ab und Silber geht dafür in Lösung [25].

Ein weiteres Verfahren zur Markierung von Sand und Kies mit Chrom-51 besteht aus der Benetzung der Körner mit einer Ammoniumbichromatlösung, die Cr-51 enthält, der anschließenden Trocknung und der thermischen Zersetzung zu Chromoxid.

$$(NH_4)_2Cr_2O_7 \xrightarrow{300\cdots400\,°C} Cr_2O_3 + N_2 + 4H_2O$$

Das gebildete amorphe Cr_2O_3 haftet sehr gut auf der Oberfläche des Sandes und ist auch gegen die Einwirkung von Meereswasser beständig [60].

Ebenfalls Chrom-51 benutzt eine Methode zur Sandmarkierung, die mit Hilfe von Wasserglas und einer anschließenden Behandlung mit Salpetersäure auf der Oberfläche des Sandes eine Kieselsäureschicht erzeugt, die Ionenaustauschereigenschaften besitzt.

Cr-51 in dreiwertiger Form kann in dieser Schicht gegen Wasserstoffionen ausgetauscht werden. Durch eine Erwärmung auf 200 °C wird dann das Radionuklid in dieser Schicht fixiert [106].

Neben diesen Verfahren, die spezielle Eigenschaften einiger Elemente ausnutzen, wurde eine Methode entwickelt, die eine breitere Anwendung für die verschiedensten Radionuklide gestattet. Die Oberfläche des Kieskornes wird mit einer wäßrigen Lösung des Radionuklids z. B. Iridium-192 benetzt. Das Material wird getrocknet und dann wiederum mit einer Lösung von Siliconlack in Tetrachlorkohlenstoff (1:3) benetzt und einer thermischen Behandlung bei 400 °C über eine Stunde ausgesetzt. Die sich bildende Siliconlackschicht auf der Oberfläche der Körner fixiert das Radionuklid vollständig [145].

Alle bisher beschriebenen Methoden der Markierung von Feststoffpartikeln erreichen eine sehr weitgehende Übereinstimmung zwischen Transportverhalten der markierten und nicht markiertenTeilchen, wenn die radioaktive Indikatorsubstanz auf der Oberfläche fixiert ist, da in diesem Falle spezifisches Gewicht und Form der Teilchen übereinstimmen. Bei der Benutzung von radioaktiven Glas treten jedoch schon beträchtliche Unterschiede in der Form der Partikel auf und die Übereinstimmung in der Dichte wird ebenfalls nicht vollkommen erreicht, so daß nur ein ähnliches Verhalten resultiert.

e) Markierung von flüssigen und gasförmigen Materialien (Wasser, Polymerschmelzen, Öle)

Die Markierung von Material in flüssiger Form umfaßt ebenfalls eine Vielzahl von Arbeitsoperationen, die vom einfachen Vermischen ähnlicher Flüssigkeiten bis zum chemischen Einbau von Radionukliden in Moleküle reichen. Als Beispiele sollen die Markierung wäßriger Lösungen, der Schmelzen von Polyamid und Polyester und die Markierung von Kohlenwasserstoffen und Ölen behandelt werden.

Die Markierung wäßriger Lösungen mit Lösungen von Radionukliden in Elektrolytform ist das einfachste Markierungsverfahren. Es besteht in der Vermischung beider Lösungen. Man hat die Möglichkeit radioaktive Anionen oder Kationen zu verwenden. Beim Arbeiten mit Lösungen, in denen Radionuklide in sehr verdünnter Form ohne inaktive Beimengungen gleicher oder ähnlicher Ionen (sogenannter Träger) vorliegen, zeigt sich oft ein von den Makrokonzentrationen abweichendes Verhalten, und das Radionuklid geht häufig unkontrollierbar verloren. Als Ursachen werden die Adsorption (besonders an Wänden) und die Radiokolloidbildung, d. h. das Auftreten kolloidaler Partikel mit Durchmessern zwischen 10^{-8} und 10^{-7} cm angesehen. Über die Natur dieser Radiokolloide gibt es verschiedene Ansichten. Eine geht von der Annahme aus, daß die Radionuklide sich an Staubteilchen in der Lösung ablagern und es sich nicht um echte Kolloide der Radionuklide handelt. Eine andere Annahme geht von der Tatsache aus, daß die Werte des Löslichkeitsproduktes von Hydroxiden und Sulfiden oft sehr klein sind und es im neutralen oder alkalischen Milieu zur Bildung von Kolloiden auf der Grundlage dieser Verbindungen kommen kann. Diese Erscheinungen müssen auf jeden Fall bei Markierungen wäßriger Lösungen beachtet werden.

Bei eventueller Anwesenheit von Schlamm ist ebenfalls auf die Möglichkeit der Adsorption der Radionuklide zu achten. In Untersuchungen von Strömungsvorgängen in Kläranlagen sind diese Fragen von besonderer Bedeutung. Hier müssen deshalb radioaktive Anionen wie Brom-82 als Bromid oder anionische Komplexe wie $[Co(CN)_6]^{3-}$, mit Cobalt-58 [43] eingesetzt werden. Für Schwermetallionen kann durch Komplexbildung mit Äthylendiamintetraessigsäure die Adsorption im starken Maße verringert werden.

Die Markierung von Polyamidschmelze bei der Untersuchung von Polykondensationsanlagen erfolgt vorteilhaft mit Bromessigsäure ($BrCH_2-COOH$), die Brom-82 enthält. Diese Substanz kann zusammen mit der Essigsäure und dem Titandioxid in die Anlage eingebracht werden. Neben dieser Indikatorsubstanz, die wie die Essigsäure als Kettenbegrenzer wirkt, wurden auch Brom-82 als Bromid und Natrium-24 eingesetzt [64].

Die Markierung von Polyesterschmelze kann ebenfalls in einfacher Form durchgeführt werden. So erhält man z. B. durch Verdünnung von 1,5 m*l* wäßriger Natriumchloridlösung mit 50 mCi Natrium-24 in 100 m*l* Glykol eine einsatzbereite Lösung [130].

Eine andere Möglichkeit bietet das Nuklid Lanthan-140 als Tributylphosphatkomplex ($La(TBP)_3$) in Glykol [146], welches aus dem Generatorsystem Barium-140/Lanthan-140 durch Elution mit Tributylphosphat (gesättigt mit 13 normaler Salpetersäure) gewonnen werden kann.

Die Markierung von flüssigen Kohlenwasserstoffen hat für Untersuchungen der Transportvorgänge in Erdölverarbeitungsanlagen große Bedeutung. Für Anlagenabschnitte, in denen nur physikalische Prozesse ablaufen, wie Stofftrennungen und Stoffvereinigungen, gibt es eine Reihe von Indikatorsubstanzen, wie Zirkon-95 als in Kohlenwasserstoffen gut löslicher Thenoyltrifluorazeton-Chelatkomplex oder Kobalt-60 als Naphthenat [68]. Von polnischen Forschern wurden für derartige Untersuchungen spezielle metallorganische Verbindungen entwickelt, wie Germaniumtetraäthyl mit Germanium-77 als Radionuklid [1]. Für derartige Untersuchungen eignen sich aber auch mit dem Radionuklid Brom-82 substituierte Kohlenwasserstoffe, wie Methylenbromid (CH_2Br_2), das ebenfalls in höheren Kohlenwasserstoffen gut löslich ist. Die Ausgangslösung z. B. 50 mCi Brom-82 als Methylenbromid wird mit 25 m*l* Schwerbenzin verdünnt und in einer Trockensäule mit Kalziumchlorid behandelt, um eventuell vorhandene Wasserreste mit Brom in anorganischer

Form zu entfernen, die vom Extraktionsverfahren in der Isotopenproduktion herrühren [147].

Für Untersuchungen an Anlagenabschnitten mit Stoffwandlung z. B. in der Hochdruckhydrierung werden jedoch alle genannten Indikatorsubstanzen für Kohlenwasserstoffe zerstört und es bleibt nur noch die isotope Markierung der Kohlenwasserstoffe mit Kohlenstoff-14, z. B. mit Octadecanol-1, das durch Hydrierung zum Paraffin umgewandelt wird [52].

Die Markierung von Ölen kann durch Anlagerung von radioaktivem Brom an die Doppelbindungen dieser Substanzen erfolgen. Bei 90 °C kann das Öl mit folgenden Reaktionsgemischen in Kontakt gebracht und bromiert werden.

$$A: \quad 5\,NH_4Br^{82} + KBrO_3 + 6\,HCl \rightarrow 5\,NH_4Cl + KCl + 3\,H_2O + 3\,Br_2{}^{82}$$

$$B: \quad 2\,NH_4Br^{82} + KBrO_3 + 6\,HCl \rightarrow 2\,NH_4Cl + KCl + 3\,H_2O + 3\,Br^{82}Cl$$

Die Methode *B* ergibt höhere Ausbeuten und die Methode *A* höhere spezifische Aktivitäten für das markierte Öl [107].

Die Markierung von Gasen und Dämpfen erfolgt durch einfaches Vermischen von radioaktivem und inaktivem Material.

Die Zahl der zur Verfügung stehenden gasförmigen Radionuklide ist verhältnismäßig klein (vgl. Tab. 2.3). Als dampfförmige Substanzen bei verhältnismäßig niedrigen Temperaturen sind bromierte niedere Kohlenwasserstoffe zu nennen, z. B. Methylbromid und Methylenbromid.

Tabelle 2.3: Gasförmige Radionuklide

Nuklide	Siedepunkt [°C]	Halbwertzeit	Gamma-Energie [MeV]
Argon-41	−185,9	1,8 h	1,3
Krypton-81m	−153,2	13 s	0,19
Krypton-83m	−153,2	1,86 h	0,03
Krypton-85	−153,2	10 a	0,51
Xenon-131m	−108,1	12 d	0,16
Xenon-133m/133	−108,1	2,3 d/5,27 d	0,23
Radon-211	− 61	16,0 h	1,34
Radon-222	− 61	3,82 d	0,51
CH_3-Br-82	4,5	35,9 h	0,5−2,6
CH_2-Br_2-82m	98,5	35,9	0,5−2,6

2.2.4. *Realisierung von Eingangssignalen*

a) Signalarten

Nach der Markierung eines kleinen Teils des Materials, welches das zu untersuchende System durchströmt, ist der nächste wichtige Abschnitt in der Indikatormethode die Erzeugung des gewünschten zeitlichen Konzentrationsverlaufes der Indikatorsubstanz mit Hilfe des markierten Materials im Eingang des Systems. Dieser Schritt wird gelegentlich auch als „Markierung des Systems“ bezeichnet und Begriffe wie Zulauf- und Verdrängungsmarkierung und Stoßmarkierung haben sich eingebürgert. Hier soll der Begriff der Markierung im engeren Sinne verwendet werden und es soll deshalb von der Erzeugung der Eingangssignale (mit Hilfe des Indikators) gesprochen werden. Derartige Eingangssignale lassen sich in zwei Gruppen einteilen, in die aperiodischen und in die periodischen Signale. Zu den periodischen Signalen zählt man Indikatorkonzentrationsverläufe, die durch eine Sinusfunktion beschrieben werden können sowie durch wiederholte Rechteck-, Dreieck- und Trapezfunktionen. Aperiodische Signale umfassen Sprung- und Impulsfunktionen, wobei letztere bei den Untersuchungen von Strömungsvorgängen mit Hilfe von Radionukliden die weitaus größte Bedeutung haben.

Das Impulssignal (Stoßmarkierung) im Eingang des Systems stellt einen Konzentrationsverlauf des Indikators $c^E(t)$ am Eingang des Systems dar, der nur während der sehr kurzen Zeit ε einen endlichen Wert annimmt, sonst aber immer den Wert Null besitzt. Wird der Grenzübergang $\varepsilon \rightarrow 0$ vollzogen, dann entsteht eine Impulsfunktion, die als DIRACsche Deltafunktion $\delta(t)$ bekannt ist (Näheres zur mathematischen Darstellung von Signalen s. Kap. 3. und 4.).

Dieser Art der Erzeugung einer Eingangsfunktion wird aus mehreren Gründen der Vorzug gegeben. An dieser Stelle soll nur der Vorteil in der experimentellen Durchführung der Untersuchungen mit Radionukliden genannt werden. Bei der Realisierung eines derartigen impulsförmigen Eingangssignals wird die geringste Menge an radioaktiver Substanz benötigt. Dieser Gesichtspunkt hat vom Strahlenschutzaspekt her beträchtliche Bedeutung.

Die sprungförmigen Signale stellen plötzliche Änderungen von Größen, hier der Indikatorkonzentration $c^E(t)$, vom Wert Null auf einen festen Wert c_0 dar.

Es kann auch die sprungförmige Änderung der Indikatorkonzentration vom Wert c_0 auf den Wert Null in experimentellen Untersuchungen benutzt werden (Verdrängungsmarkierung). Dieses Verfahren bietet mitunter gewisse Vorteile, denn eine Messung der Indikatorkonzentrationsänderung bei kleinen Konzentrationswerten ist wesentlich genauer durchzuführen als die Messung der gleichen Änderung bei großen Konzentrationen des Indikators [33].

Sinusförmige Signale werden unter den periodischen Signalen bevorzugt, obwohl eine sinusförmige Konzentrationsänderung der Indikatorsubstanz schwer zu verwirklichen ist. Periodische Signale lassen sich als Summe periodischer Komponenten in Form einer FOURIER-Reihe darstellen (weiteres Kap. 3.). Meßtechnisch interessiert hier das Amplitudenverhältnis und die Phasenverschiebung (Kap. 3.).

Da in der Praxis der Untersuchung von Transportvorgängen in verfahrenstechnischen Anlagen die impulsförmigen Signale sehr häufig, die sprungförmigen Signale hin und wieder und die sinusförmigen Signale sehr selten verwirklicht werden, sollen in den Beispielen für die technische Durchführung nur die aperiodischen impulsförmigen Eingangssignale behandelt werden. Wie in Kap. 3. gezeigt wird, können die Antwortfunktionen des Strömungssystems auf die verschiedenen Eingangssignale ineinander umgerechnet werden.

b) Technische Realisierung von Impulssignalen unter verschiedenen Bedingungen

Die technische Verwirklichung der Impulssignale bei der Untersuchung von verfahrenstechnischen Systemen führt zu Annäherungen an die theoretisch geforderte Konzentrationsverteilung $c^E(t)$, die zwar in vielen Fällen sehr weitgehend sind, es können aber auch beträchtliche Abweichungen auftreten, die zu Fehlern in der Auswertung führen können.

Die Vielzahl der Eingabemöglichkeiten soll in einigen wenigen Beispielen erläutert werden, die sich durch die in den Anlagen herrschenden Druckverhältnisse und die Materialgeschwindigkeit unterscheiden. Es soll die Verwirklichung von Impulssignalen im Eingang von Anlagen, die bei Normaldruck, bei Vakuum und bei hohem Druck arbeiten sowie bei Materialtransport großer Geschwindigkeit beschrieben werden.

Bei Normaldruck bzw. bei Druckverhältnissen in der Anlage, die denen der Umgebung gleich sind, bereitet die Realisierung eines Impulssignals kaum Schwierigkeiten. So können beispielsweise markiertes Kalisalz oder der präparierte Ziegelsplitt einfach auf das Förderband für das Material kurz vor den Trockner- oder Lösereingang geschüttet werden. Die Zeitdauer für die Zugabe des markierten Materials beträgt nur Bruchteile einer Sekunde, was bei mittleren Verweilzeiten zwischen 10 und 20 Minuten eine gute Näherung an die Dirac-Funktion bedeutet.

Bei niedrigem Druck, wie z. B. in Anlagen zur Polykondensation von Polyester, sind zur impulsförmigen Zugabe des Radionuklids in Form einer Lösung des Tributylphosphatkomplexes von Lanthan-140 in Glykol spezielle Vorrichtungen notwendig. So kann am Einleitungsrohr für die Schmelze ein Metallzylinder stehend angebracht werden, der oben und unten durch Einweghähne verschließbar ist. Der Druck im Zylinder soll mit Hilfe eines Manometers kontrollierbar sein. Auf dem oberen Verschluß des Metallzylinders befindet sich ein Trichter, in den die radioaktive Lösung (2 mCi in 10 m*l*) gegossen wird. Durch kurzzeitiges Öffnen beider Hähne kann die radioaktive Lösung in die Zuleitung der Schmelze gelangen. Bei geschlossenem unteren Hahn ist ein Nachlauf von radioaktiver Lösung von den Wänden des Zylinders nicht möglich. Bei dieser Zugabetechnik sollte die Lösungsmittelmenge möglichst klein gehalten werden, da sofort nach der Zugabe die Verdampfung beginnt und die Schmelze bei größeren Lösungsmittelmengen teilweise erstarren kann.

Bei hohem Druck, wie z. B. bei der Hydroraffination von Erdölvakuumdestillat bei einer Temperatur von ca. 400 °C und einem Druck von ca. 300 kp/cm², werden als Zugabevorrichtungen Umgehungsleitungen benutzt (vgl. Abb. 2.3).

Das Erdölvakuumdestillat und der Hochdruckwasserstoff gelangen gemeinsam über das geöffnete Ventil *1* in die Anlage. Über einen geöffneten Flansch zwischen den geschlossenen Ventilen *2* und *3* kann das mit dem radioaktiven Methylenbromid gemischte Schwerbenzin in die Umgehungsleitung gefüllt werden. Nach dem Verschließen der Leitung wird der Gas-Flüssigkeitsstrom kurzzeitig durch die Umgebungsleitung geführt und so die radioaktive Lösung in den Reaktor gespült [147].

Bei großer Materialgeschwindigkeit haben sich sehr einfache Injektionsvorrichtungen bewährt, deren Prinzip Abb. 2.4 zeigt.

Das markierte Material wird über den Einfüllstutzen in die Injektionseinrichtung gebracht und kann durch schlagartige Lageänderung des Zylinders mit dem schnellströmenden Material mitgerissen werden. Derartige Einrichtungen wurden für markierte Feststoffe [148], Lösungen [4] und Gase [29] verwirklicht.

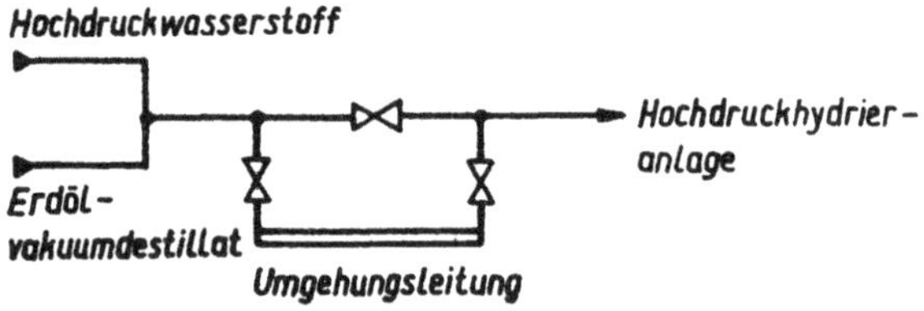

Abb. 2.3: Zugabe der markierten Substanz in Drucksysteme mit Hilfe von Umgehungsleitungen.

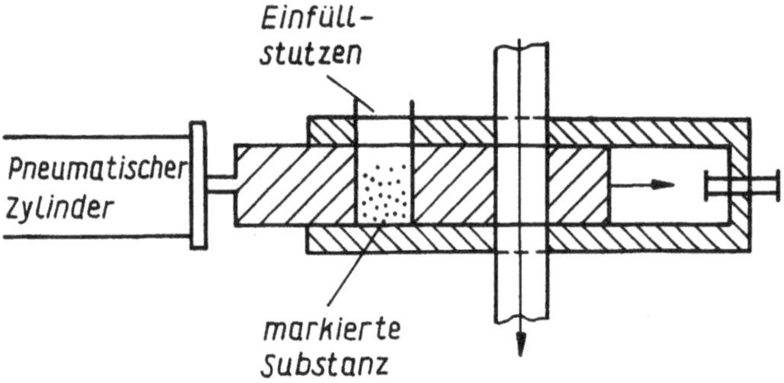

Abb. 2.4: Einbringen der markierten Substanz mittels einer Injektionsvorrichtung.

Andere Methoden sind die Zertrümmerung von Glasampullen mit der radioaktiven Substanz im Materialstrom oder das Einpressen derselben [91].

Besonders bei der letzten Methode können Abweichungen von der Form eines impulsartigen Signals auftreten, die zu falschen Ergebnissen in der Auswertung führen. Wenn eine Verbesserung der Injektion nicht möglich ist, sollte nach einem Zweipunktverfahren gearbeitet werden, in welchem die Indikatorkonzentration am Eingang und am Ausgang des zu untersuchenden Systems gemessen wird.

Nach dieser Methode ergibt sich die mittlere Verweilzeit zwischen den beiden Meßpunkten nicht aus der Differenz der Maxima der Verteilungen, sondern aus der Differenz ihrer Mittelwerte (Kap. 4.).

2.2.5. Messen und Registrieren

Die Aufgabe aller Meßeinrichtungen, die bei der Indikatormethode genutzt werden, besteht in der Messung einer Größe, die der Indikatorkonzentration entweder proportional oder eine eindeutige Funktion derselben ist. Beim Einsatz von Radionukliden ist diese Größe die Kernstrahlungsintensität und die Meßeinrichtung muß einen Strahlendetektor enthalten, der die Information der Strahlung unmittelbar abgibt oder bis zur Abfrage speichert. Weiterhin werden für die Auswertung der Information elektronische Geräte benötigt.

Als Strahlendetektoren, die die Informationen unmittelbar in Form von elektronischen Impulsen abgeben, sind die gasgefüllten Ionisationsdetektoren, der Szintillationszähler und Halbleiterdetektoren zu nennen.

Bei der Auswertung der Impulse eines Detektors — im allgemeinen nach elektronischer Verstärkung — interessiert die Impulsdichte $n(t)$ oder die Impulsamplitude als Maß für die Indikatorkonzentration.

Die Impulsdichte (Zählrate) ist die Zahl der je Zeiteinheit registrierten Impulse; es besteht folgender Zusammenhang mit der Radioaktivität (Aktivität):

$$n(t) = f \cdot A(t) \tag{2.5}$$

$$f = f_s \cdot f_g \cdot f_R \cdot f_A \cdot f_\varepsilon$$

f_s — Selbstabsorptionsfaktor
f_g — Geometriefaktor
f_R — Rückstreufaktor
f_A — Absorptionsfaktor
f_ε — Ansprechwahrscheinlichkeit

Neben diesen Faktoren sind noch die Einflüsse des Nulleffektes, der Auflösungszeit des Detektors und des radioaktiven Zerfalls des verwendeten Radionuklids zu berücksichtigen.

Bei diesen Untersuchungen genügt die Kenntnis der Zählrate als Funktion der Zeit, d. h. die Faktoren müssen konstant sein und die letztgenannten Einflüsse müssen berücksichtigt werden.

Es ist bereits dargelegt worden, daß zur Zeit die Szintillationsdetektoren am häufigsten benutzt werden. Diese Bevorzugung beruht auf ihrer sehr geringen Auflösungszeit, sowie auf der hohen Ansprechwahrscheinlichkeit.

An die Meß- und Registriereinrichtungen muß die Forderung gestellt werden, daß sie leicht zu transportieren und unter Industriebedingungen einsetzbar sind, d. h. die Anforderungen des Explosionsschutzes müssen erfüllt sein, es müssen Kühlungen für die Detektoren und Abschirmungen vorhanden sein. Die Registrierung soll so erfolgen, daß die spätere Auswertung mit Hilfe von Rechenmaschinen ohne großen Aufwand möglich ist. Die Registrierung sollte daher auf Magnetband oder als Lochstreifen erfolgen. Hierbei muß jedoch gewährleistet sein, daß die gemessene Verweilzeitverteilung während der Untersuchungen kontrolliert werden kann.

Für die Durchführung der Messungen existieren zwei Möglichkeiten. Erstens die Entnahme von Proben aus dem Materialstrom, der die Anlage verläßt und zweitens die Messung mit Hilfe von Sonden, die am Ausgang angebracht sind, durch die Wand des Behälters oder der Rohrleitungen.

Die erste Methode, die Bestimmung der Zählrate in Materialproben, besitzt den Vorteil, daß durch Vergrößerung der Meßzeit die Genauigkeit der Messung beträchtlich verbessert werden kann. Es gilt für den relativen mittleren statistischen Fehler der Zählrate Z, die in der Zeit T_m gemessen wird:

$$\frac{\Delta Z}{Z} = \gamma_n = \pm \frac{1}{\sqrt{n(t) \cdot T_m}} \tag{2.6}$$

Der benötigte Arbeits- und Zeitaufwand dieser Methode ist relativ groß. Es muß gewährleistet sein, daß über einen Zeitraum von ca. 3 bis 5 mittleren Verweilzeiten 20 bis 50 Proben entnommen werden können. Diese Methode empfiehlt sich deshalb nur bei relativ großen mittleren Verweilzeiten ($>$ 10 min).

Bei der Messung mit Hilfe von Sonden muß beachtet werden, daß die Integrationszeitkonstante τ der elektrischen Schaltungen sehr viel kleiner als die mittlere Verweilzeit sein muß. Hier gibt es die Möglichkeit der kontinuierlichen Aufzeichnung der Zählrate als Funktion der Zeit oder Registrierung der Meßwerte nach vorgegebenen Zeitabständen in digitaler Form. In beiden Fällen kann die Genauigkeit der Messung von Proben nicht erreicht werden.

Besondere Anforderungen an die Meß- und Registriereinrichtung ergeben sich bei der Untersuchung schneller Materialtransportprozesse. Hier ist in der Regel die Entnahme von Proben unmöglich und die Verweilzeitverteilungen müssen mit Hilfe von Szintillationssonden außerhalb des Rekators gemessen werden. Dabei ist die Anwendung solcher Nuklide erforderlich, die energiereiche Gamma-Quanten aussenden.

Das Meßgerät muß so ausgelegt sein, daß die Impulsdichteanzeige den schnellen zeitlichen Änderungen folgen kann. Das wird erreicht, wenn Integrationsglieder mit kleinen Zeitkonstanten verwendet werden, z. B. $\tau = 0{,}01$ und 0,05 s. Hierbei muß beachtet werden, daß der statistische Fehler mit Verringerung der Integrationszeitkonstante ansteigt.

Die Registriereinrichtung muß so beschaffen sein, daß die schnellen Änderungen der Impulsdichte aufgezeichnet werden können. Schleifenoszillographen sind für diese Zwecke gut geeignet. Da die handelsüblichen Meßgeräte die Forderungen selten erfüllen, müssen spezielle Geräte mit Anschlüssen für mehrere Meßsonden entwickelt und gebaut werden [148].

Mit Ausnahme der schnellen Transportprozesse können alle Untersuchungen mit Hilfe von Radioindikatoren ausreichender Gamma-Quantenenergie mit handelsüblichen Strahlenmeßanordnungen durchgeführt werden. Wenn die

Möglichkeit der Messung an Proben besteht, dann genügen die einfachsten Anordnungen mit Szintillationszählern, z. B. VA-M-141 mit VA-S-50. Während diese Gesichtspunkte für Untersuchungen in der Industrie gelten, wo sich bisher nur in einigen wenigen Fällen größerer gerätetechnischer Aufwand in Form von Meß- und Laborwagen mit eigener Datenverarbeitungsanlage u. ä. durchgesetzt hat, liegen die Verhältnisse in Zentren der Nuklearmedizin anders. Hier erfordert die große Zahl von Untersuchungen hohen gerätetechnischen Aufwand und der Einsatz von Magnetband- und Kernspeichern sowie von Szintillationskamera-Prozeßrechner-Systemen [89] weist auch den Isotopenanwendern in der Industrie auf gerätetechnischem Gebiet neue Wege. Die Szintillationskamera oder Gammakamera (auch ANGER-Kamera nach H. O. ANGER) besteht aus einem großen NaJ(TL)-Kristall, der in Richtung des radioaktiven Materials durch einen Bleiblock mit vielen parallelen Bohrungen abgedeckt ist. Durch diese Anordnung können nur Gamma-Quanten in den Kristall gelangen, die senkrecht auftreffen. Andere schrägeinfallende Quanten werden im Blei absorbiert. Die in den Kristall einfallenden Quanten erzeugen über einen komplexen Vorgang Lichtquanten, die auf einer Photokathode Elektronen auslösen. Auf der Rückseite des Kristalls befindet sich jetzt nicht nur ein Sekundärelektronenvervielfacher, wie beim Szintillationszähler, sondern eine größere Zahl (z. B. 19) von Sekundärelektronenvervielfachern, die jeweils den in ihrem Bereich erzeugten Lichtblitz in einen Impuls verwandeln und zum Rechner weiterleiten. Insbesondere die Messung des zeitlichen Verlaufs der Strahlungsintensität in Organen durch Einlesen von in kurzen Zeitabschnitten (0,1 bis 20 Sekunden) erfaßten Datenmatrizen in den Rechner und der späteren Ausgabe der zeitlichen Verläufe der Impulsdichten in ausgewählten Gebieten bietet interessante Möglichkeiten zur Untersuchung verfahrenstechnischer Anlagen.

2.3. Aktivierbare Indikatoren (Methode der nachträglichen Aktivierung)

Durch thermische Neutronen leicht aktivierbare Nuklide, d. h. Nuklide mit großem Aktivierungsquerschnitt (vgl. Abschn. 2.2.2., Gl. (2.4)), können ebenfalls als Indikatoren für die Untersuchung von Transportvorgängen verwendet werden. Diese Nuklide werden in der Regel dann eingesetzt, wenn Forderungen des Strahlen- und Umweltschutzes den Einsatz von Radionukliden unzweckmäßig erscheinen lassen und trotzdem die Vorteile des radiometrischen Nachweises genutzt werden müssen. In Abb. 2.5 werden in schematischer Form die einzelnen Schritte der Untersuchung mit radioaktiven Indikatoren und mit aktivierbaren Indikatoren (auch nachträgliche Aktivierung genannt) gegenübergestellt.

Es zeigt sich, daß beim letzteren Verfahren nur in der Endphase, im Laboratorium, mit radioaktiven Stoffen gearbeitet wird und deshalb alle Arbeitsschritte an der Anlage gefahrenfrei vollzogen werden können. Die nachträgliche Aktivierung des Indikators wird deshalb bevorzugt bei Untersuchungen in der Filmindustrie und Lebensmittelindustrie sowie bei Untersuchungen in dichtbesiedelten Gebieten angewendet. Ein typisches Beispiel ist die Untersuchung der Ausbreitung von Rauchgasen eines Wärmekraftwerkes [110].

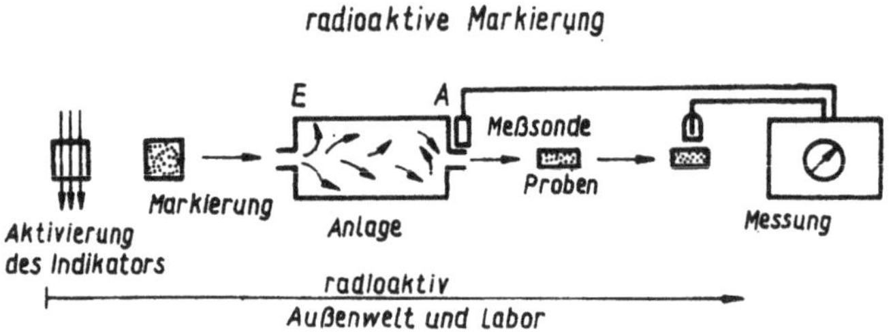

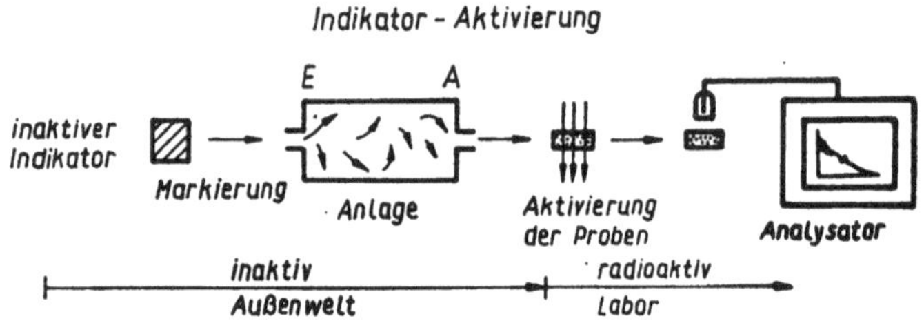

Abb. 2.5: Zeitlicher Ablauf eines Markierungsversuches mit radioaktivem Indikator (oben) und mit einem nachträglich zu aktivierenden Indikator (unten).

Hier wurde Kobaltsulfatlösung im Rauchgasstrom des Schornsteins versprüht und die Feststoffpartikel des Rauches wurden in Filtern an verschiedenen Punkten der Stadt gesammelt. Die Proben wurden im Kernreaktor bei einer Neutronenflußdichte von $1{,}7 \cdot 10^{12}$ n/cm²s 15 h bestrahlt und die Messung der Aktivität erfolgte 3 Wochen nach dem Bestrahlungsende mit Hilfe eines Vielkanalanalysators. Derartige Wartezeigen sind notwendig, um die ebenfalls entstandene kurzlebige Radioaktivität des Untergrundes möglichst weitgehend abklingen zu lassen. Kobaltmengen von $5 \cdot 10^{-8}$ g konnten mit einer Genauigkeit von 10% bestimmt werden. Die Nachweisgrenze für die günstigsten Nuklide dieses Verfahrens ist mit der Nachweisgrenze von Radionukliden vergleichbar. In Tab. 2.4 sind Nuklide angegeben, deren Nachweisgrenze 10^{-12} g beträgt.

Die Methode der nachträglichen Aktivierung des Indikators besteht aus folgenden Arbeitsschritten:

- Aktivierung einer Blindprobe, um das Gamma-Spektrum des Untergrundes im Vielkanalanalysator zu bestimmen.
- Auswahl des aktivierbaren Indikators, der einen möglichst großen Aktivierungsquerschnitt haben soll, der leicht nachzuweisen sein soll (d. h. er muß Gamma-Quanten emittieren) und dessen Gamma-Quantenenergie nicht gleich der Quantenenergie anderer Nuklide des Probenmaterials sein darf.
- Markierung eines kleinen Teiles des zu untersuchenden Materialstromes. Hier sind die gleichen Gesichtspunkte wie bei der Markierung mit Radionukliden zu beachten.
- Realisierung der Eingangsfunktion (Impuls- oder Sprungfunktion)
- Entnahme von Proben im Auslauf des Systems
- Aktivierung der Proben im Kernreaktor
- Messung der Gamma-Spektren und Bestimmung der Peakfläche des Indikatornuklids. Die Peakfläche ist der Indikatorkonzentration proportional.
- Auswertung der Verweilzeitverteilungen

Tabelle 2.4: Günstige aktivierbare Indikatoren

Nuklid	Halbwertzeit	Aktivierungsquerschnitt [barn]	Gamma-Energie [MeV]
Europium-152m	9,2 h	670	0,84
Dysprosium-165	2,3 h	790	0,71
Indium-116m	54 min	148	1,3/2,1
Gold-198	2,7 d	98	0,41
Lutetium-177	6,8 d	100	0,21
Holmium-166	27 h	60	0,08
Iridium-192	74,4 d	370	0,32/0,6

Spezielle Untersuchungen hatten die Übereinstimmung der Ergebnisse aus Untersuchungen mit radioaktiven Indikatoren und aktivierbaren Indikatoren zum Ziel. So wurde der Fluß von Glasschmelze in Schmelzöfen mit 2500 t Inhalt mit Phosphor-32 als Radionuklid und mit Tantaloxid (Ta_2O_5) als aktivierbarer Indikator untersucht [22]. In Proben von 1,0 cm Durchmesser und 1,0 cm Höhe wurde radiometrisch der P-32-Gehalt ermittelt. Nach einer Bestrahlung mit thermischen Neutronen ($3 \cdot 10^{12}$ n/cm²s) über 24 h konnte nach einer Wartezeit von 3 Wochen die Aktivität des aktivierten Tantal in den Proben gemessen werden.

An Polykondensationsanlagen zur Herstellung von Polyamid wurde die Übereinstimmung der nach beiden Methoden ermittelten mittleren Verweilzeiten untersucht [149]. Gleichzeitig mit 15 mCi radioaktiver Bromessigsäure (82-Br-CH_2—COOH) wurden 20 g KBr in wäßriger Lösung in den Eingang der Anlage gebracht. Die Kernstrahlung aus der Bromessigsäure wurde sofort nach Versuchsende mit einer Anordnung aus Szintillationsmeßsonde (VA-S-961) und Strahlenmeßplatz (VA-M-15) gemessen. Danach wurden Proben zu je 0,5 g in Reinstaluminiumgefäßen im Kernreaktor bei einer Neutronenflußdichte von $2 \cdot 10^{13}$ n/cm²s 20 h bestrahlt. Die Messung des gebildeten Nuklids Brom-82 aus dem KBr erfolgte 10 h nach Bestrahlungsende.

Verwendet wurden ein Szintillationsmeßkopf [NaJ(Tl)-Kristall 1,5 × 1,5 Zoll, SEV M-12-FS] und ein Vielkanalanalysator vom Typ NTA-512. Die Abweichung der beiden mittleren Verweilzeiten betrug 0,3%.

Abb. 2.6 zeigt das Gamma-Spektrum des Untergrundes (Polyamid mit ca. 0,5% Titandioxid) und den benutzten Brom-82-Peak bei 0,766 MeV.

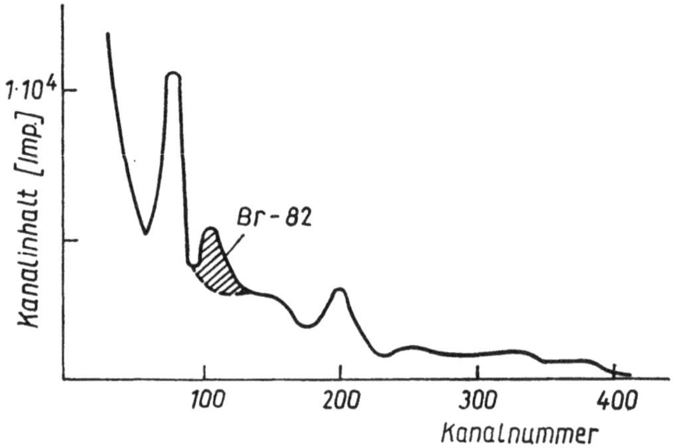

Abb. 2.6: Energiespektrum der Gammastrahlung einer neutronenaktivierten Polyamidschmelze mit dem Nuklid Br-82.

Die Methode der nachträglichen Aktivierung des Indikators hat gegenüber der Methode der Radionuklidindikatoren nicht nur Vorteile. Es bestehen auch wesentliche Nachteile, die sich vor allem aus der fehlenden Möglichkeit der Messung durch Reaktor- und Rohrwandungen hindurch ergeben. Es fehlt weiterhin die Möglichkeit für den Experimentator, den Ablauf der Untersuchung zu verfolgen. Es kann z. B. nicht kontrolliert werden, ob die Messung der Verweilzeitverteilung schon beendet werden kann, weil die Indikatorsubstanz die Anlage praktisch verlassen hat. Während der Untersuchungen kann man hier außerdem nicht den Zeitabstand zwischen den Proben oder den Messungen optimal gestalten.

Der Nachteil der kostspieligeren Meßtechnik kann durch die einfachere Durchführung der Untersuchung selbst ausgeglichen werden. Es ist hier nicht nötig, daß eine Gruppe von Spezialisten die Arbeiten an der Anlage durchführt. Alle Arbeiten einschließlich der Entnahme von Proben nach einem Zeitplan aus dem Reaktorausgang können vom Betriebspersonal selbst durchgeführt werden.

Auf eine weitere Gegenüberstellung beider Methoden soll hier verzichtet werden, da es nicht um die Ablösung der einen Methode durch die andere geht, sondern um die sinnvolle gegenseitige Ergänzung beider in der praktischen Arbeit.

2.4. Indikatoren aus Radionuklidgeneratoren

Die Diskussion der Gesichtspunkte, die bei der Auswahl von Radionuklidindikatoren zu beachten sind, hat ergeben, daß nach Möglichkeit kurzlebige Radionuklide eingesetzt werden sollen. Hier ergeben sich jedoch Probleme aus der Zeit, die für den Transport des Radionuklids zum Einsatzort benötigt wird und aus dem Produktionszyklus für Radionuklide im Kernreaktor. Diese Probleme können zum Teil durch den Einsatz von Generatorsystemen zur Erzeugung kurzlebiger Radionuklide gelöst werden. Derartige Radionuklidgeneratoren enthalten ein verhältnismäßig langlebiges Radionuklid, welches in ein anderes kurzlebiges Radionuklid zerfällt, das sich dann in ein stabiles Nuklid umwandelt. Das langlebige Radionuklid wird als Mutternuklid und das kurzlebige als Tochternuklid bezeichnet. In der Regel versucht man die Muttersubstanz auf einem Ionenaustauscher oder einem anderen Sorbens in einer Glassäule zu fixieren und die Tochtersubstanz aus dieser Anordnung mit geeigneten Lösungsmitteln herauszuwaschen, zu eluieren.

Tabelle 2.5: Auswahl von Radionuklidgeneratoren (vgl. auch Anhang)

Nuklid Mutter	Tochter	$T_{1/2}$		Energie d. Gamma-Strahlung der Tochter [MeV]	Sorbens	Elutionslösung
Rb-81	Kr-81m	4,7 h	13 s	0,19	Ionenaustauscher	Wasser
Sn-113	In-113m	115 d	100 min	0,39	ZrO_2; SiO_2	verd. Salzsäure
Te-132	J-132	77,7 h	2,26 h	0,67; 0,77	Ionenaustauscher	ca. 1% NaCl-Lösg.
Y-87	Sr-87m	14 h	2,83 h	0,38	Ionenaustauscher	Ammoniumcitrat
Mo-99	Tc-99m	66,7 h	6,0 h	0,14	Al_2O_3	ca. 1% NaCl-Lösg.
Ba-140	La-140	12,8 d	40,2 h	1,6	Al_2O_3	Tributylphosphat

Tab. 2.5 zeigt einige wichtige Radionuklidpaare, von denen die ersten fünf besonders in der Nuklearmedizin weite Anwendung gefunden haben. Die Systeme sind nach der Halbwertzeit des Tochternuklides geordnet.

Da bei der Anwendung kurzlebiger Radionuklide in der Nuklearmedizin möglichst niederenergetische Quantenstrahlung erwünscht ist, um die Gesamtstrahlenbelastung der Patienten möglichst gering zu halten, eignen sich die unter nuklearmedizinischen Gesichtspunkten entwickelten Radionuklidgeneratoren nicht immer für die Untersuchungen von verfahrenstechnischen Anlagen. Hier bietet das Generatorsystem Ba-140/La-140 bessere Möglichkeiten, da die Gamma-Strahlung der Tochtersubstanz leicht durch die Reaktorwände nachweisbar ist.

Wenn die Halbwertzeit der Muttersubstanz sehr viel größer als die der Tochtersubstanz ist, erreicht das System nach 10 Halbwertzeiten der Tochtersubstanz das radioaktive Gleichgewicht. Durch Elution kann jetzt die Tochtersubstanz weitgehend aus dem System entfernt werden und der Aufbau des radioaktiven Gleichgewichtes beginnt von Neuem durch Nachbildung der Tochter- auf der Grundlage des radioaktiven Zerfalls der Muttersubstanz. Der Aufbau der Aktivität der Tochtersubstanz ist außerdem durch den eigenen Zerfall begleitet.

$$N_1 \to N_2 \to N_3 \text{ (stabil)}$$

$$\frac{dN_2}{dt} = -\frac{dN_1}{dt} - \lambda_2 N_2 = \lambda_1 N_1 - \lambda_2 N_2$$

$$\frac{dN_2}{dt} + \lambda_2 N_2 - \lambda_1 N_{01} \cdot e^{-\lambda_1 t} = 0$$

Die Lösung dieser Differentialgleichung ergibt, unter Berücksichtigung von noch im System verbliebenen N_{02} Tochternukliden, den Aufbau der Tochteraktivität aus N_{01} Mutternukliden.

$$N_2 = \frac{\lambda_1}{\lambda_2 - \lambda_1} \cdot N_{01}(e^{-\lambda_1 t} - e^{-\lambda_2 t}) + N_{02} e^{-\lambda_2 t} \tag{2.7}$$

Für das radioaktive Gleichgewicht gilt dann:

$$N_2 = \frac{\lambda_1}{\lambda_2 - \lambda_1} \cdot N_1 \quad \text{d. h.} \quad \frac{N_2}{N_1} = \text{const.}$$

Für den bereits erwähnten Teil $T_{1/2}(1) \gg T_{1/2}(2)$, d. h. $\lambda_1 \ll \lambda_2$ gilt nach 10 Halbwertzeiten von $T_{1/2}(2)$

$$\frac{N_2}{N_1} = \text{const.} = \frac{T_{1/2}(2)}{T_{1/2}(1)} = \frac{\lambda_1}{\lambda_2} \tag{2.8}$$

Die Zahl der möglichen Elutionen ist in der Praxis nur in seltenen Fällen durch die Größen der Halbwertzeiten von Mutter und Tochternuklid bestimmt. Die Fixierung der Muttersubstanz bereitet oft Schwierigkeiten und mit zunehmender Zahl der Elutionen steigt die Verunreinigung der Tochter- durch die Nuklide der Muttersubstanz an. Die Vermeidung derartiger Verunreinigungen ist eine der Hauptaufgaben bei der Entwicklung von Radionuklidgeneratoren. Diese Problematik hat besondere Bedeutung für den zukünftig möglichen Einsatz von Radionuklidgeneratoren in automatisch arbeitenden Markierungseinrichtungen, die zur Überwachung und Optimierung verfahrenstechnischer Anlagen vorgeschlagen werden [3]. Das Schema einer derartigen Einrichtung zeigt Abb. 2.7.

Aus dem mit Blei abgeschirmten Generatorsystem kann die radioaktive Lösung direkt in die Anlage gelangen oder zu erwünschter chemischer Umwandlung in das Reaktionsgefäß geleitet werden. Hier kann der pH-Wert geändert, Komplexbildung herbeigeführt und die Extraktion in eine andere Phase vollzogen werden. Die so vorbereitete radioaktive Lösung wird dann in die zu untersuchende Anlage gefördert.

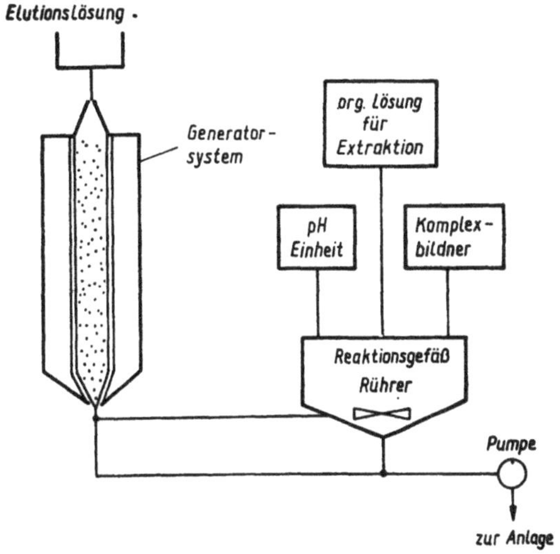

Abb. 2.7: Schema einer automatisch arbeitenden Markierungseinrichtung.

2.5. Einsatzmöglichkeiten von Neutronengeneratoren

Eine neue Möglichkeit für die experimentelle Untersuchung von Transportvorgängen in verfahrenstechnischen Anlagen bietet der Einsatz von Neutronengeneratoren zur Aktivierung eines Volumenelementes des durch die Anlage fließenden Materials direkt am Untersuchungsort.

Im Neutronengenerator wird die Kernreaktion H-3 (d, n) He-4 ausgenutzt, die schnelle Neutronen mit einer Energie von 14 MeV liefert, Neutronengeneratoren bestehen aus einer Ionenquelle, in der Deuteriumgas ionisiert wird, das dann ein Beschleunigungssystem durchläuft und auf das Target trifft. Im Target, das aus einem Metall z. B. Titan mit Tritiumgehalt besteht, läuft die Kernreaktion ab und die schnellen Neutronen können zur Aktivierung benutzt werden. Es werden Neutronenflüsse von 10^{10} bis 10^{11} n/s (4π) erreicht.

Die Vorteile der Arbeit mit Neutronengeneratoren würde in folgendem bestehen:

— Mit einem Neutronengenerator können sehr kurze Neutronenimpulse (10 Mikrosekunden) erzeugt werden. Dadurch könnte man — eine ausreichende Neutronenflußdichte vorausgesetzt — der impulsförmigen Eingangsfunktion sehr nahe kommen.

— Die Anlage ist abschaltbar. Es entfallen somit die Schwierigkeiten, die mit dem Transport und der Lagerung radioaktiver Stoffe verbunden sind.
— Die Aktivierung unmittelbar am zu untersuchenden System ermöglicht bei schnellen Materialtransportvorgängen die Nutzung kurzlebiger Radionuklide der verbreiteten Elemente, wie z. B. Sauerstoff, Silizium, Aluminium, Natrium, Calcium usw., deren Aktivierungsmöglichkeiten mit schnellen Neutronen in Tab. 2.6 dargestellt sind.

Tabelle 2.6.: Aktivierung wichtiger Nulkide mit schnellen Neutronen (14 MeV)

Nuklid	Aktivierungs-querschnitt [mb]	Halbwertzeit	Quantenenergie [MeV]	erzeugende Kernreaktion
Stickstoff-13	10	10 min	0,51	N-14 (*n*, 2*n*) N-13
Stickstoff-16	50	7,5 s	1,7—7,2	O-16 (*n*, *p*) N-16
Sauerstoff-19	14	27 s	1,36	F-19 (*n*, *p*) O-19
Fluor-20	220	11,3 s	1,64	Na-23 (*n*, *α*) F-20
Neon-23	40	37,5 s	0,44—1,63	Na-23 (*n*, *p*) Ne-23
Natrium-25	50	60,0 s	0,4—1,6	Mg-25 (*n*, *p*) Na-25
Magnesium-27	90	5,9 min	0,8—1,0	Al-27 (*n*, *p*) Mg-27
Phosphor-30	10	2,6 min	2,24	P-31 (*n*, 2*n*) P-30
Phosphor-34	85	12,4 s	2,1—4,0	S-34 (*n*, *p*) P-34

Wenn auch Untersuchungen im Laboratorium [16, 2] die Einsatzmöglichkeit dieses Verfahrens bestätigen, so ist zu seiner Anwendung in Untersuchungen an Industrieanlagen neben der Erhöhung der Neutronenflußdichte eine Verringerung der Wartungskosten anzustreben.

3. Deterministische Beschreibung von Verweilzeitsystemen

In Kap. 2. wurden die meßtechnischen Aspekte der Verweilzeituntersuchungen behandelt. Die hierbei beschriebenen Indikatorverfahren geben einen Einblick in die Natur der Transportprozesse. Die Beobachtung, daß eine stoßartig in das Strömungssystem eingeführte Indikatormenge am Ausgang in Form einer Verteilung wiedererscheint, läßt auf die statistische Natur des Transportprozesses im Systeminneren schließen. Es haben Vermischungsvorgänge stattgefunden, mit denen die Form der gemessenen Indikatorkonzentrationsverteilung in einem bestimmten Zusammenhang steht. In der Einleitung wurde bereits darauf hingewiesen, daß die Verweilzeit ihrem Wesen nach eine Zufallsgröße ist. Nun werden aber, wie in Kap. 4. gezeigt wird, Zufallsgrößen durch Verteilungsfunktionen charakterisiert, die keine zufällige, sondern streng deterministische Funktionen darstellen. Diese sind für die Verweilzeit unter gewissen Voraussetzungen mit den Indikatorkonzentrationskurven identisch. Indikatorkonzentrationskurven sind deterministische Verteilungsfunktionen von Verweilzeitsystemen. Sie werden als Reaktion, als Antwort des Strömungssystems auf die in einer gewissen zeitlichen Konzentrationsverlaufsform (Impulsfunktion, Schrittfunktion u. dgl.) zugegebenen Indikatorsubstanz als Zeitfunktion am Ausgang des Systems gemessen.

Die Betrachtungsweise: (Eingangssignal) → (System) → (Systemantwort auf das Eingangssignal) ist universell und bildet eine wesentliche Grundlage der allgemeinen Systemtheorie. Diese Theorie der System- und Prozeßbeschreibung ist vorrangig im Zusammenhang mit den elektrotechnischen Schaltungen entwickelt, insbesondere durch die Regelungstechnik verallgemeinert und dann auf andere Systeme übertragen worden. Die Verallgemeinerung der hierbei entwickelten Methoden, Formalismen und Begriffe hat zu einer universellen Systemtheorie (zumindest für lineare Systeme) geführt, aus deren Anwendung auf verfahrenstechnische Systeme die Prozeßanalyse entstanden ist. Die Verweilzeitanalyse bildet hierbei, wie in Kap. 1. bemerkt, einen interessanten Sonderfall. Im vorliegenden Kapitel sollen die wesentlichen Ergebnisse der allgemeinen Systemtheorie auf den Verweilzeitbegriff angewendet werden. Hierbei gilt es, insbesondere ihre methodischen Vorteile für die Auswertung von Meßkurven zu erschließen. Dabei wird der elektrotechnische Ursprung mancher Denkweisen und Begriffsbildungen nicht zu verkennen sein. Die Methoden der allgemeinen Systemtheorie sind wegen ihrer Allgemeingültigkeit formal, lassen sich aber daher leicht auf Systeme unterschiedlicher Art übertragen. Sie bilden daher die Grundlage der Anwendung der Analogrechentechnik und Schaltalgebra auch für Verweilzeitsysteme. Um all die genannten Vorteile erschließen zu können, macht es sich erforderlich, Methoden und Begriffe der Verweilzeitanalyse der allgemeinen Systemtheorie anzupassen.

Dies wird in den Abschn. 3.1. und 3.2. einführend getan, indem Grundbegriffe der allgemeinen Systemtheorie verweilzeitmäßig erläutert werden, und auf die Spezifik von Verweilzeitsystemen und -signalen eingegangen wird. In diesen Abschnitten wird gezeigt, daß gerade Verweilzeitsysteme geeignet sind, vom systemtheoretischen Standpunkt aus behandelt zu werden. Die Systemtheorie der linearen Systeme, um die es sich auf Grund der Linearität der Transportvorgänge bei Verweilzeitsystemen handelt, ist nämlich besonders gut entwickelt und liegt als geschlossenes theoretisches Konzept vor.

Für Verweilzeitsysteme wurde bekanntlich eine Reihe idealisierter Stofftransportmodelle, die sogenannten Verweilzeittypenmodelle (siehe Kap. 5. bzw. Anhang) abgeleitet. Sie beruhen auf Vorstellungen über die Art und Weise, wie sich Stoffteilchen durch das Strömungssystem bewegen können und erfassen Effekte des Vermischens von Stoffteilchen, des Diffusions- und des Stofftransportes. Doch nicht die Ursachen und Mechanismen sind Gegenstand der systemtheoretischen Betrachtungen, sondern in erster Linie das formale Eingangs-Ausgangs-Zeitverhalten des Strömungssystems, das mittels Indikatorsubstanzen meßbar gemacht wird.

Da also bei den Verweilzeittypenmodellen wie bei der praktischen Verweilzeitanalyse von Strömungssystemen Linearität zu Grunde gelegt werden kann, sind Eingang-Ausgangbeziehungen durch die fundamentalen Charakter besitzende mathematische Operation der Faltung darstellbar. Die Faltung verknüpft Eingangs- mit Ausgangssignalen über die sogenannte Gewichtsfunktion, die bei Verweilzeitpraktikern als Verweilzeitspektrum bekannt ist.

Im Abschn. 3.3. wird besonders der systemtheoretische Gedanke verfolgt, daß sich Verweilzeitsysteme sowohl — wie allgemein bekannt — im Zeitbereich (Abschn. 3.3.1.) als auch in den Bereichen der Funktionaltransformationen (Laplace, Fourier) darstellen und untersuchen lassen, wodurch die Vorzüge der Operatorenrechnung zur Geltung gebracht werden.

Abschn. 3.4. beschäftigt sich mit der modernen Systembeschreibung mit Zustandsgrößen, die neben Eingangs- und Ausgangsgrößen auch systeminnere Zustandsgrößen verwendet. Sie ist nicht an bestimmte Typenmodelle gebunden, wurde zur Demonstration jedoch an solchen erläutert. Günstig erweist sich bei dieser Beschreibungsart, daß der Begriff der Zustandsgröße so allgemein gefaßt ist, daß außer der Indikatorkonzentration, die Zustandsgrößen Stoffkonzentration, Temperatur und Druck im Reaktor ohne weiteres mit in dieses Konzept einbezogen werden können. Außerdem ergeben sich Vorteile bei der numerischen Behandlung, wodurch der Simulation von Verweilzeitsystemen unter Berücksichtigung chemischer Stoffumwandlungsvorgänge neue Wege eröffnet werden.

Im Abschn. 3.5. schließlich wird eine Reihe grafischer Methoden zur Beschreibung und Auswertung von Verweilzeitsystemen angegeben. Ganz bewußt wurden ausschließlich solche Verfahren erläutert, die in der Regelungs-, Informations- und Elektrotechnik gebräuchlich sind. Einerseits ergeben sich dadurch interessante Analogiebeziehungen. So können beispielsweise der Pfropfenströmungsreaktor als Totzeitglied (Zeitbereich) oder als Allpaß (Frequenzbereich), der Mischreaktor als Verzögerungsglied (Zeitbereich) oder als Tiefpaß (Frequenzbereich) aufgefaßt werden. Dies fördert das in der Praxis so wichtige gegenseitige Verständnis bei der Zusammenarbeit von Verweilzeitfachleuten und Regelungstechnikern. Andererseits soll die Erläuterung dieser Verfahren an Verweilzeitsystem-Beispielen dem Praktiker Methoden erschließen helfen, Verweilzeitmessungen auf unkonventionelle und möglicherweise rationellere Art auszuwerten.

Anspruch auf Vollständigkeit bei der Darstellung der zwischen Verweilzeit- und Systemanalyse existierenden Bezüge kann das Kap. 3. selbstverständlich nicht erheben. Vielmehr werden im Rahmen dieses Buches Möglichkeiten angedeutet, wie experimentell erhaltene Verweilzeitkurven mit Hilfe der Systemtheorie deterministisch interpretierbar und auswertbar sind, wobei an Hand der geschlossenen Theorie ein Einblick in allgemeine systemtheoretische Aspekte der Verweilzeitanalyse mit dem Ziel gegeben wird, das für die Industrie so wichtige Problem der Verweilzeit in chemischen Strömungsapparaten transparenter zu machen.

3.1. Systeme

Die Anwendung von Erkenntnissen und Methoden der allgemeinen Systemtheorie auf Verweilzeitsysteme macht es erforderlich, einige in diesem Zusammenhang wichtige Begriffe zu erläutern. Dies ist schon deshalb nötig, weil einige von ihnen zwar häufig benutzt werden und schon zum täglichen Sprachgebrauch zählen, ihre exakte Bedeutung oft jedoch unklar ist. Dazu zählen die Begriffe System bzw. Systemelement, deren statistisches und dynamisches Verhalten; ihre Eigenschaft stabil zu sein; Kausalität, Zustand eines Systems; Linearität, Nichtlinearität, Zeitvarianz, Zeitinvarianz von Systemen; Systeme mit konzentrierten und verteilten Parametern.

Der Systembegriff wird im folgenden zwar allgemein erläutert, konkret ist damit jedoch das Verweilzeitsystem gemeint. Verweilzeitsysteme sind Strömungssysteme und werden dadurch charakterisiert, daß durch sie Material hindurchströmt und damit vom Eingang zum Ausgang transportiert wird. In der chemischen Technologie wird dieser Vorgang häufig dazu benutzt, in den Strömungssystemen chemische Reaktionen ablaufen zu lassen (chemischer Reaktionsapparat). In Wärmetauschern wird dieser Prozeß zum Energieaustausch zweier oder mehrerer Medien eingeleitet. Emulsionen und Stoffgemische werden in Strömungssystemen erzeugt. Der Begriff Strömungssystem bezeichnet also allgemein einen technischen Apparat, in dem der Prozeß der Strömung abläuft.

3.1.1. *Definitionen*

In der allgemeinen Systemtheorie wird unter einem System eine Menge von Elementen, die durch eine Menge von Relationen miteinander verknüpft sind und zusammen einem bestimmten Ziel dienen, verstanden. Man kann Systeme nach ihren wesentlichen Wirkprinzipien unterscheiden. So existieren physikalische, elektrische, chemische usw.

Tabelle 3.1: Systemelemente

Systemtyp	physikalisch	elektrisch	chemisch-technologisch
Beispiele für Systemelemente	Kolben Zylinder Zuleitung Motor	Widerstand Kondensator Spule Transistor Verstärker	Rührwerk Rohrleitungen Reaktionsgefäß Heizanlage Reaktor

In Tab. 3.1. sind für eine solche Unterteilung einige Elemente angegeben. Man erkennt, daß der Systembegriff relativ ist. Faßt man z. B. einen chemischen Rührkesselreaktor als System auf, so sind Rührer, Zu- und Ablauf, Gefäß, Heizanlage Elemente. In einem größeren System (Produktionsbetrieb) ist der Reaktor selbst ein Element.

Die Elemente eines Systems sind miteinander verknüpft, d. h. können wechselseitig aufeinander einwirken. In Verweilzeitsystemen besteht diese Verkopplung in der speziellen Verknüpfung von Einzelreaktoren, -apparaten bzw. Reaktor- und Apparate-Teilbereichen (Zellen) zur Erzielung eines ganz bestimmten Verweilzeitverhaltens. Welche Elemente (Art, Größe) wie miteinander verbunden werden, hängt vom Produktionsziel ab, also vom zu produzierenden Stoff bzw. Stoffgemisch. Dieses Ziel ist nicht nur Funktion

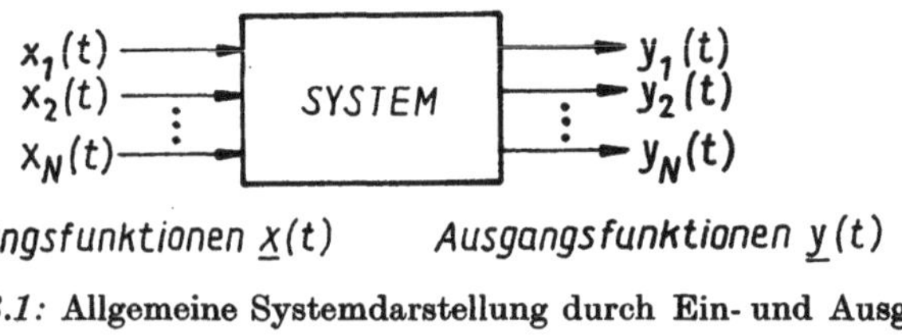

Abb. 3.1: Allgemeine Systemdarstellung durch Ein- und Ausgangsbeziehung.

einer Größe, z. B. Produktivität, sondern vielmehr oft von mehreren, teilweise gegenläufigen Kriterien abhängig (z. B. Qualität, Kosten, Betriebssicherheit).

Systeme zeigen dynamisches und statisches Verhalten. Sie werden im allgemeinen durch die in Abb. 3.1 gezeigte Darstellung charakterisiert. Die

Komponenten $x_i(t)$ des Eingangsvektors $\boldsymbol{x}(t)$ sind am Prozeß beteiligte physikalische Größen wie Konzentration der Reaktionspartner und Begleitstoffe, Temperatur, Volumenstrom der Reaktionsmasse, Druck.

Das dynamische Verhalten kann untersucht werden, wenn irgendwelche Eingangsgrößen $x_i(t)$ und/oder systeminnere Zustandgrößen sich zeitlich ändern, z. B. indem sie signalartig verändert werden. Das System reagiert darauf mit einer bestimmten Antwort und wobei dieser das Kausalitätsprinzip zugrunde liegt. Das bedeutet: die Antwort $\boldsymbol{y}(t)$ ist eindeutige Wirkung der zeitlichen Änderung der Eingangsgrößen $\boldsymbol{x}(t)$ und/oder systeminnerer Zustandsgrößen als Ursache. Wie schon erwähnt, unterscheidet man die Beschreibung von Systemen ausschließlich durch Ein-Ausgangsgrößen und die Beschreibung mit Hilfe von Zustandsgrößen, die außer den meßbaren Ein- und Ausgangsgrößen die nicht unbedingt meßbaren systeminneren Zustandsgrößen verwendet.

Das bedeutet jedoch nicht, daß bei einer Ein-Ausgangs-Beschreibung im Inneren des Systems etwa die inneren Zustandsgrößen, wie z. B. Reaktorinnentemperatur oder Konzentration, völlig unberücksichtigt bleiben. Sie werden jedoch bei dieser Beschreibungsart so eliminiert, daß lediglich das Ein-Ausgangsverhalten des Systems erkennbar wird. Zu den Vor- und Nachteilen beider Beschreibungsarten sind Bemerkungen in den entsprechenden Abschn. 3.3. bzw. 3.4. nachzulesen.

Das dynamische Verhalten eines Systems wird im allgemeinen schon durch das Übergangsverhalten ausreichend charakterisiert. Man versteht darunter den Übergang des Systems aus einem Zustand in einen anderen in Abhängigkeit vom Anfangszustand bei $t = t_0$ und der Form der Zeitfunktion der Eingangsgrößen, die verschieden sein kann, z. B. eine Sprungfunktion (beim Öffnen von Zulaufventilen) oder sinusähnliche Schwingungen (hervorgerufen durch periodisches Zudosieren von Eingangsstoffen mittels Dosierpumpen).

Befindet sich ein System in einem stationären Zustand, d. h. sind alle Ausgangsgrößen $\boldsymbol{y}(t)$ zeitlich konstant, und kehren nach einer kurzzeitigen Abweichung irgendeiner Eingangsgröße $x_i(t)$ (z. B. bei kurzzeitigem Öffnen und Schließen von Zulaufventilen) wieder in den alten Zustand zurück, indem alle Ausgangsgrößen $\boldsymbol{y}(t)$ wieder den alten Wert annehmen, so bezeichnet man es als im technischen Sinne stabil. Wie dem Praktiker bekannt sein wird, trifft für Strömungssysteme ausnahmslos Stabilität bezüglich der Verweilzeit von Material zu.

Für die zeitliche Veränderung einer Ausgangsgröße muß nicht immer nur eine Eingangsgröße verantwortlich sein. So zum Beispiel kann die Konzentration eines in einem Mischreaktor produzierten Stoffes nicht nur vom Stoffstrom der eingegebenen Ausgangsstoffe abhängen, sondern auch von der Rührgeschwindigkeit. Andererseits bewirkt im Normalfall die Veränderung einer Eingangsgröße im System die Veränderung mehrerer Ausgangsgrößen. Im allgemeinen hat der Stoffstrom nicht nur Einfluß auf die Konzentration des Produktstoffes, sondern auch auf dessen Temperatur (ARRHENIUSsche Kopplung).

Relativ einfach liegen die Verhältnisse bei Verweilzeituntersuchungen. Hier wird durch die Einführung des Indikators ein Signal auf das System gegeben, auf das, wie bereits erläutert, nur ein Kanal, nämlich der des linearen Stofftransportes im Hinblick auf die Unterscheidbarkeit der transportierten Teilchen anspricht. Die Darstellung kann daher in Form sogenannter Einfachsysteme, mit einem Eingang und einem Ausgang erfolgen (Abb. 3.2).

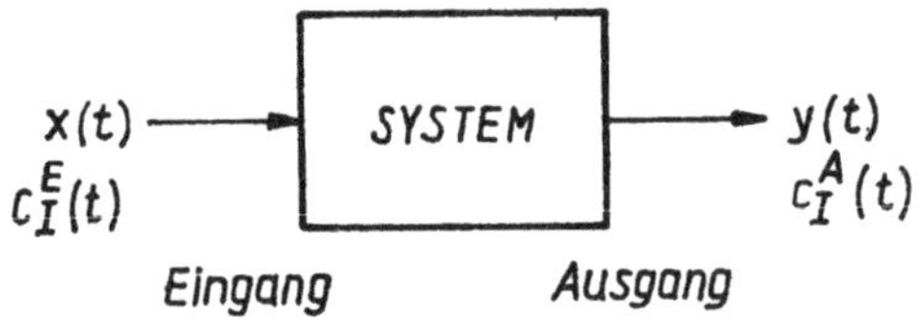

Abb. 3.2: Einfachdarstellung einer System-Ein-Ausgangsbeziehung (Verweilzeitsysteme).

Wird das statische Verhalten eines Systems untersucht, heißt das, daß der Zusammenhang zwischen Ein- und Ausgangsgrößen für den Fall betrachtet wird, bei dem die Systemgrößen zeitlich konstant sind. Auch an Strömungsapparaten lassen sich solche Abhängigkeiten mit den Meßmitteln der Verweilzeitanalyse bestimmen. Im allgemeinen interessiert jedoch nicht dieser Zusammenhang, sondern die sich unter den Bedingungen der Stationarität der Strömung einstellende räumliche Konzentrationsverteilung der Stoffe in einigen Reaktionsapparaten (Blasensäule, Wirbelrinne).

3.1.2. Systemeigenschaften, Einteilung

Man teilt Systeme nach ihren Eigenschaften ein, die sie unabhängig von den auf sie einwirkenden Eingangsgrößen besitzen. Erkennen lassen sich ihre Eigenschaften jedoch am besten, wenn der durch die Systeme bewirkte Zusammenhang zwischen Ein- und Ausgangsgrößen betrachtet wird. Dieser Zusammenhang kann durch mathematische Modelle (Gleichungssysteme) definiert werden. Sie stellen eine Transformationsvorschrift der Eingangsgrößen in die Ausgangsgrößen dar.

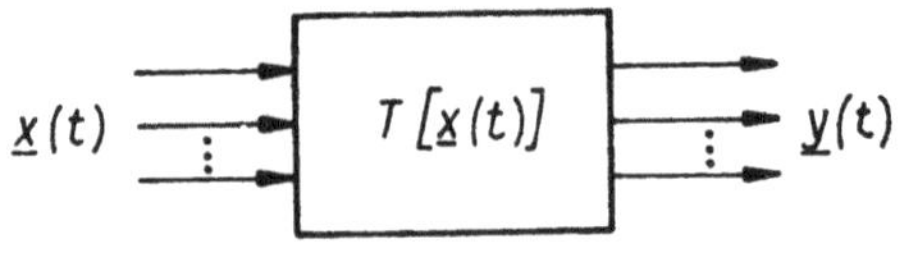

Abb. 3.3: Blockbild eines allgemeinen Systems, welches durch den Operator T charakterisiert wird.

Mathematisch läßt sich diese Vorschrift durch den allgemeinen Transformationsoperator $\boldsymbol{T}$ ausdrücken (Gl. (3.1)).

$$\boldsymbol{y}(t) = \boldsymbol{T}[\boldsymbol{x}(t)], \quad \text{falls bei} \quad t = t_0 \quad \boldsymbol{y}(t_0) = 0 \tag{3.1}$$

ist.

Die grafische Darstellung von Gl. (3.1) erfolgt im sogenannten Blockbild (Abb. 3.3).

Das System erscheint als Block, während die Ein- und Ausgangsgrößen durch gerichtete Signalpfeile (der Begriff „Signal" wird in Abschn. 3.2. ausführlich erläutert) symbolisiert sind.

Da Verweilzeitsysteme Einfachsysteme (vgl. Abschn. 3.1.1.) sind, brauchen von den Vektoren $\boldsymbol{x}(t)$ und $\boldsymbol{y}(t)$ nur jeweils eine Komponente (Strömungskanal) dargestellt zu werden. Wenn $x(t)$ die Indikatorkonzentration $c_I^E(t)$ am Eingang ist und $y(t) = c_I^A(t)$ die am Ausgang, läßt sich Gl. (3.1) für den Verweilzeitoperator T angeben

$$c_I^A(t) = T[c_I^E(t)], \quad \text{falls bei} \quad t = t_0 \quad c_I^A(t_0) = 0 \tag{3.2}$$

ist.

Der Charakter des Transformationsoperators T bestimmt letztlich die Grundeigenschaften von Systemen (Abb. 3.4).

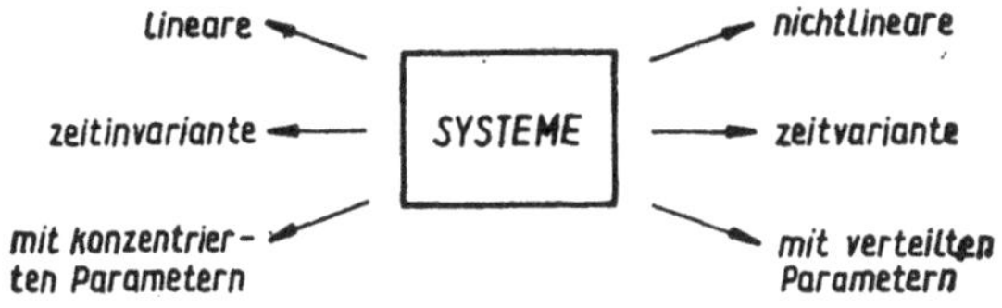

Abb. 3.4: Die sechs Grundeigenschaften von Systemen.

Die in Abb. 3.4 angeführten Eigenschaften sind unabhängig voneinander, so daß 8 verschiedene Klassen existieren. Zur Kennzeichnung eines Systems sind also drei Angaben notwendig. Die mathematisch einfachsten sind die linearen, zeitinvarianten Systeme mit konzentrierten Parametern. Ein gut geregelter Mischreaktor kann als ein solches System aufgefaßt werden.

Im folgenden wird auf die sechs Grundeigenschaften von Systemen näher eingegangen.

a) Lineare und nichtlineare Systeme

Lineare Systeme genügen dem Verstärkungs- und Superpositionsprinzip.

Falls keine unerwünschten Nebenprozesse ablaufen, wie z. B. die bevorzugte Absorption des Indikators an den Gefäßwänden, Einbauten oder Füllstoffen, zeigen Strömungssysteme stets ein lineares Verhalten.

Das Verstärkungsprinzip hat Gültigkeit, wenn bei dem k-fachen Wert der Eingangsgröße sich auch der k-fache Wert der Ausgangsgröße einstellt:

$$T[k \cdot x(t)] = k \cdot T[x(t)] = k \cdot y(t) \tag{3.3}$$

Für Strömungssysteme trifft Gl. (3.3) zu. Wird bei einer Verweilzeituntersuchung beispielsweise die doppelte Indikatormenge zugefügt, bei sonst gleichen Bedingungen, so verdoppelt sich auch die Ausgangskonzentration.

Das Superpositionsprinzip (Überlagerungsprinzip) gilt, wenn bei der Einwirkung mehrerer Eingangsgrößen sich die resultierende Ausgangsgröße aus der Summe der Einzelausgangsgrößen zusammensetzt:

$$T[x_1(t) + x_2(t)] = T[x_1(t)] + T[x_2(t)] = y_1(t) + y_2(t) \tag{3.4}$$

Gl. (3.4) hat für Strömungssysteme ebenfalls Gültigkeit. Werden an mehreren Eingangskanälen eines Systems Indikatoren unterschiedlicher Konzentration eingegeben, so überlagern sich diese am Ausgang additiv.

Nichtlineare Systeme liegen vor, wenn Verstärkungs- und Superpositionsprinzip nicht mehr auf alle Ein- und Ausgangsgrößen anwendbar sind. Bekanntlich ist dies im allgemeinen beim chemisch-technologischen Gesamtprozeß der Fall (nichtlineare ARRHENIUS-Verkopplung von Stoff- und Wärmeströmung, ortsabhängige nichtlineare Diffusion usw.).

b) Zeitvariante und zeitinvariante Systeme

Ein System wird dann als zeitinvariant bezeichnet, wenn sich seine Eigenschaften zeitlich nicht ändern. Bei solchen Systemen ist die Form des Ausgangssignals unabhängig davon, wann das Eingangssignal einsetzt:

$$T[x(t - t_0)] = y(t - t_0) \tag{3.5}$$

Gilt Gl. (3.5) nicht, so handelt es sich um ein zeitvariantes System. Technische Strömungssysteme, wie kontinuierlich gefahrene Apparate, Reaktoren und Anlagen sind in der Mehrzahl zeitinvariant. Dabei ist zu beachten, daß gewisse Störungen und Unregelmäßigkeiten auch beim Einsatz von Prozeßreglern nicht auszuschließen sind, so daß ein mehr oder weniger stark gestörtes zeitinvariantes Verhalten vorliegen kann. Diesem Umstand gilt es bei Verweilzeitanalysen Rechnung zu tragen.

c) Systeme mit konzentrierten und verteilten Parametern

Jedes technisch reale System weist eine Ortsabhängigkeit seiner Eigenschaften auf. So auch Strömungssysteme. Diese räumliche Abhängigkeit kann zur Erzielung eines ganz bestimmten Verweilzeitverhaltens des Strömungsapparates bezweckt (Pfropfenströmungsreaktor, Blasensäule, Wirbelrinne) oder ungewollt sein (schlecht geregelter Mischreaktor, nicht erwünschte Wanddiffusion usw.).

Exakt läßt sich jedes reale System also nur durch Modelle beschreiben, die die räumliche Abhängigkeit seiner Parameter erfassen. Dies ist mit partiellen Differentialgleichungen möglich. Man bezeichnet sie als Modelle mit verteilten Parametern (z. B. Diffusionsmodelle).

Näherungsweise wird man jedoch häufig davon ausgehen können, daß die Parameter eines Modells keine Ortsabhängigkeit besitzen (z. B. Mischreaktor).

Man kann sich diese Modelle in einem Raumpunkt konzentriert vorstellen.

Da sie mathematisch wesentlich bequemer zu handhaben sind, überführt man auch Modelle mit verteilten Parametern vor der Berechnung in Modelle mit konzentrierten Parametern. Dies entspricht einer Diskretisierung der das Modell beschreibenden partiellen Differentialgleichung, die bei numerischer Behandlung ohnehin nötig wäre.

Das Diffusionsmodell, welches durch eine partielle Differentialgleichung 2. Ordnung beschrieben wird, kann bekanntlicherweise durchaus auch als Kaskade von Mischreaktoren mit Rückfluß aufgefaßt werden. Die Übereinstimmung mit dem Diffusionsmodell ergibt sich exakt bei einer Stufenzahl $m \to \infty$. Praktisch genügen wesentlich geringere Stufenzahlen (z. B. $m = 50$). Räumliche Verteilungen des Diffusionskoeffizienten brauchen dabei nicht unberücksichtigt zu bleiben, da er von Stufe zu Stufe einer Abhängigkeit folgen kann.

3.2. Signale

Bei der Definition des Systems wurde schon deutlich (Abschn. 3.1.), daß Signal- und Systembegriff eng miteinander verknüpft sind. Dies liegt in der Natur der Sache, da Systemelemente über „Signalkanäle“ miteinander in Verbindung stehen.

Will man Systeme analysieren, benötigt man dazu wissenschaftlich definierte Nachrichten, also Informationen. Diese erhält man über Signale. Signale besitzen die folgenden allgemeinen Eigenschaften und Merkmale:

- Sie geben Nachrichten über den Zustand von Systemen.
- Sie sind materielle Träger der Informationen.
- Sie sind von einer physikalischen Größe getragene Funktionen (im allgemeinen Zeitfunktionen), die einen Parameter (Informationsparameter) besitzen, der den Wert und Verlauf einer technischen und physikalischen Größe nach einer vorher vereinbarten Vorschrift abbildet (TGL 14591, s. a. Kindler [85]).

In der Verweilzeitanalyse ist das Signal die Konzentration des Indikators c_I oder eine physikalische Größe, die der Konzentration proportional bzw. funktionell von ihr abhängig ist (radioaktive Impulsrate, elektrische Leitfähigkeit, Extinktion u. a.).

Signale können übertragen, umgewandelt und gemessen werden. Sie können nach Brack [23], wie in Abb. 3.5 angegeben, eingeteilt werden.

Bei determinierten Signalen ist die Zeitfunktion bekannt und kann als analytischer Ausdruck angegeben werden. Hier unterscheidet man zwischen einmaligen und periodischen Signalen.

Stochastische Signale besitzen eine zufällige Zeitfunktion; hier können die zukünftigen Funktionswerte höchstens mit einer gewissen Wahrscheinlichkeit angegeben werden. Zufallsfunktionen können jedoch durch deterministische Verteilungsfunktionen und Kenngrößen (Zahlencharakteristika, vgl. Kap. 4.) beschrieben werden, wodurch eine Möglichkeit gegeben ist, stochastische Signale deterministisch zu charakterisieren. Man unterscheidet stationäre stochastische Signale, bei denen z. B. der arithmetische und quadratische Mittelwert konstant ist, und instationäre stochastische Signale für die die Mittelwerte determinierte oder stochastische Zeitfunktionen sind.

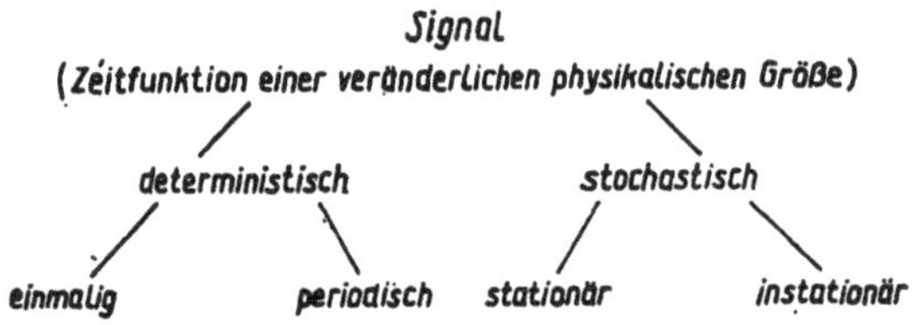

Abb. 3.5: Einteilung von Signalen.

Es wurde schon darauf hingewiesen, daß zur Analyse des dynamischen Verhaltens eines Systems den Eingangsgrößen gewisse Signale aufgeprägt und die Ausgangsgrößen dazu registriert werden. Diese Signale werden Testsignale genannt, weil mit ihnen die Reaktion der Ausgangsgröße auf diesen „Test" bestimmt wird. Als Testsignale verwendet man sinnvollerweise solche, die einen hohen Informationsgehalt haben und gleichzeitig einfach zu realisieren sind. In Abb. 3.6 sind einige gebräuchliche Testsignale aufgeführt.

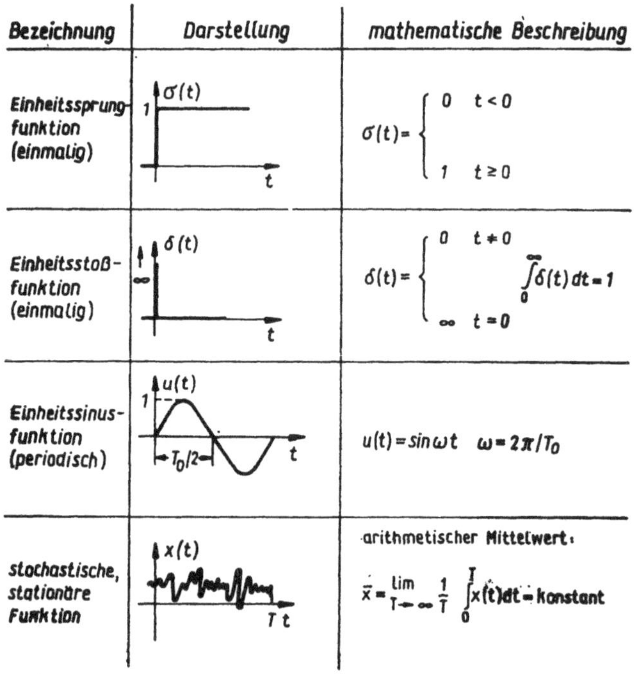

Abb. 3.6: **Zusammenstellung einiger gebräuchlicher Testsignale.**

Periodische Testsignale werden vorwiegend in der Elektrotechnik verwendet (Frequenzganganalyse). Stochastische Testsignale, wie das „Weiße Rauschen", sind für Untersuchungen in der Nachrichtenübertragung und Regelungstechnik wichtig. Die Zugabe von Indikatoren in Form von periodischen Testsignalen (Sinusschwingungen) ist mit technischen Schwierigkeiten verbunden, obwohl derartige Versuche unternommen wurden, vor allem jedoch im kleintechnischen Rahmen. Die Methode erfordert besondere Dosiereinrichtungen.

Für Verweilzeituntersuchungen haben vorwiegend die aperiodisch-deterministischen Signale Bedeutung. Hiervon sind es vorzugsweise drei Funktionen, die für die Traceruntersuchungen Anwendung finden: Stoßmarkierung, Zulaufmarkierung und Verdrängungsmarkierung.

Eine Stoßmarkierung liegt vor, wenn der Konzentrationsverlauf des Indikators am Eingang des Reaktors in guter Näherung durch die Beziehungen

$$c_{St}^{E}(t) = \frac{m_0}{\dot{v}_M^E} \cdot \delta(t) = c_0 \cdot \bar{t}_v \cdot \delta(t) \tag{3.6a}$$

bzw.

$$C_{St}^{E}(t) = \frac{c_{St}^{E}(t)}{c_0} = \bar{t}_v \cdot \delta(t) \tag{3.6b}$$

wiedergegeben werden kann.

Die technische Realisierung der Stoßmarkierung verlangt, daß die gesamte Indikatormenge m_0 zum Zeitpunkt $t = 0$ innerhalb eines so kurzen Zeitintervalls in den Volumenstrom $\dot{v}_M^E$ gegeben wird, daß kurzzeitig eine extrem hohe Konzentration entsteht. Mit Hilfe einfacher Berechnungen kann gezeigt werden, daß radioaktive Markierungssubstanzen wegen ihrer hohen Nachweisempfindlichkeit in nahezu idealer Weise die Realisierung eines Konzentrationsverlaufes in Form eines DIRAC-Stoßes $(\delta(t))$ ermöglichen. Selbstverständlich kann man rein formal eine beliebige Substanz impulsartig in ein Strömungssystem einbringen. Sie wird sich jedoch wegen der notwendigen hohen Konzentration nicht wie ein idealer Indikator (Kap. 2.) verhalten. Die Besonderheit der radioaktiven Stoffe ist neben rein technischen Vorteilen gerade darin zu sehen, daß die Impulsfunktion noch bei relativ hoher Verdünnung approximiert werden kann. Der DIRAC-Impuls (δ-Funktion) ist die in der radioaktiven Markierungstechnik am häufigsten verwendete Testfunktion.

Die Zulaufmarkierung mit Hilfe eines Indikators liegt vor, wenn gilt:

$$c_Z^E(t) = c_0 \cdot \sigma(t) \tag{3.7a}$$

bzw.

$$C_Z^E(t) = \frac{c_Z^E(t)}{C_0} = \sigma(t) \tag{3.7b}$$

Zulaufmarkierungen werden in der radioaktiven Tracermeßtechnik seltener verwendet. Eine etwas häufiger praktizierte Zugabeform ist die inverse Form, die sogenannte Verdrängungsmarkierung. Der Indikator befindet sich zum Zeitpunkt $t = 0$ im Strömungssystem gleichmäßig verteilt und wird vom Frischzulauf allmählich verdrängt:

$$c_V^E(t) = c_0\big(1 - \sigma(t)\big) \tag{3.8a}$$

bzw.

$$C_V^E(t) = \frac{c_V^E(t)}{c_0} = 1 - \sigma(t) \tag{3.8b}$$

3.3. Die Ein-Ausgangsbeschreibung von Systemen

Die Ein-Ausgangsbeschreibung eines Systems beruht auf der sogenannten Black-box-Methode. Sie ist ein Erkenntnisverfahren für die Untersuchung der Eigenschaften von Systemen, insbesondere ihrer Funktion. Grundlage dieses Verfahrens bildet die Existenz bzw. Annahme einer sogenannten Black-box (Abb. 3.1—3.3). Es wird angewandt, wenn ein System vorgegeben ist, von dem anfangs nur bekannt bzw. feststellbar ist, welche Eingangs- bzw. Ausgangsgrößen es besitzt, dessen innerer Aufbau aber aus irgendwelchen Gründen nicht unmittelbar (durch „Öffnen“ der Black-box) untersucht werden kann (Klaus [87]).

Dabei müssen die Ein- und Ausgangsgrößen nicht unbedingt am technologischen Ein- und Ausgang eines Systems vorliegen. Wesentlich ist, daß Eingangsgrößen als Ursachengrößen und Ausgangsgrößen als Wirkungsgrößen anzusehen sind.

Bei der Analyse eines Systems lassen sich zwei Schritte unterscheiden:

a) Durch Beobachten der Variation der Werte der Eingangsgrößen $\boldsymbol{x}(\boldsymbol{t})$ bzw. deren zufällige (stochastische) oder gesetzmäßige (determinierte) Veränderung und durch Beobachten bzw. Registrieren von Veränderungen der Werte der Ausgangsgrößen $\boldsymbol{y}(\boldsymbol{t})$ können formale Relationen zwischen den Eingangs- und den Ausgangsgrößen (sogenannte Ein-Ausgangs-Relationen) ermittelt und tabellarisch erfaßt oder als formale mathematisch-funktionelle Zusammenhänge (Transformationsoperator nach Gl. (3.1)) beschrieben werden. Dieses Vorgehen wird als experimentelle Systemanalyse bezeichnet, denn hierbei erhält man Informationen über das System aus Experimenten. Besonders gebräuchlich zur Durchführung der Experimente sind Testsignale, die den Eingangsgrößen aufgeprägt werden. Insofern ist die Verweilzeitanalyse nichts weiter als die experimentelle Systemanalyse an Strömungssystemen. Abweichungen vom allgemeinen Fall bestehen im speziellen Charakter des Untersuchungsobjektes (untersucht wird nur der lineare Strömungskanal) sowie in den Besonderheiten des verwendeten Indikatormeßverfahrens. Durch anschließenden Vergleich mit Antwortsignalen von Einheits-Strukturelementen lassen sich einfache Unterstrukturen bestimmen sowie Modellparameter ermitteln.
b) Auf Grundlage der experimentellen Systemanalyse und in der Regel auch unter Zuhilfenahme von Erhaltungssätzen von Masse, Energie und Impuls (Bilanzierung

der Elementarvorgänge Konvektion, Leitung, Übergang und chemische Reaktion) können Hypothesen über die innere Struktur der Black-box aufgestellt werden. Dies führt, je nachdem, ob vereinfachende Annahmen getroffen werden können oder nicht, zu mehr oder weniger komplizierten Modellen. Verzichtet man auf die Darstellung der inneren Systemsignale, so erhält man einfachere Modelle, die ausschließlich das Ein-Ausgangsverhalten bzw. Ursache-Wirkungsverhalten wiedergeben. Diese Methode zur Modellgewinnung wird häufig als theoretische Systemanalyse bezeichnet. Bei Strömungssystemen sind zwar die Elementarvorgänge der Pfropfenströmung und der vollständigen Durchmischung, Diffusions- und Übergangsprozesse seit langem bekannt und theoretisch erschlossen. Daraus abgeleitet sind viele bekannte und bewährte Typenmodelle (Kap. 5). Dennoch gibt es immer wieder Bestrebungen, solche Modelle bzw. -verfahren zu finden, die sich flexibler auf das konkrete technische Strömungssystem und auf die in ihm ablaufenden chemischen Prozesse anwenden lassen. Berücksichtigung findet dabei ihre mehr oder weniger vorteilhafte numerische Auswertbarkeit.

In vielen Fällen genügt die Anwendung der Black-box-Methode, d. h. die Ausführung des Schrittes a). Dies hängt damit zusammen, daß es mitunter aus diesem oder jenem Grunde nicht (bzw. noch nicht) möglich ist, eine hinreichend große Zahl von Ein-Ausgangs-Relationen zu ermitteln, die es gestattet, begründete Hypothesen über die innere Struktur des Systems aufzustellen.

Manchmal ist es aber für die Beherrschung eines Systems auch gar nicht erforderlich, seine ganze Struktur (inneren Aufbau aus Elementen bzw. Teilsystemen) zu kennen. Für die Berechnung von Strömungssystemen mit chemischen Reaktionen 1. Ordnung kommt es z. B. nur darauf an, daß die gemessene Verweilzeitkurve formal mit der theoretischen übereinstimmt. Welches Modell (Strömungsstruktur ausgedrückt durch eine Differentialgleichung) zugrundegelegt wird, ist unwesentlich. Verschiedene Modelle besitzen für bestimmte Parameterkombinationen dieselben Lösungen, so daß die Modellwahl bei chemischen Reaktionen 1. Ordnung, die ja bekanntlich durch lineare Ansätze beschrieben werden, von untergeordneter Bedeutung ist. In anderen Fällen führt ein derartig formales Herangehen unter Umständen zu Irrtümern. Laufen in Strömungssystemen nämlich Reaktionen mit Ordnungen verschieden von 1 ab, die außerdem noch nichtisotherm und nicht volumenbeständig sind, so wird das Gesamtsystem stark nichtlinear. Dann ist es durchaus nicht mehr gleichgültig, welche räumliche Verteilung von Reaktorelementen (-bereichen) modelliert wird, da verschiedene Strukturen zu verschiedenen Resultaten bei der vollständigen Beschreibung von Reaktorsystemen (Simulation) führen.

In solchen Fällen wird man sowohl nach a) als auch nach b) vorgehen, also experimentelle mit theoretischer Verweilzeitsystemanalyse verbinden.

3.3.1. Ein-Ausgangsbeschreibung im Zeitbereich

Das dynamische Verhalten von Systemen läßt sich durch mathematische Modelle beschreiben, die gewöhnliche oder partielle Differentialgleichungen sind. Falls es sich um ein allgemeines lineares, zeitinvariantes Einfach-System mit konzentrierten Parametern handelt, wird dieses vollständig durch eine gewöhnliche lineare Differentialgleichung mit konstanten Koeffizienten (a und b) beschrieben

$$a_m y^{(m)}(t) + \cdots + a_0 y(t) = b_0 x(t) + \cdots + b_n x^{(n)}(t), \tag{3.9}$$

wobei für technische Systeme der Grad m der Ableitung von $y(t)$ stets größer ist als der Grad n der Ableitung von $x(t)$ $(m > n)$. Bei Verweilzeituntersuchungen sind

$$x(t) = c_I^E(t)$$
$$y(t) = c_I^A(t)$$

analog Gl. (3.2) (siehe auch Abb. 3.2) die Indikatorkonzentrationen am Ein- und Ausgang.

Jedes Strömungssystem läßt sich bekanntlich aus Zellen idealer Vermischung und idealer Verdrängung durch entsprechende Kombination darstellen.

Für viele chemische Reaktionen stellen diese Elementarvorgänge optimale Lösungen dar, so daß Reaktoren gebaut werden, die ein derartiges Strömungsverhalten näherungsweise zeigen.

Der ideale Mischreaktor (*IMR*) besitzt ein Verweilzeitverhalten, welches durch

$$\tau \frac{dc_I^A}{dt} + c_I^A(t) = c_I^E(t) \tag{3.10}$$

beschrieben wird, wobei $\tau = v_R/\dot{v}_M$ die mittlere Verweilzeit $\bar{t}_v$ (mit volumenbeständiger Strömung) ist. Gl. (3.10) ist der folgende Spezialfall von Gl. (3.9)

$$a_1 y^{(1)}(t) + a_0 y(t) = b_0 x(t). \tag{3.11}$$

Das Verweilzeitverhalten des idealen Pfropfenströmungsreaktors (*IPR*) läßt sich durch die partielle Differentialgleichung

$$\frac{\partial c_I}{\partial t} = -u_x \frac{\partial c_I}{\partial x} \tag{3.12}$$

beschreiben. Die Verweilzeit $t_v = L/u_x$ ergibt sich aus dem Verhältnis lineare Strömungsgeschwindigkeit u_x zu Reaktorlänge L.

Bekanntlich kann man sich den *IPR* auch aus m hintereinandergeschalteten Mischreaktorzellen, die alle ein Zellvolumen von $v_{Ri} = v_R/m$ besitzen, zusammengesetzt denken. Dann erfolgt die Beschreibung des Verweilzeitverhaltens nach

$$\tau_m{}^m \frac{d^m c_I^A}{dt^m} + \cdots + \tau_1 \frac{dc_I^A}{dt} + c_I^A(t) = c_I^E(t). \tag{3.13}$$

Für die Stufenzahl $m \to \infty$ geht Gl. (3.13) in Gl. (3.12) über, falls die Randbedingungen $c_I(0, t) = c_I^E(t)$ und $c_I(L, t) = c_I^A(t)$ berücksichtigt werden.

Aus diesen Überlegungen folgt, daß jedes Strömungssystem als lineares System mit konzentrierten Parametern (Mischreaktorbereiche, Zellen idealer Vermischung) darstellbar ist und sich mit Gl. (3.9) modellieren läßt.

Wenn das Eingangssignal $x(t) = c_I^E(t)$ analytisch bekannt ist (und das ist bei der Verweilzeitanalyse durch die Verwendung einfacher Testsignale der Fall), dann kann mit Hilfe klassischer Verfahren der linearen Analysis das Antwortsignal $y(t) = c_I^A(t)$ auf die Erregung durch das Indikatoreingangssignal $c_I^E(t)$ berechnet werden. Für Stoß-, Zulauf- und Verdrängungsmarkierung sind in Tab. 3.2 die Lösungen $c_I^A(t)$ der Gln. (3.10) bzw. (3.12) angegeben.

Tabelle 3.2: Lösungen der Differentialgleichungen (3.10) und (3.12) von idealem Mischreaktor und Pfropfenströmungsreaktor für verschiedene Markierungen

$c_I^E(t) \rightarrow$ / $c_I^A(t) \downarrow$	Stoß $c_0\bar{t}_v\delta(t)$	Zulauf $c_0 \cdot \sigma(t)$	Verdrängung $c_0(1 - \sigma(t))$
IMR	$\frac{c_0\bar{t}_v}{\tau} e^{-t/\tau}$	$c_0(1 - e^{-t/\tau})$	$c_0 \cdot e^{-t/\tau}$
IPR	$c_0\bar{t}_v\delta(t - t_v)$	$c_0 \cdot \sigma(t - t_v)$	$c_0(1 - \delta(t - t_v))$

Besondere Bedeutung kommt der mit der Stoßfunktion $\delta(t)$ erhaltenen Lösung der Differentialgleichung zu. Sie wird als Gewichtsfunktion $g(t)$ (Einheitslösung der Differentialgleichung, Greensche Funktion) bezeichnet und lautet nach Tab. 3.2 für den idealen Mischreaktor

$$g(t) = (1/\tau) \cdot e^{-t/\tau} \tag{3.14}$$

sowie für den idealen Pfropfenströmungsreaktor

$$g(t) = \delta(t - \bar{t}_v). \tag{3.15}$$

Bei der experimentellen Verweilzeitanalyse von Strömungssystemen sind die bei Stoßmarkierung erhaltenen Indikatorzentrationskurven am Ausgang schon bekannt und zwar als „Verweilzeitspektren". Die Gewichtsfunktion eines Strömungssystems ist also nichts weiter als das gemessene „Verweilzeitspektrum" bezogen auf die Stoßfläche $c_0\bar{t}_v$. Die Bezeichnung „Verweilzeitspektrum" hat sich eingebürgert, obwohl es sich streng genommen um kein Spektrum handelt. Vielmehr stellt die später noch erklärte Frequenzgangfunktion $F(j\omega)$ eine spektrale Darstellung der Verweilzeitfunktion dar (siehe Absch. 3.3.2.).

Die Gewichtsfunktion $g(t)$ charakterisiert das lineare System, unabhängig von der jeweils vorliegenden Eingangsfunktion. Bei Kenntnis der Gewichtsfunktion $g(t)$ und dem Eingangssignal $x(t)$ folgt dann die Ausgangsfunktion $y(t)$ aus der Beziehung

$$y(t) = \int_{\vartheta=0}^{t} x(\vartheta) \cdot g(t - \vartheta)\, d\vartheta = \int_{\vartheta=0}^{t} g(\vartheta) \cdot x(t - \vartheta)\, d\vartheta \tag{3.16}$$

symbolisch

$$y(t) = x(t) * g(t) = g(t) * x(t) \tag{3.17}$$

geschrieben. Man bezeichnet Gl. (3.16) auch als Faltungsintegral oder spricht von der Faltungsoperation (z. B. OPPELT [116], UNBEHAUEN [170], siehe auch Anhang 7.3. zur LAPLACE-Transformation). Gl. (3.16) stellt gegenüber Gl. (3.9) die integrale Verknüpfung von Ein-Ausgangssignalen linearer Systeme dar. Eingangsgröße $x(t)$ und Gewichtsfunktion $g(t)$ lassen sich dabei in ihrer Reihenfolge als Faktoren vertauschen.

Setzt man in Gl. (3.16) für $x(t)$ die Stoßfunktion $\delta(t)$, so erhält man natürlich die Gewichtsfunktion

$$y(t) = g(t) * \delta(t) = g(t) \tag{3.18}$$

Daraus ergibt sich die besondere Rolle der Stoßmarkierung bei der Untersuchung von Strömungssystemen, denn die gemessene Ausgangsfunktion ist — dividiert durch $c_0\bar{t}_v$ — gleich der systemkennzeichnenden Gewichtsfunktion. Ihre Kenntnis — ausschließlich durch Messung gewonnen — erlaubt die Bestimmung der Ausgangsfunktionen für beliebige Eingangsfunktionen, wenn das numerisch einfach zu lösende Faltungsintegral (3.17) zur Auswertung herangezogen wird.

Eine der Gl. (3.17) ähnliche Beziehung läßt sich auch für andere Testsignale, beispielsweise für die Zulaufmarkierung $C_Z^E(t) = \sigma(t)$, angeben. Die Antwort eines Systems auf die Sprungfunktion $\sigma(t)$ wird in der Systemtheorie als Übergangsfunktion $h(t)$ bezeichnet und hat eine der Gewichtsfunktion $g(t)$ analoge Bedeutung. Näheres dazu findet man z. B. bei UNBEHAUEN [170].

3.3.2. Ein-Ausgangsbeschreibung im LAPLACE- *und Frequenzbereich*

Geschlossene Lösungen der Gln. (3.9) und (3.17) erhält man ohne Schwierigkeiten nur in einigen Sonderfällen. Deshalb ist man im allgemeinen auf numerische Verfahren zur Lösung der differentiellen und integralen Systemgleichungen angewiesen.

Handelt es sich, wie bei Strömungssystemen, um lineare Systeme, so bieten Methoden zur Algebraisierung von linearen systembeschreibenden Differential- und Integralgleichungen einen Ausweg. Solche Methoden beruhen auf der Anwendung von Funktionaltransformationen: in einem Originalbereich (auch Oberbereich oder wegen der unabhängigen Variablen „Zeit" auch t-Bereich genannt) definierte Funktionen $c_i(t)$ (oder auch die Ein-Ausgangsfunktionen $x(t)$, $y(t)$, $c_I^E(t)$ und $c_I^A(t)$) werden mittels geeigneter Transformationsvorschriften in Funktionen $C_i(s)$ transformiert, die in einem Bildbereich (Unterbereich, s-Bereich) existieren.

Es gibt viele mögliche Transformationen, die eine Originalfunktion in eine Bildfunktion überführen. Aus diesen muß eine geeignete ausgewählt werden, die die mathematische Lösung im Bildbereich möglichst einfach gestaltet.

Diese Bedingung wird durch folgende Transformationsvorschrift erfüllt:

$$C(s) = \mathfrak{L}\{c(t)\} = \int_0^\infty c(t) \cdot e^{-st}\, dt \tag{3.19}$$

Für Gl. (3.19) schreibt man auch oft symbolisch

$$c(t) \circ\!\!-\!\!\bullet\, C(s)$$

Man bezeichnet diese Transformation als LAPLACE-Transformation. Nach Gl. (3.19) wird eine Zeitfunktion $c(t)$ in den LAPLACE-Bereich zur Funktion $C(s)$ transformiert (Kleinbuchstaben sollen für den Originalbereich, Großbuchstaben für den Bildbereich Verwendung finden).

Damit $c(t)$ LAPLACE-transformierbar ist, muß sie für Zeiten $t < 0$ verschwinden. Das trifft für alle Funktionen zu, die Verweilzeitsysteme beschreiben. Da die Verweilzeit als eine stets positive Größe festgelegt ist, sind Verweilzeitfunktionen für $t_v < 0$ nicht definiert. Außerdem muß das Integral (3.19) konvergieren. Diese Bedingung wird von Verweilzeitsystemen ebenfalls erfüllt; bei der Stoßmarkierung wird z. B. eine endliche Indikatormenge zugesetzt. Das bewirkt, daß die Konvergenz des Integrals (3.19) aus physikalischen Gründen gesichert ist.

$s = \alpha + j\omega$ ist die komplexe Unabhängige im Bildbereich. Der Imaginärteil ω hat den Charakter einer Kreisfrequenz, während der Realteil α für $\alpha > 0$ den Charakter einer Anschwellkonstanten (Instabilität), für $\alpha < 0$ den Charakter einer Abklingkonstanten (Dämpfung, Stabilität) einer Schwingung hat.

Die Rücktransformation wird durch das Umkehrintegral

$$c(t) = \mathfrak{L}^{-1}\{C(s)\} = \begin{cases} 0 & \text{für } t < 0 \\ \dfrac{1}{2\pi j} \displaystyle\int_{\alpha - j\omega}^{\alpha + j\omega} C(s) \cdot e^{st}\, ds & \text{für } t > 0 \end{cases} \tag{3.20}$$

beschrieben. Diese Integration verläuft im Komplexen, was im allgemeinen größere Schwierigkeiten bereitet. Deshalb beschreitet man häufig einen anderen Weg.

Wenig Schwierigkeiten dagegen bereitet die Auswertung des Transformationsintegrals (3.19), so daß die LAPLACE-Transformierten einfacher Zeitvorgänge (Testsignale) und gewöhnlicher Differentialgleichungen mit konstanten Koeffizienten (Gl. (3.9)) leicht gefunden werden können.

Die praktische Bedeutung der LAPLACE-Transformation besteht darin, daß bei Anwendung der Rechenregeln 1, 5 und 6 (Rechenregeln der LAPLACE-Transformation siehe Anhang) eine Differentialgleichung im Zeitbereich in eine algebraische Gleichung im Bildbereich übergeht, die sich im allgemeinen leichter lösen läßt. Zur Rücktransformation des gewonnenen Ergebnisses in den Zeitbereich wird die Bildfunktion so umgestaltet, daß man auf Ausdrücke kommt, deren Zeitfunktionen bekannt sind. Beispielsweise gelingt meist die Darstellung der Bildfunktion als Summe von Partialbrüchen der Form $\frac{1}{s - s_1}$ (Partialbruchzerlegung). Für diese gilt die Transformation $\frac{1}{s - s_1} = \mathfrak{L}\{e^{s_1 t}\}$ oder die Rücktransformation $\mathfrak{L}^{-1}\left\{\frac{1}{s - s_1}\right\} = e^{s_1 t}$. Erfaßt man die Korrespondenzen auch in größeren Systemen immer wieder vorkommender Systemelemente (bei Strömungssystemen *IMR* und *IPR*) systematisch in Tabellen (sogenannten „Korrespondenztabellen", siehe Anhang), so ergibt sich eine zweite Möglichkeit, die Rücktransformation in einfacher Weise durchzuführen.

Beide Lösungswege sollen am Beispiel des idealen Mischreaktors mit einer Zulaufmarkierung als Eingangsfunktion demonstriert werden. Für diesen Fall lautet Gl. (3.10)

$$\tau \frac{dc_I^A}{dt} + c_I^A(t) = c_0 \cdot \sigma(t) . \tag{3.21}$$

Die Anfangskonzentration am Indikator soll $c_I^A(0) = c_0^A$ betragen und am Ausgang meßbar sein. Zunächst soll Gl. (3.21) in den Bildbereich transformiert werden.

Der Korrespondenztabelle entnimmt man die LAPLACE-transformierte Sprungfunktion (Korrespondenz 4)

$$\sigma(t) \circ\!\!-\!\!\bullet \frac{1}{s} \tag{3.22}$$

Nach den Regeln zur LAPLACE-Transformation ergibt sich für die erste Ableitung der Indikatorkonzentration $c_I^A(t)$

$$\mathfrak{L}\left\{\frac{dc_I^A(t)}{dt}\right\} = s \cdot C_I^A(s) - c_0^A \tag{3.23}$$

Setzt man Gl. (3.22) und (3.23) in Gl. (3.21) ein, so erhält man die LAPLACE-Transformierte der Differentialgleichung (3.21) zu

$$C_I^A(s)\,(\tau \cdot s + 1) = \frac{c_0}{s} + \tau c_0^A \tag{3.24}$$

Die Lösung im LAPLACE-Bereich lautet

$$C_I^A(s) = \frac{c_0}{s(\tau s + 1)} + \frac{\tau c_0^A}{\tau s + 1} \tag{3.25}$$

Sie setzt sich aus zwei Summanden zusammen. Der erste Term gibt den Anteil der Zulaufmarkierung $c_0 \cdot \sigma(t)$ wieder, während der zweite von der Anfangsbedingung herrührt.

Die Lösung im Zeitbereich wird durch Rücktransformation von Gl. (3.25) erhalten. Der erste Term wird zu

$$\frac{c_0/\tau}{s(s + 1/\tau)} \tag{2.36}$$

umgeformt und als Summe von Partialbrüchen geschrieben

$$\frac{c_0}{\tau}\left(\frac{A}{s} + \frac{B}{s + 1/\tau}\right) \tag{3.27}$$

Die unbekannten Koeffizienten A und B bestimmt man durch Koeffizientenvergleich zu $A = \tau$ und $B = -\tau$. Damit wird Gl. (3.27) zu

$$c_0\left(\frac{1}{s} - \frac{1}{s + 1/\tau}\right) \tag{3.28}$$

Aus der Tabelle (s. Anhang) ist die Rücktransformation von Gl. (3.28) mit Hilfe der Korrespondenzen 4 und 8 möglich. Man erhält

$$c_0\left(\sigma(t) - e^{-t/\tau}\right) \tag{3.29}$$

bzw. für $t \geqq 0$

$$c_0(1 - e^{-t/\tau}) \tag{3.30}$$

Zum gleichen Resultat gelangt man, wenn Gl. (3.26) direkt mit Hilfe der Korrespondenz 9 aus der Tabelle rücktransformiert wird.

Der zweite Term ergibt umgeformt den Ausdruck

$$\frac{c_0^A}{s + 1/\tau} \tag{3.31}$$

und kann direkt mit der Korrespondenz 8 (für $n = 1$)

$$e^{s_1 t} \circ\!\!-\!\!\bullet \frac{1}{s - s_1} \tag{3.32}$$

verglichen werden. Man erhält für den zweiten Term

$$c_0^A \cdot e^{-t/\tau} \tag{3.33}$$

Die vollständige Lösung im Zeitbereich lautet mit den Gln. (3.30) und (3.33)

$$c_I^A(t) = c_0(1 - e^{-t/\tau}) + c_0^A e^{-t/\tau} \tag{3.34}$$

Für verschwindende Anfangskonzentration des Indikators stimmt Gl. (3.34) mit der in Tab. 3.2 angegebenen Lösung überein.

Wendet man die LAPLACE-Transformation auf das Faltungsprodukt (3.16) an, so wird daraus ein gewöhnliches Produkt der LAPLACE-transformierten

Zeitfunktion. Man erhält (siehe Anlage, Rechenregel 7)

$$\mathfrak{L}\{y(t)\} = \mathfrak{L}\{g(t) * x(t)\} = \mathfrak{L}\{g(t)\} \cdot \mathfrak{L}\{x(t)\} \tag{3.35}$$

$$Y(s) = G(s) \cdot X(s) \tag{3.36}$$

Die LAPLACE-Transformierte der Gewichtsfunktion, die sogenannte Übertragungsfunktion $G(s)$, ergibt sich nach Umformung von Gl. (3.36) in einfacher Weise aus dem Verhältnis von LAPLACE-transformierten Aus- zu Eingangssignale.

Ebenso vereinfachen sich die Verhältnisse bei Anwendung der LAPLACE-Transformation auf die Differentialgleichung (3.9.).

Für verschwindende Anfangsbedingungen und unter Berücksichtigung der Rechenregel 5 (siehe Anhang), erhält man aus Gl. (3.9)

$$(a_m s^m + a_{m-1} s^{m-1} + \cdots + a_0)\, Y(s) =$$
$$(b_0 + b_1 s + \cdots + b_n s^n)\, X(s) \tag{3.37}$$

Entsprechend Gl. (3.36) erhält man aus Gl. (3.37) die allgemeine Übertragungsfunktion eines linearen Systems

$$G(s) = \frac{Y(s)}{X(s)} = \frac{b_n s^n + \cdots + b_1 s + b_0}{a_m s^m + \cdots + a_1 s + a_0} \tag{3.38}$$

als gebrochen rationale Funktion, die außer der unabhängigen Variablen s nur die Koeffizienten des Systems enthält. Wie erwähnt, ist sie nur für verschwindende Anfangsbedingungen definiert, berücksichtigt also nicht den inneren Systemzustand bei $t = 0$ der Betrachtung.

Das Zählerpolynom

$$Z(s) = \sum_{i=0}^{n} b_i s^i \tag{3.39}$$

und das Nennerpolynom

$$N(s) = \sum_{j=0}^{m} a_j s^j \tag{3.40}$$

der Übertragungsfunktion $G(s)$ bestimmen, analog der Gewichtsfunktion $g(t)$ im Zeitbereich, eindeutig das Übertragungsverhalten (Ursache-Wirkungsverhalten) eines linearen Systems zwischen seinem Ein- und Ausgang und zwar unabhängig vom konkret vorliegenden Eingangssignal.

Dies soll an zwei Beispielen gezeigt werden. Die LAPLACE-transformierte Differentialgleichung (3.10) des idealen Mischreaktors lautet bei $c_I^A(o) = 0$:

$$\tau s C_I^A(s) + C_I^A(s) = C_I^E(s) \tag{3.41}$$

Daraus folgt die Übertragungsfunktion des idealen Mischreaktors

$$G_{IMR} = \frac{C_I^A(s)}{C_I^E(s)} = \frac{1}{1 + \tau s} \tag{3.42}$$

Wird Gl. (3.42) in die Form (3.36) gebracht und für $c_I^E(t)$ die LAPLACE-Transformierten von Stoß-, Zulauf- und Verdrängungsmarkierung gesetzt, erhält man bei Verwendung der Stoßmarkierung als Eingangsfunktion

$$C_I^A(s) = G_{IMR} \cdot \mathfrak{L}\{c_0 \bar{t}_v \delta(t)\} = G_{IMR} \cdot c_0 \bar{t}_v = \frac{c_0 \cdot \bar{t}_v}{1 + \tau s}. \tag{3.43}$$

Wird die Zulaufmarkierung gewählt:

$$C_I^A(s) = G_{IMR} \cdot \mathfrak{L}\{c_0 \cdot \sigma(t)\} = G_{IMR} \cdot \frac{c_0}{s} = \frac{c_0}{s(1 + \tau s)} \tag{3.44}$$

Liegt schließlich eine Verdrängungsmarkierung vor, so faßt man $c_I{}^E(t)$ zweckmäßig als Anfangsbedingung auf:

$$C_I^A(s) = G_{IMR} \tau c_0^A = \frac{\tau c_0^A}{1 + \tau s} \tag{3.45}$$

Die Gln. (3.43), (3.44) und (3.45) können mit Hilfe der Korrespondenztabelle zurücktransformiert werden und man erhält wieder die in Tab. 3.2. angegebenen Funktionen $c_I^A(t)$ für den idealen Mischreaktor (*IMR*).

Transformiert man die partielle Differentialgleichung (3.12) des idealen Pfropfenströmungsreaktors in den LAPLACE-Bereich, so erhält man, falls die Anfangsbedingung $c_I(x, t = o) = 0$ ist,

$$sC_I(x, s) = -u x \frac{dC_I(x, s)}{dx} \tag{3.46}$$

Daraus folgt mit den Randwerten Konzentration des Indikators bei Reaktorlänge $x = 0$, $C_I(0, s) = C_I^E(s)$, und bei Reaktorlänge $x = L$, $C_I(L, s) = C_I^A(s)$, die Lösung

$$C_I^A(s) = C_I^E(s) \cdot e^{-\frac{L}{u_x} s} = C_I^E(s) \cdot e^{-t_v s} \tag{3.47}$$

Mit Gl. (3.47) lautet die Übertragungsfunktion des idealen Pfropfenströmungsreaktors

$$G_{IPR} = \frac{C_I^A(s)}{C_I^E(s)} = e^{-t_v s} \tag{3.48}$$

Wählt man als Eingangsfunktion wieder die Stoßmarkierung, berechnet sich mit Hilfe der Übertragungsfunktion (3.48) die Ausgangsindikatorkonzentration zu

$$C_I^A(s) = G_{IPR} \cdot \mathfrak{L}\{c_0 \bar{t}_v \delta(t)\} = G_{IPR} \cdot c_0 \bar{t}_v = c_0 \bar{t}_v e^{-t_v s} \tag{3.49}$$

Bei der Zulaufmarkierung als Eingangsfunktion erhält man

$$C_I^A(s) = G_{IPR} \cdot \mathfrak{L}\{c_0 \cdot \sigma(t)\} = G_{IPR} \cdot \frac{c_0}{s} = \frac{c_0}{s} \cdot e^{-t_v s} \tag{3.50}$$

Wird die Verdrängungsmarkierung als Eingangsfunktion benutzt, so wird diese zweckmäßig als inverse Sprungfunktion $c_0\sigma(t)$ vom Anfangswert c_0 aufgefaßt und man erhält

$$C_I^A(s) = c_0 - G_{IPR} \cdot \mathfrak{L}\{c_0\sigma(t)\} = c_0 - \frac{c_0}{s}\, e^{-t_v s} \tag{3.51}$$

Die rücktransformierten Gln. (3.49), (3.50) und (3.51) ergeben wieder die Lösungen für die entsprechenden Testfunktionen im Zeitbereich nach Tab. 3.2.

Setzt man den Realteil α der komplexen LAPLACE-Variablen $s = \alpha + j\omega$ gleich Null, so erhält man aus der Übertragungsfunktion $G(s)$ eine weitere — das lineare System kennzeichnende — Bildfunktion, die sogenannte Frequenzgangfunktion $F(j\omega)$. Mathematisch bedeutet dies den Übergang von der LAPLACE- zur FOURIER-Transformation. Mit der Transformationsvorschrift

$$C(j\omega) = \int_{-\infty}^{+\infty} c(t) \cdot e^{-j\omega t}\, dt \tag{3.52}$$

wird die Zeitfunktion $c(t)$ in den Frequenzbereich transformiert, falls das Integral konvergiert. Rechenregeln und Korrespondenzen stimmen mit denen der LAPLACE-Transformation überein, für den Fall, daß formal $s = +j\omega$ gesetzt wird. Analog zu Gl. (3.35) bzw. (3.36) lautet das FOURIER-transformierte Faltungsprodukt

$$\mathfrak{F}\{y(t)\} = \mathfrak{F}\{g(t) * x(t)\} = \mathfrak{F}\{g(t)\} \cdot \mathfrak{F}\{x(t)\} \tag{3.53}$$

$$Y(j\omega) = F(j\omega) \cdot X(j\omega) \tag{3.54}$$

Den Gln. (3.38), (3.39) und (3.40) entsprechende Ausdrücke lassen sich für die Frequenzgangfunktion $F(j\omega)$ angeben, die die FOURIER-Transformierte der Gewichtsfunktion $g(t)$ darstellt. $F(j\omega) = Y(j\omega)/X(j\omega)$ ist im allgemeinen ein komplexer Ausdruck und kann demzufolge in Real- und Imaginärteil zerlegt werden:

$$F(j\omega) = \mathrm{Re}\,\{F(j\omega)\} + j\,\mathrm{Im}\,\{F(j\omega)\} \tag{3.55}$$

Durch Anwendung der EULERschen Formeln gelangt man von Gl. (3.55) zu

$$F(j\omega) = A(\omega) \cdot e^{j\varphi(\omega)}, \tag{3.56}$$

wobei

$$A(\omega) = |F(j\omega)| = \sqrt{(\mathrm{Re}\,\{F(j\omega)\})^2 + (\mathrm{Im}\,\{F(j\omega)\})^2} \tag{3.57}$$

den Betrag der Frequenzgangfunktion — Amplitudengang genannt — und

$$\varphi(\omega) = \arctan \frac{\mathrm{Im}\,\{F(j\omega)\}}{\mathrm{Re}\,\{F(j\omega)\}} \tag{3.58}$$

den Phasengang der Frequenzgangfunktion darstellt.

Als Beispiel sei zunächst die Darstellung des Verweilzeitverhaltens im Frequenzbereich eines idealen Mischreaktors angeführt.

Gl. (3.10) wird nach den FOURIER-Transformationsregeln (formales Anwenden der Rechenregeln der LAPLACE-Transformation, siehe Anhang) in den Frequenzbereich transformiert. Man erhält:

$$j\omega\tau C_I^A(j\omega) + C_I^A(j\omega) = C_I^E(j\omega) \tag{3.59}$$

Die Frequenzgangfunktion $F(j\omega)$ für den IMR lautet also:

$$F(j\omega)_{IMR} = \frac{1}{1 + j\omega\tau} = \frac{1 - j\omega\tau}{1 + \omega^2\tau^2} \tag{3.60}$$

Um Amplituden- und Phasengang des IMR zu erhalten, wird Gl. (3.60) in Real- und Imaginärteil zerlegt:

$$\mathrm{Re}\,\{F(j\omega)_{IMR}\} = \frac{1}{1 + \omega^2\tau^2} \tag{3.61}$$

$$\mathrm{Im}\,\{F(j\omega)_{IMR}\} = -\frac{\omega\tau}{1 + \omega^2\tau^2} \tag{3.62}$$

Nach Gl. (3.57) erhält man für den Amplitudengang

$$A(\omega)_{IMR} = \frac{1}{\sqrt{1 + \omega^2\tau^2}} \tag{3.63}$$

sowie nach Gl. (3.58) den Phasengang

$$\varphi(\omega)_{IMR} = \arctan\,(-\omega\tau) \tag{3.64}$$

Als zweites Beispiel soll das Verweilzeitverhalten des idealen Pfropfenströmungsreaktors im Frequenzbereich betrachtet werden. Gl. (3.15) gibt die Gewichtsfunktion mit $g(t)_{IPR} = \delta(t - t_v)$ an. Daraus ergibt sich (Transformationsregeln!) die Frequenzgangfunktion zu

$$F(j\omega)_{IPR} = \mathfrak{F}\{\delta(t - t_v)\} = e^{-j\omega t_v} \tag{3.65}$$

Eine Aufspaltung in Real- und Imaginärteil erübrigt sich, da Gl. (3.65) schon die Form von Gl. (3.56) besitzt.

Aus Gl. (3.65) kann direkt der Amplitudengang

$$A(\omega)_{IPR} = 1 \tag{3.66}$$

und der Phasengang des IPR

$$\varphi(\omega)_{IPR} = -\omega t_v \tag{3.67}$$

abgelesen werden.

In der Elektrotechnik sind Amplituden- und Phasengang eines linearen elektrischen Systems von praktischer Bedeutung, denn sie können unmittelbar aus der Reaktion des Systems auf eine harmonische Schwingung meßtechnisch ermittelt werden.

Erregt man nämlich ein lineares System z. B. mit einer sinusförmigen Testfunktion konstanter Amplitude x_0 und von einer Kreisfrequenz ω

$$x(t) = x_0 \cdot \sin \omega t \tag{3.68}$$

so stellt sich im eingeschwungenen Zustand ($t \to \infty$) am Ausgang eine Sinusschwingung gleicher Kreisfrequenz (Parameter der FOURIER-Variablen $j\omega$), aber eventuell anderer Amplitude und Phasenlage ein:

$$y(t) = y_0 \cdot \sin (\omega t + \varphi) \tag{3.69}$$

Führt man diese Messung für alle Frequenzen von $0 \leqq \omega \leqq \infty$ durch und bildet den Quotienten aus dem Betrag der Amplituden des Ein- und Ausgangssignals, so ergibt sich der Amplitudengang zu

$$A(\omega) = \frac{y_0(\omega)}{x_0(\omega)} \tag{3.70}$$

und der Phasengang aus der Differenz

$$\varphi(\omega) = \varphi_y(\omega) - \varphi_x(\omega) \tag{3.71}$$

der Phasenwinkel der Ein- und Ausgangsschwingung. Damit erhält man nach Gleichung (3.56) die Frequenzgangfunktion $F(j\omega)$, die wie die Gewichtsfunktion $g(t)$ im Zeitbereich oder die Übertragungsfunktion $G(s)$ im LAPLACE-Bereich eine Ein-Ausgangsrelation darstellt. Diesmal wegen der unabhängigen Variablen ω (Kreisfrequenz) im Frequenzbereich.

Bei der Verweilzeitanalyse von Strömungssystemen muß man zwar auf die direkte Meßbarkeit der Frequenzgangfunktion wegen der schon erwähnten Schwierigkeiten bei der technischen Realisierung von harmonischen Testfunktionen verzichten, kann sie jedoch aus gemessenen oder Modellgewichtsfunktionen durch FOURIER-Transformation erhalten (Programme, siehe Anhang 7.4.).

Die Übertragungsfunktion $G(s)$ und die Frequenzgangfunktion $F(j\omega)$ sind nicht etwa Funktionen, die völlig neue Seiten und Eigenschaften von Verweilzeitsystemen beschreiben. Sie stellen vielmehr durch Anwendung von Funktionaltransformationen gewonnene Korrespondenzen der aus dem Zeitbereich bekannten Gewichtsfunktion $g(t)$ („Verweilzeitspektrum") dar.

Die LAPLACE-Transformation bringt vor allem für die rechnerische Behandlung von mathematischen Modellen (Operatorenrechnung) durch die Algebraisierung der im Zeitbereich zu formulierenden Differentialgleichungen Vorteile, während die FOURIER-Transformation eine einfache Behandlung bei Verwendung harmonischer Schwingungen als Testsignale zuläßt und über die Frequenzgangfunktion $F(j\omega)$ besonders anschaulich die Empfindlichkeit des untersuchten Systems auf Schwingungen der Eingangssignale verschiedener Frequenz wiedergibt. Diese treten im praktischen Betrieb als Störungen der stationären Fahrweise auf und sprechen Eigenschaften der Strömungsapparate an, die wesentlich besser im Frequenzbereich untersucht und beurteilt werden können als dies im Zeitbereich möglich ist.

3.4. Die Systembeschreibung mit Zustandsgrößen

Im Abschn. 3.3. wurde ausführlich auf die Ein-Ausgangsbeschreibung von Strömungssystemen eingegangen. Sie beruht auf der Beschreibung der Beziehungen, die zwischen den meßbaren Indikatorkonzentrationen am Ein- und Ausgang bestehen. Diese Beziehungen sollen das Ausgangsverhalten des Strömungsapparates für beliebige Zeitfunktionen der Indikatorkonzentration am Eingang möglichst genau wiedergeben (Differentialgleichungen der Typenmodelle, Gewichtsfunktionen, Übertragungsfunktionen, Frequenzgangfunktionen). Der Mangel dieser Beschreibungsart liegt vor allem darin, daß hierbei auf die Darstellung der Signalverknüpfungen, also auf die Erfassung der Systemstruktur, weitestgehend verzichtet werden muß. Sie jedoch beeinflußt wesentlich das dynamische Verhalten des Strömungssystems.

Deshalb benutzt man in letzter Zeit bei der Beschreibung des dynamischen Verhaltens von Systemen die sogenannte Systembeschreibung mit Zustandsgrößen (-variablen), welche außer den meßbaren Ein- und Ausgangsgrößen

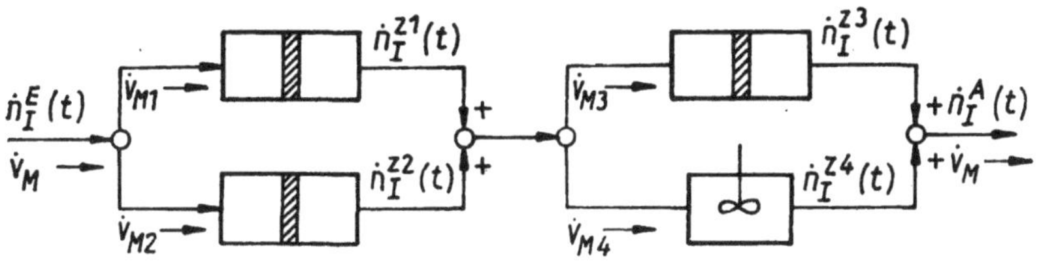

Abb. 3.7: Technologisches Schaltbild eines Verweilzeittypenmodells mit Bezeichnung der Zustandsgrößen $c_I^{zj}(t)$.

$\dot v_M = \dot v_{M1} + \dot v_{M2} = \dot v_{M3} + \dot v_{M4}$

$c_I^E(t) = x(t)$, $c_I^A(t) = y(t)$, $c_I^{zj}(t) = z_j(t)$ $(\dot v_{Mj}, v_{Rj} = \text{konstant})$

noch die sogenannten Zustandsgrößen berücksichtigt. Die Zustandsgrößen sind Systemgrößen, die der Messung nicht zugänglich sein müssen. Sie stellen sozusagen „innere" Signale dar, deren Einbeziehung in die mathematische Beschreibung die System-Struktur miterfassen kann. Welche Signale als Zustandsgrößen aufgefaßt werden können, ist in Abb. 3.7 am technologischen Schaltbild (s. auch Abschn. 7.2.1., Anhang) eines aus drei Strömungsrohrreaktoren und einem Mischreaktor kombinierten Verweilzeittypenmodells gezeigt.

Mathematisch gelangt man zu den Zustandsgrößen, indem man die für das betrachtete System gültigen Elementarprozesse notiert. Werden diese Gleichungen in übersichtlicher vektorieller Form zusammengefaßt, so gelangt man zu den dynamischen Zustandsgleichungen (nicht zu verwechseln mit den thermodynamischen Zustandsgleichungen, s. Abschn. 3.4.1.). Bei chemischen Strömungssystemen sind die Elementarvorgänge des Transports, der Leitung,

Tabelle 3.3: Übergangsströme in chemischen Transportsystemen für eine Bewegung ausschließlich in x-Richtung

chemische Übergangsströme	Stoffkomponentenstrom $\dot{n}_j$	Wärmestrom q_j	Impulsstrom u_j
Transport	$\dot{v}_M c_j$	$\dot{v}_M \varrho c_p T_j$	$\dot{v}_M \varrho u_j$
Leitung	$-DF \frac{c_j}{\Delta x}$	$-\lambda F \frac{T_j}{\Delta x}$	$-\eta F \frac{u_j}{\Delta x}$
Übergang	$\beta F c_j$	$\alpha F T_j$	$\gamma F u_j$
Quelle	vr	$vr\,\Delta H$	$\frac{p_j}{\Delta x}$

des Übergangs und der chemischen Umwandlung von Material zu berücksichtigen. Diese werden durch die Zustandsgrößen Konzentration $c(t)$, Temperatur $T(t)$ und Strömungsgeschwindigkeit $u(t)$ gekennzeichnet. Tab. 3.3 gibt die Elementargleichungen der Strömung (Bewegung, Dynamik) durch räumlich diskrete Volumenelemente für den Fall an, daß sie ausschließlich in x-Richtung (des karth. Koordinatensystems) erfolgt. Aufgeführt sind die Ströme aus einem Volumenelement j mit dem Volumen v_{Rj} heraus. Δx ist die Länge des Volumenelementes entlang der die Bewegung erfolgt und F die senkrecht darauf stehende Fläche. Ist ausschließlich das Verweilzeitverhalten eines chemischen Strömungssystems zu untersuchen oder von Interesse, so genügt die Betrachtung des Stofftransportkanals, der durch die Elementarvorgänge der idealen Vermischung und Verdrängung gekennzeichnet ist. Die Zustandsgrößen sind in diesem Fall die Indikatorkonzentrationen an den Ausgängen der „Elementar"-Reaktoren *IMR* und *IPR* (s. Abb. 3.7). Wie groß deren Anteil am Gesamtvolumen des Strömungssystems im einzelnen ist und wie sie miteinander verschaltet sind, spiegelt sich im speziellen Verweilzeit- oder Typenmodell wider. Welches davon zur Beschreibung herangezogen wird, richtet sich danach, ob mehr oder weniger viele und ausgeprägte Strömungszonen existieren, also nach den konkreten Vermischungsverhältnissen. Immer jedoch ist die Beschreibung mit Zustandsgrößen möglich.

Ursprünglich sind mit den dynamischen Zustandsgleichungen elektrische Systeme beschrieben worden, die als lineare Schaltelemente ausschließlich Widerstand, Kapazität und Induktivität — wie diese auch immer miteinander verkoppelt sein mögen — aufweisen. Die für diese Elemente gültigen Elementarbeziehungen leiten sich aus elektrischen Grundgesetzen ab (z. B. OHMsches Gesetz) und sind bekannt. Dasselbe gilt für die Verkopplung der Elemente und die dabei zu berücksichtigenden Beziehungen (z. B. KIRCHHOFFscher Knotenpunktsatz). Die Anwendung der Methode der dynamischen Gleichungen auf Strömungssysteme empfiehlt sich also schon aus der zu elektrischen Systemen bestehenden analogen Existenz von „linearen Schaltelementen" (idealer Mischreaktor und Pfropfenströmungsreaktor).

Diese Methode ist allgemein, so daß sie auf verschiedene Zustandsgrößen, also auch auf Stoffkonzentration, Temperatur und Strömungsgeschwindigkeit anwendbar ist (Tab. 3.3).

Ein weiterer Vorteil der Zustandsgrößenmethode ist, daß gegenüber der konventionellen Ein-Ausgangsbetrachtung sowohl lineare als auch nichtlineare Systemelemente von dieser Beschreibungsart mit der gleichen Methode erfaßt werden können. Dies ist besonders deshalb wichtig, weil ja jede Verweilzeituntersuchung eines chemischen Strömungssystems letztlich dazu dient, den Stofftransport mit den chemischen Umwandlungsvorgängen (nichtlineare chemische Kinetik, die in Laborversuchen ermittelt werden kann) zu verknüpfen, um Ausbeute und Qualität der zu erzeugenden Produkte berechnen zu können.

Andererseits sind alle Methoden — soweit sie den linearen Systemteil betreffen (also den linearen Strömungskanal) — der Ein-Ausgangsbetrachtung anwendbar, da ja Ein- und Ausgangsgrößen nach wie vor in den dynamischen Gleichungen enthalten sind und Informationen, die bei Verwendung von Indikator-Testsignalen erhalten wurden, voll nutzbar.

3.4.1. Die dynamischen Zustandsgleichungen

Abb. 3.8 zeigt das Blockbild eines chemischen Reaktionssystems, dessen Ein- und Ausgangsvektoren $\boldsymbol{x}(t)$ und $\boldsymbol{y}(t)$ sind und dessen innerer Systemzustand durch den Zustandsvektor $\boldsymbol{z}(t)$ angegeben wird.

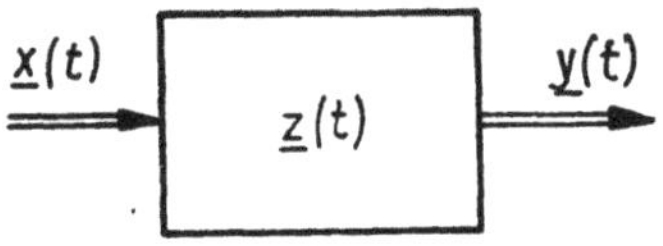

Abb. 3.8: Allgemeine Systemdarstellung durch Eingangs-, Zustands- und Ausgangsvektoren.

Die Komponenten $x_j(t)$, $z_j(t)$ und $y_j(t)$ des Eingangs-, Zustands- und Ausgangsvektors können Stoffkomponentenkonzentrationen, Temperaturen, Drücke usw. sein. Wird ausschließlich der lineare Stofftransportkanal (Verweilzeituntersuchungen) betrachtet, so bestehen Ein- und Ausgangsvektor aus jeweils einer Größe, nämlich der Indikatorkonzentration $c_I^E(t)$ am Eingang bzw. $c_I^A(t)$ am Ausgang. Der Zustandsvektor $\boldsymbol{c}_I^Z(t)$ besitzt soviel Komponenten $c_I^{zj}(t)$ (j = Anzahl der Zustandsgrößen) wie Elementarzellen (*IMR*-, *IPR*-Zellen) zur Beschreibung herangezogen werden. Die Komponenten $c_I^{zj}(t)$ des Zustandsvektors stellen die Ausgangsindikatorkonzentrationen der Elementarzellen dar, kennzeichnen also den inneren Zustand des Strömungssystems.

Zur Beschreibung mit Zustandsgrößen $\boldsymbol{z}(t)$ eines linearen, zeitinvarianten Strömungssystems (Verweilzeitkanal) genügen folgende Vektordifferentialgleichungen

$$\dot{\boldsymbol{z}}(t) = \boldsymbol{A} \cdot \boldsymbol{z}(t) + \boldsymbol{B} \cdot x(t) \tag{3.72a}$$

$$\boldsymbol{y}(t) = \boldsymbol{C} \cdot \boldsymbol{z}(t) + \boldsymbol{D} \cdot x(t) \tag{3.72b}$$

Die Gln. (3.72) werden als dynamische Zustandsgleichungen bezeichnet. Abb. 3.9 zeigt das dazugehörige Signalflußbild.

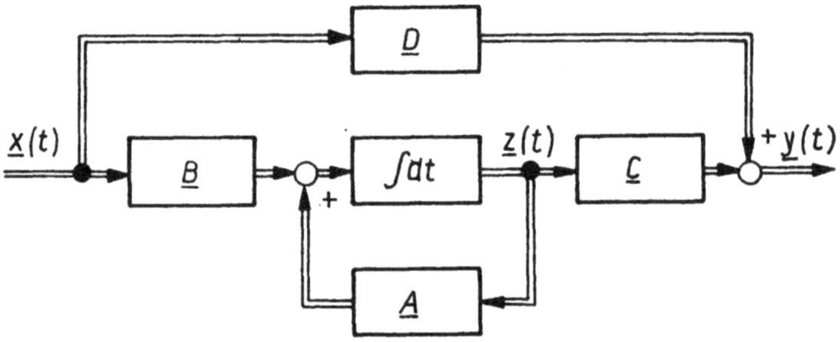

Abb. 3.9: Signalflußbild der Zustandsgleichungen (3.72).

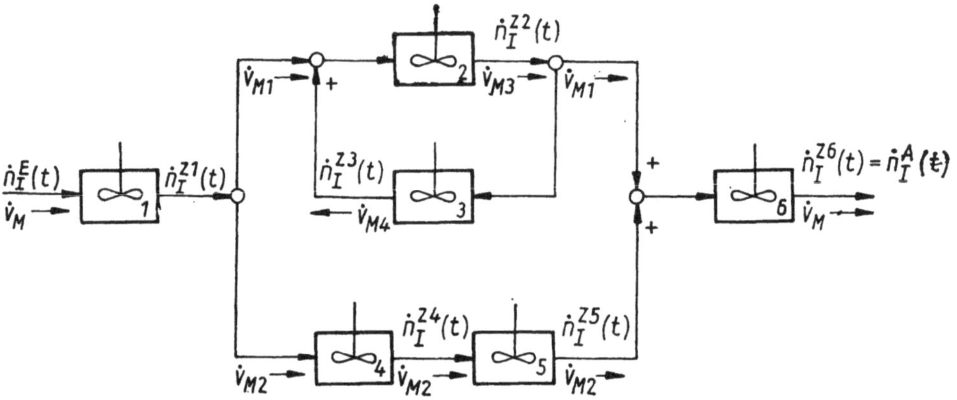

Abb. 3.10: Technologisches Schaltbild eines Verweilzeitsystems, welches aus *IMR*-Elementen besteht.

$\dot{v}_M = \dot{v}_{M1} + \dot{v}_{M2}$, $\dot{v}_{M3} = \dot{v}_{M1} + \dot{v}_{M4}$

$c_I^E(t) = x(t)$, $c_I^A(t) = y(t)$, $c_I^{zj}(t) = z_j(t)$ ($\dot{v}_{Mj}, v_{Rj}$ = konstant)

Das Notieren der dynamischen Zustandsgleichungen, aus denen sich die Matrizen **A**, **B**, **C** und **D** ablesen lassen, soll am Beispiel des in Abb. 3.10 dargestellten Verweilzeitsystems erläutert werden.

Zu den das Verweilzeitsystem beschreibenden Differentialgleichungen der Form (3.72) gelangt man auf folgende Weise. Man erfaßt alle durch die Elementarzelle j fließenden Ströme (siehe Tab. 3.3) und setzt sie in die Bilanz

zeitliche Änderung der Stoffmenge im Elementarvolumen v_{Rj}
= Summe aller Stoffmengenströme, die in das Elementarvolumen v_{Rj} hineinfließen
— Summe aller in Stoffmengenströme, die aus dem Elementarvolumen v_{Rj} herausfließen

also

$$\frac{dn_I^{zj}}{dt} = \sum_{i=1}^{\nu} \dot{n}_I^{zij}(t) - \sum_{k=1}^{\mu} \dot{n}_I^{zjk}(t)$$

bzw. wenn die Elementarvolumina v_{Rj} und die Volumenströme $\dot{v}_{Mij}$, $\dot{v}_{Mjk}$ konstant sind

$$\frac{dc_I^{zj}}{dt} = \sum_{i=1}^{\nu} \frac{\dot{v}_{Mij}}{v_{Rj}} c_I^{zij}(t) - \sum_{k=1}^{\mu} \frac{\dot{v}_{Mjk}}{v_{Rj}} c_I^{zjk}(t) \tag{3.73}$$

ein.

Die Komponenten des Zustandsvektors $\boldsymbol{z}(t)$ sind in diesem Fall also sämtliche Indikatorkonzentrationen $c_I^{zj}(t)$, $c_I^{zij}(t)$ und $c_I^{zjk}(t)$. Ein- und Ausgangsvektor $\boldsymbol{x}(t)$ und $\boldsymbol{y}(t)$ haben — wie schon erwähnt — bei VWZ-Systemen nur jeweils eine Komponente (Einfachsysteme). Diese lauten $x(t) = c_I^E(t)$ und $y(t) = c_I^A(t)$, wenn $\dot{v}_{ME} = \dot{v}_{MA} = \dot{v}_M =$ konstant sind.

Die Differentialgleichungen zu den Komponenten des Zustandsvektors für das in Abb. 3.10 dargestellte Beispiel lauten gemäß Gl. (3.73) und in Analogie zu Gl. (3.72a)

$$\begin{aligned}
\dot{c}_I^{z1}(t) &= -\frac{1}{\tau_{11}} c_I^{z1}(t) + \frac{1}{\tau_1} c_I^E(t)\\
\dot{c}_I^{z2}(t) &= +\frac{1}{\tau_{21}} c_I^{z1}(t) - \frac{1}{\tau_{22}} c_I^{z2}(t) + \frac{1}{\tau_{23}} c_I^{z3}(t)\\
\dot{c}_I^{z3}(t) &= +\frac{1}{\tau_{32}} c_I^{z2}(t) - \frac{1}{\tau_{33}} c_I^{z3}(t)\\
\dot{c}_I^{z4}(t) &= +\frac{1}{\tau_{41}} c_I^{z1}(t) - \frac{1}{\tau_{44}} c_I^{z4}(t)\\
\dot{c}_I^{z5}(t) &= +\frac{1}{\tau_{54}} c_I^{z4}(t) - \frac{1}{\tau_{55}} c_I^{z5}(t)\\
\dot{c}_I^{z6}(t) &= +\frac{1}{\tau_{62}} c_I^{z2}(t) + \frac{1}{\tau_{65}} c_I^{z5}(t) - \frac{1}{\tau_{66}} c_I^{z6}(t),
\end{aligned} \tag{3.74a—f}$$

wobei $\tau_1 = v_{R1}/\dot{v}_M$, $\tau_{11} = v_{R1}/\dot{v}_M$, $\tau_{21} = v_{R2}/\dot{v}_{M1}$, $\tau_{22} = v_{R2}/\dot{v}_{M3}$,

$\tau_{23} = v_{R2}/\dot{v}_{M4}$, $\tau_{32} = v_{R3}/\dot{v}_{M4}$, $\tau_{33} = v_{R3}/\dot{v}_{M4}$, $\tau_{41} = v_{R4}/\dot{v}_{M2}$,

$\tau_{44} = v_{R4}/\dot{v}_{M2}$, $\tau_{54} = v_{R5}/\dot{v}_{M2}$, $\tau_{55} = v_{R5}/\dot{v}_{M2}$, $\tau_{62} = \dot{v}_{R6}/\dot{v}_{M1}$,

$\tau_{65} = v_{R6}/\dot{v}_{M2}$, $\tau_{66} = v_{R6}/\dot{v}_M$; $v_R = \sum_{j=1}^{6} v_{Rj}$

sind.
Aus den Gln. (3.74) lassen sich die Matrizen $\boldsymbol{A}$ und $\boldsymbol{B}$ bestimmen. Sie lauten

$$\boldsymbol{A} = \begin{bmatrix} -\tau_{11}^{-1} & 0 & 0 & 0 & 0 & 0 \\ +\tau_{21}^{-1} & -\tau_{22}^{-1} & +\tau_{23}^{-1} & 0 & 0 & 0 \\ 0 & +\tau_{32}^{-1} & -\tau_{33}^{-1} & 0 & 0 & 0 \\ +\tau_{41}^{-1} & 0 & 0 & -\tau_{44}^{-1} & 0 & 0 \\ 0 & 0 & 0 & +\tau_{54}^{-1} & -\tau_{55}^{-1} & 0 \\ 0 & +\tau_{62}^{-1} & 0 & 0 & +\tau_{65}^{-1} & -\tau_{66}^{-1} \end{bmatrix}; \quad \boldsymbol{B} = \begin{bmatrix} \tau_1^{-1} \\ 0 \\ 0 \\ 0 \\ 0 \\ 0 \end{bmatrix}$$

Gl. (3.72b) lautet für das System nach Abb. 3.10

$$c_I^A(t) = c_I^{z6}(t). \tag{3.74h}$$

Daraus folgt die Matrix $\boldsymbol{C}$ zu

$$\boldsymbol{C} = [0 \quad 0 \quad 0 \quad 0 \quad 0 \quad 1].$$

Die Matrix $\boldsymbol{D}$ ist gleich Null, da im Beispiel nach Abb. 3.10 die Eingangsgröße $c_I^E(t)$ nicht direkt zum Ausgang $c_I^A(t)$ übertragen wird.

Die Koeffizientenmatrizen $\boldsymbol{A}$, $\boldsymbol{B}$, $\boldsymbol{C}$ und $\boldsymbol{D}$ haben jeweils eine spezielle Bedeutung für das System, so daß die Systemeigenschaften im Zustandsraum zum Teil wesentlich leichter durchschaubar sind. Dies soll an einem zweiten Beispiel erläutert werden. Abb. 3.11 zeigt das Signalflußbild eines Strömungssystems, welches aus zwei parallelgeschalteten idealen Mischreaktorzellen besteht.

Die Differentialgleichungen der Komponenten $c_I^{z1}(t)$, $c_I^{z2}(t)$ des Zustandsvektors lauten

$$\dot{c}_I^{z1}(t) = -\frac{1}{\tau_1} c_I^{z1}(t) \qquad + \frac{1}{\tau_1} \frac{\dot{v}_{M1}}{\dot{v}_M} c_I^E(t) \tag{3.75}$$

$$\dot{c}_I^{z2}(t) = \qquad -\frac{1}{\tau_2} c_I^{z2}(t) + \frac{1}{\tau_2} \frac{\dot{v}_{M2}}{\dot{v}_M} c_I^E(t) \tag{3.76}$$

Die Zustandsgrößen $c_I^{z1}(t)$, $c_I^{z2}(t)$ werden auf folgende Art auf den Ausgang des Strömungssystems übertragen.

$$c_I^A(t) = c_I^{z1}(t) + c_I^{z2}(t) \tag{3.77}$$

Aus den Gln. (3.75), (3.76) und (3.77) folgen die Koeffizientenmatrizen des Systems nach Abb. 3.11 zu

$$\boldsymbol{A} = \begin{bmatrix} -\dfrac{1}{\tau_1} & 0 \\ 0 & -\dfrac{1}{\tau_2} \end{bmatrix} \qquad \boldsymbol{B} = \begin{bmatrix} \dfrac{1}{\tau_1} \cdot \dfrac{\dot{v}_{M1}}{\dot{v}_M} \\ \dfrac{1}{\tau_2} \cdot \dfrac{\dot{v}_{M2}}{\dot{v}_M} \end{bmatrix}$$

$$\boldsymbol{C} = [1 \quad 1] \qquad \boldsymbol{D} = [\ 0\ ]$$

Die Matrix $\boldsymbol{A}$ wird Systemmatrix genannt. Sie allein bestimmt die „innere" Dynamik des Systems. Ist nämlich die Indikatorkonzentration am Eingang $c_I^E(t)$ des Strömungssystems nach Abb. 3.11 gleich Null, so hängt der Zeitverlauf der Zustandsgrößen $c_I^{z1}(t)$, $c_I^{z2}(t)$ und damit die meßbare Ausgangsindikatorkonzentration $c_I^A(t)$ nur davon ab, ob zu Beginn der Betrachtung

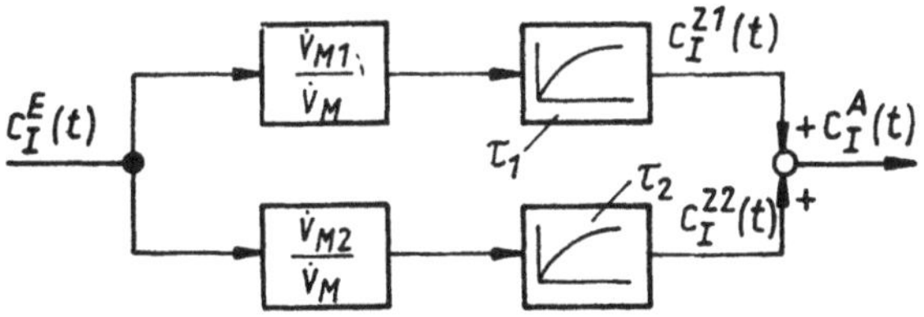

Abb. 3.11: Strömungssystem, bestehend aus zwei parallelgeschalteten *IMR*-Zellen.

$\dot{v}_M = \dot{v}_{M1} + \dot{v}_{M2}$, $\quad v_R = v_{R1} + v_{R2}$

$\tau_1 = v_{R1}/\dot{v}_{M1}$, $\quad \tau_2 = v_{R2}/\dot{v}_{M2}$

im Strömungssystem der Indikator schon vorliegt (Anfangszustände $c_I^{z1}(t = 0)$, $c_I^{z2}(t = 0)$) und wie die Systemelemente miteinander verknüpft sind. Letzteres wird jedoch allein von der Systemmatrix $\boldsymbol{A}$ beschrieben, da die Verkopplung der Strömungszellen durch die systematische Zuordnung aller Ausgänge der Zellen zum Zustandsvektor in den dynamischen Zustandsgleichungen (Gln. (3.75), (3.76)) zum Ausdruck kommt. Die Matrix $\boldsymbol{A}$ bestimmt also die Eigenbewegungen eines Systems, d. h. also die Zeitverläufe der Zustandsgrößen, die ohne äußere Anregung $\left(c_I^E(t) = 0\right)$ ausgeführt werden.

Die Matrix $\boldsymbol{B}$ heißt Eingangsmatrix. Sie gibt an, auf welche Weise die Eingangsgrößen auf das System wirken. Die Eingangsmatrix nimmt also immer dann Einfluß auf das dynamische Verhalten des Systems, wenn sich Eingangsgrößen zeitlich ändern. Ebenso beeinflußt sie die stationären Betriebspunkte von Strömungssystemen, da sie die Eingangsgrößen (z. B. stationäre Stoffkomponentenkonzentrationen am Eingang) gewissermaßen bewertet. Im Beispiel von Abb. 3.11 wirkt die Eingangskonzentration $c_I^E(t)$ direkt, allerdings mit verschiedenen „Bewertungsfaktoren“ ($\dot{v}_{M1}/\tau_1 \cdot \dot{v}_M$ und $\dot{v}_{M2}/\tau_2 \cdot \dot{v}_M$) auf den Zustandsvektor $\boldsymbol{c}_I^z(t)$ ein.

Die Matrix $\boldsymbol{C}$ ist die sogenannte Ausgangsmatrix. Sie gibt an, welche Zustandsgrößen direkt meßbar sind. Im Beispiel überlagern sich beide Zustandsgrößen $c_I^{z1}(t)$, $c_I^{z2}(t)$ zur meßbaren Ausgangsgröße $c_I^A(t)$. Die Ausgangsmatrix bestimmt also die Übertragung des inneren Systemzustandes an den Systemausgang.

Die Matrix $\boldsymbol{D}$ wird Durchgangsmatrix genannt. In den meisten praktischen Fällen ist sie Null, so auch im Beispiel (Abb. 3.11).

Treten jedoch sogenannte Kurzschlüsse auf, die in bestimmten Strömungsbereichen Material sofort, ohne Verzögerung, vom Eingang zum Ausgang transportieren, so hat die Durchgangsmatrix $\boldsymbol{D}$ Komponenten, die verschieden von Null sind. Praktisch wird jedoch auch in diesen Fällen eine bestimmte Verzögerung auftreten, obwohl dann derartige Zonen nicht als Elementarreaktoren im chemischen Sinn anzusehen sind (siehe Anhang, Typenmodelle). An den Beispielen der Abb. 3.10 und 3.11 fällt auf, daß es sich um Strömungssysteme handelt, deren Elementarzellen ausschließlich ideale Mischreaktoren sind. Wie die beschreibende Differentialgleichung (3.10) (Abschn. 3.3.1.) ausweist, ist der *IMR* ein lineares, zeitinvariantes System mit konstantem Koeffizient (mittlere Verweilzeit τ) und demzufolge mit den Zustandsgleichungen (3.72) beschreibbar. Dies bedarf keines besonderen Beweises, wenn man sich an die Vereinbarung hält, daß alle „Ausgänge“ der Elementarzellen eines Strömungssystems als Zustandsgrößen betrachtet werden (d. h. daß in Gl. (3.10) für $c_I^A(t)$ die Zustandsgröße $c_I^z(t)$ geschrieben wird, die Analogie der Gln. (3.10) und (3.72) also offensichtlich wird).

Wie im Abschn. 3.3.1. erwähnt, bestehen Strömungssysteme im allgemeinen nicht nur aus Mischreaktorzellen, sondern besitzen Strömungszonen, die als Pfropfenströmungszellen betrachtet werden können (siehe auch Typenmodelle, Anhang).

Nun lassen sich zwar ideale Pfropfenströmungsreaktoren nach Gl. (3.13) als hintereinandergeschaltete Mischreaktorzellen auffassen und somit wieder mit Hilfe der Zustandsgleichungen (3.72) beschreiben, wesentlich rationeller wäre jedoch die Möglichkeit einer Berechnung mit Hilfe der Gewichtsfunktion (Gl. (3.15)), die eine einfache Ein-Ausgangsbeziehung der Elementarzelle darstellt. Der „innere Systemzustand“ der Zelle ist ohnehin nicht von Interesse, da die Struktur (hintereinandergeschaltete Mischreaktorzellen) bekannt ist.

Eine Modifikation der Zustandsgleichungen (3.72) wäre auch wegen der Einbeziehung der chemischen Kinetik, die ja häufig durch starke Nichtlinearitäten (Arrhenius-Kopplung zwischen Stoffkonzentration und Temperatur, Reaktionen höherer Ordnung als Eins usw.) gekennzeichnet ist, in die Verweilzeitbetrachtungen wünschenswert (Berechnung der Makrokinetik von chemischen Strömungssystemen).

Die Zustandsgleichungen (3.72) müßten also so abgeändert werden, daß sich beliebige, also auch nichtlineare Gleichungen mit einbeziehen lassen. Rosenbladt und Scheel [143] geben dafür folgendes Konzept an. Es werden verallgemeinerte Eingangsgrößen, die auch nichtlineare Funktionen $\boldsymbol{g}(\boldsymbol{x}^N, t)$ sein können, angenommen. Ein Verweilzeitsystem läßt sich danach in einen Systemteil, der sich mit den Gln. (3.72) beschreiben läßt (Elemente sind ideale Mischreaktorzonen), und in einen Systemteil, der durch beliebige Funktionen (Ein-Ausgangsbeziehungen von idealen Pfropfenströmungszonen) charakterisiert wird, aufteilen (Abb. 3.12).

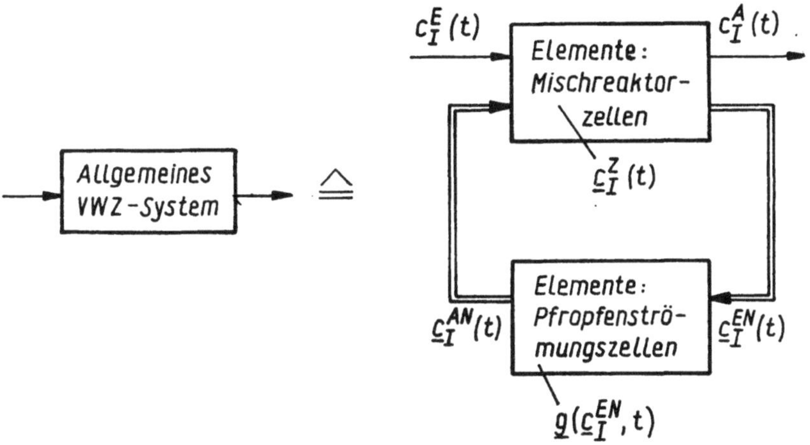

Abb. 3.12: Behandlung von Verweilzeitsystemen, die aus Mischreaktor- und Pfropfenströmungsreaktorzellen bestehen, mit der Zustandsgrößenmethode.

Die modifizierten Gln. (3.72) lauten für Verweilzeitsysteme, die durch die Indikatorkonzentration $c_I(t)$ gekennzeichnet werden, gemäß Bild 3.12

$$\dot{\boldsymbol{c}}_I^z(t) = \boldsymbol{A}\,\boldsymbol{c}_I^z(t) + \boldsymbol{B}\begin{bmatrix} c_I^E(t) \\ \boldsymbol{c}_I^{AN}(t) \end{bmatrix} \tag{3.78a}$$

$$c_I^A(t) = \boldsymbol{C}\,\boldsymbol{c}_I^z(t) + \boldsymbol{D}\begin{bmatrix} c_I^E(t) \\ \boldsymbol{c}_I^{AN}(t) \end{bmatrix} \tag{3.78b}$$

$$\boldsymbol{c}_I^{EN}(t) = \boldsymbol{E}\,\boldsymbol{c}_I^z(t) + \boldsymbol{G}\begin{bmatrix} c_I^E(t) \\ \boldsymbol{c}_I^{AN}(t) \end{bmatrix} \tag{3.78c}$$

$$\boldsymbol{c}_I^{AN}(t) = \boldsymbol{g}\big(\boldsymbol{c}_I^{EN}(t)\big) \tag{3.78d}$$

Zusätzlich zu Gln. (3.78a) und (3.78b), die außer den verallgemeinerten Eingangsgrößen den Gln. (3.72) entsprechen, treten nun noch die Gln. (3.78c) und (3.78d) hinzu. Gl. (3.78c) gibt die Verflechtung der Ein- bzw. Ausgangsgrößen $\boldsymbol{c}_I^{EN}(t)$, $\boldsymbol{c}_I^{AN}(t)$ des Verweilzeitsystemteils, welcher aus Pfropfenströmungszellen besteht, mit den Zustandsgrößen $\boldsymbol{c}_I^z(t)$ des Systemteils an, der nur Mischreaktorzellen besitzt, während Gl. (3.78d) die funktionelle Abhängigkeit der Ausgangsgrößen $c_I^{AN}(t)$ der Pfropfenströmungszellen von den Eingangsgrößen $c_I^{EN}(t)$ beschreibt.

Das Aufstellen der Gl. (3.78) soll am Beispiel des Verweilzeitmodelles nach Abb. 3.13 erläutert werden.

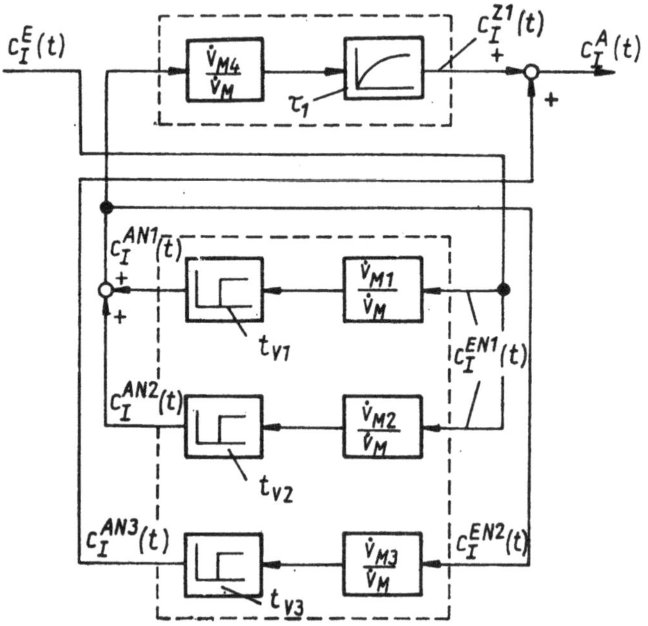

Abb. 3.13: Signalflußbild eines Verweilzeitmodells mit Festlegung der Ein- und Ausgangsgrößen bei einer Beschreibung nach den Gl. (3.78).

Das angegebene Modell (vgl. auch Abb. 3.7) besteht aus einer Reihenschaltung der Typenmodelle 8 und 11 (siehe Anhang, Abschn. 7.2.2.). Sein Signalflußbild wurde in Abb. 3.13 so umgezeichnet, daß es der Form von Abb. 3.12 entspricht.

Folgende Gleichungen beschreiben das Modell

$$\dot{c}_I^{z1}(t) = -\frac{1}{\tau_1} c_I^{z1}(t) + \frac{1}{\tau_1}\frac{\dot{v}_{M4}}{\dot{v}_M}\left(c_I^{AN1}(t) + c_I^{AN2}(t)\right) \tag{3.79}$$

$$c_I^A(t) = c_I^{z1}(t) + c_I^{AN3}(t) \tag{3.80}$$

$$c_I^{EN1}(t) = c_I^E(t) \tag{3.81}$$

$$c_I^{EN2}(t) = c_I^{AN1}(t) + c_I^{AN2}(t) \tag{3.82}$$

$$c_I^{AN1}(t) = \frac{\dot{v}_{M1}}{\dot{v}_M} c_I^{EN1}(t - t_{v1}) \tag{3.83}$$

$$c_I^{AN2}(t) = \frac{\dot{v}_{M2}}{\dot{v}_M} c_I^{EN1}(_v - t_{v2}) \tag{3.84}$$

$$c_I^{AN3}(t) = \frac{\dot{v}_{M3}}{\dot{v}_M} c_I^{EN2}(t - t_{v3}) \tag{3.85}$$

Die Matrizen $\boldsymbol{A}$, $\boldsymbol{B}$, $\boldsymbol{C}$, $\boldsymbol{D}$, $\boldsymbol{E}$ und $\boldsymbol{G}$ sowie der Funktionenvektor $\boldsymbol{g}$ lassen sich ablesen, wenn die Gln. (3.79) bis (3.85) als Matrizengleichungen geschrieben werden. Man erhält

$$\dot{c}_I^{z1}(t) = \underset{\boldsymbol{A}}{\underbrace{\begin{bmatrix} -\frac{1}{\tau_1} \end{bmatrix}}} \cdot c_I^{z1}(t) + \underset{\boldsymbol{B}}{\underbrace{\begin{bmatrix} 0 & \frac{1}{\tau_1} \cdot \frac{\dot{v}_{M4}}{\dot{v}_M} & \frac{1}{\tau_1} \cdot \frac{\dot{v}_{M4}}{\dot{v}_M} & 0 \end{bmatrix}}} \cdot \begin{bmatrix} c_I^E(t) \\ c_I^{AN1}(t) \\ c_I^{AN2}(t) \\ c_I^{AN3}(t) \end{bmatrix}$$

$$c_I^A(t) = \underset{\boldsymbol{C}}{\underbrace{[1]}} c_I^{z1}(t) + \underset{\boldsymbol{D}}{\underbrace{[0 \quad 0 \quad 0 \quad 1]}} \cdot \begin{bmatrix} c_I^E(t) \\ c_I^{AN1}(t) \\ c_I^{AN2}(t) \\ c_I^{AN3}(t) \end{bmatrix}$$

$$\begin{bmatrix} c_I^{EN1}(t) \\ c_I^{EN2}(t) \end{bmatrix} = \underset{\boldsymbol{E}}{\underbrace{\begin{bmatrix} 0 \\ 0 \end{bmatrix}}} c_I^{z1}(t) + \underset{\boldsymbol{G}}{\underbrace{\begin{bmatrix} 1 & 0 & 0 & 0 \\ 0 & 1 & 1 & 0 \end{bmatrix}}} \begin{bmatrix} c_I^E(t) \\ c_I^{AN1}(t) \\ c_I^{AN2}(t) \\ c_I^{AN3}(t) \end{bmatrix}$$

$$\begin{bmatrix} c_I^{AN1}(t) \\ c_I^{AN2}(t) \\ c_I^{AN3}(t) \end{bmatrix} = \underset{\boldsymbol{g}}{\underbrace{\begin{bmatrix} g_1\left(c_I^{EN1}(t)\right) \\ g_2\left(c_I^{EN1}(t)\right) \\ g_3\left(c_I^{EN2}(t)\right) \end{bmatrix}}} = \begin{bmatrix} \frac{\dot{v}_{M1}}{\dot{v}_M} c_I^{EN1}(t - t_{v1}) \\ \frac{\dot{v}_{M2}}{\dot{v}_M} c_I^{EN1}(t - t_{v2}) \\ \frac{\dot{v}_{M3}}{\dot{v}_M} c_I^{EN2}(t - t_{v3}) \end{bmatrix}$$

Die Matrizengleichungen wirken gegenüber den Gln. (3.79) bis (3.85) umfangreicher und komplizierter. Tatsächlich sind Matrizengleichungen jedoch wesentlich „digitalrechnerfreundlicher“, denn die Variablen (z. B. Indikatorkonzentration) und die Koeffizientenmatrizen lassen sich als ein- bzw. zweidimensionale Vektoren schreiben, was die Programmierarbeit sehr erleichtert.

Wie schon erwähnt, ist es mit den modifizierten Zustandsgleichungen (3.78) möglich, das Verweilzeitkonzept auf komplexe makrokinetische Untersuchungen von chemischen Reaktionsapparaten auszudehnen. Die chemische Kinetik bzw. alle anderen auftretenden nichtlinearen Zusammenhänge von Größen können dann als funktionelle Zusammenhänge $\boldsymbol{g}(\boldsymbol{x}^N, t)$ geschrieben werden. Die Variablen (Ein-, Ausgangs- bzw. Zustandsgrößen) sind dann Stoffkomponentenkonzentration, Temperatur, Druck und die entsprechenden Übergangsströme, d. h. die beim Übergang von einer Zelle in die anderen auftreten, sind nach Tab. 3.3. zu notieren.

3.4.2. *Die Lösung der dynamischen Zustandsgleichungen*

Die Lösung der dynamischen Gln. (3.72) kann auf numerischem Wege erfolgen. Während Gl. (3.72b) durch einfache Matrizenmultiplikation (dafür existieren in jedem Rechenzentrum entsprechende Unterprogramme) zu lösen ist, handelt es sich bei Gl. (3.72a) um eine Vektordifferentialgleichung 1. Ordnung, deren numerische Lösung auf zwei verschiedenen Wegen erhalten werden kann.

Die erste Möglichkeit liegt auf der Hand, da es heute eine Menge numerische Verfahren gibt, nach denen Differentialgleichungen bzw. -systeme gelöst werden können, zumal es sich hier um eine einfache Vektor-Differentialgleichung 1. Ordnung handelt. Diese Möglichkeit besteht in der Ausführung der numerischen Integration.

Die Anwendung der bekannten Trapez-Regel, evtl. gekoppelt mit einer automatischen Schrittweitenvariation, bringt hier schon gute Resultate. Huelsman [66] veröffentlicht ein FORTRAN-Programm, welches die Lösung von Gl. (3.72a) nach dem sogenannten verbesserten Euler-Verfahren vornimmt. Allerdings wird bei jedem Verfahren zur numerischen Integration ein mehr oder weniger großer Integrationsfehler auftreten. Kulik und Kraus [93] stellen an einem Testbeispiel verschiedene Verfahren gegenüber und vergleichen den in Abhängigkeit von der Zeitschrittweite Δt auftretenden Fehler. Sie kommen zu der Erkenntnis, daß eine zweite Möglichkeit zur Lösung der dynamischen Gleichungen — nämlich die direkte Methode — wesentlich besseres Fehlerverhalten aufweist. Im folgenden soll auf die direkte Methode näher eingegangen werden.

Zunächst soll die Lösung für ein System betrachtet werden, bei dem alle Eingangssignale $\boldsymbol{x}(t) = 0$ sind (homogene Lösung). Gl. (3.72a) wird dann zu

$$\dot{\boldsymbol{z}}_h(t) = \boldsymbol{A} \cdot \boldsymbol{z}_h(t). \tag{3.86}$$

Die Anfangsbedingungen lauten

$$\boldsymbol{z}_h(t) = \boldsymbol{z}_0 \quad \text{für} \quad t = 0. \tag{3.87}$$

Führt man eine Taylor-Entwicklung um $t = 0$ durch, d. h.

$$\boldsymbol{z}_h(t) = \boldsymbol{z}_0 + \boldsymbol{P}_1 t + \boldsymbol{P}_2 t^2 + \cdots \tag{3.88}$$

so erhält man nach Einsetzen dieser Reihe in Gl. (3.86) durch Koeffizientenvergleich

$$\boldsymbol{P}_1 = \boldsymbol{A} \cdot \boldsymbol{z}_0, \quad \boldsymbol{P}_2 = \frac{1}{2} \boldsymbol{A}^2 \boldsymbol{z}_0, \qquad \text{usw.} \tag{3.89}$$

so daß sich für die Zustandsgrößen $\boldsymbol{z}_h(t)$ ergibt

$$\boldsymbol{z}_h(t) = \left\{1 + \boldsymbol{A} \cdot t + \boldsymbol{A}^2 \frac{t^2}{2!} + \cdots\right\} \boldsymbol{z}_0 \tag{3.90}$$

oder

$$\boldsymbol{z}_h(t) = e^{\boldsymbol{A} \cdot t} \cdot \boldsymbol{z}_0 \tag{3.91}$$

da zwischen den geschweiften Klammern von Gl. (3.90) die Matrix-Exponentialfunktion $e^{\boldsymbol{A}t}$ steht. Diese wird auch als Übergangsmatrix $\boldsymbol{\Phi}(t)$ bezeichnet, so daß

$$\boldsymbol{\Phi}(t) \equiv e^{\boldsymbol{A}t} \tag{3.92}$$

gilt.

Die Lösung der inhomogenen Gl. (3.72a) (Berücksichtigung der Eingangsgrößen $\boldsymbol{x}(t)$) läßt sich ermitteln, indem man eine partikuläre Lösung der Form

$$\boldsymbol{z}_p(t) = \boldsymbol{\Phi}(t) \cdot \boldsymbol{p}(t) \tag{3.93}$$

ansetzt.

Setzt man Gl. (3.93) in die Differentialgleichung (3.72a) ein, so erhält man

$$\dot{\boldsymbol{\Phi}}(t) \cdot \boldsymbol{p}(t) + \boldsymbol{\Phi}(t) \cdot \dot{\boldsymbol{p}}(t) = \boldsymbol{A}\boldsymbol{\Phi}(t) \cdot \boldsymbol{p}(t) + \boldsymbol{B}\boldsymbol{x}(t) \tag{3.94}$$

Mit $\dfrac{d\boldsymbol{\Phi}(t)}{dt} = \boldsymbol{A} \cdot e^{\boldsymbol{A}t} = \boldsymbol{A} \cdot \boldsymbol{\Phi}(t)$ nach Gl. (3.92) erhält man

$$\dot{\boldsymbol{p}}(t) = \boldsymbol{\Phi}^{-1}(t) \cdot \boldsymbol{B} \cdot \boldsymbol{x}(t) \tag{3.95}$$

und unter Beachtung der ebenfalls aus Gl. (3.92) ersichtlichen Relation $\boldsymbol{\Phi}^{-1}(t) = \boldsymbol{\Phi}(-t)$ schließlich

$$\boldsymbol{p}(t) = \int_{\vartheta=0}^{t} \boldsymbol{\Phi}(-\vartheta) \cdot \boldsymbol{B} \cdot \boldsymbol{x}(\vartheta) \, d\vartheta \tag{3.96}$$

Substituiert man in Gl. (3.93) $\boldsymbol{p}(t)$ durch den mit Gl. (3.96) erhaltenen Ausdruck, ergibt sich

$$\boldsymbol{z}_p(t) = \int_{\vartheta=0}^{t} \boldsymbol{\Phi}(t - \vartheta) \cdot \boldsymbol{B} \cdot \boldsymbol{x}(\vartheta) \, d\vartheta \tag{3.97}$$

Gl. (3.97) hat die Form des Faltungsintegrals (3.17).

Man gelangt zur vollständigen Lösung von Gl. (3.92), indem man die homogene Gl. (3.92) und die partikulare Lösung (3.97) überlagert und erhält

$$\boldsymbol{z}(t) = \boldsymbol{\Phi}(t) \cdot \boldsymbol{z}_0 + \int_{\vartheta=0}^{t} \boldsymbol{\Phi}(t - \vartheta) \cdot \boldsymbol{B} \cdot \boldsymbol{x}(\vartheta) \, d\vartheta . \tag{3.98}$$

Die Lösung des zweiten Terms von Gl. (3.98) erhält man in einfacher Weise, wenn für die Eingangsfunktionen $x_i(t)$ Sprungfunktionen verwendet werden:

$$x_i(t) = x_{Si} \cdot \sigma(t). \tag{3.99}$$

Gl. (3.98) geht dann über in

$$\boldsymbol{z}(t) = \boldsymbol{\Phi}(t) \cdot \boldsymbol{z}_0 + \boldsymbol{A}^{-1}\big(\boldsymbol{\Phi}(t) - \boldsymbol{1}\big) \cdot \boldsymbol{B} \cdot \boldsymbol{x}_S(t) \tag{3.100}$$

Gl. (3.100) enthält — wie Gl. (3.72b) — nur einfache Matrizenoperationen (Multiplikation von Matrizen, Bildung von inversen Matrizen), so daß ihre Bearbeitung mit dem Digitalrechner im Vergleich zur Lösung von Gl. (3.98) einfacher ist.

Nun kann jedoch nicht angenommen werden, daß die Eingangsfunktionen stets Sprungfunktionen sind. Allerdings läßt sich jede beliebige Eingangsfunktion $x_i(t)$ aus der Überlagerung von Einheitssprungfunktionen darstellen. Abb. 3.14 zeigt die Approximation einer beliebigen Funktion durch die sogenannte Treppenfunktion.

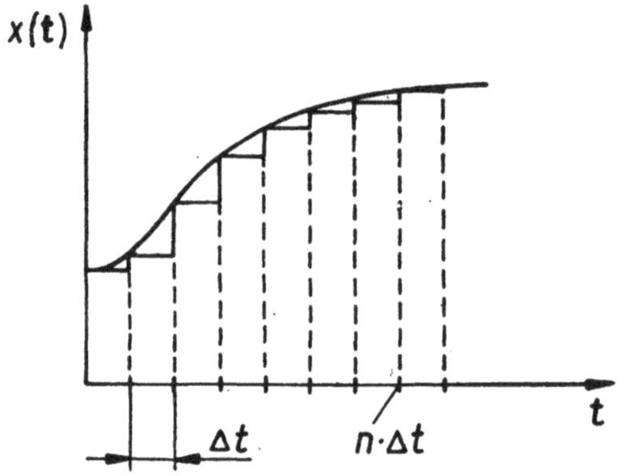

Abb. 3.14: Die Approximation einer kontinuierlich veränderlichen Zeitfunktion durch eine Treppenfunktion.

Die Eingangsfunktion wird dabei verfälscht. Dieser Fehler läßt sich jedoch in mathematischer Form (Fehlerabschätzung) angeben und durch entsprechende Wahl der Schrittweite Δt klein halten.

Die Diskretisierung der unabhängigen Variablen t ist für die Berechnung nach Gl. (3.100) ohnehin notwendig, da Digitalrechner nur Operationen an diskreten Variablen ausführen (Ziffernrechner!). Deshalb muß Gl. (3.100) zur Programmierung in folgende Rekursionsformel umgeformt werden

$$\boldsymbol{z}[(n+1)\,\Delta t] = e^{\boldsymbol{A}\Delta t} \cdot \boldsymbol{z}(n\,\Delta t) + \boldsymbol{A}^{-1}(e^{\boldsymbol{A}\Delta t} - \boldsymbol{1}) \cdot \boldsymbol{B} \cdot \boldsymbol{x}(n\,\Delta t). \tag{3.101a}$$

Gl. (3.101a) stellt die numerische Lösungsformel der Zustandsgleichung (3.72a) dar. Die numerische Lösung von Gl. (3.72b) lautet einfach

$$\boldsymbol{y}[(n+1)\,\Delta t] = \boldsymbol{C} \cdot \boldsymbol{z}(n\,\Delta t) + \boldsymbol{D} \cdot \boldsymbol{x}(n\,\Delta t). \tag{3.101b}$$

Für die modifizierten Zustandsgleichungen (3.78) findet man leicht zu den Gln. (3.101) analoge Rekursionsformeln. Die Approximation der nichtlinearen Funktionen $\boldsymbol{g}(\boldsymbol{c}_I^{EN}, t)$ erfolgt wieder mittels Treppenfunktionen.

3.5. Grafische Methoden zur Beschreibung von Systemen

3.5.1. Signalflußbilder

Wird ein System als Black-box betrachtet, weil es entweder nur in seinen Ein- und Ausgangsgrößen erkennbar (bzw. diese nur meßbar sind) oder nur die Übertragung vom Eingang zum Ausgang von Interesse ist, so abstrahiert man bei einer grafischen Darstellung des Systems und seinen Größen häufig von der technischen Gestalt und symbolisiert diese als Block mit Wirkungslinien (vgl. Abschn. 3.1., Abb. 3.1, 3.2 und 3.3). Die Wirkungslinien (Signalwege) bezeichnet man einzeln und schreibt — falls nur eine Ein- und Ausgangsgröße existiert — manchmal die beschreibende mathematische Gleichung oder eine charakteristische Kennfunktion $(g(t),\ G(s),\ F(j\omega))$ in den Block hinein, je nachdem, ob eine Darstellung im Zeit- oder Frequenzbereich erfolgt.

Sind Modellvorstellungen über die Verknüpfungen von Ein- und Ausgangsgrößen bekannt, die quantitativ durch ein entsprechendes mathematisches Modell wiedergegeben werden, veranschaulicht man diese grafisch durch Strukturbilder. Systemelemente erscheinen wieder als Blöcke, die untereinander durch Wirkungslinien verbunden sind. Es werden also nicht nur die Ein- und Ausgangsgrößen, sondern auch innere Systemgrößen anschaulich wiedergegeben. Derartige Darstellungen nennt man Signalflußbilder, Signalflußdiagramme, Signalflußgrafen oder Signalflußpläne. Sie stammen vom Begriff des Blockschaltbildes ab, welches in der Elektrotechnik benutzt wird, und das die Elemente eines Schaltsystems (z. B. Widerstände, Kondensatoren, Transistoren) zu komplexen Funktionseinheiten (Rechen-, Speicher-, Steuerwerk) zusammenfaßt.

Auf Grund der von der Kybernetik gefundenen Analogien bezüglich des Übertragungsverhaltens verschiedener technischer Systeme ist die Blockschaltbildmethode auch außerhalb der Elektrotechnik üblich geworden. So werden die bekannten Verweilzeittypenmodelle häufig als Strukturbilder dargestellt. Im Anhang sind einige Beispiele angeführt. Man sieht, daß Verweilzeitmodelle nur jeweils eine Ein- und Ausgangsgröße besitzen, im Systeminneren jedoch je nach Strömungstyp verschiedene Signalverkopplungen und -verzweigungen vorkommen. Dies ist auch dann so, wenn im Strömungssystem chemische Stoffumwandlungen ablaufen — und wie das in Abb. 3.16

dargestellte Beispiel zeigt — zur vollständigen Systembeschreibung weitere Systemgrößen (Stoff- und Kühlmitteltemperatur) herangezogen werden müssen. Bei der Verweilzeitanalyse ist eben einzig der Strömungskanal von Interesse, der durch Verwendung von Indikatoren von allen übrigen Signalkanälen (Wirkungswege von Temperatur, Druck usw.) unterscheidbar gemacht wird.

Das Signalflußbild bringt zum Ausdruck, welchen Weg die Systemsignale nehmen, wie sie auf diesem Weg durch Systemelemente verändert werden und sich gegenseitig beeinflussen. Der Signalflußweg beginnt bei den Eingangssignalen (Signale der vom System unbeeinflußten Größen) und führt zu den Ausgangssignalen (Signale abhängiger Größen), die ihrerseits wieder als Eingangssignale wirken können. Für die Darstellung eines Systems im Signalflußbild werden folgende Elemente benötigt:

— *Operationen* sind in Form von Blöcken dargestellt, wobei im Block die Operation angegeben wird, welche auf die am Block ankommenden Signale anzuwenden ist. Man unterscheidet lineare und nichtlineare Operationen.

— *Signalverknüpfungen* werden in Form von Kreisen dargestellt, in die die zu verknüpfenden Signale einmünden und von denen die im Ergebnis gebildeten Signale ausgehen. Dabei wird das Vorzeichen immer rechts vom Pfeil des jeweiligen Signals angegeben. Positive Vorzeichen werden meist weggelassen. Man unterscheidet ebenfalls lineare und nichtlineare Verknüpfungen, wobei bei den nichtlinearen die Verknüpfungsvorschriften im Kreis symbolisch dargestellt werden.

— *Signalverzweigungen* werden durch einen stark ausgezogenen Punkt im Schnittpunkt der Linien, in deren Richtung das sich verzweigende Signal fließt, gekennzeichnet. Signalverzweigungen geben an, daß das Signal in mehrere Richtungen fließt. Dabei ist wichtig hervorzuheben, daß das Signal nicht etwa wertmäßig aufgeteilt wird, wie das beim Strom in einem Knoten eines elektrischen Netzwerkes der Fall ist.

Die grafischen Elemente eines Signalflußbildes sind in Tab. 3.4 angegeben. Besonders anschaulich lassen sich mit Hilfe von Signalflußplänen die für lineare Systeme gültigen sogenannten Schaltregeln für LAPLACE- und FOURIER-transformierte Systemgrößen darstellen.

Nach diesen Regeln hat eine quantitative Reduktion von Signalflußbildern zu erfolgen. Sie ist manchmal angebracht, um bei komplexen Systemen (z. B. bei Verweilzeittypenmodellen) das Signalflußbild in eine Form zu bringen, die es gestattet, Zusammenhänge zwischen Ein- und Ausgangsgrößen direkt abzulesen. In Tab. 3.5 sind die Regeln für Serien-, Parallel- und Rückführschaltung, den drei Grundschaltungen von Elementen, angegeben. Sie ergeben sich aus den für die jeweilige Schaltung in Frage kommenden Signalverknüpfungen. Liegen m hintereinandergeschaltete Systemelemente vor, läßt sich die Regel für die Serienschaltung zu

$$G(s) = \prod_{i=1}^{m} G_i(s) \tag{3.102}$$

Tabelle 3.4: Grafische Elemente eines Signalflußbildes

	linear	nichtlinear
Operationen	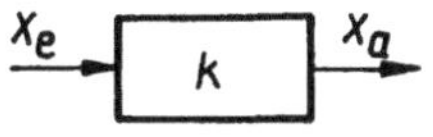 $X_a = k \cdot X_e$	 $X_a = \sqrt{X_e}$
Signalverknüpfungen	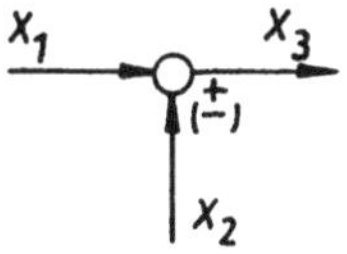 $X_3 = X_1 \, (\pm) \, X_2$	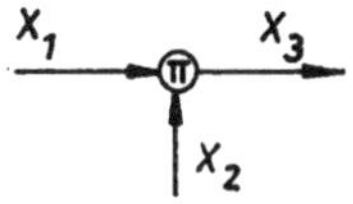 $X_3 = X_1 \cdot X_2$ 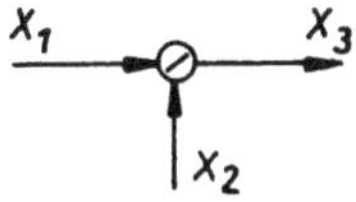 $X_3 = X_1 / X_2$
Signalverzweigungen	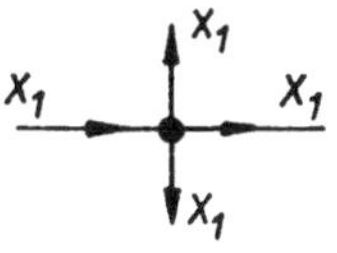	

modifizieren. Für eine Parallelschaltung von m Elementen gilt

$$G(s) = \sum_{i=1}^{m} G_i(s) \tag{3.103}$$

Mit Gl. (3.102) kann die Gesamtübertragungsfunktion des im Anhang angegebenen Zellenmodells (siehe auch Kap. 5.) berechnet werden. Setzt man Gl. (3.42) in Gl. (3.102) ein, so erhält man

$$G(s) = \frac{1}{(1 + \tau_i s)^m} \tag{3.104}$$

oder wenn man berücksichtigt, daß alle Zellen des Zellenmodells gleich groß sind

$$G(s) = \frac{1}{\left(1 + \frac{\tau}{m}\right)^m}. \tag{3.105}$$

Tabelle 3.5: Die drei Grundschaltungen von Elementen

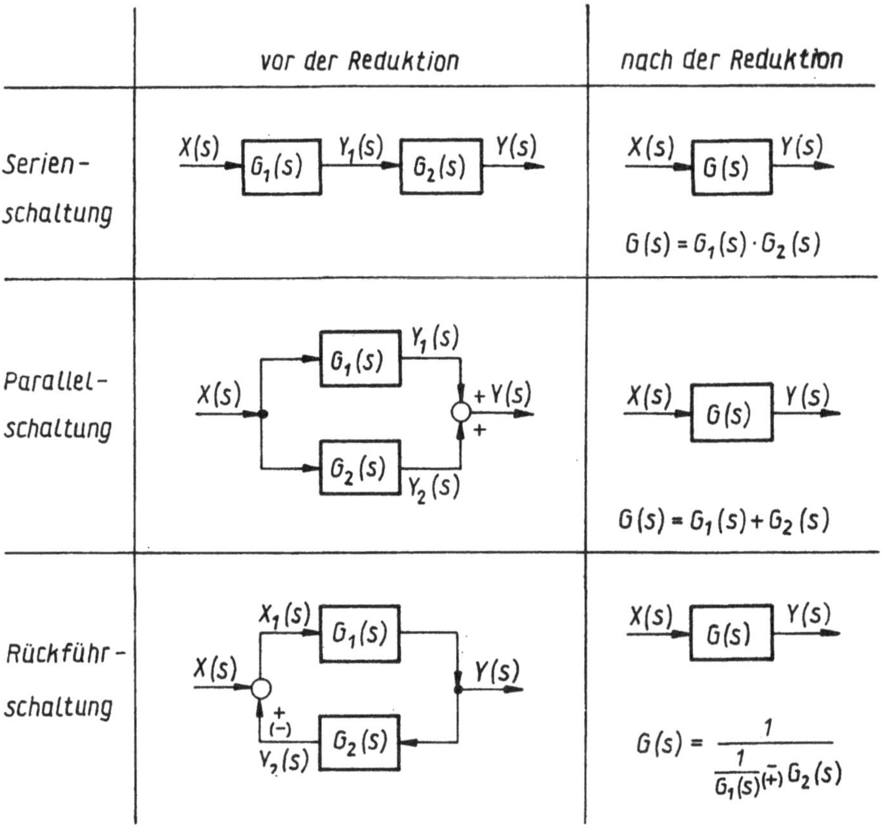

Gl. (3.103) läßt sich analog zur Berechnung des Rohrbündelmodells (siehe Erfurth, Just, Pippel [44]) heranziehen, in dem man Gl. (3.48) einsetzt

$$G(s) = \sum_{i=1}^{m} e^{-t_{vi}s}. \tag{3.106}$$

Das Signalflußbild des Zirkulationsmodells zweier Ströme idealer Verdrängung (siehe Anhang) läßt sich nach der in Tab. 3.5 angegebenen Regel für die Rückführschaltung vereinfachen. Der Gesamtübertragungsfaktor lautet hier

$$G(s) = \frac{\dfrac{\dot{v}}{\dot{v} + r} e^{-t_{v1}s}}{1 - \dfrac{r}{\dot{v} + r} e^{-s(t_{v1} + t_{v2})}}. \tag{3.107}$$

Die Schaltregeln (Tab. 3.5) sind analog auf FOURIER-transformierte Größen anwendbar.

So lautet die Frequenzgangfunktion zweier hintereinandergeschalteter Mischreaktoren unter Berücksichtigung von Gl. (3.60)

$$F(j\omega) = \frac{1}{(1 + j\omega\tau_1)(1 + j\omega\tau_2)}. \tag{3.108}$$

Soll die Frequenzgangfunktion des Typenmodells nach Abb. 3.7 berechnet werden, so muß zweimal erst die Schaltregel für parallele Systeme angewandt und anschließend die für in Serie geschalteten Systeme benutzt werden. Unter Berücksichtigung von Gl. (3.65) findet man für die zwei parallelen Verdrängungszonen

$$F_1(j\omega) = \frac{\dot{v}_1}{\dot{v}} e^{-j\omega t_{v1}} + \frac{\dot{v}_2}{\dot{v}} e^{-j\omega t_{v2}}. \tag{3.109}$$

Setzt man Gl. (3.60) und (3.65) in die Schaltregel für parallele Systeme (Tab. 3.5) ein, so ergibt sich für die parallelgeschaltete Misch- und Verdrängungszone

$$F_2(j\omega) = \frac{\dot{v}_3}{\dot{v}} e^{-j\omega t_{v3}} + \frac{\frac{\dot{v}_4}{\dot{v}}}{1 + j\omega\tau_4}. \tag{3.110}$$

Die aus den parallelgeschalteten Zonen bestimmten Frequenzgangfunktionen $F_1(j\omega)$ und $F_2(j\omega)$ sind ihrerseits zwei in Reihe geschalteten Untersystemen

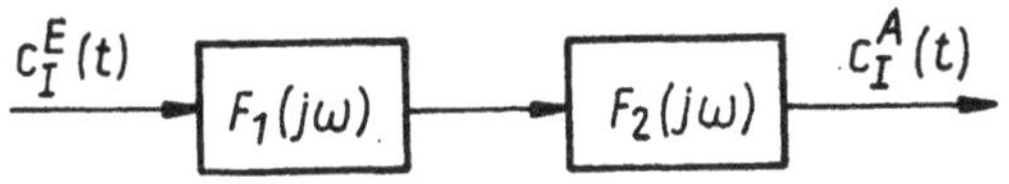

Abb. 3.15: Die zwei Teilsysteme des Typenmodells nach Bild 3.7.

(Abb. 3.15) zugehörig, so daß die Gesamtfrequenzgangfunktion des Typenmodells nach Abb. 3.7 lautet

$$F(j\omega) = F_1(j\omega) \cdot F_2(j\omega) = \left(\frac{\dot{v}_1}{\dot{v}} e^{-j\omega t_{v1}} + \frac{\dot{v}_2}{\dot{v}} e^{-j\omega t_{v2}}\right)\left(\frac{\dot{v}_3}{\dot{v}} e^{-j\omega t_{v3}} + \frac{\frac{\dot{v}_4}{\dot{v}}}{1 + j\omega\tau_4}\right). \tag{3.111}$$

Das Aufstellen eines Signalflußbildes sowie die Besonderheit des Verweilzeitkanals bei chemischen Apparaten soll an Hand der von WITTMER u. a. [182] beschriebenen Blockpolymerisation von Styrol, die in einem kontinuierlich betriebenen idealen Mischreaktor erfolgt, erläutert werden.

Die Reaktionsanordnung ist in Abb. 3.16 schematisch dargestellt.

Das Monomere mit der Konzentration c^E und der Temperatur T^E wird in den Zulauf (Volumenstrom $\dot{v}_M$) gebracht. Bei idealer Durchmischung sind die

Monomerkonzentration $c^A(t)$ und die Temperatur $T^A(t)$ im Reaktor überall gleich und entsprechen der Konzentration und Temperatur am Ausgang (Modell mit konzentrierten Parametern).

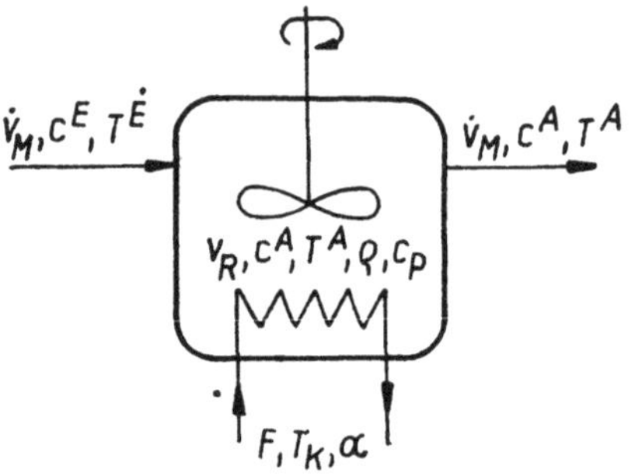

Abb. 3.16: Schematisierte Darstellung des kontinuierlich betriebenen Mischreaktors zur Styrolpolymerisation nach WITTMER u. a. [182].

Der Kühlmantel mit der Kühlfläche F, der Kühlmitteltemperatur T_K und dem Wärmeübergangskoeffizienten α ist durch die Kühlschlange schematisch dargestellt. Die Blockpolymerisation läuft bezüglich des Styrols als Reaktion erster Ordnung (allerdings temperaturabhängig) ab. Für die Reaktionsgeschwindigkeit r gilt der ARRHENIUS-Ansatz, wobei k_0 die Stoßzahl, E die Aktivierungsenergie und R die Gaskonstante bedeuten. Unter Annahme konstanter Dichte ϱ und konstanter spezifischer Wärme c_p ergeben sich die folgenden beschreibenden Stoff- und Wärmebilanzgleichungen (vgl. Gl. (3.9))

$$\frac{dc^A}{dt} + \frac{1}{\tau} c^A = \frac{1}{\tau} c^E + \nu \cdot r \tag{3.112}$$

$$\frac{dT^A}{dt} + \left(\frac{1}{\tau} + \frac{\alpha F}{c_p \varrho v_R}\right) T^A = \frac{1}{\tau} T^E + \frac{\alpha F}{c_p \varrho v_R} T_K + \frac{\Delta H}{c_p} \nu \cdot r, \tag{3.113}$$

wobei die Stöchiometriezahl $\nu = -1$, die mittlere Verweilzeit des *IMR* $\tau = v_R/\dot{v}_M$ und das chemische Reaktionsglied $r = k_0 \cdot \exp\left(-E/R \cdot T^A\right) \cdot c^A(t)$ ist.

Günstiger für das Aufstellen eines Signalflußbildes ist es, wenn die Gln. (3.112), (3.113) in eine solche Form gebracht werden, daß nach den höchsten Ableitungen der Ausgangsvariablen aufgelöst wird. Die umgeformten Gln. (3.112) und (3.113) lauten

$$\frac{dc^A}{dt} = \frac{1}{\tau}\left(c^E(t) - c^A(t)\right) + \nu \cdot r(c^A, T^A) \tag{3.114}$$

$$\frac{dT^A}{dt} = \frac{1}{\tau}\left(T^E(t) - T^A(t)\right) - \frac{\alpha F}{c_p \varrho v_R}\left(T^A(t) - T_K(t)\right) + \frac{\Delta H}{c_p} \nu \cdot r(c^A, T^A). \tag{3.115}$$

Weiter verfährt man so, daß man sich ein Eingangssignal, z. B. $c^E(t)$, vornimmt und dieses als Signalpfeil grafisch darstellt. Dann werden die linearen bzw. nichtlinearen Operationen, die an diesem Eingangssignal auf

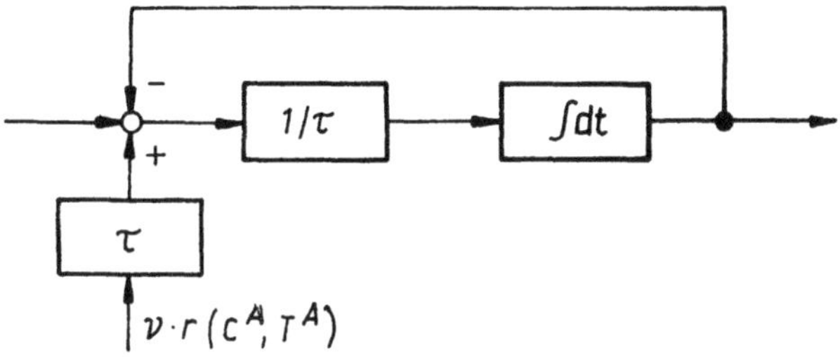

Abb. 3.17: Signalflußbild des Stofftransportkanals nach Gleichung (3.114).

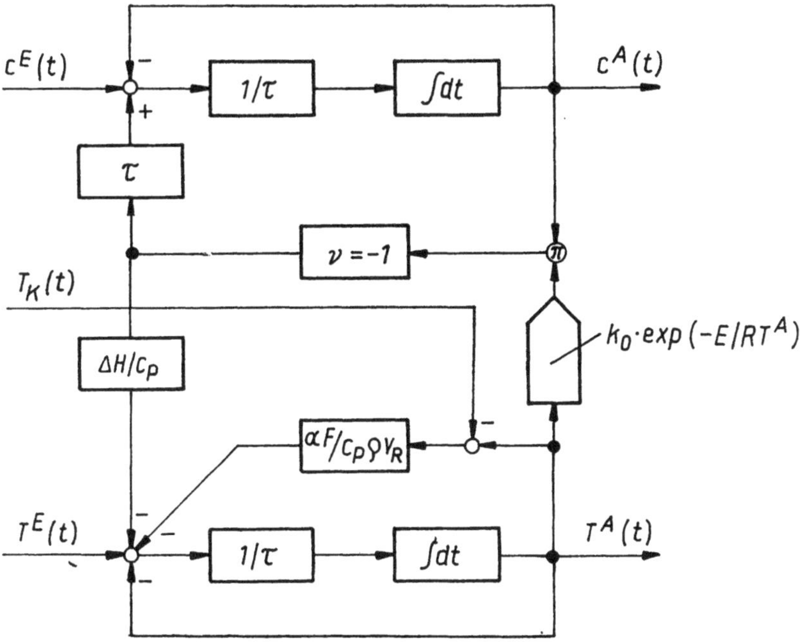

Abb. 3.18: Signalflußbild des Gesamtsystems der Styrolpolymerisation nach den Gln. (3.114) und (3.115).

seinem Wege zum Ausgang vorgenommen werden, als Blöcke gezeichnet und so miteinander verknüpft, daß die diesen Kanal (Weg einer Systemgröße vom Ein- zum Ausgang) beschreibende Gleichung erfüllt wird. Das Signalflußbild des Stofftransportkanals $c^E(t) \to c^A(t)$ sieht dann wie in Abb. 3.17 gezeigt aus.

Das vollständige Signalflußbild des durch die Gln. (3.114), (3.115) beschriebenen Systems enthält das nichtlineare chemische Reaktionsglied $r = r(c^A, T^A)$, welches den Stofftransportkanal $c^E(t) \to c^A(t)$ und den Temperaturkanal $T^E(t) \to T^A(t)$ miteinander verkoppelt. Es ist in Abb. 3.18 dargestellt.

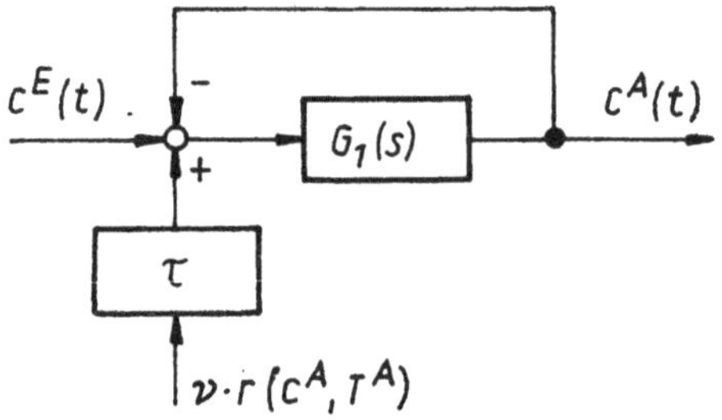

Abb. 3.19: Reduzierte Form des Signalflußbildes 3.17 (Stofftransport).

Eine Reduktion des Signalflußbildes 3.18 ist für die linearen Blöcke nach den Schaltregeln möglich (Tab. 3.5). So können die in Serie geschalteten Blöcke „$1/\tau$" und „$\int dt$" im Stofftransport- und Temperaturkanal zusammengefaßt werden. Man erhält dann, z. B. für den Stofftransportkanal, das in Abb. 3.19 gezeigte vereinfachte Signalflußbild.

Die Übertragungsfunktion $G_1(s)$ ergibt sich nach Tab. 3.5 zu $G_1(s) = 1/\tau \cdot 1/s$. Der Block mit der Übertragungsfunktion $G_1(s)$ ist wiederum ein Element in einer Rückführschaltung. Für diese erhält man die Übertragungsfunktion

$$G(s) = \frac{1}{\frac{1}{G_1(s)} + 1} = \frac{1}{1 + \tau s}, \tag{3.116}$$

da $G_2(s)$ in diesem Fall die Übertragungsfunktion Eins besitzt (wird durch ausgezogenen Signalpfeil ohne Übertragungsblock symbolisiert). Man erkennt, daß Gl. (3.116) mit Gl. (3.42) übereinstimmt, also die Übertragungsfunktion des idealen Mischreaktors wiedergibt. Rein grafische Vereinfachungen ergeben sich, wenn der Block „$\nu = -1$" als Vorzeichen zu den entsprechenden Signalpfeilen dargestellt wird. Das so vereinfachte Signalflußbild ist in Abb. 3.20 dargestellt. Man erkennt, daß weitere Reduktionen nicht möglich sind, da die Schaltregeln nur für lineare Systeme zutreffen, hier jedoch ein auch aus nichtlinearen Blöcken (chemische Kinetik) und Verknüpfungen (Multiplikationsstelle) bestehendes System vorliegt. Die weitere rechnerische Behandlung kann also hier auf die Beschreibung durch Differentialgleichungen bzw. mit Hilfe der Zustandsvariablenmethode nicht verzichten.

Das Signalflußbild erfüllt bei diesem Beispiel jedoch seinen Zweck als anschauliches Mittel zur Darstellung der Signalkanäle und der Verflechtung der Signale im Systeminneren wesentlich besser als dies durch Differentialgleichungen möglich ist. So lassen sich aus Abb. 3.20 sehr gut die Zusammenhänge bei der Verwendung von Indikatoren zur Verweilzeitanalyse eines chemischen Reaktionssystems ablesen. Ausschließlich der dick ausgezeichnete Materialtransportkanal wird vom Indikator angesprochen. Man erkennt, daß eine

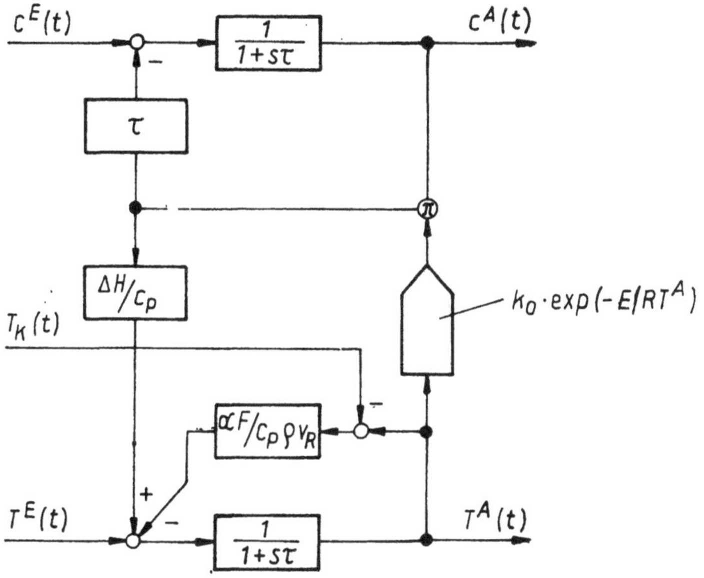

Abb. 3.20: Reduziertes Signalflußbild nach den Gleichungen (3.114) und (3.115).

Verweilzeitanalyse prinzipiell auch durch Verwendung entsprechender Eingangssignale der Temperatur möglich wäre, da auch hier der „Transport" vom Eingang zum Ausgang mit der Übertragungsfunktion $G(s) = 1/(1 + \tau s)$ geschieht. Das nichtlineare chemische Reaktionsglied $r(c^A, T^A)$ nimmt jedoch — wie Abb. 3.20 zeigt — auf den „Temperaturtransport" Einfluß und verfälscht ihn.

3.5.2. *Grafische Darstellung systemkennzeichnender Funktionen im Zeitbereich*

Die grafische Darstellung der ein System oder Systemelement charakterisierenden Antwortfunktion (z. B. Gewichtsfunktion) auf Testsignale ist im allgemeinen die übliche Methode zur Veranschaulichung der Systemeigenschaften in Diagrammform.

Die Darstellung der jeweiligen Antwortfunktion über der Zeit ist auch bei Verweilzeituntersuchungen gebräuchlich. So werden die erhaltenen Meßdaten bei Stoß-, Zulauf- und Verdrängungsmarkierung als Verweilzeitspektrum, Summenkurve und inverse Summenkurve grafisch dargestellt, wobei auf der Abszisse die Verweilzeit t_v aufgetragen ist ($t_v > 0$!).

Aus den charakteristischen Kurvenformen von gemessenen Antwortfunktionen lassen sich häufig qualitative Abschätzungen über den Typ des jeweiligen Strömungssystems durchführen. Man vergleicht dazu beispielsweise gemessene Verweilzeitspektren mit den Gewichtsfunktionen von Typenmodellen (Anhang) und kann dadurch zumindest auf die Grobstruktur des untersuchten Strömungssystems schließen.

Führt man derartige Untersuchungen weiter und möchte das Ein-Ausgangsverhalten durch Typenmodelle beschreiben, so wird man zwangsläufig vor das Problem gestellt, die Parameter des Typenmodells zu ermitteln.

Bei der experimentellen Systemanalyse, insbesondere von regelungstechnischen Systemen, werden eine Reihe von Verfahren benutzt, die eine direkte Auswertung (d. h. Bestimmung von Modellparametern) grafisch vorliegender Meßfunktionen gestatten und die ohne weiteres auf Verweilzeituntersuchungen übertragen werden können. Im folgenden soll auf zwei gebräuchliche Verfahren kurz eingegangen werden.

Bei der sogenannten Zeitprozentkennwertmethode geht man von einem bestimmten Typenmodell aus (z. B. Rührstufenmodell). Das dazugehörige Verweilzeitspektrum (Gewichtsfunktion) läßt sich für gegebene Parameter (Stufenzahl m, mittlere Verweilzeit τ_i der Zellen) nach der bekannten Formel

$$g(t) = \frac{(t/\tau_i)^{m-1} \cdot e^{-t/\tau_i}}{(m-1)!\,\tau_i} \tag{3.117}$$

berechnen (s. auch „Anhang", Abschn. 7.2.4., Modell 3).

Führt man dies für bestimmte ausgezeichnete Zeitwerte $t = T_v$ ($v = 30, 50, \ldots, 95$) durch sowie für systematisch verschiedene Parameter (z. B. $m = 1, 2, \ldots$) und faßt diese Daten in Tabellenform entsprechend Abb. 3.21 übersichtlich zusammen, so können die Parameter des untersuchten Verweilzeitsystems leicht gefunden werden.

Zur rationellen Auswertung legt man bei z. B. 30, 50, 70, 90 und 95% des maximalen Wertes $g_{\max}$ der gemessenen Gewichtsfunktion zur t-Achse parallele Hilfslinien und liest an deren Schnittpunkten mit dem gemessenen Verweilzeitspektrum die Zeitprozentkennwerte $T_{v\,\mathrm{mess}}$ ab (Abb. 3.22).

Normiert man die Zeitprozentkennwerte $T_{v\,\mathrm{mess}}$ ($v = 30, \ldots, 95$) auf die mittlere Zellenverweilzeit τ_i, so liefert der Vergleich dieser Wert mit den vorher berechneten Daten von Abb. 3.21 die Zellenzahl m. Ein ähnliches Vorgehen gestattet die Bestimmung der mittleren Verweilzeit τ_i. Dieses Verfahren läßt sich natürlich auch auf mit anderen Testsignalen gemessenen Antwortfunktionen erweitern.

Es sei jedoch darauf hingewiesen, daß die Vorgehensweise hier nur prinzipiell erläutert wurde. Ausführlicheres findet man z. B. in den von STROBEL [162] angegebenen Veröffentlichungen zu diesem Thema.

T_v/τ_i \ m	1	2	3	usw.
T_{30}/τ_i				
T_{50}/τ_i				
T_{70}/τ_i				
T_{90}/τ_i				
T_{95}/τ_i				

Abb. 3.21: Zeitprozentkennwerttabelle.

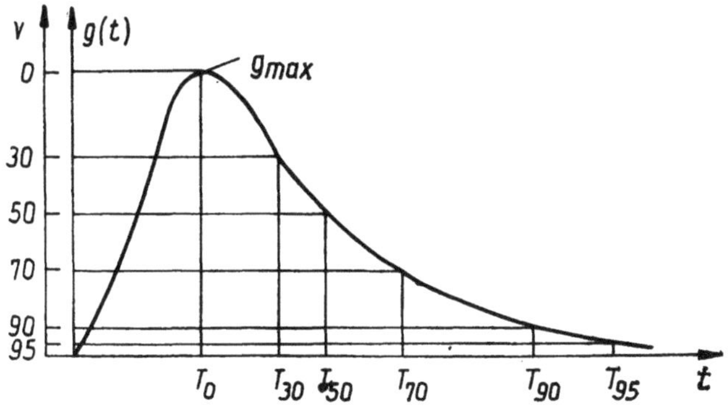

Abb. 3.22: Ablesen der Zeitprozentkennwerte aus gemessenen Verweilzeitspektren.

Beim Kennwertortskurvenverfahren wird wieder von Typenmodellen ausgegangen, deren Gewichtsfunktionen (oder andere Antwortfunktionen) sich in mathematisch geschlossener Form angeben lassen. Hier werden im Unterschied zur Zeitprozentkennwertmethode jedoch bestimmte ausgezeichnete Funktionswerte (z. B. Kurvenmaxima) allgemein berechnet und in grafischen Darstellungen parametriert.

Will man wieder die Parameter des Rührstufenmodells ermitteln, so leiten sich aus Gl. (3.117) die Koordinaten der Maxima (s. Abb. 3.23) ab. Man erhält

$$T_{\max} = (m - 1) \cdot \tau_i \tag{3.118}$$

$$g_{\max} = \frac{(m - 1)^{m-1} \cdot e^{-(m-1)}}{(m - 1)!\, \tau_i}. \tag{3.119}$$

Die Kennwertortskurven $g_{max} = f(T_{max})$ ergeben sich durch Elimination von τ_i zu

$$g_{max} = f(T_{max}) = \frac{\left(\frac{m-1}{e}\right)^{m-1}}{(m-2)!\,T_{max}}. \tag{3.120}$$

Bei diesem Verfahren wird Gl. (3.120) für verschiedene Stufenzahlen m und mittlere Verweilzeiten τ_i grafisch dargestellt, so daß sich deren Ermittlung aus gemessenen Verweilzeitspektren in einfacher Weise durchführen läßt.

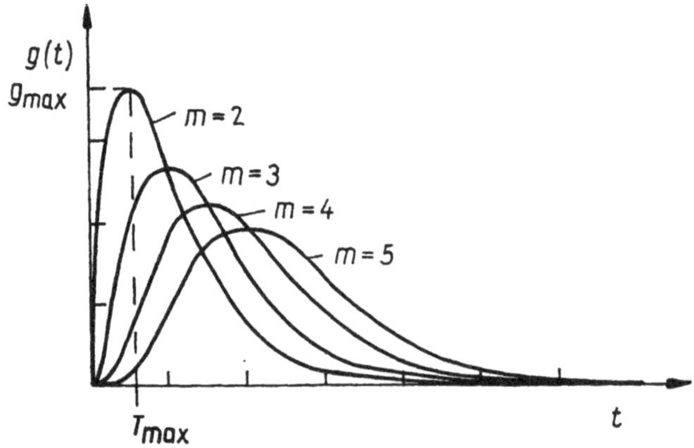

Abb. 3.23: Verweilzeitspektren des Rührstufenmodells für verschiedene Stufenzahlen.

Bei GITT [48] sind für verschiedene Systeme bei Verwendung unterschiedlicher Testsignale Kennwertortskurven angegeben, so daß diese teilweise direkt für Verweilzeitanalysen geeignet sind.

Eine gegenüber der Antwortfunktions-Zeit-Darstellung grundsätzlich andere Form ist die grafische Darstellung von dynamischen Vorgängen (also z. B. solchen, die bei der Markierung von Verweilzeitsystemen mit Indikatorsubstanzen am Ausgang ablaufen und gemessen werden können) in sogenannten Zustandsdiagrammen, auch Phasendiagramme bzw. Phasenporträts genannt.

Wird das dynamische Verhalten von mathematischen Modellen in derartigen Diagrammen dargestellt, so ist es günstig, wenn diese vorher als Modelle mit Zustandsvariablen (s. Abschn. 3.4.) notiert werden.

Zustandsdiagramme sind dadurch gekennzeichnet, daß an den Achsen die Zustandsgrößen, die nach Abschn. 3.4. bei chemischen Strömungssystemen Konzentration, Temperatur und Strömungsgeschwindigkeit (bzw. Druck) sein können, aufgetragen sind, während die Zeit als Parameter auf der Zustandskurve (Trajektorie) mitgeführt wird.

Üblich sind räumliche (perspektivische) und ebene Darstellungen. Die Zustandsgleichungen zweier in Serie geschalteter Mischreaktoren (Abb. 3.24) lauten nach Gl. (3.73)

$$\frac{dc_I^{z1}}{dt} = -\frac{1}{\tau_1} c_I^{z1}(t) + \frac{1}{\tau_1} c_I^E(t) \tag{3.121}$$

$$\frac{dc_I^{z2}}{dt} = \frac{1}{\tau_2} c_I^{z1}(t) - \frac{1}{\tau_2} c_I^{z2}(t) \tag{3.122}$$

$$c_I^A(t) = c_I^{z2}(t) \tag{3.123}$$

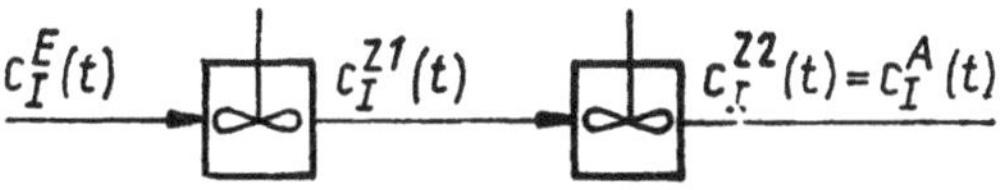

Abb. 3.24: Zwei in Serie geschaltete Mischreaktoren mit Zustandsvariablen.

Trägt man die beiden Zustandsgrößen $c_I^{z1}(t)$ und $c_I^{z2}(t)$ nicht wie üblich in zwei getrennten Diagrammen jeweils über der Zeit auf, sondern z. B. $c_I^{z1}(t)$ über $c_I^{z2}(t)$, so erhält man das Zustandsdiagramm der Gln. (3.121), (3.122) bzw. (3.123) für verschiedene Anfangsbedingungen $c_I^{z1}(t = 0)$, $c_I^{z2}(t = 0)$ und für die Eingangsindikatorkonzentration $c_I^E(t) = 0$, siehe Abb. 3.25.

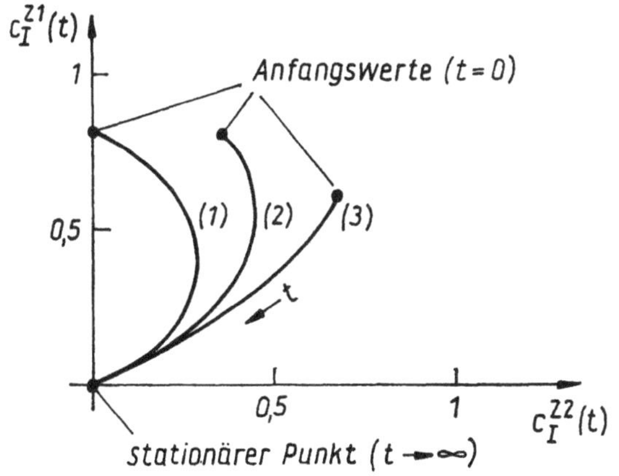

Abb. 3.25: Zustandsdiagramm für zwei in Serie geschaltete Mischreaktoren.

Aus Abb. 3.25 ist ersichtlich, daß von verschiedenen Anfangspunkten ($t = 0$) aus mit zunehmender Zeit der gleiche stationäre Endwert ($t \to \infty$) erreicht wird. Dabei ist charakteristisch, daß die Einlaufgeschwindigkeit in diesen Punkt mit steigender Zeit abnimmt.

Bei „reinen" Verweilzeitsystemen ohne chemische Reaktion, wird der stationäre Endwert immer auf die Weise wie in Abb. 3.25 gezeigt, d. h. durch asymptotisches Einschwingen, erreicht. Hierbei bringt die Darstellungsform des Zustandsdiagrammes also keine wesentlich neuen Erkenntnisse oder günstigere Auswertemöglichkeiten.

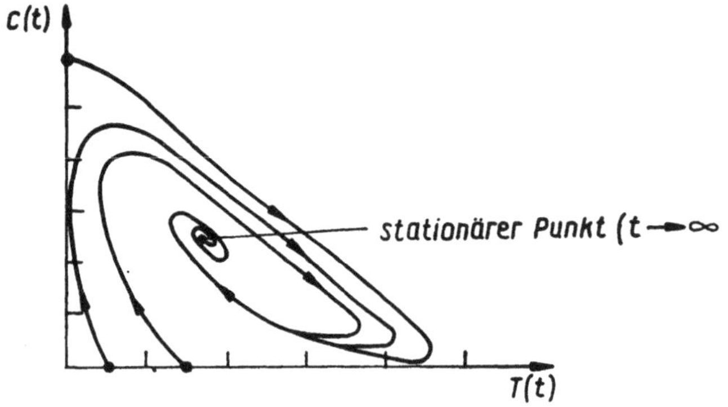

Abb. 3.26: $c(t)$-$T(t)$-Zustandsdiagramm einer in einem Mischreaktor ablaufenden exothermen chemischen Reaktion.

Untersucht man jedoch das ganze System „chemischer Reaktor", so erhält man besonders bei in Strömungssystemen ablaufenden exothermen Reaktionen aufschlußreiche Informationen aus Zustandsdiagrammen, bei denen die Stoffkonzentration über der Reaktionstemperatur aufgetragen ist (Abb. 3.26).

In solchen wie in Abb. 3.26 gezeigten Diagrammen kann man beispielsweise für verschiedene Kühlbedingungen Stabilitätsuntersuchungen an chemischen Reaktionsapparaten vorteilhaft darstellen. Aus dem Verlauf der Zustandskurven können dabei Aussagen über den Charakter stationärer Punkte gemacht werden. Näheres zu dieser Problematik findet sich z. B. in Oppelt, Wicke [117].

3.5.3. *Grafische Darstellungen systemkennzeichnender Funktionen im Laplace- und Frequenzbereich*

a) Die Ortskurve

Die Frequenzgang-Ortskurve, kurz Ortskurve genannt, dient der grafischen Darstellung der Frequenzgangfunktion $F(j\omega)$, die das Ein-Ausgangs-Verhalten von Strömungssystemen im Frequenzbereich beschreibt (s. Abschn. 3.3.2.). Da die Frequenzgangfunktion komplex ist, muß ihre Darstellung in der (komplexen) Gaussschen Zahlenebene erfolgen.

Wendet man die in der Elektrotechnik übliche Methode zur experimentellen Ermittlung der Frequenzgangfunktion auf Strömungssysteme an, so muß dafür gesorgt werden, daß die Indikatorkonzentration $c_I^E(t)$ am Eingang des Reaktors eine harmonische Schwingung mit der Amplitude c_{I0}^E und der Kreisfrequenz — kurz Frequenz — ω (Omega) ausführt. Ist diese Schwingung sinusförmig, so kann man für die Eingangsindikatorkonzentration schreiben

$$c_I^E(t) = c_{I0}^E \cdot \sin(\omega t). \tag{3.124}$$

Wartet man den Einschwingvorgang ab, so stellt sich am Reaktorausgang nach Gl. (3.69) eine Indikatorkonzentration $c_I^A(t)$ gleicher Frequenz ω, jedoch mit geringerer Amplitude c_{I0}^A und um den Phasenwinkel φ verzögerte Schwingung, ein.

$$c_I^A(t) = c_{I0}^A \cdot \sin(\omega t + \varphi). \tag{3.125}$$

Wird dieses Experiment für alle Frequenzen zwischen $0 \leqq \omega < \infty$ wiederholt (in der Praxis wird man sich auf eine repräsentative endliche Zahl von Versuchen beschränken), so läßt sich die Bestimmung des Amplitudenganges $A(\omega)$ nach Gl. (3.70) sowie des Phasenganges $\varphi(\omega)$ nach Gl. (3.71) durchführen.

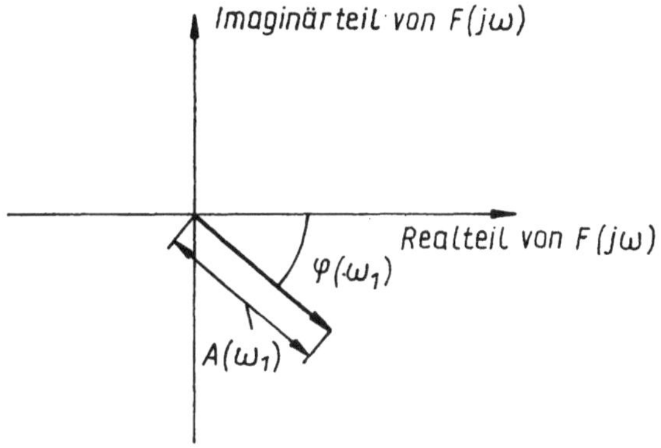

Abb. 3.27: Zeigerdarstellung einer Sinusschwingung in der komplexen Zahlenebene.

Für eine bestimmte Frequenz ergibt sich nun für das zu untersuchende Strömungssystem in der komplexen Zahlenebene ein Zeiger (s. Abb. 3.27) bestimmter Länge (Amplitude) und Phasenlage (Phasenwinkel).

Für andere Frequenzen erhält man entsprechende Zeiger anderer Länge und Phasenlage. Verbindet man alle so erhaltenen Zeigerenden und läßt die Zeigerpfeile der Übersichtlichkeit wegen in der Darstellung weg, so erhält man z. B. eine in Abb. 3.28 eingezeichnete Ortskurve. Sie besitzt — wie andere Ein-Ausgangs-Kennfunktionen (z. B. Verweilzeitspektren) — für jedes Strömungssystem eine charakteristische Form (s. Anhang, Abschn. 7.2.7.).

Wie schon erwähnt (Abschn. 3.3.2.), bereitet die experimentelle Ermittlung von Frequenzgangfunktionen wegen der schlechten Realisierbarkeit harmonischer Testfunktionen bei Strömungssystemen Schwierigkeiten. Trotzdem sind Betrachtungen von Verweilzeitsystemen mittels Ortskurven möglich,

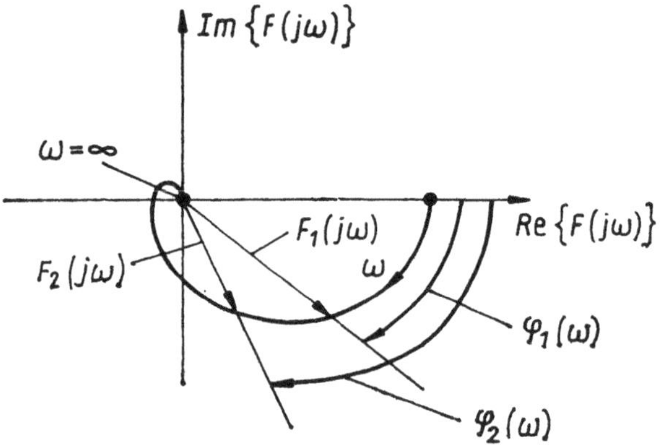

Abb. 3.28: Zur Konstruktion der Ortskurve aus den Zeigern der Frequenzgangfunktion.

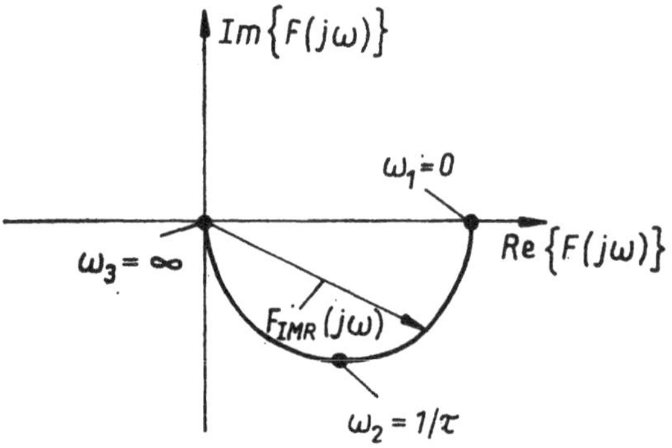

Abb. 3.29: Die Ortskurve des idealen Mischreaktors.

indem man gemessene Gewichtsfunktionen (Verweilzeitspektren) oder Gewichtsfunktionen bzw. Differentialgleichungen von Typenmodellen in den Frequenzbereich transformiert (siehe auch Anhang, Programme).

Im folgenden soll die Ortskurvendarstellung des idealen Mischreaktors betrachtet werden. Die Frequenzgangfunktion $F(j\omega)_{IMR}$ (Gl. (3.60)) wurde durch Transformation der Differentialgleichung (3.10) in den Frequenzbereich erhalten. Rechnet man nach den Gln. (3.61) und (3.62) Real- und Imaginärteil der Frequenzgangfunktion für verschiedene Frequenzen aus und trägt sie in ein rechtwinkliges Koordinatensystem, dessen Achsen mit Real- bzw. Imaginärteil bezeichnet sind (GAUSSsche Zahlenebene), so erhält man die in Abb. 3.29 gezeigte Ortskurve des Frequenzganges des idealen Mischreaktors.

Die Ortskurve beschreibt einen Halbkreis im 2. Quadranten, der durch die Punkte $P_1(1; 0)$, $P_2(0{,}5; -0{,}5)$ und $P_3(0; 0)$ geht.

Der erste Punkt P_1 ergibt sich für eine Frequenz $\omega_1 = 0$. Setzt man diese Frequenz in die Gl. (3.61) ein, so erhält man den Realteil Eins. Der Imaginärteil ist für diese Frequenz nach Gl. (3.62) Null. Das heißt also, daß bei einer Frequenz von Null die Ausgangskonzentration des Indikators gleich der Eingangskonzentration ist und es tritt keine Phasenverschiebung ein. Dieses Ergebnis entspricht auch den Erwartungen: im Idealfall stimmen bei konstanter Indikatorkonzentration (das entspricht einer „Schwingung" der Frequenz Null) Ein- und Ausgangskonzentrationen überein. Der zweite Punkt P_2 wird bei einer Frequenz $\omega_2 = 1/\tau$ erhalten. Real- und Imaginärteil sind bei einem Phasenwinkel von $\varphi = -45°$ gleich groß und haben den Wert 0,5. Der dritte Punkt P_3 tritt schließlich bei der Frequenz $\omega_3 = \infty$ auf. Bei einer unendlich schnellen Schwankung der Indikatorkonzentration am Eingang (Frequenz „Unendlich") entsteht am Systemausgang infolge des Trägheitsverhaltens des Systems keine meßbare Antwort mehr.

Der Phasenwinkel, d. h. die Verzögerung der Ausgangsschwingung gegenüber der Eingangsschwingung kann max. $-90°$ betragen.

Die Ortskurve des idealen Mischreaktors entspricht der Ortskurve einer sogenannten *RC*-Schaltung (Widerstands-Kondensator-Kombination) aus der Elektrotechnik (Abb. 3.30).

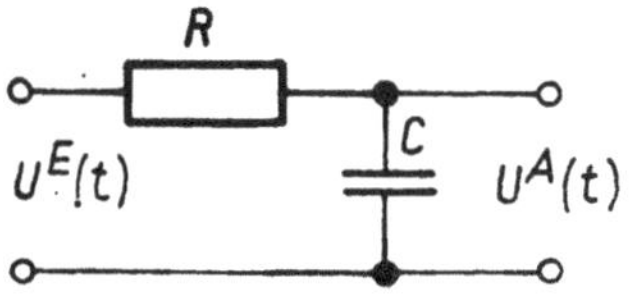

Abb. 3.30: Die *RC*-Schaltung.

Dies muß auch so sein, da die *RC*-Schaltung in ihrem Ein-Ausgangsspannungsverhalten durch die Gleichung

$$RC \frac{dU^A(t)}{dt} + U^A(t) = U^E(t) \tag{3.126}$$

beschrieben wird, welche völlig analog der *IMR*-Gleichung (3.10) ist. Die *RC*-Schaltung wird bei Betrachtungen im Zeitbereich auch als „Verzögerungsglied" 1. Ordnung bezeichnet, da es Eingangssignale stets „verzögert". Im Frequenzbereich spricht man besser vom sogenannten „Tiefpaß", denn tiefe Frequenzen „passieren" die Schaltung besser als höhere, wie die Ortskurve ausweist.

In Analogie dazu zeigt ein iedaler Mischreaktor bezüglich seines Verweilzeitverhaltens im Zeitbereich Verzögerungs- und im Frequenzbereich Tiefpaßverhalten.

Völlig andere Eigenschaften weist der ideale Pfropfenströmungsreaktor auf. Amplituden- und Phasengang werden von Gln. (3.65) bis (3.67) angegeben.

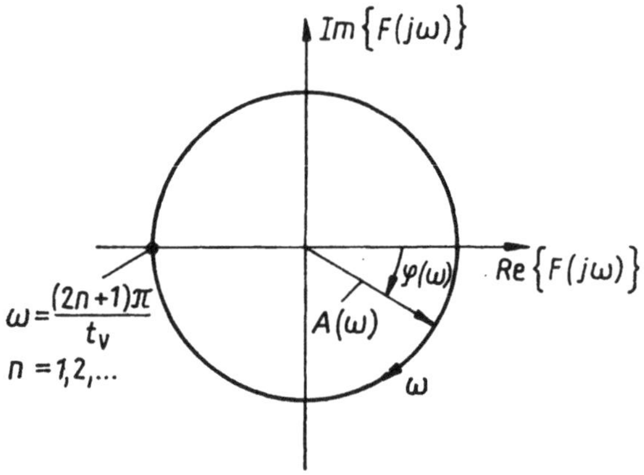

Abb. 3.31: Die Ortskurve des idealen Pfropfenströmungsreaktors.

Die Ortskurve ist ein Kreis mit einem Radius Eins. Der Phasenwinkel steigt monoton im Negativen mit wachsender Frequenz.

Aus der Ortskurve (Abb. 3.31) kann man ablesen, daß der Betrag der Ausgangskonzentration unabhängig von der Frequenz der Eingangsschwingung

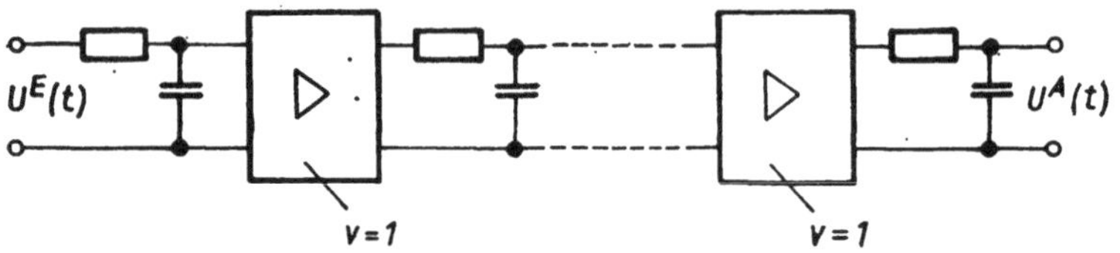

Abb. 3.32: *RC*-Kette mit Entkoppelverstärkern.

immer gleich dem der Eingangsindikatorkonzentration ist, d. h. der ideale Pfropfenströmungsreaktor dämpft die Schwankungen der Eingangskonzentration nicht.

Auch der ideale Pfropfenströmungsreaktor besitzt ein elektrisches Analogon. Eine *RC*-Kette mit unendlich vielen *RC*-Elementen gleicher Zeitkonstante und dazwischengeschalteten Entkoppelverstärkern verhält sich ebenso. Abb. 3.32 zeigt die elektrische Schaltung. Diese Abbildung erinnert an die Ersatzschaltung eines Pfropfenströmungsreaktors durch Mischreaktorzellen. Geht die Zahl der RC-Kombinationen gegen Unendlich, so verhält sich eine derartige Schaltung im Zeitbereich wie ein sogenanntes Totzeitglied, da bei Aufgabe eines Eingangssignals erst eine gewisse Zeit („tote Zeit“) vergeht bis das Ausgangssignal registriert werden kann. Im Frequenzbereich spricht man vom sogenannten Allpaß, da — wie die Ortskurve (Abb. 3.31) ausweist — „alle“ Frequenzen das System gleich gut „passieren“.

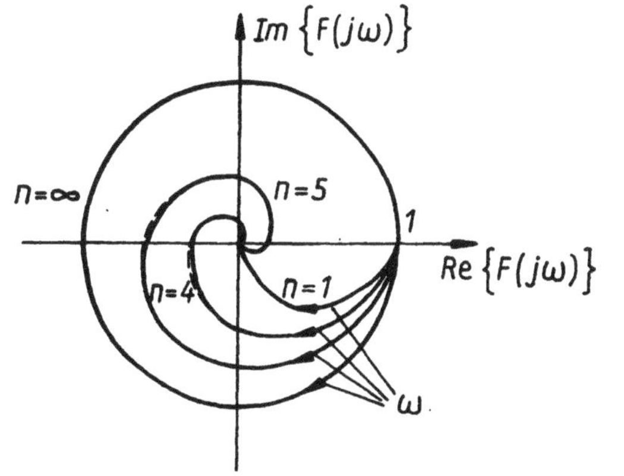

Abb. 3.33: Die Ortskurve des Zellenmodells für verschiedene Stufenzahlen m bei gleichem Reaktorvolumen v_R.

Der ideale Pfropfenströmungsreaktor zeigt also bezüglich seines Verweilzeitverhaltens Totzeit- bzw. Allpaßverhalten.

In Abb. 3.33 ist die Ortskurve des Zellenmodells für verschiedene Stufenzahlen m (bei gleichem Reaktorvolumen v_R) dargestellt.

Man erkennt, daß die beiden Grenzfälle $m = 1$ und $m \to \infty$, jeweils die Ortskurven der Elementarreaktoren mit idealer Vermischung bzw. idealer Pfropfenströmung sind. Eine Möglichkeit der Auswertung dieses Modells hat man, wenn man bedenkt, daß die Zahl der Schnittpunkte der Ortskurve mit der Abszissen- bzw. Ordinatenachse mit der Zahl der Zellen übereinstimmt. Damit läßt sich die Stufenzahl aus in den Frequenzbereich transformierten Verweilzeitspektren in einfacher Weise ermitteln. Allerdings sind die Schnittpunkte bei hohen Frequenzen meßtechnisch unsicher zu bestimmen.

b) Das Bode-Diagramm

Eine ebenfalls in der Elektrotechnik verbreitete Methode zur Analyse von elektrischen Netzwerken ist die Darstellung und Auswertung von Frequenzgangfunktionen im sogenannten Bode-Diagramm (Bode [19]). Dieses Diagramm kann auch zur Verweilzeit-Analyse herangezogen werden. Da sich nach Gl. (3.46) die Frequenzgangfunktion $F(j\omega)$ durch Amplituden- und Phasengang ausdrücken läßt, bietet sich die Möglichkeit an, diese in rechtwinkligen Koordinaten und in zwei getrennten Diagrammen darzustellen (im Gegensatz zur Ortskurve).

Wie im folgenden gezeigt wird, ist dies besonders dann vorteilhaft, wenn über den logarithmisch geteilten Frequenzachsen der Amplitudengang $A(\omega)$ im logarithmischen Maßstab aufgetragen wird, während man für den Phasenwinkel eine lineare Teilung beibehält, wie es im BODE-Diagramm geschieht.

Im folgenden soll die Frequenzgangfunktion des idealen Mischreaktors im BODE-Diagramm dargestellt und diskutiert werden.

Der Betrag der Frequenzgangfunktion, der Amplitudengang $A(\omega)$, für das Verweilzeitverhalten des *IMR* wird von Gl. (3.63) angegeben. Logarithmiert man diese Gleichung, erhält man

$$\log A(\omega) = \log 1 - \frac{1}{2} \log (1 + \omega^2 \tau^2) \qquad (3.127)$$

Diese Funktion soll für verschiedene Frequenzen einer angenommenen Indikatorkonzentrationsschwingung diskutiert werden. Es ergibt sich bei

$$\omega \ll 1 \quad \log A(\omega) \approx \log 1 = 0 \qquad (3.128\text{a})$$

$$\omega = 1 \quad \log A(\omega) = \log 1 - 0{,}5 \log 2$$

$$= \log 1 - 0{,}15 = -0{,}15 \qquad (3.128\text{b})$$

$$\omega \gg 1 \quad \log A(\omega) = \log 1 - \log \omega\tau = - \log \omega\tau \qquad (3.128\text{c})$$

Abb. 3.34a zeigt die grafische Darstellung der Gln. (3.128), den Amplitudengang im BODE-Diagramm. Bei dieser logarithmischen Darstellung ist es üblich, die Achsen nicht mit dem Logarithmus, sondern mit dem Numerus zu beschriften.

Die gestrichelte Kurve gibt den exakten Verlauf wieder, während mit der ausgezeichneten üblicherweise gearbeitet wird. Der Amplitudengang des idealen Mischreaktors wird somit näherungsweise durch 2 Geraden beschrieben, einer waagerechten und einer unter $-45°$ verlaufenden, falls Abszisse und Ordinate im selben Maßstab eingeteilt wurden. Der Schnittpunkt beider Geraden, auf die Frequenzachse projiziert, ergibt unmittelbar den Kehrwert der mittleren Verweilzeit τ des *IMR*. Die Frequenz an dieser Stelle bezeichnet man als Eckfrequenz. Damit erweist sich das BODE-Diagramm als bequeme Methode zur Ermittlung der mittleren Verweilzeit τ aus gemessenen und in den Frequenzbereich transformierten Verweilzeitspektren (siehe Anhang, Programme).

Den Phasengang des *IMR* gibt Gl. (3.64) an. Das negative Vorzeichen bedeutet, daß für alle Frequenzen einer realen oder angenommenen Indikatorkonzentrationsschwingung die Ausgangs- gegenüber der Eingangsschwingung nacheilend ist.

Der größte Phasenwinkel (Phasenverschiebung) beträgt $-90°$ und tritt bei Frequenzen $\omega \to \infty$ (Abb. 3.34b) auf. Schwingt die Indikatorkonzentration mit der Eckfrequenz, so ist die Phasenverschiebung $-45°$.

Günstig erweist sich das BODE-Diagramm besonders dann, wenn es gilt, Systeme zu analysieren, welche aus in Serie geschalteten Elementen bestehen, wie dies bei Verweilzeitapparaten (in Serie geschaltete Pfropfen- bzw. Mischreaktorelemente) häufig der Fall ist. Da bei Serienschaltung von Elementen die Einzelfrequenzgänge miteinander multipliziert den Gesamtfrequenzgang ergeben (Abschn. 3.5.1. Signalflußbilder, Schaltregeln), werden die Einzelbeträge ebenfalls miteinander multipliziert und die Phasengänge zueinander addiert.

$$F(j\omega) = F_1(j\omega) \cdot F_2(j\omega) = A_1 \cdot A_2 \cdot e^{j(\varphi_1+\varphi_2)}. \quad (3.129)$$

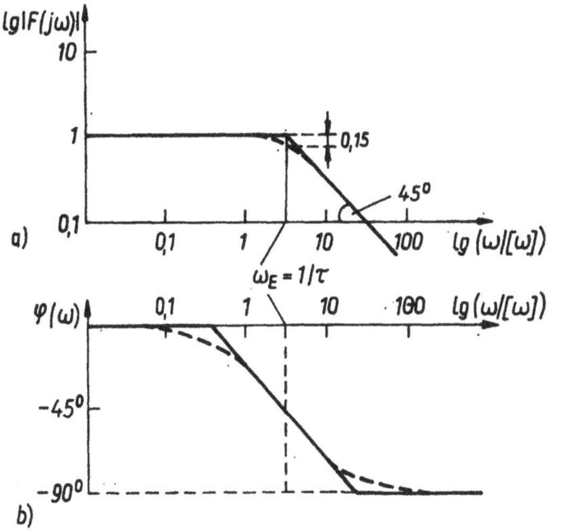

Abb. 3.34: Amplitudengang (a) und Phasengang (b) des idealen Mischreaktors im BODE-Diagramm.

Für eine Darstellung im BODE-Diagramm, in dem ja die Logarithmen der Beträge und die Phasenwinkel getrennt aufgetragen sind, bedeutet das

$$\log A = \log A_1 + \log A_2 \quad (3.130)$$

und

$$\varphi = \varphi_1 + \varphi_2. \quad (3.131)$$

Die Multiplikation von Einzelfrequenzgängen ist im BODE-Diagramm also zur Addition der einzelnen Amplituden- und Phasengänge vereinfacht (Abb. 3.35).

In Abb. 3.35a ist dargestellt, wie die Amplitudengänge $A_1(\omega)$ und $A_2(\omega)$ zweier in Reihe geschalteter Mischreaktoren unterschiedlicher mittlerer Verweilzeit ($\tau_1 > \tau_2$) sich zur resultierenden Kurve $A(\omega)$ überlagern. Umgekehrt ist es möglich, aus einer gemessenen oder durch FOURIER-Transformation (Gl. (3.52)) der Ein- bzw. Ausgangskonzentration an Indikator bestimmten Amplitudenganges $A(\omega) = |F(j\omega)|$ die Eckfrequenzen ω_{E1} und ω_{E2} und damit die mittleren Verweilzeiten τ_1, τ_2 aus dem BODE-Diagramm abzulesen. Wie Abb. 3.35a zeigt, stimmen die Eckfrequenzen der Einzelamplitudengänge mit den Knickfrequenzen des Gesamtamplitudenganges $A(\omega) = |F(j\omega)|$ überein.

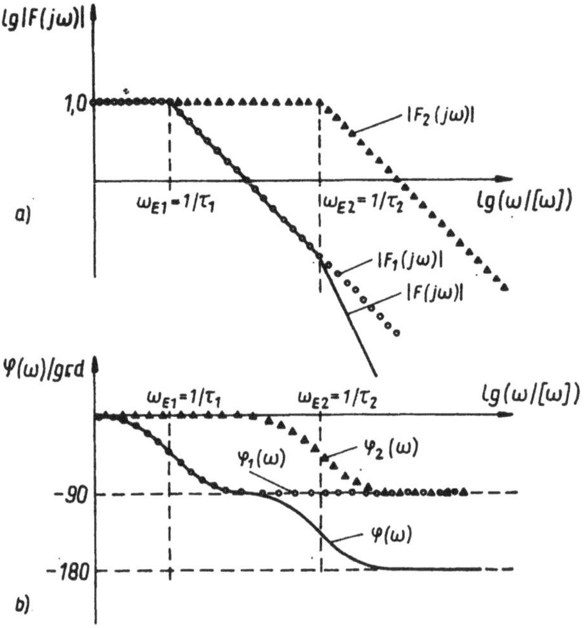

Abb. 3.35: Die Addition von Amplituden- und Phasengängen im BODE-Diagramm.

In Abb. 3.35b ist dargestellt, wie sich die Reihenschaltung zweier unterschiedlicher Mischreaktoren auf den Gesamtphasengang auswirkt. Nach Gl. (3.131) werden die Einzelphasenwinkel einfach addiert.

Man erkennt, daß der Phasenwinkel $\varphi = -90°$ bei einer Frequenz, die $\omega = \sqrt{\omega_{E1}\omega_{E2}}$ beträgt, liegt. Bei Frequenzen der Indikatorkonzentrationsschwingung $\omega \gg \omega_{E2}$ erreicht die Phasenverschiebung sogar $-180°$. Das heißt, wenn die Eingangskonzentrationsschwingung gerade eine positive Halbwelle durchläuft (Ansteigen der Indikatorkonzentration), erfolgt am Ausgang ein Absinken der Indikatorkonzentration (negative Halbwelle).

Parallel — bzw. Rückführschaltungen von Strömungselementen (*IMR*, *IPR*) lassen sich in oben beschriebener Weise leider nicht im BODE-Diagramm auswerten. Da jedoch in vielen Fällen die Reihenstruktur von Strömungselementen anzutreffen ist — selbst wenn diese aus einzelnen Parallelschaltungen bestehen — ist die Anwendbarkeit für die Auswertung von Verweilzeitstrukturen mit Hilfe des BODE-Diagramms wenig eingeschränkt.

4. Systemanalyse der Verweilzeit als Wahrscheinlichkeitsgröße

Im vorangegangenen Kap. 3. wurden die Methoden der Verweilzeitmessung und -auswertung vom Standpunkt der deterministischen Systembeschreibung analysiert. Der diesen Methoden und Betrachtungsweisen zugrunde liegende Standpunkt trägt gewisse formale Züge; es ist der Standpunkt der Black-box-Methode. Das System — sei es nun ein Reaktor, ein Apparat, eine Anlage oder ein Flußlauf — wird lediglich durch seine Ein-Ausgangsbeziehungen, sein Ursache-Wirkungsverhalten charakterisiert. Dieser Formalismus bleibt auch beim tieferen Eindringen in das Systeminnere („Aufhellen" der Black-box) erhalten. Hierbei wird das Gesamtsystem zwar in kleinere, durch gewisse Schaltregeln miteinander verknüpfte Teilsysteme unterteilt, die aber, einzeln betrachtet, wiederum nur Black-boxen darstellen. Diese Methoden sind in Disziplinen, wie Nachrichtenübertragung, Regelungstechnik, Kybernetik entwickelt worden, wobei eine genaue Erfassung der Ein- und Ausgangssignale Hauptziel war, die Struktur des Systems hingegen eine untergeordnete Rolle spielte. Die Methoden sind so weit formalisiert, daß sie, von den realen Vorgängen abstrahierend, in gleicher Weise auf elektrische wie auf pneumatische Schaltungen, mechanische Konstruktionen, Arbeitsmaschinen, verfahrenstechnische Apparate, chemische Reaktoren und, wie in Kap. 3. gezeigt wurde, auch auf Verweilzeitsysteme angewendet werden können, obgleich das Wesen der in diesen Systemen ablaufenden Prozesse recht unterschiedlicher Natur ist, zu deren Interpretation es der wissenschaftlichen Methoden der betreffenden Fachdisziplinen bedarf.

Den Verweilzeitsystemen liegen die Gesetze der Strömungslehre zugrunde. Wie in Kap. 2. gezeigt wurde, sprechen die Indikatorverfahren nur Strömungsvorgänge an; nur Strömungsgesetze bewirken das Verweilzeitsignal. Ein in das Strömungssystem gelangtes Teilchen unterliegt in zeitlicher Folge mehr oder weniger unregelmäßig wechselnden Triebkräften, die Ursache für turbulent- und molekulardiffuse Bewegungen sind, überlagert vom Grundtrend des konvektiven Volumenstromes der Reaktionsmasse. Aus diesen Modellvorstellungen kann das Verweilzeitverhalten eines Strömungssystems näher erklärt werden. Die hydrodynamischen Prozesse interessieren dabei nicht im Detail, sondern lediglich vom Standpunkt ihrer Mischwirkung. Die Signalantwort eines stoßartig eingeführten Indikators zeigt an, wie die Teilchen der markierten Fraktion im Systeminneren mit bereits vorhandenen oder später hinzugekommenen Fraktionen der Reaktionsmasse vermischt worden sind.

Die am Ausgang gemessene Indikatorkonzentration ist eine auf der Grundlage von Mischvorgängen zustandegekommene Verteilungsfunktion.

Mischvorgänge sind Zufallsprozesse; die Theorie der stochastischen Prozesse ist somit geeignet, tiefer in das Wesen des Verweilzeitbegriffes einzudringen, als die in Kap. 3. dargestellte Systembeschreibung. Daher sollen in diesem Kapitel die Wahrscheinlichkeitsmethoden einer näheren Betrachtung unterzogen werden. Es soll gezeigt werden, wie gemessene Indikatorkonzentrationskurven bei einer entsprechenden Normierung als Wahrscheinlichkeitsverteilungsfunktionen interpretiert werden können. Hierbei werden auch bestimmte Formalismen der allgemeinen Systemtheorie insofern übernommen, als zunächst die Ein-Ausgangsbeziehungen dargestellt werden (Abschn. 4.2.). Ein tieferes Eindringen in die Strömungsstruktur mit Hilfe der stochastischen Prozeßtheorie führt zu einer inneren Verweilzeitstruktur und zu einer erweiterten Klassifizierung der Verteilungsfunktionen (Abschn. 4.2. bis 4.4.). Hierbei spielt auch die Stabilität und Ergodizität des Strömungsverhaltens eine gewisse Rolle. Derartige Betrachtungen sind für die Auswertung von Verweilzeitkurven, insbesondere beim Auftreten von gestörten Meßkurven (bi- oder gar multimodale Verteilungsfunktionen) von Bedeutung.

Verteilungsfunktionen können durch sogenannte Zahlencharakteristika (Mittelwert, Streumaß, Momente u. dgl.) näherungsweise beschrieben werden. Diese haben sich als wertvolle Hilfe bei der Auswertung von Verweilzeitkurven erwiesen und werden in Abschn. 4.5. behandelt. Eine weitere Erklärung finden die Mischvorgänge durch Modellvorstellungen über die räumliche Verteilung und Umverteilung der Teilchen im Strömungssystem (Abschn. 4.6.). Diese Vorgänge sind als Zufallsprozesse aufzufassen, ihre Darstellung führt zu räumlich stetigen oder räumlich diskreten Modellen (Diffusionsmodelle bzw. Zellenmodelle), deren Nützlichkeit insbesondere in Verbindung mit den in Kap. 5. zu behandelnden chemischen Prozessen zu sehen ist.

4.1. Einfache Systembeschreibung, die Verweilzeit als eindimensionale Zufallsvariable

Die Mehrzahl der in der technischen Praxis durchgeführten Verweilzeituntersuchungen ist so angelegt, daß der Apparat, der Reaktor oder die Anlage als Ganzes betrachtet wird. Der Indikator wird in der Regel stoßartig den Frischzulauf zugefügt und seine Konzentration als Zeitfunktion am Ausgang gemessen. Es kann dabei nicht unterschieden werden, welchen Weg die einzelnen Teilchen auf Grund der Vermischungsprozesse im Systeminneren genommen haben. Die Verweilzeitkurve ist eine summarische (integrale) Zusammenfassung viele Einzelprozesse, deren genaue Struktur jedoch durch die Kurvenform nicht offenbart wird. Es ist eine Vielzahl der Verknüpfungsmöglichkeiten von Teilprozessen denkbar, die im Strömungssystem ablaufen und alle zur gleichen Verweilzeitkurve führen. Wenn man also bestimmte Modellvorstellungen in die Kurven hineininterpretiert, so sind es zunächst die formalen Modelle einer Black-box-Betrachtung. Diese Betrachtungsweise ist Grundlage vieler Verweilzeit-Auswertungsverfahren. Dabei hat sich eine Fachterminologie entwickelt, die an die Begriffsbildung der Wahrscheinlichkeitsrechnung und mathematischen Statistik anknüpft und im wesentlichen auf Arbeiten von DANCKWERTS [36], [37] und ZWIETERING [187] zurückzuführen ist.

Es soll daher im folgenden eine Darstellung der Verweilzeit vom Standpunkt der pauschalen Systembeschreibung auf der Grundlage der wahrscheinlichkeitstheoretischen Begriffsbildung gegeben werden.

4.1.1. Stochastischer Charakter des Materialtransports und Verweilzeit im Gesamtsystem

Durch ein Markierungsverfahren (Stoßmarkierung) wird im Strömungssystem ein Prozeß eingeleitet, der dadurch gekennzeichnet ist, daß viele markierte Teilchen (Atome, Moleküle, Molekülverbände, Körnchen, Tröpfchen, Volumenelemente u. dgl.) zu einem im Voraus bestimmbaren Zeitpunkt t^E gleichzeitig in den Zulauf gegeben werden. Während für ein einzelnes markiertes Teilchen dieser Eintrittszeitpunkt festliegt, kann auf Grund der mehr oder weniger regellosen Bewegungen, die es auf seinem Weg durch den Apparat ausführt, der Zeitpunkt des Austritts nicht exakt definiert werden.

Das Erscheinen eines Teilchens i am Ausgang kann im Sinne der Wahrscheinlichkeitsrechnung als ein Elementarereignis e_i angesehen werden. Es ist möglich, jedem Elementarereignis eine Zahl zuzuordnen. Wir ordnen dem Elementarereignis e_i den Betrag der Zeit t_{vi} zu, die das Teilchen i in dem Reaktor verbracht hat:

$$t_{vi} = t_i^A - t_i^E \geqq 0. \tag{4.1}$$

Man nennt eine eindeutige reelle Funktion $T_v(e_i)$, die auf der Menge aller Elementarereignisse e_i definiert ist, eine Zufallsvariable, wenn das sogenannte Urbild A eines jeden reellen Zahlenintervalls I der Form $(0, t_v)$ ein zufälliges Ereignis ist [45, 95].

Die Verweilzeit ist im Sinne der Wahrscheinlichkeitstheorie eine stetige Zufallsvariable. Wir schreiben

$$T_v = T_A - t^E \tag{4.2}$$

(Zufallsgrößen werden gemäß der in der Wahrscheinlichkeitsrechnung üblichen Bezeichnungsweise mit Großbuchstaben geschrieben.)

Tatsächlich wird aber ein kontinuierlich betriebener Reaktor von einem ständigen Teilchenstrom durchflossen. Es findet in jedem Augenblick ein Teilchenausbreitungsprozeß statt, auch wenn er nicht durch ein Markierungsverfahren gemessen wird. Somit kann jedem Zeitpunkt $t^E(t)$ eine Zufallsvariable $T_v(t)$ zugeordnet werden:

$$T_v(t) = T^A(t) - t^E(t). \tag{4.3}$$

Eine von einem Parameter (Zeit) abhängige Zufallsgröße wird in der Wahrscheinlichkeitsrechnung als Zufallsprozeß (stochastischer Prozeß) bezeichnet [45, 95]. Die Verweilzeit ist ein auf dem stochastischen Stofftransport definierbarer eindimensionaler Zufallsprozeß.

Eine große Zahl technologisch wichtiger Stofftransportprozesse ist so gestaltet, daß die durch $T_v(t)$ charakterisierten Indikator-Ausbreitungsvorgänge untereinander gleich und somit zeitunabhängig sind. $T_v(t)$ ist invariant gegenüber einer zeitlichen Verschiebung. Dieser Sachverhalt kann durch die Gleichung

$$T_v(t) = T_v(t - t_0) \tag{4.4}$$

ausgedrückt werden. Man bezeichnet einen stochastischen Prozeß mit der Eigenschaft (4.4) als homogen. Die Homogenität des Verweilzeit-Zufallsprozesses ist auf den stationären Stofftransport zurückzuführen. Für diesen Fall genügt es, die Verweilzeit als einfache eindimensionale Zufallsgröße (4.2 aufzufassen. Es muß jedoch davor gewarnt werden, die Gültigkeit der Beziehung (4.4) bei allen technologischen Prozessen von vornherein vorauszusetzen. Es gibt Prozesse, die zwar über längere Zeiträume hinweg im Mittel stationär verlaufen, in kleineren Zeitabschnitten betrachtet jedoch Fluktuationen aufweisen, was in der Endkonsequenz dazu führt, daß *eine* Verweilzeitmessung für die Charakterisierung des Systemverhaltens nicht repräsentativ ist. Diese Tatsache wird in der technischen Praxis oft unterschätzt. Näheres hierzu jedoch in Abschn. 4.3. Hier sollen zunächst solche Strömungssysteme untersucht werden, für die Gl. (4.4) Gültigkeit hat.

4.1.2. Integrale (stetige) Wahrscheinlichkeitsverteilung

Es ist in der Wahrscheinlichkeitsrechnung üblich, Zufallsgrößen mit Hilfe von Verteilungsfunktionen zu beschreiben, wobei zu bemerken ist, daß diese Verteilungen selbst streng deterministische Funktionen sind und keinen Zufallscharakter haben. So kann für die stetige Zufallsvariable Verweilzeit T_v (Gl. (4.2)) eine integrale Wahrscheinlichkeitsverteilung durch die folgende Beziehung definiert werden:

$$F(t_v) = P(T_v < t_v) \equiv P(A) \tag{4.5}$$

mit den Eigenschaften

$$F(t_{v2}) \geqq F(t_{v1}) \tag{4.6a}$$

für

$$t_{v2} > t_{v1}$$

und

$$F(0) = 0 \tag{4.6b}$$

$$F(\infty) = 1. \tag{4.6c}$$

Gl. (4.5) drückt die Wahrscheinlichkeitsverteilung eines Ereignisses A aus, das besagt: die Verweilzeit ist kleiner als der vorgegebene Wert t_v · $F(t_v)$ ist eine positiv definite nicht fallende Funktion des Arguments t_v, das auf Grund der Definition (4.1) keine negativen Beträge annehmen soll. Abb. 4.1 zeigt den Verlauf einer Funktion $F(t_v)$.

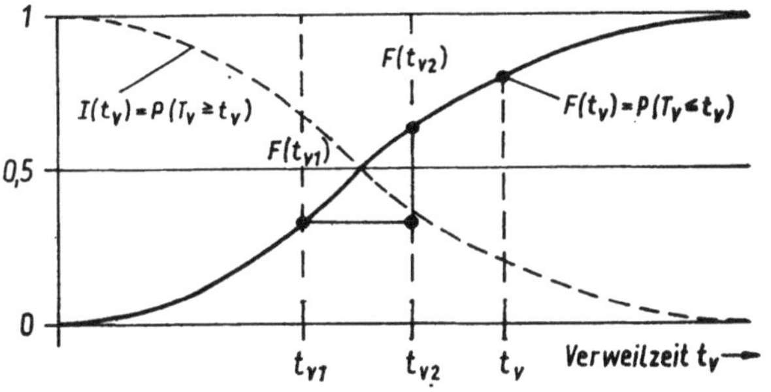

Abb. 4.1: Wahrscheinlichkeitsverteilung der Zufallsvariablen Verweilzeit T_V.

4.1.3. *Komplementäre integrale Wahrscheinlichkeitsverteilung*

Das zu A komplementäre Ereignis $\bar{A}$ besteht darin, daß die Verweilzeit größer als der vorgegebene Betrag t_v ist. Es gilt

$$P(A \cup \bar{A}) = P(A) + P(\bar{A}) = 1, \tag{4.7}$$

woraus eine neue Verteilungsfunktion

$$I(t_v) = P(T_v > t_v) = 1 - F(t_v) \tag{4.8}$$

mit den (4.6a—c) entsprechenden Eigenschaften

$$I(t_{v2}) \leqq I(t_{v1}) \tag{4.8a}$$

für

$$t_{v2} > t_{v1}$$

und

$$I(0) = 1 \tag{4.8b}$$

$$I(\infty) = 0 \tag{4.8c}$$

abgeleitet werden kann (gestrichelte Linie Abb. 4.1.)

Interessant ist die Frage nach dem Ereignis, daß die Verweilzeit im Intervall (t_{v1}, t_{v2}) liegt $(t_{v2} > t_{v1})$, (vgl. Abb. 4.1). Es sei A_1 das Ereignis: die Verweilzeit liegt im Intervall $(0, t_{v1})$ und $\bar{A}_1$ das dazugehörige komplementäre Ereignis. Entsprechendes möge für A_2 und t_{v2} gelten. Auf Grund des Theorems, daß die

Summe aller Wahrscheinlichkeiten sich paarweise ausschließender Ereignisse gleich Eins ist,

$$P(A_1) + P(\bar{A}_1 \cap A_2) + P(\bar{A}_2) = 1,$$

d. h.

$$P(\bar{A}_1 \cap A_2) = 1 - P(A_1) - P(\bar{A}_2),$$

gilt

$$P(t_{v1} < T_v < t_{v2}) = 1 - F(t_{v1}) - \left(1 - F(t_{v2})\right);$$

mithin

$$P(t_{v1} < T_v < t_{v2}) = F(t_{v2}) - F(t_{v1}) \tag{4.9}$$

Die Wahrscheinlichkeit, daß die Verweilzeit in das Intervall (t_{v1}, t_{v2}) fällt, ist gleich der Differenz der Zahlenwerte der integralen Verteilungsfunktion an den Stellen t_{v2} und t_{v1}.

4.1.4. *Differentielle Wahrscheinlichkeitsverteilung (Wahrscheinlichkeitsdichte-Verteilung)*

Aus Gl. (4.9) kann eine weitere Verteilung abgeleitet werden. Es wird ein Intervall $(t_v, t_v + \Delta t_v)$ betrachtet und zum Grenzwert übergegangen:

$$\lim_{\Delta t_v \to 0} \frac{P(t_v < T_v < t_v + \Delta t_v)}{\Delta t_v} = \lim_{\Delta t_v \to 0} \frac{F(t_v + \Delta t_v) - F(t_v)}{\Delta t_v} = \frac{dF(t_v)}{dt_v}. \tag{4.10}$$

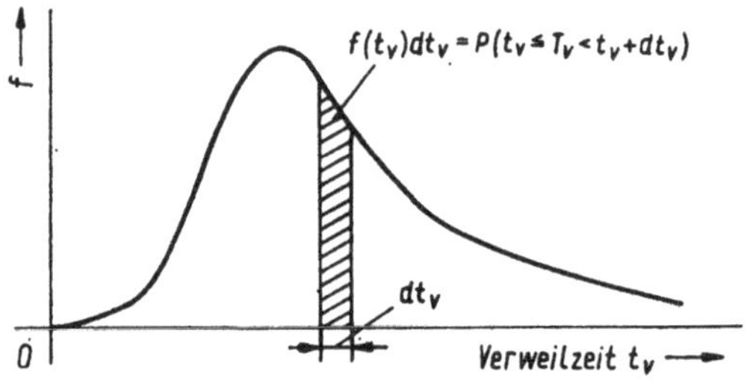

Abb. 4.2.: Dichteverteilung der Zufallsvariablen Verweilzeit.

Durch Gl. (4.10) wird die neue Funktion $f(t_v)$

$$f(t_v) = \frac{dF(t_v)}{dt_v} \tag{4.11}$$

definiert. Sie wird als Dichteverteilung, Wahrscheinlichkeitsdichte, differentielle Verteilungsfunktion oder differentielles Wahrscheinlichkeitsverteilungsgesetz bezeichnet (vgl. Abb. 4.2).

Die Funktion (4.10) hat folgende Eigenschaften:

$$f(t_v) \geqq 0 \tag{4.11a}$$

$$f(0) = 0 \tag{4.11b}$$

$$\int_0^\infty f(t_v)\, dt_v = 1. \tag{4.11c}$$

Weiterhin ergibt sich aus (4.11) die Beziehung

$$F(t_v) = \int_0^{t_v} f(r)\, dr. \tag{4.12}$$

Die Wahrscheinlichkeit, daß sich ein Teilchen $t_v(+dt_v)$ Stunden im Reaktor aufhält, ist

$$P(t_v < T_v < t_v + dt_v) = f(t_v)\, dt_v. \tag{4.13}$$

$f(t_v)\, dt_v$ wird auch Wahrscheinlichkeitselement genannt. Mit seiner Hilfe kann Gl. (4.9) in der Form

$$P(t_{v1} < T_v < t_{v2}) = \int_{t_{v1}}^{t_{v2}} f(t_v)\, dt_v = F(t_{v2}) - F(t_{v1}) \tag{4.14}$$

dargestellt werden.

4.1.5. *Indikatorkonzentrationskurven des Gesamtsystems*

Somit wurden drei Verteilungsfunktionen $F(t_v)$, $I(t_v)$ und $f(t_v)$ erklärt, welche die stetige Zufallsvariable Verweilzeit T_v charakterisieren. Aus der Wahrscheinlichkeitsrechnung sind entsprechende Umkehrsätze bekannt, welche besagen, daß beliebige Funktionen mit den Eigenschaften der drei genannten, als Verteilungsfunktionen einer Zufallsvariablen aufgefaßt werden können. Dadurch können die mit Hilfe der Markierungsverfahren gemessenen Verweilzeitkurven statistisch interpretiert werden.

Jede nichtnegative Funktion, die den Bedingungen (4.6a—c) genügt, ist integrale Wahrscheinlichkeitsverteilungsfunktion einer Zufallsvariablen. Die Systemantwort auf eine Tracermarkierung in Form einer HEAVISIDEschen Einheitssprungfunktion stellt einen zeitlichen Konzentrationsverlauf $c_Z^A(t)$ dar, der sich durch Multiplikation mit $1/c_0$ so normieren läßt, daß er den Bedingungen (4.6a—c) genügt:

$$\frac{c_Z^A(t)}{c_0} = C_Z^A(t) = F(t) = F(t_v) = P(T_v < t_v). \tag{4.15}$$

Entsprechendes gilt für Verdrängungsmarkierung und $I(t_v)$ Gl. (4.8) sowie für Stoßmarkierung und Wahrscheinlichkeitsdichte-Verteilung $f(t_v)$ Gl. (4.11).

$$\frac{c_v^A(t)}{c_0} = C_v^A(t) = I(t) = I(t_v) = P(T_v > t_v). \tag{4.16}$$

$$\frac{c_{st}^A(t)}{m_0} \dot{v}_M{}^E \, \Delta t = f(t) \, \Delta t = E(t) \, \Delta t = P(t_v < T_v < t_v + \Delta t_v) \tag{4.17}$$

Für die letztgenannte Größe hat sich das Symbol E_t (exit age distribution [36]) eingebürgert. Das Symbol I wird auch als „innere Altersverteilung“ (internal age distribution [36]) gedeutet. Die Gln. (4.15), (4.16), (4.17) zeigen, daß man auch auf formale Weise die Verweilzeit als Zufallsvariable ableiten kann.

4.2. Innere Systembeschreibung, die Verweilzeit als zweidimensionale Zufallsvariable

Die in der Fachliteratur eingebürgerten Deutungen von E_t als „Ausgangs-Altersverteilung“ und I als „innere Altersverteilung“ sind insofern problematisch, als Altersverteilungen gedächtnisloser Individuen nicht meßbar sind. Darüber hinaus verläßt die Begriffsdefinition „innere Altersverteilung“ den systemtheoretischen Ein-Ausgangs-Standpunkt (Black-box-Methode), indem Vorstellungen über die Struktur angedeutet werden. Für eine physikalisch exakte Interpretation von Indikatorkonzentrationskurven ist die Einführung zusätzlicher Begriffserklärungen erforderlich.

4.2.1. Strömungssystem und Verweilzeitstruktur

Unter einem Verweilzeitsystem S wird ein Reaktor, ein Apparat oder eine Anlage verstanden, die von einer astronomischen Zahl von Teilchen durchflossen wird (Abb. 4.3a). Dem System können Reservoirs S_a und S_b vor- bzw. nachgeschaltet werden. S^E und S^A seien Teilbereiche von S, in denen sich Teilchen befinden, die gerade in den Reaktor eingetreten bzw. im Begriff sind diesen zu verlassen.

Auf ihrem Weg durch S vermischen sich die Teilchen unterschiedlichen „Alters“ derart, daß sich am Eingang S^E Gemeinschaften mit gleichem Alter und unterschiedlicher Restverweilzeit (innerer Verweilzeit) am Ausgang solche mit gleicher Restverweilzeit unterschiedlichen Alters befinden. Diese Darstellung entspricht den von Zwietering [187] entwickelten und von McCord [105] präzisierten Vorstellungen über die bei Stofftransportprozessen vonstatten gehende Mikromischung.

Auch innerhalb des Systems, d. h. nicht in unmittelbarer Nähe des Ein- und Ausgangs können die Teilchen Gemeinschaften gleichen Alters und gleicher

Restverweilzeit zugeordnet werden, so daß die Gesamtmenge aller in S befindlichen Teilchen in geordnete Alters- bzw. Restverweilzeitklassen eingeteilt werden kann. Diese Ordnung ist für die Zeitgesetze der chemischen Stoffumwandlung von großer Wichtigkeit. Es sei jedoch hervorgehoben, daß diese innere Verweilzeitstruktur eine reine Zeitstruktur ist und mit Ausnahme der idealisierten Pfropfenströmung nur über Wahrscheinlichkeitsbeziehungen mit der räumlichen Anordnung der Teilchen korreliert.

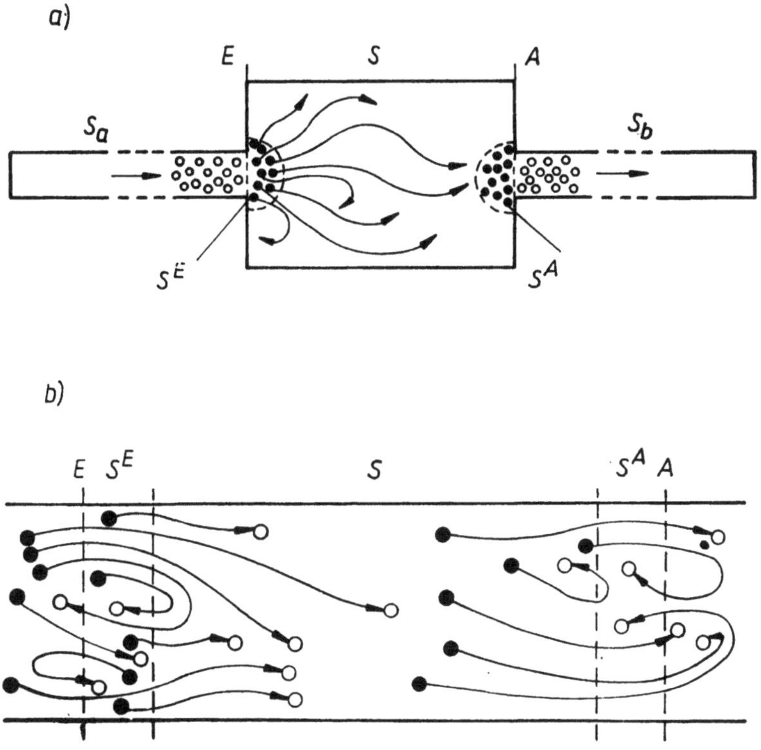

Abb. 4.3: Schema des Stofftransports durch ein Strömungssystem.

a) „geschlossenes" System (kein Rücklauf am Ein- bzw. Ausgang)

b) „offenes" System (Rücklauf am Ein- und Ausgang)

$S_{a,b}$ = Reservoir vor bzw. nach dem Strömungssystem

S = Strömungssystem (Reaktor, Apparat, Anlage)

$S^{E,A}$ = Bereiche am Ein- bzw. Ausgang

4.2.2. *Zeitbegriffe der Verweilzeitstruktur von Strömungssystemen*

Bevor zur Darstellung der inneren Verweilzeitstruktur übergegangen werden kann, ist es notwendig, einige Begriffe zu erklären.

Unter astronomischer Zeit t wird die Koordinate mit der Ausdehnung $(-\infty \leqq t \leqq +\infty)$ verstanden. Sie enthält den Bezugspunkt $t_0 \in t$, dessen Lage beliebig wählbar ist. t_0 kann auch Gegenwarts- oder Betrachtungszeitpunkt (bezüglich einer in S gegebenen Situation) oder Zeitpunkt einer am Reaktor durchgeführten Markierung sein. Es ist in vielen Fällen zweckmäßig t_0 gleich Null zu setzen.

Auf der astronomischen Zeitachse liegen die Zeitpunkte t^E und t^A, die den Ein- und Austritt eines Teilchens kennzeichnen.

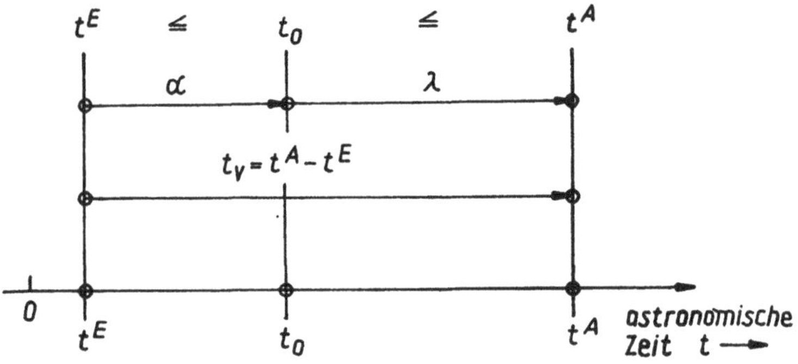

Abb. 4.4: Verweilzeit, Alter und Restverweilzeit eines z. Z. $t_0(=0)$ im Strömungssystem befindlichen Teilchens.

Die Verweilzeit t_v ist als Differenz beider definiert (Gl. (4.1)). Sie ist für geschlossene Systeme stets positiv. Bei offenen Systemen kann infolge starker Rückvermischung ein bereits am Ausgang befindliches Teilchen wieder in den Eingang zurückgespült werden, so daß in Extremfällen auch negative Verweilzeiten möglich sind. Dieser Fall soll jedoch, wie bereits vereinbart, von den weiteren Betrachtungen ausgeschlossen werden.

Ein zum Betrachtungszeitpunkt t_0 im Reaktor befindliches Teilchen hat ein Alter

$$\alpha = t_0 - t^E \geqq 0 \tag{4.18}$$

und eine verbleibende Restverweilzeit

$$\lambda = t^A - t_0 \geqq 0. \tag{4.19}$$

Für ein im Systeminneren befindliches Teilchen sind sowohl Zeitpunkt des Ein- wie auch des Austritts als Zufallsgrößen aufzufassen. Hieraus ergibt sich eine gegenüber Gl. (4.2) erweiterte Definition der Verweilzeit

$$T_v = T^A - T^E \geqq 0, \tag{4.20}$$

sowie die Konsequenz, Alter und Restverweilzeit gleichfalls als Zufallsvariable darzustellen

$$A = t_0 - T^E = 0, \tag{4.21}$$

$$\Lambda = T^A - t_0 = 0. \tag{4.22}$$

Eine schematische Darstellung dieser Begriffe ist in Abb. 4.4. gegeben.

4.2.3. Zweidimensionaler Verweilzeitprozeß

Jedem Teilchen A_i kann ein (t_i^E, t_i^A)-Wertepaar zugeordnet werden. Hieraus ergibt sich die in Abb. 4.5 erklärte zweidimensionale Verweilzeitstruktur mit t^A als Ordinate und t^E als Abszisse. Die Diagonale $t^A = t^E$ kann als astronomische Zeitachse t mit dem Gegenwartszeitpunkt $t_0 = t^E = t^A$ aufgefaßt werden.

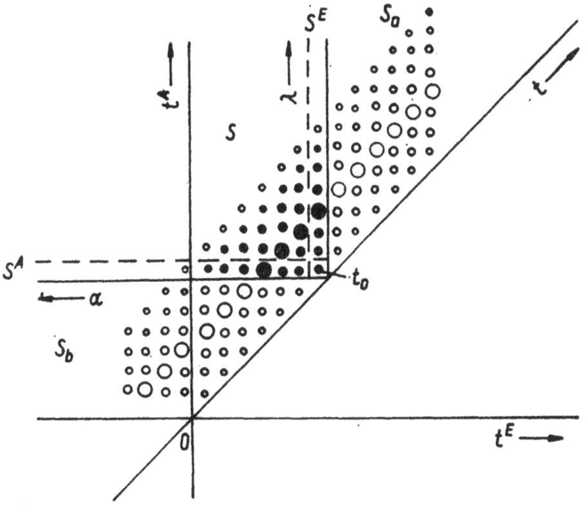

Abb. 4.5: Stofftransportbeschreibung mit Hilfe einer zweidimensionalen Verweilzeitstruktur.

Für geschlossene Systeme liegen alle $A_i(t_i^E, t_i^A)$-Punkte oberhalb der Zeitdiagonalen t $(t^A = t^E)$. Für offene Systeme würde auch der Bereich unterhalb der Diagonalen in Anspruch genommen werden. Die in Abb. 4.5 eingetragenen Kreise unterschiedlichen Durchmessers sollen in diskreter Form die unterschiedlichen Wahrscheinlichkeiten andeuten, mit denen die einzelnen Zustände $A(t^E, t^A)$ auftreten.

Der Gegenwartszeitpunkt t_0 bildet mit $t^E \leqq t_0$ und $t^A \geqq t_0$ einen Sektor mit folgenden Zuordnungen:

— alle im Sektor $t^E \leqq t_0$, $t^A \geqq t_0$ eingeschlossenen Wertepaare $A(t^E, t^A)$ gehören Teilchen an, die sich zum Zeitpunkt t_0 im System S befinden:

$$A(t^E \leqq t_0, t^A \geqq t_0) \in S(t_0) \tag{4.23}$$

— alle Teilchen mit $t^E \leqq t_0$ und $t^A \leqq t_0$ haben den Reaktor zum Zeitpunkt t_0 bereits verlassen und befinden sich in S_b:

$$A(t^E \leqq t_0, t^A \leqq t_0) \in S_b(t_0) \tag{4.24}$$

— alle Teilchen mit $t^E \geqq t_0$ und $t^A \geqq t_0$ sind noch nicht in den Reaktor eingetreten und befinden sich im vorgeschalteten System S_a:

$$A(t^E \geqq t_0, t^A \geqq t_0) \in S_a(t_0) \tag{4.25}$$

— alle Teilchen mit $t^E = t_0$ und $t^A \geqq t_0$ sind zum Zeitpunkt t_0 gerade in den Reaktor eingetreten und befinden sich im Teilsystem $S^E \in S$:

$$A(t^E = t_0, t^A \geqq t_0) \in S^E(t_0) \tag{4.26}$$

— alle Teilchen mit $t^E \leqq t_0$ und $t^A = t_0$ sind im Begriff, den Reaktor zu verlassen:

$$A(t^E \leqq t_0, t^A = t_0) \in S^A(t_0). \tag{4.27}$$

Somit kann der Teilchentransportprozeß durch das System S nach einer zeitlichen Ordnung verlaufend erklärt werden. Zum Zeitpunkt t_0 betritt eine bestimmte Menge von Teilchen (Gl. (4.26)) den Reaktor. Sie werden sich auf Grund der spezifischen Strömungsverhältnisse mit unterschiedlichen Zeiten im Reaktor aufhalten. Die Wahrscheinlichkeiten der Austrittszeitpunkte sind durch die Strömungsverhältnisse vorausbestimmt.

Gl. (4.26) kennzeichnet den Grenzfall einer Restverweilzeitverteilung von Teilchen, die gerade in den Reaktor eingetreten sind; es handelt sich also um eine Verweilzeitverteilung schlechthin. Andererseits befindet sich zum Zeitpunkt t_0 eine bestimmte Menge von Teilchen gemäß Gl. (4.25) am Ausgang des Reaktors. Ihre unterschiedliche Vorgeschichte kommt durch die Altersverteilung entlang der negativen t^E-Abszisse zum Ausdruck. Die t^A-Ordinate fällt in positver Richtung mit der (Rest)-Verweilzeit bzw. Lebenserwartung λ, die negative t^E-Abszisse mit dem Alter der Teilchen zusammen. Während man im ersten Fall von einer „Geburtengemeinschaft" mit einer als Zufallsvariable aufzufassenden Lebenserwartung sprechen kann, handelt es sich im zweiten Fall um eine „Todesgemeinschaft" mit Altersverteilung.

Im Inneren des Strömungssystems findet eine ständige Umverteilung der Teilchen statt, die in der Summe dazu führen, daß Geburtengemeinschaften ständig aufgelöst und Todesgemeinschaften gebildet werden. Der von ($t^E \leqq t_0$, $t^A \geqq t_0$) gemäß (4.23) eingeschlossene Sektor wandert mit fortschreitender astronomischer Zeit $t \geqq t_0$ auf der Diagonalen, so daß aus dem Bereich S_a (4.25) ständig neue Teilchenmengen in S^E gelangen, während andere aus S^A den Reaktor verlassen.

Die innere Umverteilung der Teilchen ist als eine rein zeitmäßige Abbildung der Strömungsvorgänge aufzufassen. Bei der Deutung von Begriffen wie „Vermischung" oder Zusammenfassungen von Teilchen zu Teilmengen gleicher Restverweilzeit ($0 \leqq \alpha \leqq \infty$, $\lambda = \text{const} = 0$) bzw. gleichen Alters ($\alpha = \text{const}$, $0 \leqq \lambda \leqq \infty$) ist davon auszugehen, daß es sich um rein zeitliche und nicht um räumliche Anordnungen handelt. Das gilt im Grunde genommen auch für die Festlegung der Sonderbereiche S^E und S^A. Sie sind zwar für fast alle Strömungssysteme am Ein- bzw. Ausgang geometrisch lokalisierbar, jedoch sind ihre Grenzen verwaschen und im Extremfall des ideal durchmischten Reaktors über das Gesamtvolumen ausgedehnt.

Im allgemeinen können Alter A und Restverweilzeit Λ, als Zufallsgrößen aufgefaßt, zeitabhängig sein, so daß der Teilchentransport durch das System als zweidimensionaler Zufallsprozeß $\big(A(t), \Lambda(t)\big)$ dargestellt werden kann. Eine derartige Annahme trifft auf solche Fälle zu, wo das Strömungsbild zeitlichen Schwankungen durch Unregelmäßigkeiten bei der Materialzugabe, Störungen im Mischprozeß oder allmählichen Veränderungen, beispielsweise durch Ablagerungen, unterliegt. Wir wollen aber zunächst wie im Falle der eindimensionalen Beschreibung annehmen, daß der zweidimensionale Vorgang homogen ist

$$\big(A(t), \Lambda(t)\big) = \big(A(t - t_0), \Lambda(t - t_0)\big). \tag{4.28}$$

4.2.4. Verteilungsfunktionen des zweidimensionalen Verweilzeit-Zufallsvektors

Die Definition der n-dimensionalen stetigen Zufallsvariablen ist ähnlich der einer eindimensionalen. (Näheres hierzu in [45], insbes. S. 60ff.)

Die reelle Funktion $F(\alpha, \lambda)$, die durch

$$F(\alpha, \lambda) = P(A < \alpha, \Lambda < \lambda) \tag{4.29}$$

definiert wird, nennt man die Verteilungsfunktion der zweidimensionalen Zufallsvariablen (Zufallsvektor) (A, Λ). Man kann zeigen, daß die Verteilungsfunktion $F(\alpha, \lambda)$ in jedem der Argumente α und λ eine nichtfallende und wenigstens linksseitig stetige Funktion ist, und daß sie die folgenden Bedingungen erfüllt:

$$F(0, \lambda) = F(\alpha, 0) = 0 \tag{4.30a}$$

$$F(\infty, \infty) = 1. \tag{4.30b}$$

Weiterhin gilt die folgende Beziehung:

$$\begin{aligned} &P(\alpha_1 \leqq A < \alpha_2, \lambda_1 \leqq \Lambda < \lambda_2) \\ &= P(A < \alpha_2, \Lambda < \lambda_2) - P(A < \alpha_2, \Lambda < \lambda_2) \\ &\quad -P(A < \alpha_1, \Lambda < \lambda_2) + P(A < \alpha_1, \Lambda < \lambda_1) \\ &= F(\alpha_2, \lambda_2) - F(\alpha_2, \lambda_1) - F(\alpha_1, \lambda_2) + F(\alpha_1, \lambda_1). \end{aligned} \tag{4.31}$$

Außerdem muß für alle Paare (α_2, α_1) mit $\alpha_2 > \alpha_1$ und (λ_2, λ_1) mit $\lambda_2 > \lambda_1$ die Bedingung

$$F(\alpha_2, \lambda_2) - F(\alpha_1, \lambda_2) - F(\alpha_2, \lambda_1) + F(\alpha_1, \lambda_1) \geqq 0 \tag{4.32}$$

erfüllt sein.

Analog der Verteilungsfunktion einer eindimensionalen Zufallsvariablen gilt der Umkehrungssatz:

Eine reelle eindeutige Funktion $F(\alpha, \lambda)$ ist genau dann Verteilungsfunktion einer zweidimensionalen Zufallsvariablen, wenn sie

1. in jedem der Argumente α und λ nicht fallend und wenigstens linksseitig stetig ist,
2. die Bedingungen (4.30a) und (4.30b) erfüllt,
3. für beliebige Punkte $(\alpha_1\lambda_1)$, (α_2, λ_2), wobei $\alpha_1 < \alpha_2$, $\lambda_1 < \lambda_2$ ist, der Ungleichung (4.32) genügt.

Der Zufallsvektor (A, Λ) heißt stetig, wenn es eine nicht negative Funktion $f(\alpha, \lambda)$ gibt, die für jedes reelle Zahlenpaar (α, λ) die Beziehung

$$F(\alpha, \lambda) = \int_0^\alpha \int_0^\lambda f(\alpha, \lambda)\, d\alpha\, d\lambda \tag{4.33}$$

erfüllt; dabei ist $F(\alpha, \lambda)$ die (integrale) Verteilungsfunktion des Vektors (A, Λ), die Funktion $f(\alpha, \lambda)$ die entsprechende Dichtefunktion.

Die Dichtefunktion genügt der Beziehung

$$F(\infty, \infty) = \int_0^\infty \int_0^\infty f(\alpha, \lambda)\, d\alpha\, d\lambda = 1. \tag{4.34}$$

In Abb. 4.6 wird eine stetige Dichtefunktion im α-λ-Diagramm in Form von Niveaulinien dargestellt.

Für die Deutung von Verweilzeitkurven sind bestimmte Klassen von bedingten Verteilungsfunktionen von besonderem Interesse.

Betrachtet man das Intervall $[\alpha, \alpha + \varepsilon]$ und das Ereignis, daß das Alter A eines in S befindlichen Teilchens einen Wert aus der Menge des Intervalls mit der Wahrscheinlichkeit $P(\alpha \leqq A < \alpha + \varepsilon) > 0$ annimmt, so kann für jede Lebenserwartung λ die bedingte Wahrscheinlichkeit

$$P(\Lambda < \lambda \mid \alpha \leqq A < \alpha + \varepsilon) = \frac{P(\Lambda < \lambda, \alpha \leqq A < \alpha + \varepsilon)}{P(\alpha \leqq A < \alpha + \varepsilon)}$$

$$= \frac{\int_\alpha^{\alpha+\varepsilon} \int_0^\lambda f(\alpha, \lambda)\, d\alpha\, d\lambda}{\int_\alpha^{\alpha+\varepsilon} \int_0^\infty f(\alpha, \lambda)\, d\alpha\, d\lambda} \tag{4.35}$$

definiert werden. Hieraus kann man unter bestimmten Voraussetzungen (vgl. hierzu [45], insbesondere 2.7B) die Grenzwertbeziehung

$$F(\lambda \mid \alpha) = \lim_{\varepsilon \to \infty} P(\Lambda < \lambda \mid \alpha \leqq A < \alpha + \varepsilon) = \frac{\int_0^{\lambda} f^S(\alpha, \lambda)\, d\lambda}{\int_0^{\infty} f^S(\alpha, \lambda)\, d\lambda} \tag{4.36}$$

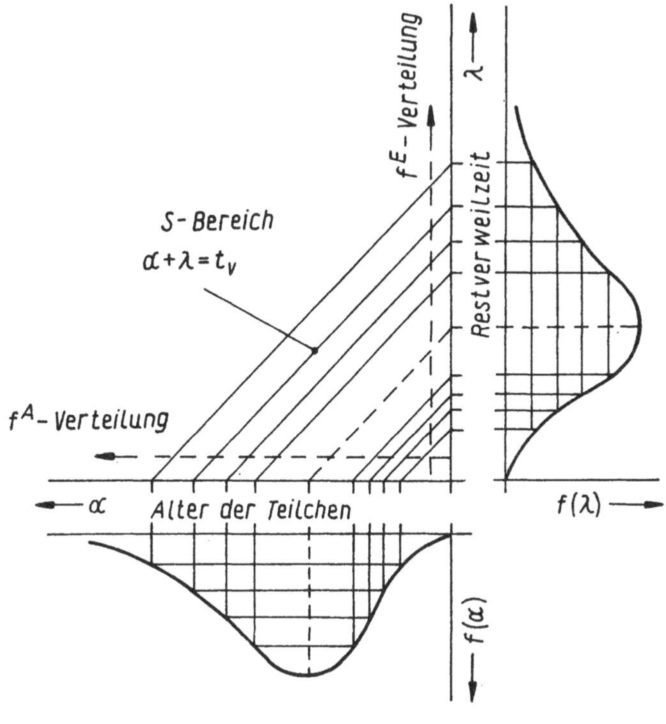

Abb. 4.6: Dichteverteilung des zweidimensionalen Verweilzeit-Zufallsvektors.

ableiten. Das Integral im Nenner des Ausdrucks (4.36) ist die Randdichteverteilungsfunktion

$$\int_0^{\infty} f^S(\alpha, \lambda)\, d\lambda = f^{(S)}(\alpha). \tag{4.37}$$

Sie gehört der Klasse der inneren Altersverteilungen an; $f^{(S)}(\alpha)\, d\alpha$ drückt den Anteil der in S befindlichen Teilchen aus, deren Alter im Bereich $(\alpha + d\alpha)$ liegt. $F(\alpha \mid \lambda)$ ist die (integrale) Wahrscheinlichkeitsverteilungsfunktion der

Restverweilzeit λ von Teilchen im Reaktor S, deren Alter zur Klasse $(\alpha, \alpha + d\alpha)$ gehört.

Von besonderem Interesse ist die Verteilung $F(\lambda \mid \alpha)$ der Teilchen mit dem Alter $\alpha = 0 + d\alpha$. Aus $\alpha = 0$ folgt $t^E = t_0$, $\lambda = t_v$ und somit

$$F(\lambda \mid \alpha = 0) = \frac{\int_0^{t_v} f^S(0, t_v)\, dt_v}{\int_0^{\infty} f^S(0, t_v)\, dt_v} = F^E(t_v \mid t^E). \tag{4.38}$$

Es ist die Verweilzeitverteilung von Teilchen, die sich zum Zeitpunkt t_0 im Eingang des Systems befinden.

Analog zu Gl. (4.36) kann die Verteilung

$$F(\alpha|\lambda) = \lim_{\varepsilon \to \infty} P(A < \alpha \mid \lambda \leqq \Lambda < \lambda + \varepsilon) = \frac{\int_0^{\alpha} f^S(\alpha, \lambda)\, d\alpha}{\int_0^{\infty} f^S(\alpha, \lambda)\, d\alpha} \tag{4.39}$$

definiert werden, woraus

$$F(\alpha \mid \lambda = 0) = \frac{\int_0^{t_v} f^S(t_v, 0)\, dt_v}{\int_0^{\infty} f^S(t_v, 0)\, dt_v} = F^A(t_v \mid t^A) \tag{4.40}$$

ableitbar ist. $F^A(t_v|t^A)$ ist die Verweilzeitverteilung von Teilchen, die sich zum Zeitpunkt t_0 im Ausgang des Systems befinden. Sie kann als Ausgangs-Altersverteilung (exit age distribution) bezeichnet werden.

Die zu (4.36) bzw. (4.39) gehörenden Dichtefunktionen werden durch die Ausdrücke

$$f(\lambda|\alpha) = \frac{f^S(\alpha, \lambda)}{\int_0^{\infty} f^S(\alpha, \lambda)\, d\lambda} \tag{4.41}$$

und

$$f(\alpha|\lambda) = \frac{f^S(\alpha, \lambda)}{\int_0^{\infty} f^S(\alpha, \lambda)\, d\alpha} \tag{4.42}$$

wiedergegeben. Entsprechend zu (4.38) und (4.40) erhält man

$$f(\lambda|\alpha = 0) = \frac{f^S(0, t_v)}{\int_0^{\infty} f^S(0, t_v)\, dt_v} = f^E(t_v \mid t^E) \tag{4.43}$$

und

$$f(\alpha|\lambda = 0) = \frac{f^S(t_v, 0)}{\int\limits_0^\infty f^S(t_v, 0)\, dt_v} = f^S(t_v \,|\, t^A) \tag{4.44}$$

Gl. (4.45) ist die als „Verweilzeitspektrum" bezeichnete Dichteverteilung, während Gl. (4.44) die „Ausgangsaltersverteilung" darstellt.

4.2.5. *Zusammenstellung von Verteilungsfunktionen der zweidimensionalen Verweilzeit-Zufallsgröße*

Aus der zweidimensionalen Alters-Restverweilzeit-Darstellung der Verweilzeitstruktur von Strömungssystemen kann eine Klassifizierung von Verteilungsfunktionen abgeleitet werden. Sie bildet die Grundlage für ein tieferes physikalisches Verständnis der Indikatorkonzentrationskurven, die bei experimentellen Untersuchungen gemessen werden. Wie gezeigt wurde, können die Teilchen, je nach zeitlicher Anordnung in Gruppen (Ensembles) zusammengefaßt und entsprechende Verteilungsfunktionen definiert werden. Diese Verteilungsfunktionen haben mithin den Charakter von Ensemble-Verteilungsfunktionen, die für bestimmte zeitlich fixierte Zustände gelten. Bei den Markierungsverfahren werden hingegen, wie in Kapitel 2. gezeigt wurde, vorübergehende Prozesse, d. h. zeitliche Folgen von Zuständen eingeleitet. Aus dieser Feststellung soll zunächst geschlußfolgert werden, daß die im folgenden beschriebene Klassifizierung von Ensemblefunktionen für eine vollständige Deutung von Indikatorkonzentrationskurven noch nicht ausreicht. Es sei daher an dieser Stelle bereits auf den folgenden Abschnitt verwiesen.

Alle interessierenden Ensembleverteilungen können aus der Tab. 4.1 abgeleitet werden. Für jedes Ensemble ist eine Dichtefunktion f^S, eine integrale und komplementäre integrale Wahrscheinlichkeitsverteilung F^S, bzw. I^S definierbar. In Tab. 4.2 sind wichtige Dichtefunktionen f^S und in Tab. 4.3 die entsprechenden integralen Verteilungen F^S aufgezählt. Auf eine Darstellung der entsprechenden I^S-Verteilungen kann wegen der einfachen Beziehung $I^S = 1 - F^S$ verzichtet werden. Die Formeln sind nach folgendem Schema fortlaufend numeriert:

- die erste Zahl vor dem Schrägstrich bezeichnet die Nummer der Tabelle: (2/ ...)
- die erste Zahl danach die Zeile: (... /3 ...)
- der folgende Buchstabe die Kolonne: (... / ... *a*), z. B. $f^S(\alpha)\, d\alpha = P(\alpha < A < \alpha + d\alpha, 0 < \Lambda < \infty) = (2/3a)$.

Bei den im folgenden gebrauchten Formulierungen sind α und λ nicht exakt als Zeitpunkte, sondern Punkte mit entsprechenden Bereichen $(\alpha, \alpha + d\alpha)$ bzw. $(\lambda, \lambda + d\lambda)$ aufzufassen.

(2/1) Randverteilung $f^S(\lambda)$

Dichteverteilung der Wahrscheinlichkeit eines Teilchens in S mit beliebigem Alter, noch eine Zeitlang λ im Reaktor zu verbleiben $(0 \leq \lambda < \infty)$. Fraktion

Tabelle 4.1.: Die zweidimensionalen Wahrscheinlichkeitsfunktionen des Systems S

Wahrscheinlichkeitsfunktion	Wahrscheinlichkeitsbeziehung	mathem. Beziehungen der Funktionen	Erklärungen
$f^S(\alpha, \lambda)\, d\alpha\, d\lambda$	$P(\alpha < A < \alpha + d\alpha, \lambda < \Lambda < \lambda + d\lambda)$	siehe 4.33	Wahrscheinlichkeit für ein Teilchen in S ein Alter von $(\alpha, \alpha + d\alpha)$ und eine Restverweilzeit von $(\lambda, \lambda + d\lambda)$ zu haben.
$F^S(\alpha, \lambda)$	$P(A < \alpha, \Lambda < \lambda)$	$F^S(\alpha, \lambda) = \int_0^\alpha \int_0^\lambda f(\alpha, \lambda)\, d\lambda\, d\alpha$	Wahrscheinlichkeit für ein Teilchen in S ein Alter kleiner α und eine Restverweilzeit kleiner λ zu haben.
$I^S(\alpha, \lambda)$	$P(A > \alpha, \Lambda > \lambda)$	$I^S(\alpha, \lambda) = \int_\alpha^\infty \int_\lambda^\infty f(\alpha, \lambda)\, d\lambda\, d\alpha = 1 - F^S(\alpha, \lambda)$	Wahrscheinlichkeit für ein Teilchen in S ein Alter größer α und eine Restverweilzeit größer λ zu haben.

Tabelle 4.2: Spezielle Dichtefunktionen (dargestellt als Wahrscheinlichkeitselemente)

a) Nr.	Dichtefunktion	b) Wahrscheinlichkeitsbeziehung	c) mathem. Beziehungen	Bemerkungen
2/1	$f^S(\lambda)\,d\lambda$	$P(0 < A < \infty, \lambda < \Lambda < \lambda + d\lambda)$	$\left\{\int_0^\infty f^S(\alpha, \lambda)\,d\alpha\right\} d\lambda$	Randverteilung d. Restverweilzeit Wahrscheinlichkeit irgend eines Teilchens in S die Restverweilzeit von $\lambda(+\,d\lambda)$ zu haben.
2/2	$f^S(\alpha)\,d\alpha$	$P(\alpha < A < \alpha + d\alpha, 0 < \Lambda < \infty)$	$\left\{\int_0^\infty f^S(\alpha, \lambda)\,d\lambda\right\} d\alpha$	Randverteilung des Alters Wahrscheinlichkeit irgend eines Teilchens in S das Alter $\alpha(+\,d\alpha)$ zu haben.
2/3	$f^S(\alpha, \lambda \mid \alpha = a)\,d\alpha\,d\lambda$	$P(\alpha < A < \alpha + d\alpha, \lambda < \Lambda < \lambda + d\lambda \mid \alpha = a)$	$\frac{f^S(\alpha, \lambda)\,d\alpha\,d\lambda}{f^S(\alpha = a)\,d\alpha}$	Bedingte Restverweilzeitverteilung Wahrscheinlichkeit eines Teilchens in S, das Alter $\alpha(+\,d\alpha)$ und die Restverweilzeit $\lambda(+\,d\lambda)$ zu haben, unter der Bedingung $\alpha = a$
2/4	$f^S(\alpha, \lambda \mid \lambda = l)\,d\alpha\,d\lambda$	$P(\alpha < A < \alpha + d\alpha, \lambda < \Lambda < \lambda + d\lambda \mid \lambda = l)$	$\frac{f^S(\alpha, \lambda)\,d\alpha\,d\lambda}{f^S(\lambda = l)\,d\lambda}$	Bedingte Altersverteilung entspr. 2/3, unter der Bedingung, eine Restverweilzeit von $\lambda = l$ zu haben.
2/5	$f^S(\alpha, \lambda \mid \alpha = 0)\,d\alpha\,d\lambda$	$P(\alpha < A < \alpha + d\alpha, \lambda < \Lambda < \lambda + d\lambda \mid \alpha = 0)$	$\frac{f^S(\alpha, \lambda)\,d\alpha\,d\lambda}{f^S(0)\,d\alpha} = f^E(t_v)\,dt_v$	Sonderfall von 2/3 mit $a = 0$ Wahrscheinlichkeit eines Teilchens am Eingang eine (Gesamt-)Verweilzeit von $t_v(+\,dt_v)$ zu haben.
2/6	$f^S(\alpha, \lambda \mid \lambda = 0)\,d\alpha\,d\lambda$	$P(\alpha < A < \alpha + d\alpha, \lambda < \Lambda < \lambda + d\lambda \mid \lambda = 0)$	$\frac{f^S(\alpha, \lambda)\,d\alpha\,d\lambda}{f^S(0)\,d\lambda} = f^A(t_v)\,dt_v$	Sonderfall von 2/4 mit $l = 0$ Wahrscheinlichkeit eines Teilchens am Ausgang eine Verweilzeit (Alter) von $t_v(+\,dt_v)$ zu haben.

Tabelle 4.3: Spezielle Wahrscheinlichkeitsfunktionen

a) Nr.	Verteilungs funktion	b) Wahrscheinlichkeits-beziehung	c) mathem. Beziehung	Bemerkungen
3/1	$F^S(\infty, \lambda)$	$P(A < \infty, \Lambda < \lambda)$	$\int_0^\infty \int_0^\lambda f^s(\alpha, \lambda)\, d\lambda\, d\alpha$	Randverteilung der Restverweilzeit Wahrscheinlichkeit für ein Teilchen in S eine Restverweilzeit kleiner λ zu haben
3/2	$F^S(\alpha, \infty)$	$P(A < \alpha, \Lambda < \infty)$	$\int_0^\infty \int_0^\alpha f^S(\alpha, \lambda)\, d\alpha\, d\lambda$	Randverteilung des Alters Wahrscheinlichkeit für ein Teilchen in S ein Alter von α zu haben
3/3	$F^S(\alpha, \lambda \mid \alpha = a)$	$P(\Lambda < \lambda \mid \underset{\alpha=a}{\alpha <} A < \alpha + d\alpha)$	$\dfrac{\int_0^\lambda f^S(\alpha, \lambda)\, d\alpha\, d\lambda}{f^S(\alpha = a)\, d\alpha}$	Bedingte Restverweilzeitverteilung
3/4	$F^S(\alpha, \lambda \mid \lambda = l)$	$P(A < \alpha \mid \underset{\lambda=l}{\lambda <} \Lambda < \lambda + d\lambda)$	$\dfrac{\int_0^\alpha f^S(\alpha, \lambda)\, d\alpha\, d\lambda}{f^S(\lambda = l)\, d\lambda}$	Bedingte Altersverteilung
3/5	$F^S(\alpha, \lambda \mid \alpha = 0)$	$P(\Lambda < \lambda \mid 0 < A < d\alpha)$	$\dfrac{\int_0^\lambda f^S(\alpha, \lambda)\, d\alpha\, d\lambda}{f^S(\alpha = 0)\, d\alpha} = F^E(t_v)$	Sonderfall von 3/3 mit $\alpha = 0$ integrale Verweilzeit-Wahrscheinlichkeitsverteilung am Eingang
3/6	$F^S(\alpha, \lambda \mid \lambda = 0)$	$P(A < \alpha \mid 0 < \Lambda < d\lambda)$	$\dfrac{\int_0^\alpha f^S(\alpha, \lambda)\, d\alpha\, d\lambda}{f^S(\lambda = 0)\, d\lambda} = F_A(t_v)$	Sonderfall von 3/4 mit $\lambda = 0$ integrale Verweilzeit-Wahrscheinlichkeitsverteilung am Ausgang

der in S befindlichen Teilchen mit einer Restverweilzeit λ. Entspricht den sogenannten „Todesgemeinschaften".

(2/2) Randverteilung $f^s(\alpha)$

Dichteverteilung der Wahrscheinlichkeit irgendeines in S befindlichen Teilchens das Alter α zu haben, $(0 \leqq \alpha < \infty)$. Fraktion der Teilchen gleichen Alters, unabhängig von der Restverweilzeit. Entspricht den „Geburtenjahrgängen" der aus der Bevölkerungsstatistik bekannten Alterspyramide.

(2/3) bedingte Restverweilzeitverteilung $f^s(\alpha, \lambda | \alpha = a)$ $(= f(\lambda | \alpha = a)$

Dichteverteilung der Wahrscheinlichkeit eines Teilchens, noch eine Zeitlang λ im Reaktor zu verweilen, unter der Bedingung, das Alter $\alpha = a$ erreicht zu haben. Fraktion der Teilchen mit der Lebenserwartung (Restverweilzeit) aus der Teilmenge des Bereiches S mit dem Alter $\alpha = a$. Diese Dichteverteilung ist gleich dem Quotienten aus den Wahrscheinlichkeitsdichten, irgendein Alter und irgendeine Restverweilzeit zu besitzen und der Wahrscheinlichkeitsdichte, das Alter $\alpha = a$ (unabhängig vom Betrag der Restverweilzeit) erreicht zu haben.

(2/4) bedingte Altersverteilung $f^s(\alpha, \lambda | \lambda = l)$

Entsprechendes wie für (2/3) gilt für die bedingte Altersverteilung: es ist die Dichteverteilung der Wahrscheinlichkeit für ein Teilchen des Bereiches S das Alter α $(0 \leqq \alpha < \infty)$ zu haben, unter der Bedingung, daß die Restverweilzeit λ beträgt. Als Wahrscheinlichkeitselement aufgefaßt, ist es die Fraktion der Teilchen des Alters α aus der Teilmenge von S mit vorgegebener Lebenserwartung λ. Diese Wahrscheinlichkeit ist ebenfalls ein Quotient aus zwei Wahrscheinlichkeiten: irgendein Alter α und irgendeine Lebenserwartung λ zu besitzen und noch eine Zeitlang λ im Reaktor zu verweilen.

(2/5) Grenzfall der bedingten Restverweilzeit $f^S(\alpha, \lambda | \alpha = 0)$

Dichteverteilung der Wahrscheinlichkeit eines Teilchens mit dem Alter $\alpha = 0$ noch die zeitlang λ im Reaktor zu verweilen. $\alpha = 0$ bedeutet: gerade in S eingetreten zu sein bzw. sich im Teilbereich S^E aufzuhalten. Diese Teilchen bilden eine „Geburtengemeinschaft" mit dem Alter $\alpha = 0$. Die Restverweilzeit geht über in die (Gesamt-)Verweilzeit t_v. Mithin ist (2/5) (wiederum als Wahrscheinlichkeitselement aufgefaßt) die Fraktion der Teile des Bereiches S^E mit der Verweilzeit t_v; es ist die in der Literatur als „Verweilzeitspektrum" bezeichnete Wahrscheinlichkeitsdichteverteilung.

(2/6) Grenzfall der bedingten Altersverteilung $f^S(\alpha, \lambda | \lambda = 0)$

Dichteverteilung der Wahrscheinlichkeit eines Teilchens, das keine Restverweilzeit mehr besitzt $(\lambda = 0)$, α Stunden alt geworden zu sein. Alle Teilchen mit $\lambda = 0$ halten sich in S^A auf. Es sind „Todesgemeinschaften" unterschiedlichen Alters; (2/6) ist die Fraktion der Teilchen des Alters α am Ausgang (d. h. der Teilmenge S^A). Diese Verteilung kann als "exit age distribution" bezeichnet werden.

Tab. 4.3 enthält die den Dichtefunktionen der Tab. 4.2 zugeordneten integralen Wahrscheinlichkeitsverteilungen (auf eine tabellarische Erfassung der entsprechenden komplementären Verteilungen wurde verzichtet).

(3/1) Integrale Randverteilung $F^S(\infty, \lambda)$
Wahrscheinlichkeit eines beliebigen Teilchens in S nicht länger als λ Stunden im Reaktor zu verweilen oder die Fraktion aller Teilchen aus S, deren Restverweilzeit den Wert λ nicht überschreitet.

(3/2) Integrale Randverteilung $F^S(\alpha, \infty)$
Wahrscheinlichkeit eines beliebigen Teilchens in S jünger als α zu sein oder die Fraktion aller Teilchen aus S mit einem Alter kleiner α.

(3/3) bedingte integrale Verteilung $F^S(\alpha, \lambda|\alpha = a)$
Wahrscheinlichkeit, daß unter der Bedingung, ein Alter von a erreicht zu haben, die Lebenserwartung eines Teilchens im Reaktor kleiner λ ist. Fraktion der Teilchen mit der Restverweilzeit kleiner λ aus der Teilmenge mit vorgegebenem Alter $\alpha = a$. Entsprechend (2/3) ist (3/3) ein Quotient aus zwei Wahrscheinlichkeiten: der Wahrscheinlichkeit, eine Lebenserwartung kleiner als λ zu haben, und der Wahrscheinlichkeit α Stunden alt geworden zu sein.

(3/4) bedingte integrale Verteilung $F^S(\alpha, \lambda|\lambda = l)$
Wahrscheinlichkeit eines Teilchens jünger als α zu sein, unter der Bedingung, noch λ Stunden in S zu verweilen; bzw. die Fraktion aller Teilchen aus S, die das Alter α noch nicht erreicht haben und genau λ Stunden im Reaktor verweilen. Entsprechend (2/4) ist (3/4) der Quotient aus der Wahrscheinlichkeit für ein Teilchen, ein Alter kleiner α zu haben, dividiert durch die Wahrscheinlichkeit, die Lebenserwartung λ zu besitzen.

(3/5) Grenzfall der bedingten integralen Restverweilzeitverteilung $F^S(\alpha, \lambda|\alpha = 0)$
(3/5) ist, entsprechend (2/5), die Wahrscheinlichkeit eines Teilchens mit dem Alter $\alpha = 0$ weniger als λ Stunden im Reaktor zu verweilen, oder die Fraktion der Teilchen des Bereiches S^E mit der Verweilzeit kleiner $t_v = \lambda$. Es ist die „integrale Verweilzeitverteilung" oder die Summenkurve des „Verweilzeitspektrums".

(3/6) Grenzfall der bedingten integralen Altersverteilung $F^S(\alpha, \lambda|\lambda = 0)$
Integrale Verteilung entsprechend (2/6): Wahrscheinlichkeit eines Teilchens mit der Restverweilzeit $\lambda = 0$ jünger als α zu sein, oder die Fraktion der Teilchen des Alters kleiner α am Ausgang des Systems S. Es ist die integrale Ausgangsaltersverteilung.

Die Verteilungen aus den Tab. 4.2 und 4.3 mit gleicher Zahl (hinter dem Schrägstrich) können jeweils zu Teilmengen zusammengefaßt werden. Jede dieser Teilmengen stellt einen Satz Verteilungsfunktionen, bestehend aus Dichtefunktion und integraler Verteilung für die jeweils gleichen Bedingungen dar.

4.3. Verweilzeit und Ergodensatz (stationäres und gestörtes Strömungsverhalten)

Die bisher beschriebenen Wahrscheinlichkeitsverteilungen sind typische Ensemble-Funktionen. Sie charakterisieren Verweilzeitzustände von Teilchengruppen, die bestimmten Bedingungen genügen. In Abschn. 4.2.5. wurde schon angedeutet, daß durch die Markierungsverfahren Prozesse eingeleitet werden. Indikatorkonzentrationskurven werden als Zeitfunktionen gemessen, wobei jedoch im Sinne der mathematischen Statistik kein reiner Zeitprozeß vorliegt. Die Teilchen werden einerseits als markiertes Ensemble in das Strömungssystem gebracht, ihre Häufigkeitsverteilung am Ausgang auf der Zeitachse abgebildet. Es handelt sich um einen gemischten Prozeß. Da derartige Betrachtungen für die richtige Interpretation von Meßergebnissen von großer Bedeutung sein können, sollen im folgenden einige nähere Ausführungen hierüber gemacht werden. Dabei macht es sich erforderlich, den in der mathematischen Statistik verwendeten Ergodensatz (vgl. hierzu [78, 152]) und zu dessen Erläuterung einige Gedankenmodelle zu verwenden.

4.3.1. Ensemble- und Zeitfunktionen

In der Statistik wird der Satz abgeleitet, welcher besagt, daß zu jeder Ensemble-Verteilungs-Funktion, die den Bedingungen (4.6a—c) genügt, wenigstens eine Zeitfunktion konstruiert werden kann, deren Verteilungsfunktion mit der Ensemble-Funktion übereinstimmt [65].

Nun ist es wenig sinnvoll, alle den bisher genannten Ensemble-Verteilungsfunktionen zuzuordnenden Zeitfunktionen erklären zu wollen. Viele sind technisch nicht realisierbar und führen auch als reine Gedankenmodelle nicht immer zu neuen Erkenntnissen.

Ein Zeitprozeß kann jedoch in der technischen Praxis durchgeführt werden: in bestimmten Zeitabständen Δt_i^E (es können äquidistante Punkte angenommen werden) wird je ein markiertes Teilchen in den Einlauf S^E des Systems eingebracht und der Zeitpunkt des Erscheinens am Ausgang registriert. Durch Auftragen der hierbei gemessenen Einzelverweilzeiten t_{vi} auf der Zeitachse t kann dieser Vorgang als ein diskreter Zeitprozeß dargestellt werden. Dabei ist es sinnvoll, jeder Eintrittszeit t_i^E einen Bereich $\pm \frac{1}{2} \Delta t_i^E$ zuzuordnen, wodurch die in Abb. 4.7 dargestellte Stufenfunktion

$$t_v = t_v(t) \tag{4.45}$$

erhalten wird. Gl. (4.45) kann als Realisierung eines stochastischen Verweilzeitprozesses angesehen werden.

Derartige Funktionen können in der Praxis realisiert werden, so z. B. bei der Untersuchung des Transports körnigen Materials mit Hilfe radioaktiver Tracer [86], indem man einzelne markierte Körnchen in längeren Zeitabständen nacheinander in das System (z. B. Drehrohrofen, Wirbelschicht) hineinbringt. Bei Verweilzeituntersuchungen an Flußläufen werden mitunter Schwimmkörper verwendet. Hier könnte durch die Möglichkeit einer Numerierung der „Spurstoffteilchen" eine kurze Markierungszeitfolge realisiert werden.

Aus (4.45) kann der Mittelwert (vgl. [65])

$$\bar{t}_v = \frac{1}{2z} \int\limits_{t_0-z}^{t_0+z} t_v(t)\, dt \tag{4.46}$$

definiert werden, der ein echtes Zeitmittel der Verweilzeit darstellt. $\bar{t}_v$ ist gegenüber einer Zeitverschiebung unabhängig, sofern der Materialstrom stationär ist und die Mittelungszeit $2z \gg \Delta t^E$ gewählt wird.

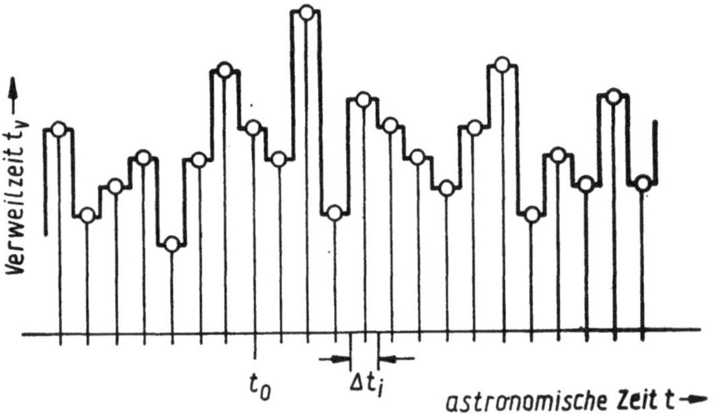

Abb. 4.7: Verweilzeit als diskreter Zeitprozeß.

4.3.2. *Verteilungsfunktionen der Zeitfunktion*

Aus Zeitfunktionen können Verteilungsfunktionen abgeleitet werden [65]. Die Verteilungsfunktion erster Art $F_r(r)$ der zufälligen Zeitfunktion $t_v(t)$ ist die reelle Funktion der reellen Variablen, definiert durch

$$F_r(r) = \lim_{z \to \infty} \frac{1}{2z} \int\limits_{-z}^{+z} B_r[t_v(t)]\, dt \tag{4.47}$$

wobei B_r gegeben ist durch

$$B_r[t_v(t)] = \begin{Bmatrix} 1 \text{ für } t_v(t) \leq r \\ 0 \text{ für } t_v(t) > r \end{Bmatrix}. \tag{4.48}$$

Der Bruchteil der Gesamtheit, in der die Zeitfunktion $t_v(t) \leqq r$ ist, wird als die entsprechende Wahrscheinlichkeit bezeichnet und durch das Symbol $P(t_v(t) \leqq r)$ dargestellt

$$F_r(r) = P(t_v(t) \leqq r) \tag{4.49}$$

Aus strömungstechnischen Erwägungen läßt sich begründen, daß $F_r(r)$ eine stetige Funktion ihres Arguments sein muß (die Funktion durchläuft in hinreichend langer Zeit alle Zustände). $F_r(r)$ hat weiterhin folgende Eigenschaften:

$$\left.\begin{array}{lr} 0 \leqq F_r(r) \leqq 1 & \text{(a)} \\ F_r(0) = 0 & \text{(b)} \\ F_r(\infty) = 1 & \text{(c)} \\ \left.\begin{array}{l} F_r(r_1) \leqq F_r(r_2) \\ \\ r_1 < r_2, \end{array}\right\} & \text{(d)} \end{array}\right\} \tag{4.50}$$

für

woraus ersichtlich ist, daß $F_r(r)$ eine integrale Wahrscheinlichkeitsverteilungsfunktion ist. Aus ihr kann die entsprechende Dichtefunktion abgeleitet werden

$$f_r(r) = \frac{dF_r(r)}{dr}. \tag{4.51}$$

Sie besitzt Eigenschaften wie die durch Gl. (4.11) definierte Dichtefunktion. Des weiteren kann die komplementäre Verteilungsfunktion

$$(I_r r) = 1 - F_r(r) \tag{4.52}$$

mit den (4.8a—c) entsprechenden Eigenschaften erklärt werden.

Der in den Gln. (4.47) bis (4.50) verwendete Parameter r kann als Verweilzeit t_v angesehen werden. Der Unterschied in der Markierungsart zur Erzeugung der Zeitfunktion gemäß Abb. 4.7 gegenüber einer Stoßmarkierung ist lediglich darin zu sehen, daß bei letzterer alle markierten Teilchen gleichzeitig in den Eingang des Strömungssystems gegeben werden und alle möglichen Werte der Funktion t_v gleichzeitig erzeugt werden. Das läßt erkennen, daß unter gewissen Voraussetzungen, die man an technische Strömungssysteme knüpfen kann, die Zeit-Verteilungsfunktionen (4.47), (4.51) und (4.52) den entsprechenden Ensembleverteilungsfunktionen gleich sein müssen.

Dieser Annahme liegt die sogenannte Ergodenhypothese zugrunde [94]. Nach dieser Hypothese hat eine große Anzahl nacheinander durchgeführter Einzelbeobachtungen an einem System dieselben statistischen Eigenschaften wie dieselbe Anzahl von Beobachtungen in ein und demselben Zeitmoment (diese Interpretation entspricht sinngemäß der von Solodownikow [152]). Mit anderen Worten, wenn sich der stochastische Stofftransport im Reaktor ergodisch verhält, so müssen Zeitmittel und Scharmittel der Verweilzeit übereinstimmen. Im gegebenen Fall muß gelten:

$$\int_0^\infty f^E(t_v \mid t^E)\, t_v\, dt_v = \frac{1}{2z} \int_{t_0-z}^{t_0+z} t_v(t)\, dt \tag{4.53}$$

vorausgesetzt, daß z im Vergleich zum Mittelwert hinreichend groß gewählt wurde.

Gl. (4.53) ist eine in Naturwissenschaft und Technik häufig verwendete Form des Ergodensatzes. Die mit dem Begriff der Ergodizität technischer Strömungssysteme verbundenen Vorstellungen sind im wesentlichen als eine statistische Interpretation des Stationaritätsbegriffes (vgl. hierzu SCHLITT [154]) anzusehen. Im nächsten Abschnitt sollen einige Erläuterungen über die Anwendung dieses Satzes auf technologische Strömungssysteme gegeben werden.

4.3.3. Ergodizität technologischer Verweilzeitsysteme

Der Ergodensatz wird häufig dazu benutzt, um aus zeitlich nacheinander durchgeführten Einzelmessungen auf den Zustand einer Gesamtheit zu schließen (verfolgt man in einem ergodischen System z. B. den Weg eines Teilchens, das eine BROWNsche Molekularbewegung ausführt, genügend lange, so kann aus dem Ergebnis die momentane freie Weglängenverteilung des Gesamtsystems abgeleitet werden). Für Verweilzeituntersuchungen ist dieser meßtechnische Aspekt gegenstandslos; es ist einfacher, durch die gleichzeitige Hinzugabe vieler Indikatorteilchen das Scharmittel zu bestimmen.

Der Nutzen von Ergodizitätsbetrachtungen an Strömungssystemen ist in anderen Gesichtspunkten zu sehen. Bei einer Vielzahl von Betrachtungen, praktischen Erwägungen, Auswertungen von Meßkurven, Begriffserklärungen etc. wird die Gültigkeit dieser Hypothese stillschweigend vorausgesetzt. Das ist jedoch nicht immer so. Eine Vielzahl technologischer Prozesse, bei denen die Stationarität als ideale Prozeßführung zwar angestrebt wird, ist in Wirklichkeit mit Schwankungen behaftet. Diese rühren daher, daß einmal Materialzugabe und -abfuhr nicht konstant sind oder die Strömungsstruktur des Systems selbst flukturiert. Der unregelmäßige Blasenaufstieg in Blasensäulen, sich ablösende Wirbelballen, zeitweilige Durchbrüche und Aufteilungen der Materialtransportwege beispielsweise in Wirbelschichtanlagen — alles sind Ursachen für Schwankungen in der Strömungsstruktur technologischer Systeme. Fällt der Zeitpunkt einer Stoßmarkierung zufällig mit einer extremen Abweichung einer fluktuierenden Strömung zusammen, so kann eine $f^E(t_v|t^E)$-Verteilung gemessen werden, die für den gegebenen Prozeß nicht repräsentativ ist. Derartige Fälle können sowohl bei hoher Turbulenz als auch bei sehr niedrigen REYNOLDS-Zahlen, wie das in Abb. 4.8 dargestellte Beispiel der langsamen Strömung in Füllkörperkolonnen [134] zeigt, auftreten. Hier ist zu erkennen, daß mit abnehmender Strömungsgeschwindigkeit die Meßkurven sich mehr und mehr zerklüften. Es treten bi- und sogar multimodale Verteilungen auf. Die Ursachen hierfür sind beim gegebenen Beispiel darin zu sehen, daß bei sehr kleinen Strömungsgeschwindigkeiten die freie Konvektion, hervor-

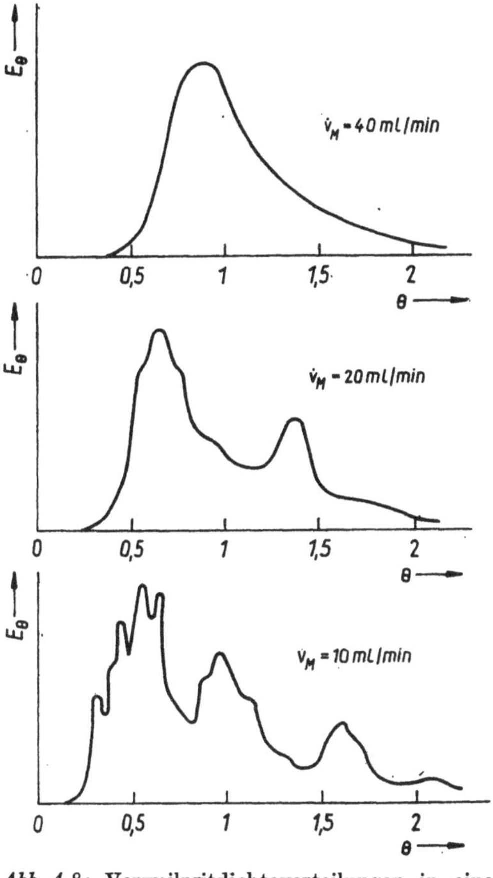

Abb. 4.8: Verweilzeitdichteverteilungen in einem Labor-Festbettfüllkörperreaktor (Länge: 125 cm, Durchmesser: 2,6 cm, Füllkörper: Ringe 1×5 mm).

gerufen durch kleine, möglicherweise aus Temperaturdifferenzen herrührende Dichteunterschiede, verstärkt auftritt. Diese freie Konvektion äußert sich, je nach geometrischer Form des Strömungssystems und dessen Einbauten sowie Ortslage und Größe der auftretenden Dichteunterschiede in mehr oder weniger sporadisch auftretenden Schwankungen der Verweilzeitkurven. Das System kann nicht mehr durch ein stationäres Modell beschrieben werden.

Vorsicht ist stets dann geboten, wenn gemessene Verweilzeitkurven (sogenannte Verweilzeitspektren), wie in den beiden letzten Fällen der Abb. 4.8, nicht unimodal sind. Das bedeutet in vielen Fällen der Praxis, daß entweder eine schlechte Prozeßführung vorliegt oder der Reaktor selbst konstruktive Mängel aufweist.

Es hat sich z. B. für die kontinuierliche Polymerisation in Rohrreaktoren herausgestellt, daß eine unimodale Verweilzeitverteilung mit merklich besseren Produkteigenschaften korreliert als eine mit Schwankungen behaftete Kurve [185].

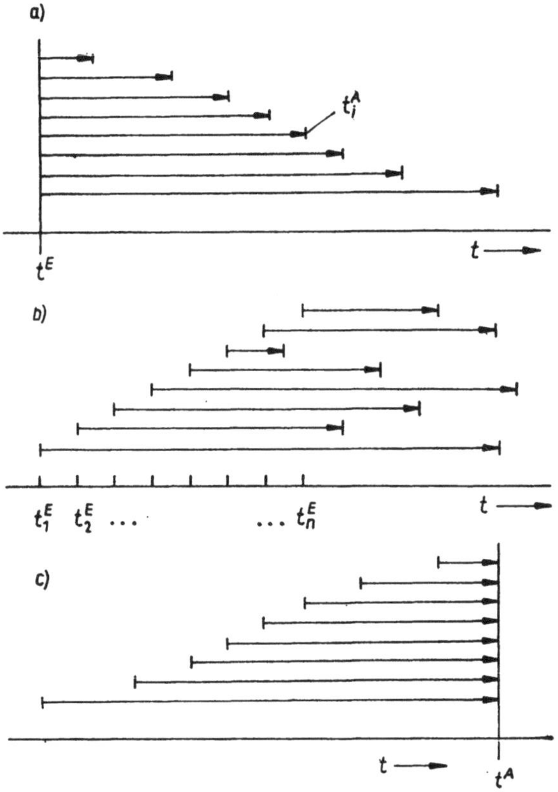

Abb. 4.9: Ergodisches Verweilzeitsystem (schematische Darstellung).

a) Verweilzeitverteilung einer Charge am Eingang
b) Zeitprozeß gem. Gl. 4.45 (vgl. Bild 4.7)
c) Altersverteilung einer Charge am Ausgang

Daher ist bei jeder gemessenen Verweilzeitkurve, die Schwankungen aufweist, die Frage nach der Ergodizität des Systems zu stellen. Je nachdem, ob sich das Strömungssystem ergodisch verhält oder nicht, sind zur Beseitigung angezeigter Fehler unterschiedliche Maßnahmen zu treffen. Bei erwiesener

Ergodizität muß (im Falle nicht-unimodaler Verweilzeitspektren) die konstruktive Gestaltung des Reaktors verändert werden.

Bei ergodischen Systemen sind die einander entsprechenden bedingten Zeit- und Ensemble-Verteilungsfunktionen gleich. Dieser Sachverhalt wird in der Darstellung der Abb. 4.9 angedeutet. So gilt z. B. die Gleichheit der Dichteverteilungen (4.43), (4.44) und (4.51):

$$f^E(t_v \mid t^E) = f^A(t_v \mid t^A) = f_r(r). \tag{4.54}$$

Lebenserwartungsverteilung am Eingang („Verweilzeitspektrum") und Ausgangs-Altersverteilung sind gleich; in jeder Stichprobe, die am Ausgang des Reaktors genommen wird, ist das Verweilzeitspektrum als Altersverteilung enthalten (Abb. 4.9c), gleichgültig, ob die Kurve uni-, bi- oder gar multimodal ist.

Bei nicht-ergodischem Verhalten ist die Gl. (4.54) ungültig. Nebenmaxima und Unebenheiten in den Meßkurven sind als zeitweilige Schwankungen zu deuten. Die den Abweichungen entsprechenden Materialchargen haben, zum Unterschied von ergodischen Schwankungen, eine vom mittleren Verhalten abweichende Vorgeschichte, was sich in unterschiedlicher chemischer Zusammensetzung und Produktqualität äußern kann. Solche nicht-ergodischen Schwankungen wurden an Polykondensationsanlagen dadurch festgestellt, daß die betreffenden Chargen einer Verweilzeitkurve chemisch-analytisch untersucht und die Abweichungen in den Materialeigenschaften nachgewiesen wurden [185]. Eine verbesserte Prozeßführung beseitigte diese Schwankungen.

Eine andere Art nicht-ergodischen Verhaltens tritt bei driftenden stationären Prozessen auf. Das ist z. B. der Fall, wenn sich an den Rohrwandungen und Einbauten Ablagerungen bilden, wodurch sich das freie Reaktorvolumen allmählich verkleinert. Hierbei ist das gemessene Scharmittel in der Regel größer als das Zeitmittel und Gl. (4.53) verliert ihre Gültigkeit.

Die aus den Ergodizitätsbetrachtungen ableitbaren Konsequenzen erhärten die von Schügerl [158] aufgestellte These:

„Wenn im Strömungssystem starke statistische Schwankungen auftreten (wie z. B. in Fließbetten), dann hat eine einzige gemessene Konzentrations-Zeit-Verteilung bzw. Verweilzeitverteilung keine Aussagekraft" (S. 138).

4.4. Deutung von Indikatorkonzentrationskurven

Auf Grund der Darlegungen in den Abschn. 4.1., 4.2. und 4.3. ist eine Präzisierung der mit Hilfe von Markierungsverfahren gemessenen Tracerkurven möglich. Da diese Verteilungsfunktionen als Spurstoffkonzentrations-Zeit-Kurven (am Ausgang), d. h. als Prozeß, ermittelt werden, sind alle Erklärungen aus der Vorstellung eines auf der Zeitachse t wandernden α-λ-Sektors (Abb. 4.5 und 4.6) abzuleiten.

4.4.1. *Allgemeiner Indikatorkonzentrationsverlauf (kontinuierliche Darstellung)*

Aus der Modellvorstellung kann der allgemeine Indikatorkonzentrationsverlauf am Ausgang des Strömungssystems bei beliebigem Zeitverlauf der Eingangskonzentration abgeleitet werden. Aus der Modellvorstellung, daß der α-λ-Sektor auf der t-Achse in positiver Richtung wandert, ist zu erkennen, daß die Indikatorkonzentrationskurven weder reine Ensemble- noch reine Zeitfunktionen darstellen, sondern als gemischte Ensemble-Zeit-Funktionen gemessen werden. Hierbei ergibt sich der genormte Konzentrationsverlauf als Zeitfunktion am Ausgang $c^A(t)$ des Strömungssystems bei beliebiger Eingangszeitfunktion $c^E(t)$ zu

$$C^A(t) = \frac{1}{\dot{n}^A(t)\,\delta t} \int_0^\infty f^E(\lambda \mid t^E = t - \lambda)\, C^E(t - \lambda)\, \dot{n}^E(t - \lambda)\, \delta t\, d\lambda \qquad (4.55\text{a})$$

und für konstante und gleiche Ein- und Ausgangsströme:

$$C^A(t) = \int_0^\infty f^E(\lambda \mid t^E = t - \lambda)\, C^E(t - \lambda)\, d\lambda. \qquad (4.55\text{b})$$

Die Gln. (4.55a) und (4.55b) stellen den Faltungssatz mit $f^E(\lambda|t^E = t - \lambda)$ als Gewichtsfunktion dar.

Aus der Bedingung $t^E = t - \lambda$, der die Funktion $f^E(\lambda)$ unterliegt, geht klar hervor, daß es sich nicht um eine reine Ensemble-Funktion handelt. Diese bedingte Dichteverteilung ist daher auch nicht in der Tab. 4.2 enthalten. Aus der allgemeinen Systemantwort können unter Beachtung der entsprechenden Anfangsbedingungen die Funktionen der speziellen Markierungsarten abgeleitet werden.

4.4.2. *Stoßmarkierung (kontinuierliche Darstellung)*

Für die Stoßmarkierung gilt (vgl. Gl. (3.6a))

$$c_{st}^E(t) = \frac{m_0}{\dot{v}_M^E}\, \delta(t) = c_0 \bar{t}_v \delta(t)$$

mit $c_0 = m_0/v_R$. Daraus ergibt sich mit $C_{st}^E = c_{st}^E/c_0$

$$C_{st}^A(t) = \frac{1}{\dot{n}^A\,(t)\,\delta t} \int_0^\infty f^E(\lambda \mid t^E = t - \lambda)\, \bar{t}_v \delta(t - \lambda)\, \dot{n}^E(t - \lambda)\, \delta t\, d\lambda \qquad (4.56)$$

und

$$C_{st}^A(t) = \int_0^\infty f^E(\lambda \mid t^E = t - \lambda)\, \bar{t}_v \delta(t - \lambda)\, d\lambda \qquad (4.57\text{a})$$

für $\dot{n}^A(t)\,\delta t = \dot{n}^E(t)\,\delta t$, bzw. in der Operatorenschreibweise mit $*$ als Faltungsoperator

$$C_{st}^A(t) = \bar{t}_v f^E(\lambda \,|\, t^E = t - \lambda) * \delta(t - \lambda). \tag{4.57b}$$

Setzt man den Zeitpunkt der impulsartigen Markierung t^E gleich Null, so ergibt sich mit $\lambda = t = t_v$

$$C_{st}^A(t) = \bar{t}_v f^E(\lambda \,|\, t^E = 0) = \bar{t}_v f^E(t_v \,|\, t^E = 0). \tag{4.58}$$

Gl. (4.57a) unterstreicht die getroffene Feststellung, daß mit der Stoßmarkierung auf keinen Fall eine Altersverteilung gemessen wird.

Der zeitliche Verlauf der Ausgangskonzentration eines impulsförmig in das Strömungssystem eingeführten Spurstoffes bildet, unter der Voraussetzung des konstanten Ein- und Auslaufstromes, auf der (astronomischen) Zeitachse die Wahrscheinlichkeitsdichteverteilung der Verweilzeit aller zum Zeitpunkt $t^E = 0$ im Eingangsbereich S^E befindlichen Teilchen ab.

Der hierbei auftretende Faktor $\bar{t}_v$ ist insofern eine formale Größe als er durch die Einführung einer willkürlichen Konzentrationskonstanten $c_0 = m_0/v_R$ festgelegt wird. Die Konzentration c_0 ist nicht die des hinzugefügten Indikators, sondern der Wert, der sich einstellen würde, wenn der Indikator gleichmäßig über den gesamten Reaktionsraum verteilt wäre. Ein solcher Zustand tritt nur im Extremfall des ideal durchmischten Rührkessels zum Zeitpunkt unmittelbar nach der Indikatorzugabe auf.

4.4.3. *Zulaufmarkierung (kontinuierliche Darstellung)*

Durch Einsetzen von $C_z^E(t - \lambda) = \vartheta(t - \lambda)$ (vgl. Gl. (3.7)) in Gl. (4.55) erhält man den zeitlichen Tracerkonzentrationsverlauf einer Zulaufmarkierung:

$$C_z^A(t) = \frac{1}{\dot{n}^A(t)\,\delta t} \int\limits_0^\infty f^E(\lambda \,|\, t^E = t - \lambda)\, \vartheta(t - \lambda)\, \dot{n}^E(t - \lambda)\, \delta t\, d\lambda \tag{4.59}$$

bzw. für den Sonderfall $\dot{n}^E = \dot{n}^A$:

$$C_z^A(t) = \int\limits_0^\infty f^E(\lambda \,|\, t^E = t - \lambda)\, \vartheta(t - \lambda)\, d\lambda. \tag{4.60}$$

Hieraus ergibt sich bei einer Integration im Bereich $0 \leqq \lambda \leqq t$ (Markierungsbeginn $t_0^E = 0$ vorausgesetzt) infolge der Eigenschaften der Heavisideschen Thetafunktion (vgl. Gl. (3.7) und (3.8))

$$C_z^A(t) = \int\limits_{\lambda=0}^{\lambda=t} f^E(\lambda \,|\, t^E = t - \lambda)\, d\lambda = F^E(t_v \,|\, t^E = t - \lambda) \tag{4.61}$$

mit

$$\left.\begin{array}{l} t \geqq t^E \geqq 0 \\ 0 \leqq \lambda \leqq t. \end{array}\right\}. \tag{4.61a}$$

Der Indikatorkonzentrationsverlauf wird im Falle einer Zulaufmarkierung des öfteren als die integrale Form der Tracerkonzentrationskurve der Stoßmarkierung angesehen. Der Vergleich der Gln. (4.61) und (4.58) zeigt, daß dies nicht der Fall ist. Die integrale Verteilung der Verweilzeit aller zum Zeitpunkt $t^E = 0$ in S^E befindlichen Teilchen lautet

$$F^E(t_v|t^E = 0) = \int_0^{t_v} f^E(\lambda\,|\,t^E = 0)\, d\lambda \tag{4.62}$$

Der Vergleich von (4.62) mit (4.61) zeigt, daß die Ausgangskonzentrationskurve der Zulaufmarkierung eine integrale Verteilung von Stromstoffmengen abbildet, die zu unterschiedlichen Zeiten einströmen. Gl. (4.61) ist eine speziellen Bedingungen unterworfene integrale Verweilzeit-Wahrscheinlichkeitsverteilung und ist in der Tab. 4.3 nicht verzeichnet. Nur für ergodische Systeme kann (4.61), (4.62) gleichgesetzt werden. (4.61) ist keine Altersverteilung.

4.4.4. *Verdrängungsmarkierung (kontinuierliche Darstellung)*

Der Ausgangskonzentrationsverlauf einer Verdrängungsmarkierung kann nicht aus dem allgemeinen Faltungsansatz (4.54) abgeleitet werden, da das Systeminnere markiert wird. Das α-λ-Modell zeigt die Beziehung

$$C_v^A(t) = \int_{\lambda=t}^{\infty} f(\lambda/t^E = t = \lambda)\, d\lambda = I^E(t_v/t^E - \lambda), \tag{4.63}$$

wobei Konstanz und Gleichheit des Ein- und Ausgangsstromes vorausgesetzt wurden. $C_v^A(t)$ beschreibt nicht die „innere Altersverteilung" von Teilchen, sondern gibt vielmehr an, wie die Restverweilzeit der sich im Reaktor befindlichen Teilchen verteilt ist. Daher gilt auch die allgemeine Beziehung $I = 1 - F$ nur für ergodische Systeme.

4.4.5. *Indikatorkonzentrationsverlauf in diskreter Darstellung*

Für die diskretisierte Darstellung der Indikatoranalyse ist die Matrizenschreibweise geeignet. Es gilt

$$(c_i^A \dot{n}_i \delta t) = (a_i c_i \dot{n}_i^E \delta t) \times \big((f_{ij})\big). \tag{4.64}$$

Die Matrix $((f_{ij}))$ kann aus der Darstellung in Bild 4.5. aufgestellt werden (Index i entspricht t^E, Index $t - t^A$):

$$((f_{ij})) = \begin{pmatrix} f_{00} & f_{01} \cdots f_{0n} \\ 0 & f_{11} \cdots f_{1n} \\ \cdots & \cdots \\ 0 & 0 \;\cdots f_{nn} \end{pmatrix} \tag{4.64a}$$

Für die Stoßmarkierung gilt

$$a_0 = \bar{t} \quad \text{und} \quad a_i = 0 \quad \text{für alle} \quad i > 0 \tag{4.65a}$$

wodurch die Ausgangskonzentration als Zeilenvektor

$$c_0 \dot{n}_0^E \delta t\, \bar{t} (f_{00} f_{01} f_{02} \cdots f_{0n}) \tag{4.65}$$

abgebildet wird. Aus dieser Schreibweise geht anschaulich hervor, daß der Ausgangskonzentrationsverlauf der Stoßmarkierung die Verweilzeitdichteverteilung aller zum Zeitpunkt $t^E = 0$ in S^E befindlichen Teilchen abbildet.

Für die Zulaufmarkierung erhalten wir entsprechend mit

$$a_i = \frac{c_0}{c_i} \tag{4.66a}$$

den Zeilenvektor

$$(c_0 \delta t) \times \begin{bmatrix} \dot{n}_0{}^E f_{00} \\ \dot{n}_0{}^E f_{01} + \dot{n}_1{}^E f_{11} \\ \dot{n}_0{}^E f_{02} + \dot{n}_1{}^E f_{12} + \dot{n}_2{}^E f_{22} \\ \cdots\cdots\cdots \\ \cdots\cdots\cdots \\ \dot{n}_0{}^E f_{0n} + \dot{n}_1{}^E f_{1n} + \cdots \dot{n}_n{}^E f_{nn} \end{bmatrix}^{-1} \tag{4.66}$$

Der Vergleich von (4.66) mit (4.65) verdeutlicht, daß die Elemente des Zeilenvektors (4.66) nicht aus der Menge der Elemente von (4.65) gebildet werden. Der genormte Konzentrationsverlauf einer Zulaufmarkierung kann im allgemeinen Falle nicht einfach als die der Stoßmarkierung entsprechende integrale Wahrscheinlichkeitsverteilung aufgefaßt werden.

Für die Ableitung der Verdrängungsmarkierung kann die Matrizenbeziehung (4.64) nicht angewendet werden. Aus dem α-λ-Modell läßt sich ein Schema ableiten, wonach sich der Ausgangskonzentrationsverlauf als folgender Zeilenvektor ergibt:

$$(c_0\delta t)\, x \begin{pmatrix} \dot{n}_0^E f_{00} + \dot{n}_{-1}^E f_{-10} + \dot{n}_{-2}^E f_{-20} + \cdots + \dot{n}_{-n}^E f_{-n0} \\ \dot{n}_0^E f_{0-1} + \dot{n}_{-1}^E f_{-1-1} + \cdots + \dot{n}_{-(n-1)}^E f^E_{-(n-1)0} \\ \dot{n}_0^E f_{0-2} + \cdots + \dot{n}_{-(n-2)}^E f_{-(n-2)0} \\ \cdots\cdots\cdots\cdots\cdots\cdots\cdots\cdots \\ \dot{n}_0^E f_{0-n} \end{pmatrix}^{-1} \tag{4.67}$$

Zeilenvektor (4.66) entspricht der F-Kurve (4.5) und (4.67) der I-Kurve. Der Vergleich der Elemente beider Vektoren zeigt, daß im allgemeinen Fall die Beziehung (4.8) $I = 1 - F$ aus den der Zulauf- und Verdrängungsmarkierung entsprechenden Konzentrationskurven nicht abgeleitet werden kann. Gl. (4.67) kann als innere Restverweilzeitverteilung angesehen werden; sie fällt mit einer inneren Altersverteilung (vgl. [36]) nur bei ergodischem Verhalten des Strömungssystems zusammen.

4.5 Charakteristische Parameter und Funktionen der Verweilzeitverteilung

Für die Auswertung von Verweilzeitkurven ist es nicht immer erforderlich, alle gemessenen Werte bzw. den gesamten Kurvenverlauf zu verwenden. Häufig genügen gewisse Näherungsangaben wie z. B. die Lage des Maximums, die Breite der Kurve etc. Nun hängen mit der Verteilungsfunktion von Zufallsvariablen gewisse Größen, die charakteristischen Parameter der Verteilung zusammen. Sie spielen eine große Rolle in der mathematischen Statistik und sind als Hilfsgrößen bei der Auswertung von gemessenen Verweilzeitkurven von großem Nutzen. Es sind dies im wesentlichen die sogenannten Momente einer Verteilung und darüber hinaus einige andere Parameter, wie die Lageparameter, Quantile, Moden und Semiinvarianten. Diese Größen sollen in den folgenden Abschnitten vorgestellt werden. Hierbei wird es erforderlich sein, auch auf einige funktionelle Zusammenhänge hinzuweisen. Die Verfahrensweise bei der Anwendung dieser Parameter als Hilfsgrößen zur Auswertung von Verweilzeitkurven ist einfach: man berechnet aus der gemessenen Kurve einen oder mehrere der genannten Parameter und vergleicht diese mit den entsprechenden theoretischen (aus Modellen gewonnenen) Größen, um somit auf das günstigste Verweilzeittypenmodell zu schließen. Im Anhang sind daher einige Programme verzeichnet, die sich mit der Berechnung wichtiger statistischer Parameter von Verweilzeitverteilungsfunktionen befassen.

4.5.1. Mittelwert und Erwartungswert der Verweilzeit

Der Mittelwert der Verweilzeitverteilungsfunktion nimmt unter den statistischen Momenten eine Sonderstellung ein, was eine getrennte Behandlung rechtfertigt. Der Mittelwert ist eine wichtige Bezugsgröße zur Normierung der

Zeitachse einer Verweilzeitkurve. Alle Verweilzeitkurven werden zur Auswertung auf die mittlere Verweilzeit umgerechnet. Die hierzu erforderlichen Berechnungen werden mit Hilfe der elektronischen Datenverarbeitung durchgeführt (siehe „Anhang").

Zeitmittel und Scharmittel wurden bereits im Zusammenhang mit der Ergodizität technologischer Verweilzeitsysteme dargestellt. An einem Zahlenbeispiel eines sich ergodisch verhaltenden Systems sollen die mit der Mittelwertbildung im Zusammenhang stehenden Grundbegriffe erläutert werden.

Angenommen, in einer Wirbelschichtapparatur zur Trocknung granulierten Materials wurden in Einzelversuchen nacheinander radioaktiv markierte Teilchen eingeworfen und die folgenden 30 Einzelverweilzeiten (Minuten) gemessen:

7,0	4,4	4,5	2,8	4,0	5,5	5,1	3,7	2,2	4,9
3,1	9,1	6,5	2,0	3,6	7,9	3,4	6,8	3,1	5,3
6,2	2,5	4,1	5,2	7,2	4,8	1,7	8,4	5,7	3,9

Jeder Einzelversuch $t_{vi} = t_i^A - t_i^E$ kann als eine Realisierung der Verweilzeit T_v angesehen werden. Aus der Gesamtmenge dieser Meßwerte kann der Mittelwert nach der bekannten Vorschrift

$$\bar{t}_v = \frac{1}{n} \sum_{i=1}^{n} t_{vi} = \frac{1}{30} \sum_{i=1}^{30} t_{vi} = 4{,}96 \text{ (min)}$$

gebildet werden.

Für sehr große Zahlen von Einzelmessungen kann diese Rechnung sehr aufwendig sein. Sie läßt sich vereinfachen, wenn man die Werte in ($j = 1, \ldots k$) Intervallklassen zusammenfaßt (Tab. 4.4), nur ihre Häufigkeit h_j registriert, diese Häufigkeit dem jeweiligen Mittelwert der Klasse $\bar{t}_j$ zuordnet. Wie leicht

Tabelle 4.4:

j	Intervall	geordnete Einzelwerte						h_j	$\bar{t}_j$	$h_j\bar{t}_j$
1	$0 \leqq t_{v1} < 1$							0	0,5	0,0
2	$1 \leqq t_{v2} < 2$	1,7						1	1,5	1,5
3	$2 \leqq t_{v3} < 3$	2,0	2,2	2,5	2,8			4	2,5	10,0
4	$3 \leqq t_{v4} < 4$	3,1	3,1	3,4	3,6	3,7	3,9	6	3,5	21,0
5	$4 \leqq t_{v5} < 5$	4,0	4,1	4,4	4,5	4,8	4,9	6	4,5	27,0
6	$5 \leqq t_{v6} < 6$	5,1	5,2	5,3	5,5	5,7		5	5,5	27,5
7	$6 \leqq t_{v7} < 7$	6,2	6,5	6,8				3	6,5	19,5
8	$7 \leqq t_{v8} < 8$	7,0	7,2	7,9				3	7,5	22,5
9	$8 \leqq t_{v9} < 9$	8,4						1	8,5	8,5
10	$9 \leqq t_{v10} < 10$	9,1						1	9,5	9,5
11	$10 \leqq t_{v11} < 11$							0	10,5	0,0
	Summe							30		144,5

einzusehen ist, ergibt sich der Mittelwert der Verweilzeit zu

$$\bar{t}_v = \frac{\sum_j h_j \bar{t}_j}{\sum_j h_j} = \frac{144{,}5}{30} = 4{,}82\ (\text{min})$$

Allgemein kann also der Mittelwert nach der Bildungsvorschrift

$$\bar{t}_v = \frac{\sum_{j=1}^{k} h_j \bar{t}_j}{\sum_{j=1}^{k} h_j} \tag{4.68}$$

berechnet werden. Die Abweichung des nach der letztgenannten Bildungsvorschrift gewonnenen Wertes ist aus der Intervallklassenbildung zu erklären. Der Mittelwert wird um so stabiler sein, je größer die Zahl der zu seiner Berechnung verwendeten Meßwerte ist, und der Unterschied der nach beiden Bildungsvorschriften ermittelten Werte wird um so kleiner sein, je größer die Zahl der Intervallklassen ist, die aus der Gesamtmenge gebildet werden kann.

Die in Tab. 4.4 enthaltene Information kann natürlich auch dadurch gewonnen werden, daß man die Gesamtmenge der markierten Teilchen gleichzeitig in die Apparatur hineingibt (ergodisches Verhalten vorausgesetzt). Man mißt dann anstelle der Intervallklassenhäufigkeit h_j die Konzentration c der markierten Teilchen oder eine beliebige andere Größe, beispielsweise die Impulsrate des radioaktiven Zerfalls, die der Konzentration und somit auch der in der Intervallklasse vertretenen Häufigkeit proportional ist. Da sich die entsprechenden Proportionalitätsfaktoren wegkürzen, kann Gl. (4.68) als universale Bildungsvorschrift für den Mittelwert angesehen werden. Der Ausdruck $\left(\sum_{j=1}^{k} h_j\right)^{-1}$ ist als ein Normierungsfaktor für die relative Häufigkeit H_j aufzufassen

$$\bar{t}_v = \sum_{j=1}^{k} H_j \bar{t}_j . \tag{4.69}$$

Ist die Zahl der Gesamtmenge der markierten Teilchen unendlich groß — was praktisch bei jedem Markierungsversuch erreicht werden kann — so geht die relative Häufigkeit (des Auffindens eines markierten Teilchens in einer bestimmten Zeitintervallklasse) in die Wahrscheinlichkeit über, und der Mittelwert strebt gegen einen stabilen Grenzwert, den Erwartungswert der Zufallsgröße Verweilzeit $E(T_v)$ (Gesetz der großen Zahlen). Dieser Sachverhalt kann durch die Beziehung

$$\bar{t}_v(\infty) = E[T_v] = \int_0^\infty f^E(t_v \mid t^E)\, t_v\, dt_v \tag{4.70}$$

ausgedrückt werden. Das Symbol $[E]$ gilt allgemein als Operator zur Bildung des Erwartungswertes einer Zufallsgröße gemäß

$$E[X] = \int_{-\infty}^{+\infty} f(x)\, x\, dx \tag{4.71}$$

Diese Schreibweise wird auch künftig bei der Ableitung der Momente Anwendung finden. Bei der Auswertung gemessener Verweilzeitkurven ist das Integral stets mit Hilfe eines geeigneten numerischen Verfahrens zu berechnen (siehe „Anhang"). Die Berechnung von f^E kann grundsätzlich nach Gl. (4.17) vorgenommen werden, wenn die eingesetzte Indikatormenge m_0 bekannt ist. Vielfach ist es jedoch günstiger, die eingesetzte Indikatormenge aus der gemessenen Verweilzeitkurve zu berechnen

$$m_0 = \int_0^{\infty} c_{st}^A(t)\, \dot{v}_M(t)\, dt. \tag{4.72}$$

Da der Volumenstrom $\dot{v}_M$ fast immer konstant ist, ergibt sich $f^E(t_v)$ aus (4.17) unter Berücksichtigung von Gl. (4.17) zu

$$f^E(t_v|t^E) = \left(\int_0^{\infty} c_{st}^A(t)\, dt\right)^{-1} \cdot c_{st}^A(t)\, dt. \tag{4.73}$$

Der Mittelwert (Erwartungswert) der Verweilzeit wird häufig als Bezugspunkt für die Normierung der Verweilzeit verwendet. Man setzt

$$\Theta = \frac{t_v}{\bar{t}_v} \tag{4.74}$$

und erhält eine dimensionslose Zeit Θ, die es gestattet, das Verweilzeitverhalten von Reaktoren, Apparaten und Anlagen unterschiedlichster Dimensionierung miteinander vergleichen zu können. Die Dichtefunktion $f(\Theta)$, beispielsweise für drei gleiche hintereinandergeschaltete Rührkessel ist stets die gleiche, unabhängig davon, wie groß das Gesamtvolumen der Batterie ist und mit welchem Durchsatz sie betrieben werden. Deckungsgleichheit von $f(\Theta)$-Funktionen unbekannter Reaktoren ist jedoch nicht identisch mit der Übereinstimmung der Strömungsmodelle (vgl. Gl. (4.105)).

4.5.2. Momente der Verweilzeitverteilung

Die Bildungsvorschrift für den Mittelwert gemäß (4.70) bzw. (4.71) kann insofern als ein Sonderfall angesehen werden, als die Operation (4.70) nicht über t_v, sondern den Ausdruck $(t_v - a)^r$ mit $r = 0, 1, 2, \ldots$ ausgeführt wird ($r = 1$, $a = 0$ ergibt (4.70)!). Man bezeichnet den Ausdruck

$$M_a^r[T_v] = E[(T_v - a)^r] = \int_0^{\infty} f(t_v)\, (t_v - a)^r\, dt_v \tag{4.75}$$

allgemein als Moment r-ter Ordnung der Zufallsgröße T_v bezüglich des Wertes a. Gl. (4.75) entspricht einer Operatorschreibweise; gleichberechtigt soll auch die folgende Darstellung Anwendung finden:

$$M_a^r(t_v) = E\big((t_v - a)^r\big). \tag{4.75a}$$

Man kann eine Zufallsgröße bzw. ihre Verteilungsfunktion ersatzweise durch die Momente beschreiben, wobei die Verteilung eindeutig charakterisiert ist, wenn alle Momente bekannt sind (Näheres hierüber in den Lehrbüchern über Wahrscheinlichkeitsrechnung, z. B. [45]). Es liegt daher nahe, beim Vergleich von experimentellen und theoretischen Kurven anstelle der gemessenen Wertepaare (Indikatorkonzentration — Verweilzeit) bzw. des gesamten Kurvenzuges ersatzweise die Momente zu verwenden und sich dabei auf einige wesentliche zu beschränken, ähnlich wie man bei der Charakterisierung einer beliebigen Funktion durch eine TAYLOR-Reihe verfährt, die man nach einem beliebigen Glied abbrechen kann, wenn man meint, hinreichende Genauigkeit erreicht zu haben.

In dieser Hinsicht haben in der Praxis zwei Klassen von Momenten Bedeutung erlangt: *Momente bezüglich des Nullpunktes* (Ursprunges) und *Momente bezüglich des Erwartungswertes* der Verteilung, letztere auch *Zentralmomente* genannt.

a) Momente bezüglich des Nullpunktes

Die Definition lautet:

$$M_0^r(t_v) = E(t_v^r) \tag{4.76a}$$

mit $r = 0, 1, 2, 3 \ldots$
und $a = 0$, in vielen Fällen wird der Einfachheit halber auch $E(t^r)$ geschrieben. Wie bereits erwähnt ist M_0^1 als Sonderfall anzusehen. Das 1. Moment (Moment 1. Ordnung) bezüglich des Nullpunktes der Verteilung ist der Mittelwert (Erwartungswert). Das nullte Moment bezüglich des Nullpunktes hat nur dann einen physikalischen Sinn, wenn die Funktion $f(t_v)$ noch nicht genormt ist und an ihrer Stelle die Konzentrationsfunktion steht. In diesem Falle kann die Bildung des nullten Momentes zu Normierungszwecken verwendet werden (vgl. Gl. (4.73)). Alle Momente bezüglich des Nullpunktes mit der Ordnung $r > 1$ sind reine Rechengrößen. Bei der numerischen Auswertung von Verweilzeitkurven ist es günstig, die Erwartungswerte, ähnlich Gl. (4.68) aus der Summenformel

$$E(t_v^r) \approx \frac{\sum\limits_{i=1}^{k} t_{vi}^r n_i(t_{vi})\, \Delta t_{vi}}{\sum\limits_{i=1}^{k} n_i(t_{vi})\, \Delta t_{vi}} \tag{4.76b}$$

mit $k \to \infty$ zu berechnen, wobei $n_i(t_{vi})$ die auf eine Volumeneinheit bezogene Impulsrate des radioaktiven Materials oder die Konzentration eines beliebigen Indikators ist.

b) Zentralmomente

Momente bezüglich des Erwartungswertes werden Zentralmomente genannt:

$$M^r_{\bar{t}_v}(t_v) = Z(t_v^r) = E\big((t_v - \bar{t}_v)^r\big). \tag{4.77}$$

Ein sehr wichtiger Sonderfall hiervon ist die Streuung D, auch Dispersion oder Varianz der Verteilung genannt:

$$D(t_v) = \sigma^2(t_v) = Z(t_v^2) = E\big((t_v - \bar{t}_v)^2\big). \tag{4.78}$$

Sie ist gleich dem Quadrat der Standardabweichung und charakterisiert die Breite der Verteilungskurve. Die Zentralmomente können aus den Momenten bezüglich des Ursprungs berechnet werden. Hierzu gelten folgende Rechenvorschriften

$$Z^1[T_v] = \quad E[T_v - M_0^1] = M_0^1 - M_0^1 = 0, \tag{4.79a}$$

$$Z^2[T_v] = \quad E[(T_v - M_0^1)^2] = M_0^2 - (M_0^1)^2 \tag{4.79b}$$

$$Z^3[T_v] = \quad E[(T_v - M_0^1)^3] = M_0^3 - 3M_0^1M_0^2 + 2(M_0^1)^3 \tag{4.79c}$$

$$Z^4[T_v] = E[(T_v - M_0^1)^4] = M_0^4 - 4M_0^3M_0^1 + 6M_0^2(M_0^1) + 3(M_0^1)^4. \tag{4.79d}$$

Die allgemeine Gleichung zur Bildung der Zentralmomente aus den gewöhnlichen Momenten lautet:

$$Z^r[T_v] = E[(T_v - M_0)^r] = \sum_{i=0}^{r} \binom{r}{i} (-1)^i \, {M_0}^{r-i} (M_0)^i. \tag{4.79}$$

Diese Gleichungen werden zur Auswertung von Meßkurven (Kap. 6.) mit Hilfe numerischer Verfahren (Programm „VWZAUS“, Anhang, 7.4.) verwendet; das gleiche gilt für (4.76b).

Näheres über die Rechnung mit Momenten in der Literatur über Wahrscheinlichkeitsrechnung (z. B. [45]).

c) Gewichtete Momente

Es ist wenig sinnvoll, aus gemessenen Verweilzeitkurven Momente der Ordnung $r > 4$ zu berechnen, da der Fehler, insbesondere aus dem Anteil größerer t_v-Werte stark ansteigt. Schon die dritten Momente sind daher mit größeren Unsicherheiten behaftet. Aus diesem Grund wurden von Østergaard und Michelsen [118] sogenannte gewichtete Momente vorgeschlagen (vgl. hierzu auch Richter [141]):

$$M_0^r(s, t_v) = \int_0^\infty f(t_v)\, e^{-st_v} t_v^r \, dt_v \tag{4.80}$$

mit s als eine Art Dämpfungsfaktor, dessen praktische Bedeutung darin zu sehen ist, daß die durch hohe t_v-Werte bedingten Fehler durch das Dämpfungsglied e^{-st_v} unterdrückt werden. Die Berechnung dieser gewichteten Momente wurde in das Rechenprogramm (Anhang) mit aufgenommen. Es gilt jedoch zu beachten, daß hiermit eine neue Klasse von Momenten definiert wurde, die im Falle der Verwendung als Vergleichsgrößen auch für die theoretischen Strömungsmodelle berechnet werden müssen.

4.5.3. *Lageparameter (Quantile, Moden und abgeleitete Größen) und Intensitätsfunktion*

a) Halbwertszeit, Quantil

Es gibt eine Reihe weiterer Kenngrößen, die beim Vergleich von Verweilzeitkurven Anwendung finden. Aus den Gesetzen des radioaktiven Zerfalls ist die sogenannte Halbwertszeit als die Zeit bekannt, nach deren Verlauf nur noch die Hälfte der ursprünglichen Substanzmenge vorhanden ist. Ähnlich läßt sich beispielsweise für einen kontinuierlich betriebenen Durchlaufrührkessel eine Halbwerts-Verweilzeit als die Zeit definieren, nach der die Indikatorkonzentration einer Stoßmarkierung auf den halben Betrag abgeklungen ist (diese Größe darf nicht mit der mittleren Verweilzeit verwechselt werden!). Die Verallgemeinerung des Sachverhalts hinsichtlich eines beliebigen Anteils p führt zu dem Begriff des Quantils p-ter Ordnung. Man nennt einen Wert t_v, der den Ungleichungen

$$P(T_v \leqq t_v) \geqq p, \quad P(T_v \geqq t_v) \geqq 1 - p \qquad (0 < p < 1) \tag{4.81}$$

genügt, einen Quantil p-ter Ordnung und bezeichnet ihn mit t_{vp}.

Das Ungleichungspaar (4.81) ist der Doppelungleichung

$$p - P(T_v = t_v) \leqq F(t_v) \leqq p \tag{4.81a}$$

äquivalent. Hat die Zufallsvariable T_v eine stetige Verteilung, so ist das Quantil p-ter Ordnung derjenige Wert von t_v, der die Gleichung

$$F(t_v) = p \tag{4.82}$$

erfüllt. Quantile und ihre Funktionen werden Lageparameter genannt [45]. Als wichtiger Lageparameter wurde die Halbwertzeit $F(t_v) = 0{,}5$ bereits genannt. Sie kann gemäß Gl. (4.82) aus der integrierten genormten Verweilzeitdichteverteilung ermittelt werden. Für symmetrische Verteilungen (und nur für diese) fallen Mittelwert und Halbwertszeit zusammen. Funktionen der Quantile können als Streumaße dienen. (Näheres hierüber in der einschlägigen Fachliteratur.)

b) Wahrscheinlichste Verweilzeit (Mode) t_w

Bei der Betrachtung von Verweilzeitkurven fällt ein Merkmal sofort ins Auge; das Maximum der Verteilung mit dem Abszissenwert t_w. Diese wahrscheinlichste (häufigste) Verweilzeit t_w ist neben dem Mittelwert ein wichtiger

Lageparameter zur Charakterisierung der Verteilungskurve. Für die meisten chemischen Anlagen findet man Verweilzeitkurven mit einem Maximum. Das deutet darauf hin, daß diese durch einfache Modelle, z. B. durch Einparametermodelle, beschrieben werden können. Treten mehrere Maxima auf, so liegt ein komplizierter Materialtransport vor, welcher nur durch ein Vielparametermodell darstellbar ist. Der Wert t_w wird in der Wahrscheinlichkeitsrechnung als Mode bezeichnet; Kurven mit einem Maximum heißen unimodal, die mit mehreren Maxima werden als polymodal bezeichnet.

Man kann eine Verweilzeitverteilung durch Lageparameter, von denen hier drei genannt wurden, näherungsweise beschreiben. Für symmetrische Kurven (Gausssche Glockenkurve) fallen Erwartungswert, wahrscheinlichste Verweilzeit (Mode) und Halbwertszeit (Mediane) zusammen. Umgekehrt folgt, daß die Asymmetrie der Kurve um so größer ist, je weiter die genannten Lageparameter voneinander entfernt sind.

c) Standardabweichung

Die Standardabweichung wird aus dem zweiten Zentralmoment gebildet

$$\gamma(t_v) = \pm \sqrt{Z(t_v^2)} \tag{4.83}$$

Sie charakterisiert ähnlich wie $Z(t_v^2)$ die Breite der Verteilung, hat jedoch zum Unterschied davon die gleiche Dimension wie die Zufallsgröße.

d) Asymmetriefaktor

Aus dem dritten Zentralmoment wird eine Größe, welche die „Schiefe" (skewness) der Kurve bezeichnet, gebildet:

$$SY = \beta(t_v) = Z(t_v^3)/(\gamma(t_v))^3. \tag{4.84}$$

Sie hat die gleiche Dimension wie die Verweilzeit und ist Null für alle symmetrischen Verteilungen, was generell für alle Zentralmomente ungerader Ordnung zutrifft. Für die meisten Verweilzeitkurven sind die Asymmetriefaktoren positiv. In Abb. 4.10 sind drei charakteristische Kurvenformen mit den dazugehörigen Asymmetriefaktoren, darunter Kurven mit Angaben über den Exzeß EX (siehe e)) dargestellt.

e) Exzeß

Eine wegen der starken Berechnungsfehler zur Beurteilung von Verweilzeitkurven seltener verwendete Größe ist der sogenannte Exzeß

$$EX = \varepsilon(t_v) = Z(t_v^4)/(\gamma(t_v))^4 - 3. \tag{4.85}$$

Er zeigt an, ob eine Kurve bezüglich der Normalverteilung ($EX = 0$) überhöht oder abgeplattet ist.

f) Hold-back

Schließlich sei noch der von Danckwerts [36] eingeführte Hold-back-Begriff genannt

$$H = \int_0^{\bar{t}_v} \int_0^{\tau} f(t)\, dt\, d\tau . \tag{4.86}$$

Für Pfropfenströmung wird $H = 0$, bei vollständiger Rückvermischung ist $H = 1/e$.

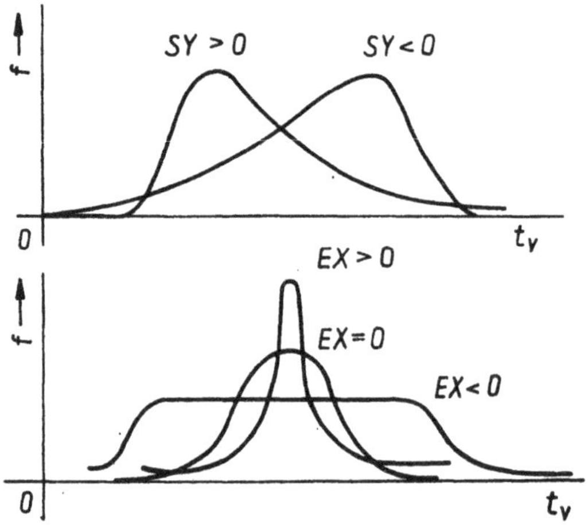

Abb. 4.10: Asymmetriefaktor (*SY*) und Exzeß (*EX*) von Verweilzeit-Dichteverteilungen.

g) Intensitätsfunktion

Zur Charakterisierung von Verweilzeitkurven hat sich eine praktische Funktion bewährt, die bei der Auswertung von Meßkurven Aufschluß darüber gibt, ob das Strömungssystem tote Zonen oder Kurzschlüsse (Durchbrüche) enthält. Eine nähere Beschreibung dieses praktischen Gesichtspunktes der Funktion befindet sich in Kapitel 6. Hier sei lediglich die Definition gegeben [111]:

$$\Lambda^A(t_v \mid t^A) = f^A(t_v \mid t^A)/I^A\,(t_v \mid t^A) . \tag{4.87a}$$

Hieraus geht hervor, daß Λ die Dimension einer Dichtefunktion hat. Zum besseren Verständnis dieser Größe ist es sinnvoll, die Gl. (4.87a) umzustellen

$$f^A(t_v \mid t^A) = \Lambda^A(t_v \mid t^A) \cdot I^A(t_v \mid t^A) . \tag{4.87b}$$

Gl. (4.87b) mit dt_v multipliziert, bedeutet: Die Wahrscheinlichkeit für ein im Ausgangsstrom befindliches Teilchen das Alter t_v zu haben (genauer: ein Alter im Bereich $t_v + dt_v$ zu haben; wobei $t_v = \alpha = t^A - t^E$, mit $t^A = 0$) ist gleich der Wahrscheinlichkeit, ein Alter von zumindest $\alpha = t_v$ erreicht zu haben (vgl. Gl. (4.8)), multipliziert mit der Wahrscheinlichkeit, das System zu diesem Zeitpunkt zu verlassen. Die Funktion Λ ist also eine Größe zur Charakterisierung der Austrittsintensität aus dem Strömungssystem. Eine direkte Messung nach der durch Gl. (4.87) getroffenen Definition ist nicht möglich. Da die praktische Bestimmung nur aus den entsprechenden Indikatorkonzentrationskurven bzw. aus umgerechneten Verteilungsfunktionen gebildet werden können, gelten alle Betrachtungen und Schlußfolgerungen, die aus dieser Funktion hergeleitet werden, nur für ergodische Strömungssysteme, so daß auch in diesem Zusammenhang noch einmal die Wichtigkeit von Wiederholungsmessungen betont werden muß.

4.5.4. *Charakteristische Funktionen und Momente*

In der Wahrscheinlichkeitsrechnung und ihrer Anwendungen auf die Statistik haben sich neben den Verteilungsfunktionen andere Funktionen der Zufallsvariablen bewährt. So ist eine wichtige Eigenschaft der Verteilung ihre charakteristische Funktion, welche die inverse FOURIER-transformierte Funktion von $f(t_v)\,dt_v$ ist:

$$\varphi(\tau) = E[e^{i\tau T_v}] = \int_{-\infty}^{\infty} f(t_v)\, e^{i\tau t_v}\, dt_v\,, \tag{4.88}$$

wobei τ eine reelle Zahl und i die imaginäre Einheit ist. Die charakteristische Funktion läßt sich zur Bestimmung der Momente einer Verteilung verwenden. Es kann gezeigt werden, daß folgende Beziehung gilt (vgl. [45], S. 134ff.):

$$\frac{d^r\varphi(\tau)}{d\tau^r} = E[i^r T_v{}^r e^{i\tau T_v}]. \tag{4.88a}$$

Berechnet man die r-te Ableitung von $\varphi(\tau)$ an der Stelle Null, so vereinfacht sich (4.88a) zu

$$\frac{d^r\varphi(0)}{d\tau^r} = i^r E[T_v{}^r] = i^r M_0{}^r. \tag{4.88b}$$

Somit kann das r-te Moment bezüglich des Nullpunktes aus der Beziehung

$$M_0^r(t_v) = \varphi^{(r)}(0)/i^r \tag{4.89}$$

berechnet werden.

4.5.5. *Semiinvarianten*

Manchmal ist es günstiger, die Verteilung einer Zufallsvariablen nicht durch die Momente, sondern durch eine andere Gruppe von Parametern zu charakterisieren, die man erhält, wenn man die Funktion

$$\Psi(\tau) = \log \varphi(\tau) \tag{4.90}$$

betrachtet. Die Funktion $\Psi(\tau)$ läßt sich in MC-LAURIN-Reihen entwickeln:

$$\Psi(\tau) = \log \varphi(\tau) = \sum_{s=1}^{\infty} \frac{k_s}{s!} (i\tau)^s. \tag{4.91}$$

Die Koeffizienten k_s werden Semiinvarianten oder Kumulanten genannt, was sich daraus erklärt, daß bei einer Translation der Zufallsvariablen alle Semiinvarianten, außer k_1 unverändert bleiben. Zwischen den Semiinvarianten und Momenten lassen sich folgende Beziehungen ableiten. (Näheres siehe [45].):

$$\left.\begin{aligned} k_1 &= M_0^1 \\ k_2 &= M_0^2 - (M_0^1)^2 = D(T_v) \\ k_3 &= M_0^3 - 3M_0^1 M_0^2 + 2(M_0^1)^3 \\ k_4 &= M_0^4 - 3(M_0^2)^2 - 4M_0^1 M_0^3 + 12(M_0^1)^2\, M_0^2 - 6(M_0^1)^4 \end{aligned}\right\} \tag{4.92}$$

und die inversen Beziehungen:

$$\left.\begin{aligned} M_0^1 &= k_1 \\ M_0^2 &= k_2 + k_1^2 \\ M_0^3 &= k_3 + 3k_1 k_2 + k_1^3 \\ M_0^4 &= k_4 + 3k_2^2 + 4k_1 k_3 + 6k_1^2 k_2 + k_1^4 \end{aligned}\right\} \tag{4.93}$$

Die Semiinvarianten lassen sich durch die Zentralmomente ausdrücken:

$$\left.\begin{aligned} k_1 &= Z^1[T_v] \\ k_2 &= Z^2[T_v] = D(T_v) \\ k_3 &= Z^4[T_v] \\ k_4 &= Z^4[T_v] - 3(Z_2)^2 \end{aligned}\right\} \tag{4.94}$$

Die hier aufgeführten Beziehungen sollen in erster Linie dazu dienen, die Berechnung der Momente und anderen Zahlencharakteristika zu erleichtern.

4.6. Stochastische Verweilzeit-Raum-Strukturen

In Abschn. 4.2. wurde die Verweilzeit eines im Strömungssystem befindlichen Teilchens als ein zweidimensionaler Zufallsvektor mit den beiden Komponenten: Alter des Teilchens A (d. h. „im Systeminneren verweilte Zeit") und Restverweilzeit Λ (d. h. „noch zu verweilende Zeit") beschrieben. Die hieraus ableitbaren Verteilungsfunktionen lassen, wie gesagt, zunächst noch keinerlei Schlüsse auf die räumliche Aufenthaltswahrscheinlichkeit eines Teilchens zu. Um diesbezügliche Aussagen treffen zu können, muß die Strömungsart bekannt sein. Durchwandert das Teilchen einen Rohrreaktor z. B. näherungsweise in Form einer Pfropfenströmung, so gilt $\alpha + \lambda = \bar{t} = t_{PF}$, die Verweilzeit ist keine Zufallsgröße, und der zurückgelegte Weg x ist dem Alter α proportional. Es gibt eine eindeutige Zuordnung von α und λ und Position im Strömungssystem. Bei einer mit Diffusion überlagerten Pfropfenströmung ist eine Lokalisierung nur im Mittel möglich, während eine totale Durchmischung mit einer Gleichverteilung der Aufenthaltswahrscheinlichkeit identisch ist.

Eine exakte mathematische Zuordnung: innere Verweilzeitstruktur — räumliche Anordnung — kann als Endziel einer statistischen Strömungslehre angesehen werden. Grundlegende Gedanken hierzu wurden bereits von McCord [105] entwickelt. Die Vorteile dieser auf einer stetigen Betrachtungsweise basierenden Darlegungen sind vorwiegend in der Ableitung und Beschreibung wichtiger allgemeingültiger statistischer Grundbeziehungen zu sehen. Praktische Berechnungen hingegen sind immer nur dann möglich, wenn solche allgemeingültigen Beziehungen durch konkrete Modellvorstellungen präzisiert werden. Für eine stetige Betrachtungsweise ist das Diffusionsmodell [163, 164, 165, 166] entwickelt worden, das vom Standpunkt eines Einzelteilchens als Irrfahrtmodell beschrieben werden kann (vgl. hierzu Schügerl [158]). Diskretisierte Raumstrukturen führen zu den sogenannten Zellenmodellen. Diese sind vom Ursprung her zwar als reine Zeitmodelle aufzufassen, können jedoch auch als räumliche Anordnungen aufgefaßt werden (vgl. hierzu Klinkenberg [88]). Vorstellungen über diskretisierte Modelle sind bei Irmer [71], Schügerl [158] und in mehreren Arbeiten von Kafarow und Klipinitzer [74, 75, 76, 77, 78] sowie bei Pippel [119], Pippel und Philipp [123] zu finden. In diesem Abschnitt sollen Grundlagen für stetige und diskrete Darstellungen vom Standpunkt der Wahrscheinlichkeitstheorie dargelegt werden.

4.6.1. *Stetige Abbildungen, allgemeine Grundlagen*

Ausgehend von einem stochastischen Teilchenfluß

$$\dot{N}^E(t^E)\,\Delta t^E = N^E(t^E < T^E < t^E + \Delta t^E) \tag{4.95}$$

mit den Eigenschaften

$$\dot{N}^E(t^E) \geqq 0$$

und

$$\int_{-\infty}^{+\infty} \dot{N}^E(t^E)\,dt^E \leqq +\infty \tag{4.95a}$$

wird ein stochastischer Prozeß [105]

$$\big((\boldsymbol{X}_t(t \geqq t^E) \,|\, T^E = t^E) \in (S, S_b, t = t^E)\big) \tag{4.96}$$

definiert, dessen Realisierung eine Raumtrajektorie (Abb. 4.11) beschreibt. $\boldsymbol{X}_t$ ist als Zufallsvektor $[X_1(t),\ X_2(t),\ X_3(t)]$ (X_i — Zufalls-Raumkoordinaten) aufzufassen. Gleichung (4.96) besitzt die Dichtefunktion

$$f_X(t, \boldsymbol{x} \mid t^E)\, \Delta \boldsymbol{x} = P(\boldsymbol{x} < \boldsymbol{X}_t < \boldsymbol{x} + \Delta \boldsymbol{x} \mid T^E = t^E) \qquad (4.97)$$

mit der Eigenschaft

$$\int_{S+S_b} f_X(t, \boldsymbol{x} \mid t^E)\, d\boldsymbol{x} = 1 \qquad (4.97\,\text{a})$$

und den Koordinaten

$$\begin{aligned} -\infty < t^E < t < +\infty \\ \boldsymbol{x} \in (S + S_b) \end{aligned} \qquad (4.97\,\text{b})$$

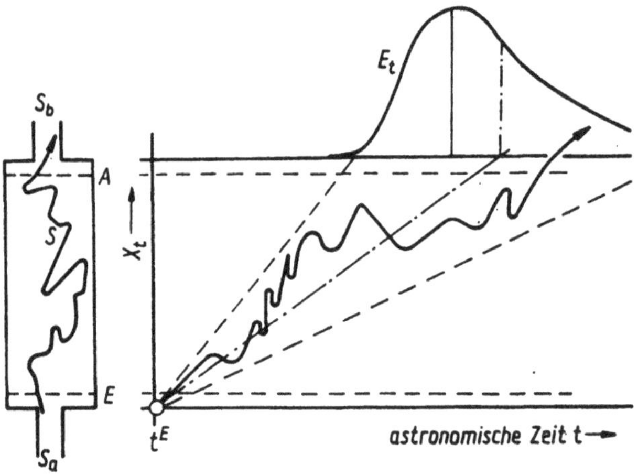

Abb. 4.11: Schematische Darstellung einer Raumtrajektorie eines strömenden Teilchens.

Gl. (4.96) gilt für jeden Eintrittspunkt, so daß der Gesamtstofftransport durch ein Kontinuum solcher Prozesse dargestellt wird. Die Kenntnis von (4.95) und (4.97) genügt, um den Transportvorgang zu charakterisieren. Gl. (4.97) kann prinzipiell gemessen werden, wozu jedoch eine Vielzahl von Meßstellen erforderlich ist. Erste Näherungen können durch Anbringen mehrerer Meßstellen erhalten werden.

Für Teilchen, die zum Zeitpunkt t^E in das Strömungssystem eingetreten sind und sich zu einem späteren Zeitpunkt in $\boldsymbol{x} \in S$ aufhalten, gilt die Verteilung

$$\begin{aligned} \dot{N}^E(t_0, \boldsymbol{x}, t^E)\, \Delta \boldsymbol{x}\, \Delta t^E &= N^E(\boldsymbol{x} < \boldsymbol{x}_t < \boldsymbol{x} + \Delta \boldsymbol{x}, t^E < T^E < t^E + \Delta t^E) \\ &= P(\boldsymbol{x} < \boldsymbol{X}_t < \boldsymbol{x} + \Delta \boldsymbol{x} \mid T^E = t^E)\, N^E(t^E < T^E < t^E + \Delta t^E) \end{aligned} \qquad (4.98)$$

Die Dichtefunktion $\dot{N}^E(t_0, \boldsymbol{x}, t^E)$ kann zerlegt werden in das Produkt

$$\dot{N}^E(t_0, \boldsymbol{x}, t^E) = f_X(t_0, \boldsymbol{x} \,|\, t^E)\, \dot{N}^E(t^E) \tag{4.99}$$

mit der Randdichteverteilung

$$\varrho(t_0, \boldsymbol{x}) = \int\limits_{-\infty}^{t_0} f_X(t_0, \boldsymbol{x} \,|\, t^E)\, \dot{N}^E(t^E)\, dt^E . \tag{4.100a}$$

Werden die Betrachtungen über alle Teilchen ausgeführt (und nicht nur auf eine bestimmte Sorte beschränkt), so ist $\varrho_0(t_0, \boldsymbol{x})$ die mechanische Dichte an der Stelle $\boldsymbol{x}$ zum Zeitpunkt t_0.

Der entsprechende Gedankengang ((4.95) → (4.100)), auf der Basis austretender Teilchen vollzogen, führt zu einer anderen Randdichteverteilung

$$\varrho(t_0, \boldsymbol{x}) = \int\limits_{t_0}^{\infty} f_X(t_0, \boldsymbol{x}, t^A)\, \dot{N}^A(t^A)\, dt^A , \tag{4.100b}$$

die aus Erhaltungsgründen mit (4.100) identisch sein muß

$$\int\limits_{-\infty}^{t_0} f_X(t_0, \boldsymbol{x} \,|\, t^E)\, \dot{N}^E(t^E)\, dt^E = \int\limits_{t_0}^{\infty} f_X(t_0, \boldsymbol{x} \,|\, t^A)\, \dot{N}^A(t^A)\, dt^A . \tag{4.101}$$

Gl. (4.101) gibt eine Beziehung zwischen Raum-Dichteverteilungsfunktionen, basierend auf ein- und ausströmenden Teilchen wieder.

Wichtig sind noch die Beziehungen zwischen Raum-Dichteverteilung und Verweilzeit-Dichteverteilung. In Tab. 4.3 ist die bedingte Verteilung $F^S(\alpha, \lambda | \alpha = 0)$ (3/5) erklärt. Die entsprechende komplementäre Funktion $I^S = 1 - F^S$ lautet

$$I^S(\alpha, \lambda \,|\, \alpha) = 0) = P(\Lambda > \lambda \,|\, 0 < A < d\alpha) \tag{4.102}$$

und stellt mit $t^E = t_0 = 0$, $\Lambda = T_v$, $\lambda = t_v$ die Restverweilzeitverteilung

$$I^E(t_v \,|\, t^E = 0) = P(T_v > t_v \,|\, T^E = t^E = 0) \tag{4.103}$$

aller zum Zeitpunkt t_0 in S^E befindlichen Teilchen dar. Gl. (4.103) drückt die Wahrscheinlichkeit dafür aus, daß ein zum Zeitpunkt t_0 in den Reaktor gelangtes Teilchen eine Verweilzeit größer als t_v hat; mit anderen Worten, es ist die Wahrscheinlichkeit, sich zu dem späteren Zeitpunkt $t_0 + t_v (t_0 = 0)$ noch im Strömungssystem aufzuhalten. Mathematisch kann dieser Sachverhalt ausgedrückt werden durch

$$P(T_v > t_v \,|\, T^E = t^E) = P(X_{(t^E + t_v)} \in S \,|\, T^E = t^E) , \tag{4.104}$$

wodurch eine Verbindung zwischen Zeit- und Raumanordnung gegeben ist Die entsprechende Beziehung zwischen den Dichteverteilungen lautet:

$$f^E(t_v \,|\, t^E) = -\frac{\partial}{\partial t_v} \int\limits_S f_X(t^E + t_v, \boldsymbol{x} \,|\, t^E)\, d\boldsymbol{x} . \tag{4.105}$$

Da $f^E(t_v \mid t^E)$, wie in Abschn. 4.5.2. gezeigt wurde, eine mittels Stoßmarkierung meßbare Größe ist, stellt Gl. (4.105) eine wichtige Beziehung dar. Aus der integralen Verknüpfungsform beider Dichtefunktionen geht hervor, daß grundsätzlich eine unendliche Mannigfaltigkeit von Strömungsformen einer Verweilzeitkurve zugeordnet werden kann. Hieraus folgt notwendigerweise, daß alle Strömungsmodelle, die lediglich aus dem gemessenen Verweilzeitspektrum abgeleitet wurden, rein formaler Natur sind. Da die umgekehrte Verknüpfung $f_X \to f^E$ eindeutig ist, müssen die Bemühungen des Experimentators auf die Bestimmung von f_X gerichtet sein. Einer solchen Konzeption kann in gewissem Grade dadurch entsprochen werden, daß bei Traceruntersuchungen mehrere Meßstellen auf alle Bereiche des Strömungssystems verteilt werden. Darüber hinaus sollten die geometrischen und sonstigen konstruktiven Eigenheiten des untersuchten Strömungssystems bei der Selektion des Modells, an das die gemessene Kurve anzupassen ist, berücksichtigt werden. Die von McCord [105] abgeleiteten Beziehungen sind Grundansätze für eine noch zu entwickelnde stochastische Strömungstheorie. Es wird jedoch vom Standpunkt der technologischen Praxis schwierig sein, die entsprechenden stetigen analytischen Ausdrücke zu finden.

Erfolgversprechende Ansätze scheinen in dieser Hinsicht die für Markow-Prozesse [45, 103], von Kolmogorow [90] abgeleiteten fundamentalen Gleichungen zu liefern. Es gelten für kontinuierliche Systeme von Zuständen für den einparametrigen Fall gemäß einer pro- und retrospektiven Infinitesimalbetrachtung zwei fundamentale Differentialgleichungen [90], die sich in der vereinfachten Form

$$\frac{\partial^2 f(x, t)}{\partial t^2} = -\frac{\partial}{\partial x}[A(x, t)\, f(x, t)] + \frac{\partial}{\partial x^2}[B^2(x, t)\, f(x, t)] \tag{4.106}$$

darstellen lassen (vgl. hierzu Irmer [71]), woraus mit $A(x, t) = 0$ und $B^2(x, t) = D$ die Diffusions- oder Dispersionsmodelle [71] und Irrfahrtmodelle [158] abgeleitet werden können.

4.6.2. *Diskretisierte Abbildungen,* Markow-*Ketten*

Eine einfache Darstellung von Strömungsmodellen ist in Form Markowscher Ketten [45, 103] möglich. Das setzt voraus, daß der in 4.1.1. und 4.2.1. beschriebene stochastische Charakter des Stofftransports *markowsch* ist (vgl. hierzu Irmer [71]). Ein markowscher Prozeß ist als ein Vorgang ohne Nachwirkungen erklärt: ein Teilchen, das sich nach $k - 1$ Schritten in einem Zustand ε_i befindet, geht im k-ten Schritt (Zeitinkrement) mit einer Wahrscheinlichkeit p_{ij} in den Zustand j über, unabhängig davon, in welchem Zustand es vorher war:

$$\begin{aligned} p_{ij}(k) &= P[a_j(k) \mid a_i(k-1), a_{(i,k-2)}(k-2), \ldots, a_{(i,0)}(0)] \\ &= P[a_j(k) \mid a_i(k-1)]. \end{aligned} \tag{4.107}$$

Gl. (4.107) stellt den Sonderfall eines Zufallsprozesses dar: es handelt sich um einen Prozeß in diskreter Zeit und diskreten Zuständen (MARKOWsche Kette). Der Ausdruck $p_{ij}(k)$ ist die bedingte Wahrscheinlichkeit dafür, daß sich das System nach dem k-ten Schritt im Zustand a_j befindet, wenn es sich beim $(k - 1)$ten im Zustand a_i befand. Man sagt, die Folge bildet eine homogene MARKOWsche Kette, wenn für $i, j, k = 1, 2, 3, \ldots$ die bedingten Wahrscheinlichkeiten $p_{ij}(k)$ nicht von k abhängen:

$$p_{ij}(k) = p_{ij}. \tag{4.108}$$

Die Wahrscheinlichkeit p_{ij} heißt Übergangswahrscheinlichkeit vom Zustand a_i in den Zustand a_j.

Eine Voraussetzung dafür, daß eine MARKOW-Kette homogen ist, besteht in dem in Abschn. 4.3. dargestellten ergodischen Verhalten von Strömungssystemen (es sei an dieser Stelle vermerkt, daß der Ergodensatz im Sinne von LANDAU und LIFSCHITZ [94] und SOLODOWNIKOW [152] verwendet wird; im Zusammenhang mit MARKOW-Prozessen findet man gewöhnlich andere Interpretationen [13, 94]).

Die Frage danach, inwiefern Teilchentransportvorgänge in technologischen Strömungssystemen als MARKOW-Kette dargestellt werden können, muß in jedem konkreten Fall neu untersucht werden. Grundvoraussetzung ist die regellose Teilchenbewegung (turbulente Strömung, Strömung um Einbauten, Katalysatorschüttungen u. a.). Das Strömungssystem wird in eine endliche Zahl von Zellenbereichen eingeteilt, zwischen denen die Übergänge $i \to j$ möglich sind. Die Größe der Bereiche spielt hierbei eine nicht unwesentliche Rolle. Wählt man sie zu klein, so folgt aus dem Trägheitssatz, daß die Übergänge nicht mehr unabhängig von zurückliegenden Zuständen sind. Dem könnte zwar durch Einführung von MARKOW-Prozessen höherer Ordnung begegnet werden, würde jedoch einen wesentlich erhöhten Rechenaufwand zur Folge haben. Das Zellenmodell, das als Verallgemeinerung der in der technologischen Praxis häufig verwendeten Rührstufenmodelle [79, 102, 104, 125, 156, 158] aufzufassen ist, kann in Form einer MARKOWschen Übergangsmatrix $\boldsymbol{P}$

$$\boldsymbol{P} = \begin{pmatrix} p_{11} & p_{12} & \cdots & p_{1n} \\ p_{21} & p_{22} & \cdots & p_{2n} \\ \vdots & \vdots & & \vdots \\ p_{n1} & p_{n2} & \cdots & p_{nn} \end{pmatrix} \tag{4.109a}$$

mit

$$0 \leqq p_{ij} \leqq 1 \tag{4.109b}$$

und

$$\sum_j p_{ij} = 1$$

dargestellt werden (vgl. hierzu [77]).

Mit dem Anfangszustandsvektor

$$\boldsymbol{A}(0) = [a_1(0), a_2(0), a_3(0) \cdots a_n(0)] \tag{4.110}$$

kann auf Grund des BAYESschen Satzes der totalen Wahrscheinlichkeiten [45] jeder beliebige Zustand gemäß

$$a_j(k) = \sum_i a_i(k-1)\, p_{ij}(k) \tag{4.111}$$

bzw. in der Matrizenschreibweise

$$\boldsymbol{A}(k) = \boldsymbol{A}(k-1)\, \boldsymbol{P}(k) \tag{4.111a}$$

berechnet werden. Weiterhin folgt aus den Eigenschaften des homogenen MARKOW-Prozesses (vgl. (4.109)):

$$\boldsymbol{A}(k) = \boldsymbol{A}(0)\, (\boldsymbol{P})^k \tag{4.112}$$

Der Übergang von i nach i (Wahrscheinlichkeit in dem Zustand zu verweilen unter der Bedingung schon vorher darin gewesen zu sein) wird mit

$$p_{ii} = \exp\,(-\lambda_i\, \Delta t) \tag{4.113}$$

angesetzt. Die Größe λ_i ist als Übergangsintensität aufzufassen

$$\lambda_i = \frac{1}{\tau_i} \tag{4.114}$$

mit τ_i als mittlere Verweilzeit in der i-ten Zelle:

$$\tau_i = \frac{v_i}{\dot{v}_{Mi}} \tag{4.115}$$

Für viele Fälle der technischen Praxis genügt die erste Näherung aus der TAYLOR-Entwicklung

$$\exp\,(-\lambda_i\, \Delta t) = 1 - \lambda_i\, \Delta t\,. \tag{4.116}$$

Die erste wichtige Aufgabe zur Modellierung kontinuierlich betriebener chemischer Reaktoren besteht demnach in dem Auffinden der MARKOWschen Strömungs-Übergangsmatrix (4.109). Hierzu gibt es die Möglichkeiten:

1. Ableitung von Zellengröße und Verknüpfungsart aus technologischen Kennziffern. Diese Verfahrensweise ist überall da anwendbar, wo Anlagen aus miteinander verschalteten durchmischten Teilsystemen bestehen (Mischkessel-Batterien).
2. Vorgabe der Zellenzahl und Art der Verknüpfung; Berechnung der Zellengrößenverteilung durch ein geeignetes Optimierungsverfahren durch Anpassung an gemessene Verweilzeitkurven [135]. Die Vorgaben sind aus konstruktiven geometrischen Eigenheiten, erhärtet durch Messung von Verweilzeitkurven an Zwischenbereichen in Verbindung mit den praktischen Erfahrungen des Betreibers der Anlage herzuleiten.
3. Vorgabe der Zellengröße und Zellenzahl; Berechnung der Verknüpfungen, ähnlich wie in 2.
4. Vorgabe der Zellenzahl; Berechnung von Größenverteilung und Verknüpfung, ähnlich wie in 2.

Für die Fälle 2., 3. und 4. sind Suchprogramme nach dem gedämpften GAUSS-NEWTON-Verfahren entwickelt worden (s. „Anhang“).

5. Verweilzeitmodelle und chemische Reaktion

5.1. Verweilzeit und Reaktion, Begriffserläuterungen

In den vorangehenden Kapiteln wurde gezeigt, daß der Verweilzeitbegriff, aus der Strömungsmechanik hergeleitet, von unterschiedlichen Standpunkten interpretiert werden kann. Es wurde eine systemtheoretische Darstellung im Zeitbereich und Bildbereich (LAPLACE- und FOURIER-Transformation) gegeben, gezeigt, wie ein Stofftransportprozeß durch Systembeschreibung mit Zustandsgrößen dargestellt werden kann, wahrscheinlichkeitstheoretische Aspekte kamen zur Anwendung.

Die Verweilzeit ist eine nützliche Größe zur Auslegung kontinuierlicher Verfahren. Ihre Vorteile kommen jedoch nur dann voll zur Geltung, wenn der Begriff mit den Stoffumwandlungsprozessen in Zusammenhang gebracht wird. Die Möglichkeiten einer solchen Verknüpfung sind — wie in Kap. 1. angedeutet — ein wesentlicher Grund dafür, daß der Verweilzeit bei der Behandlung von Strömungsprozessen eine Sonderstellung eingeräumt wird (vgl. hierzu die Beziehungen (1.3) und (1.4)).

Grundsätzlich gibt es zwei Möglichkeiten bei der Verknüpfung von Verweilzeit mit chemischer Reaktion. Die eine besteht in der Ableitung von geschlossenen analytischen Ausdrücken, die andere ist in den numerischen Verfahren zu sehen. Beide Methoden bedürfen der Verweilzeitmodelle, auch Verweilzeittypenmodelle genannt, da sie aus bestimmten idealisierten und typisierten Vorstellungen über den Stofftransportprozeß in Strömungssystemen abgeleitet worden sind. Es handelt sich hierbei vorwiegend um Vorstellungen wahrscheinlichkeitstheoretisch-statistischer Art. Derartige Betrachtungen führen zu dem Begriff des Mischens, so daß die Mehrzahl der Verweilzeitmodelle als Mischmodelle anzusehen ist. Durch die Einführung dieser statistischen Modellvorstellungen ist es möglich, komplizierte Strömungsvorgänge zu vereinfachen, wodurch wesentliche Vorteile für die Berechnung von mit dem Stofftransportprozessen einhergehenden Umwandlungsvorgängen erschlossen werden. Es gilt für einen Stoffumwandlungsgrad X^A am Ausgang des Strömungssystems (bzw. für eine Konzentration c^A):

$$X^A = X^A(\text{Modell}, t, X^E(t)) . \tag{5.1}$$

Der Umsatz (Konzentration) am Ausgang ist für ein bestimmtes Verweilzeitmodell und Eingangsbedingungen, ähnlich wie in der chemischen Kinetik, eine Zeitfunktion. Für die Dimensionierung und Optimierung großtechnischer

Anlagen ist der stationäre Umsatz von Bedeutung.

$$X^A_{\text{stat.}} = X^A_{\text{stat.}}\,(\text{Modell}, \bar{t}_v, X^E). \qquad (5.2)$$

Der stationäre Umsatz ist eine Funktion der mittleren Verweilzeit, wobei, wie in Kap. 1. bereits erläutert, anstelle der mittleren Verweilzeit $\bar{t}_v$ besser die Größe $\tau = v_R/\dot{v}^E_M$ (Gl. (1.1)) zu verwenden ist.

Die Verweilzeitmodelle können nach verschiedenen Gesichtspunkten klassifiziert werden. Eine wesentliche Einteilung davon ist die in Modelle mit konzentrierten Parametern und Modelle mit verteilten Parametern.

Der Begriff „Modell mit konzentrierten Parametern" ist in der Regelungstechnik und Elektrotechnik üblich und wird auf Systeme angewendet, für deren mathematische Beschreibung man mit gewöhnlichen Differentialgleichungssystemen auskommt. Es handelt sich also um Modelle, bei denen die Ortskoordinaten keine Rolle spielen; alle Prozesse sind als reine Zeitvorgänge darstellbar.

In der Verweilzeitanalyse hat sich im Zusammenhang mit solchen Betrachtungen eine andere Bezeichnungsweise eingebürgert, die Anlaß zu Irrtümern sein kann. Man trifft hier eine Unterscheidung zwischen „offenen" und „geschlossenen" Systemen [158].

Modelle mit konzentrierten Parametern entsprechen daher den „geschlossenen" Systemen, solche mit verteilten Parametern den „offenen" Systemen. Da man jedoch im Zusammenhang mit der chemischen Reaktionstechnik in Anlehnung an die Nomenklatur der irreversiblen Thermodynamik von der „Kinetik offener Systeme" spricht, ist es angebracht die Bezeichnungsweise „offene" und „geschlossene" Systeme möglichst zu vermeiden.

Modelle mit konzentrierten Parametern können auf einfache Weise miteinander verschaltet werden, wobei die in Kap. 3. beschriebenen Schaltregeln gelten. Hierdurch kann durch Kombination von Elementarschaltelementen, auch Zellen genannt, eine Vielfalt von realen Strömungssystemen näherungsweise abgebildet werden. Die wesentlichsten hiervon sind von Wen und Chung [180] in einem Übersichtsartikel zusammengestellt.

Da es sich sowohl bei den Mischvorgängen als auch den hieraus abgeleiteten Ersatzschaltelementen durchweg um lineare Systeme handelt, ergibt jede Kombination wiederum ein lineares System. Das gilt auch für die Einbeziehung von linearen Stoffumwandlungsprozessen (Reaktionen 1. Ordnung) in die Modelle mit konzentrierten Parametern. Zu diesem Zwecke ist es hinreichend den Laplace-Parameter s in der Übertragungsfunktion durch $s + k$ (k — Geschwindigkeitskonstante der Reaktion 1. Ordnung) zu ersetzen, so wie das in der Wenschen Arbeit geschehen ist und auch von Kafarow [73] übernommen wurde. In der vorliegenden Arbeit wird der Einfachheit halber auf diese Darstellung verzichtet.

Modelle mit konzentrierten Parametern (einfache und kombinierte Systeme) werden in Abschn. 5.2., Modelle mit verteilten Parametern (im wesentlichen das Diffusionsmodell mit verschiedenen Randbedingungen) in Abschn. 5.3. beschrieben.

Die Darstellungen über die Zusammenhänge Verweilzeit und chemische Reaktion wären unvollständig, würde nicht ein für die technische Reaktionsführung wesentlicher Gesichtspunkt berücksichtigt werden: der Segregationsgrad. Es ist vom Standpunkt des Ablaufes einer chemischen Reaktion (mit Ausnahme von Reaktionen erster Ordnung) nicht unwesentlich, ob die reagierenden Teilchen, d. h. die Atome oder Moleküle das Reaktionssystem als Einzelindividuen oder als kleine Gruppenverbände passieren. Letzteres ist dann der Fall, wenn die Vermischung nicht so intensiv ist, daß sich die reagierenden Individuen einzeln, d. h. relativ zueinander (Mikromischung), sondern nur größere Bereiche (Volumenelemente) (Makromischung) bewegen. Dadurch können nicht alle Teilchen zueinander gelangen und bewegen sich isoliert (segregiert) voneinander durch das Strömungssystem. Als Maß für diesen Zustand wurde von DANCKWERTS [37] der Segregationsgrad eingeführt. Der Segregationsgrad charakterisiert den Zustand der Mikromischung (genauer genommen, den Zustand der relativen Abgeschiedenheit) der Teilchen und muß somit in den Verweilzeitmodellen berücksichtigt werden. Es wird daher in den folgenden Abschn. 5.1. und 5.2 von einer vollständigen Mikromischung (Segregationsgrad Null) ausgegangen und Modelle mit Berücksichtigung der Segregation in einem besonderen Abschn. 5.3 behandelt.

Obwohl die Verweilzeittypenmodelle den Strömungsprozeß vereinfachen, ist es nicht möglich, für alle Arten von Stoffumwandlungsprozessen geschlossene mathematisch-analytische Ausdrücke abzuleiten, wenn man von den trivialen Fällen der linearen Reaktionsprozesse (Reaktion erster Ordnung) oder der konstanten Reaktionsgeschwindigkeit (Reaktion nullter Ordnung) absieht. Das gilt insbesondere für die Ableitung von dynamischen Modellen in Form der Beziehung (5.1), für die es so gut wie keine analytischen Lösungen gibt. Aber auch die Mehrzahl der stationären Lösungen (5.2) bedient sich der numerischen Verfahren. Diese Tatsache ließ es angebracht erscheinen, die übliche Verfahrensweise der in diesem Zusammenhang praktizierten Numerik einer Revision zu unterziehen, und einen neuen geschlossenen Algorithmus vorzuschlagen [119], [123]. Dieses Verfahren wird im Abschn. 5.5. vorgestellt.

5.2. Modelle idealer Mikromischung mit konzentrierten Parametern

5.2.1. Modell idealer Vermischung (Mischreaktor, Mischzelle, Rührkessel), (1)

Das Modell der idealen Vermischung stellt einen Extremfall dar, der in der Praxis nur näherungsweise — wenn auch in vielen Fällen in sehr guter Näherung — erreicht werden kann. Gibt man in den Einlauf eine Indikatormenge m_0 (Farbstoff, radioaktives Material), so verteilt sich diese momentan über das gesamte Volumen v_R, es stellt sich momentan eine Konzentration $c_I(0) = m_0/v_R$ ein, die dann allmählich in Form einer Exponentialfunktion abklingt (Abb. 5.1). Das Zeitverhalten der idealen Mischzelle entspricht dem eines Verzögerungsgliedes 1. Ordnung.

Vom Wahrscheinlichkeitsstandpunkt: ein Teilchen, das zum Zeitpunkt t^E mit dem Strom der Reaktionsmasse $\dot{v}_M^E = \text{const}$ in eine Zelle der idealen Vermischung gelangt, wird infolge der intensiven Mischwirkung völlig regellos im Systeminneren hin und her bewegt, so daß sein Wiedererscheinen am Ausgang des Systems völlig unabhängig davon ist, wie lange es sich schon darin aufgehalten hat. Die Austrittswahrscheinlichkeit eines Teilchens ist gleichverteilt. Die Feststellung, daß es sich hierbei um einen idealisierten Extremfall handeln muß, geht aus folgender Betrachtung hervor: Aus der Gleichverteilung der Austrittswahrscheinlichkeit geht hervor, daß ein im Innern befindliches Teilchen mit dem Alter gleich Null die gleiche Chance zum Verlassen des Strömungssystems haben muß, wie ein Teilchen, das schon eine endlich

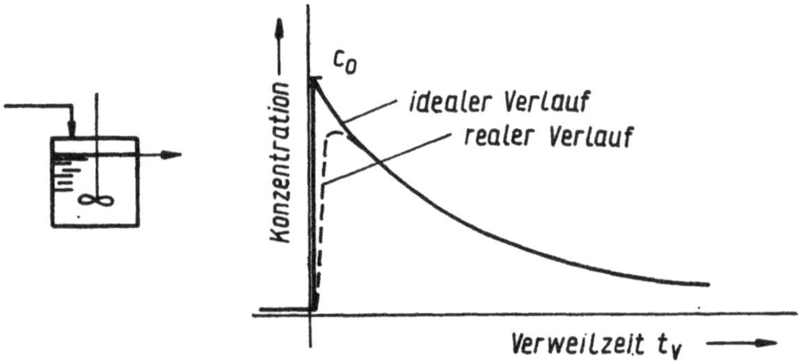

Abb. 5.1: Modell einer idealen Vermischung (kontinuierlich betriebener Rührkessel); Indikator-Impulsantwortfuntkion.

lange Zeit in v_R verweilt. Das ist aber nur dann möglich, wenn sich die Teilchen mit unendlich hoher Geschwindigkeit gegeneinander bewegen. Bei praktischen Untersuchungen findet man dabei häufig kleine Abweichungen (in Abb. 5.1 als gestrichelte Linie angedeutet), dadurch bedingt, daß jedes reale Mischsystem (Rührwerkskessel, Wirbeltopf, Segment einer Blasensäule u. dgl.) eine gewisse Trägheit besitzt. Diese Abweichungen können aber mitunter so klein sein, daß sie meßtechnisch nicht erfaßt werden. Bei Rührwerkskesseln ist es im wesentlichen eine Frage der Auslegung des Rührwerkes, um den Zustand der idealen Vermischung in guter Näherung zu erreichen.

Die Differentialgleichung zur Beschreibung des dynamischen Verhaltens kann sowohl aus der allgemeinen Form der Bilanzgleichung als auch auf einfachere Weise abgeleitet werden. Setzt man in der allgemeinen Stoffbilanzgleichung für homogene Systeme

$$\frac{\partial c_A}{\partial t} = -\text{div}\,(\boldsymbol{u} c_A) + \text{div}\,(D_A\,\text{grad}\,c_A) + \nu_A r \tag{5.3}$$

den Konzentrationsgradienten gleich Null (ideale Vermischung):

$$\text{grad}\,c_A = 0, \tag{5.4}$$

berücksichtigt, daß für eine Reaktion 1. Ordnung der Quellenausdruck ($\nu_A = -1$)

$$\nu_A r = -kc_A \tag{5.5}$$

wird, so vereinfacht sich (5.3) zu

$$\frac{\partial c_A}{\partial t} = -\operatorname{div}(\boldsymbol{u}c_A) - kc_A. \tag{5.6}$$

Formal müßte dieser Ausdruck nun über das gesamte Reaktorvolumen integriert werden. Die Integration ist jedoch insofern trivial, als (infolge der intensiven Durchmischung) keines der Ausdrücke von den Raumkoordinaten des Reaktorvolumens v_R abhängt. Das Volumenintegral der Divergenz eines Stoffflusses ist gleich der Differenz von ausgeströmter und eingeströmter Stoffmenge (GAUSSscher Satz), so daß aus Gl. (5.6) eine einfache Differentialgleichung

$$\frac{dc_A}{dt} v_R = -(\dot{v}_M^A c_A^A - \dot{v}_M^E c_A^E) - kc_A$$

oder umgeformt

$$\frac{dc_A^A(t)}{dt} + \frac{1}{\tau}(1 + k\tau)\, c_A^A(t) = \frac{1}{\tau}\, c_A^E(t) \tag{5.7}$$

abgeleitet werden kann. Hierbei gilt es folgende Annahmen und Bezeichnungen zu beachten:

— die Konzentration des Stoffes A ist an allen Stellen der idealen Mischzelle die gleiche; diese Feststellung gilt auch für den Ausgang der Zelle, so daß c_A^A anstelle c_A gesetzt werden kann,
— die Volumenströme am Aus- und Eingang werden als gleich angenommen (volumenbeständige Reaktion)
— die Größe τ ist als Füllzeit gemäß Gl. (1.1)

$$\tau = v_R/\dot{v}_M^E$$

definiert; sie ist wegen der Volumenbeständigkeit gleich der mittleren Verweilzeit in der Mischzelle.

Die LAPLACE-Transformation liefert die Übertragungsfunktion

$$G(s) = \frac{1}{1 + \tau(s + k)}. \tag{5.8}$$

Real- bzw. Imaginärteil der Frequenzgangfunktion $F(j\omega)$ lauten

$$\operatorname{Re}\{F(j\omega)\} = \frac{1}{1 + \omega^2\tau^2} \tag{5.9}$$

$$\operatorname{Im}\{F(j\omega)\} = \frac{\omega\tau}{1 + \omega^2\tau^2} \tag{5.10}$$

Würde man in den Eingang des Mischreaktors eine sinusförmig um einen Mittelwert schwingende Konzentration $(c^E(t))$ einführen, so würde das System am Ausgang im eingeschwungenen Zustand ebenfalls mit einer sinusförmigen Ausgangskonzentration antworten, jedoch mit einer Phasenverschiebung und einer verkleinerten Amplitude (Amplitudenverhältnis). Dabei ist das Amplitudenverhältnis: Ausgangsamplitude zu Eingangsamplitude — eine Funktion der Frequenz. Es klingt mit steigender Frequenz rasch gegen Null ab, der Mischreaktor wirkt wie ein Dämpfungsglied, es glättet die Schwingungen. Ein solches Verhalten wird in der Elektrotechnik und Regelungstechnik als Tiefpaß bezeichnet. (Näheres hierüber s. Kap. 3., insbes. Abschn. 3.3.2. und „Anhang", 7.2.).

Die ideale Mischzelle dient als Schaltelement zur Ableitung komplexer Modelle, mit deren Hilfe das Verhalten realer Systeme ersatzweise beschrieben werden kann. Zur Ableitung solcher Systeme gelten die bekannten Schaltregeln (Kap. 3., insbes. 3.5.1.).

Viele Strömungssysteme der technischen Praxis verhalten sich in guter Näherung wie eine ideale Mischzelle. Als Beispiele seien genannt:

- kontinuierlich betriebene Rührwerkskessel, beispielsweise bei der technischen Realisierung von Aufbaureaktionen,
- Wirbeltopf-Anlagen
- Segmente von Blasensäulenreaktoren und abschnittsweise gemischter Systeme.

5.2.2. *Modell idealer Verdrängung, Pfropfenströmungsmodell (2)*

Das Modell der idealen Verdrängung ist vom Standpunkt der inneren Durchmischung das extreme Gegenstück zur idealen Mischzelle. Es ist ebenfalls ein idealisiertes Strömungsmodell, welches auf der Annahme beruht, daß die Teilchen der Reaktionsmasse das Strömungssystem mit einer einheitlichen Verweilzeit passieren, etwa so, wie sich ein Pfropfen oder ein Kolben durch einen Zylinder bewegt. Vom Wahrscheinlichkeitsstandpunkt bedeutet dies, daß die Verweilzeit mit der Wahrscheinlichkeit Eins gleich der mittleren Verweilzeit ist. Ein vom Zeitpunkt $t_v = 0$ an mit konstanter Konzentration in den Frischzulauf gegebener Indikator verdrängt die ursprünglich im Inneren befindliche Substanz mit einer scharfen senkrecht zur Strömungsrichtung liegenden Front (ideale Verdrängung). Alle Eingangs-Konzentrationssignale erscheinen nach einer gewissen „Totzeit" am Ausgang in derselben Form wieder, wie sie aufgegeben wurden. Das Modell der idealen Verdrängung wird daher, insbesondere beim Verschalten mit anderen Elementen, auch als Totzeitglied bezeichnet.

Das Zeitverhalten dieses Elementarmodells ist so einfach, daß hierzu keine Differentialgleichung benötigt wird. Es gilt für alle Eingangssignale (ohne chemische Reaktion):

$$c^A(t) = c^E(t)\,\sigma(t - \bar{t}_v), \qquad (5.11)$$

wobei t_v nicht als mittlere Verweilzeit im Sinne der Statistik zu betrachten ist, sondern die Totzeit der Pfropfenströmung darstellt.

Der Übertragungsfaktor lautet:

$$G(s) = e^{-s\bar{t}_v}. \tag{5.12}$$

Ortskurve und Frequenzgang sind in Kap. 3., Abschn. 3.5.3. dargestellt. Aus dem Frequenzgang ist zu entnehmen, daß alle Eingangsschwingungen mit unveränderter Amplitude wieder am Ausgang erscheinen. Es findet keine Glättung statt, man spricht in der Elektro- und Regelungstechnik im Zusammenhang mit einer derartigen Verhaltensweise von einem Allpaß.

Das Modell der idealen Verdrängung kann in der Praxis nur für den Transport von Stück- und Schüttgut auf Förderbändern realisiert werden. Für fluide Medien gelingt es nur in grober Näherung. Vielfach werden Rohrreaktoren, chemische Anlagen mit einem hohen Länge-Durchmesser-Verhältnis überschlägig als Pfropfenströmungsmodell berechnet.

Eine wichtige Rolle spielt hierbei der Strömungszustand. Liegt die charakteristische REYNOLDS-Zahl unter dem kritischen Wert (Re < ca. 2500), so ist die Strömung bekanntlich laminar, d. h., daß in einem Rohr die an der Wand liegende Flüssigkeitsschicht ruht, während der Teil um die Mittelachse mit einer maximalen Geschwindigkeit vordringt. Über den Rohrquerschnitt stellt sich zylindersymmetrisch eine parabolische Geschwindigkeitsverteilung ein. Je nachdem auf welcher Zylinderbahn sich ein Teilchen befindet, durchwandert es den Reaktor mit einer bestimmten Verweilzeit. Die auf den einzelnen Bahnen befindlichen Teilchen können durch Diffusion auf benachbarte Bereiche wechseln. Die in unmittelbarer Wandnähe befindlichen Teilchen bleiben sehr lange Zeit im Reaktor. Hieraus erklärt sich die Verweilzeitverteilung eines solchen Strömungssystems: es existiert ein Schwellenwert, bedingt durch den mit maximaler Geschwindigkeit wandernden mittleren Bereich, die Kurve durchläuft ein Maximum und hat infolge der ruhenden und nur durch Diffusion austauschenden Randzone einen langen Schweif. Der analytische Ausdruck dieser Verteilung ist gegeben durch (ohne Berücksichtigung der Diffusion)

$$E(\theta) = \begin{cases} 0, & \theta < 1/2 \\ \dfrac{1}{2\theta^2}, & \theta \geqq 1/2. \end{cases} \tag{5.13}$$

Eine bessere Approximation an die Pfropfenströmung wird bei REYNOLDS-Zahlen Re > 2500 erreicht. Infolge der Turbulenz werden die Geschwindigkeitsunterschiede zwischen den mittleren Bereichen und Randzonen ständig ausgeglichen. Daher wird dieser Strömungszustand für die Auslegung vieler Reaktoren bevorzugt. Er läßt sich jedoch in der technologischen Praxis nicht immer verwirklichen, wegen der zu großen Rohrlängen, die sich für solche Reaktionssysteme ergeben, die eine große mittlere Verweilzeit benötigen.

Eine Annäherung an die Pfropfenströmung wird dann durch entsprechende Einbauten zu erreichen versucht. So dienen z. B. bei den kontinuierlichen Polykondensationsanlagen zur Herstellung von Polycaprolactam die eingebauten Wärmeaustauscher gleichzeitig dem Ausgleich des Strömungsprofils. In Abb. 5.2 sind Verweilzeitkurven der genannten Strömungsmodelle dargestellt. Das ideale Verdrängungsmodell wird in Kombination mit der idealen Mischzelle als Baustein zur Ableitung komplexer Modelle verwendet.

5.2.3. Kombinierte Reaktormodelle (Ersatzschaltungen)

Die wichtigsten Kenndaten und Merkmale der im folgenden beschriebenen Modelle sind am Anhang in Tabellenform zusammengefaßt. Die hinter den Bezeichnungen in Klammern gesetzten Zahlen entsprechen den Positionen in den Tabellen, dabei gelten für die bereits beschriebenen Modelle: Modelle der idealen Vermischung (1), Modell der idealen Verdrängung (2).

a) Zellenmodelle, Serienschaltung (3)

Unter dem Zellenmodell im weiteren Sinne ist eine beliebige Verknüpfung von Zellen idealer Vermischung und Verdrängung unterschiedlicher Größe zu verstehen. Es ist denkbar, daß bei einer ausreichend großen Zellenzahl jeder reale Strömungsprozeß approximativ beschrieben werden kann, da er sich aus translatorischen und Elementen der Vermischung zusammensetzt. Eine derartige Näherung an ein reales Strömungssystem kann schon nicht mehr als Ersatzschaltung angesprochen werden, sondern stellt in einem gewissen Grad ein naturwissenschaftlich begründetes Modell dar. Die Ableitung solcher Zellenmodelle aus Verweilzeituntersuchungen ist jedoch mit Schwierigkeiten verbunden. Das allgemeine Zellenmodell wird daher in einem gesonderten Abschnitt unter dem Gesichtspunkt der MARKOW-Ketten behandelt.

Im engeren Sinne wird unter einem Zellenmodell stets die Serienschaltung n gleich großer Zellen idealer Vermischung verstanden. Der reale Prototyp ist die Rührkesselkaskade oder die Mischreaktorbatterie, die in der technischen Praxis zur Realisierung vieler kontinuierlicher Prozesse Anwendung finden.

Die Flexibilität dieses Modells kommt darin zum Ausdruck, daß zwischen den beiden Extremfällen der Rückvermischung: Modell der idealen Vermischung ($n = 1$) und Modell der idealen Verdrängung ($n = \infty$) interpoliert werden kann. Dabei ist für viele Fälle der technischen Praxis ein Wert beispielsweise $n = 5$ und darüber ausreichend, um im Hinblick auf den Umsatz annähernd mit dem Pfropfenströmungsmodell rechnen zu können. Die Interpolation ist so zu verstehen, daß man sich ein gegebenes Reaktorvolumen sukzessive in immer mehr gleich große Bereiche idealer Vermischung unterteilt (Abb. 5.3) vorstellt solange, bis die gemessene Verweilzeitkurve mit der Modellkurve übereinstimmt. Man erhält eine äquivalente Rührstufenzahl.

Formal können Verweilzeitkurven der unterschiedlichsten Strömungssysteme mit dem Zellenmodell ausgewertet werden. Besonders geeignet für dieses Modell sind jedoch in erster Linie all diejenigen Systeme, bei denen tatsächlich

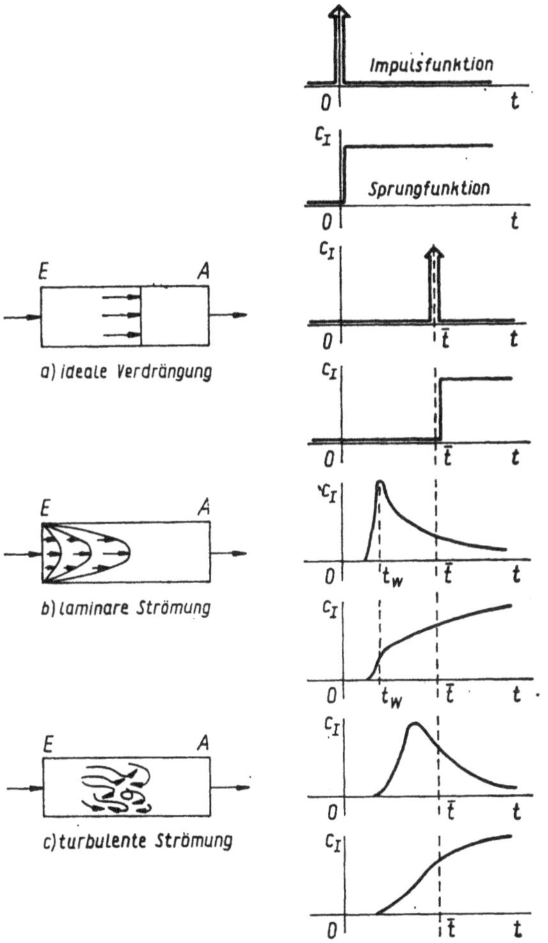

Abb. 5.2: Strömungsmodelle und Antwortfunktionen auf Testsignale verschiedener Rohrreaktortypen.

E = Eingang

A = Ausgang

C_I = Konzentration des Indikators

eine etappenweise Vermischung vorliegt. Hierzu gehören: Rührkesselbatterien (naturwiss. begründetes Modell), Drehscheibenkolonnen, Flotationszellen aber auch Wirbelbetten, Blasensäulen, Absorptionstürme, Festbettreaktoren u. a.

b) Kombinierte Modelle ohne Zirkulation mit Totzonen und Kurzschluß

Ein Nachteil des Zellenmodells (Serienschaltung) ist darin zu sehen, daß nur Zellen idealer Vermischung als Bausteine berücksichtigt werden. Es gibt daher

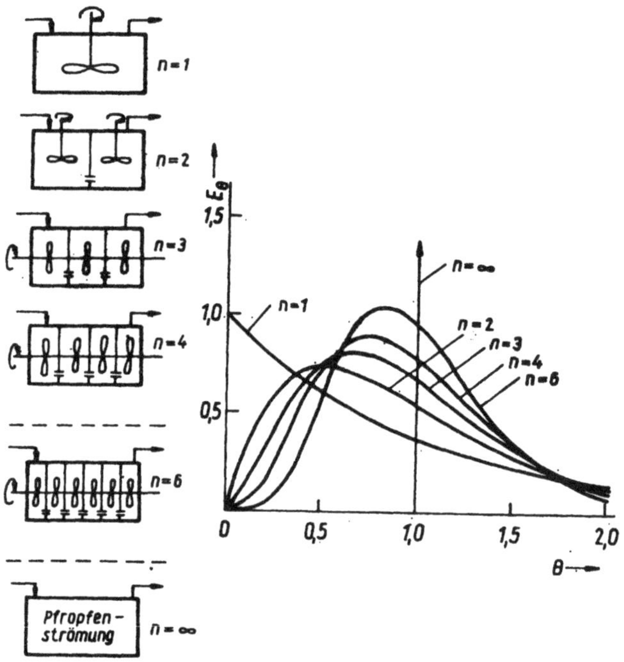

Abb. 5.3: Serienschaltung gleich großer Mischzellen bei gleichem Gesamtvolumen als Möglichkeit zur Interpolation zwischen idealer Vermischung und idealer Verdrängung (Pfropfenströmung).

eine Reihe von Vorschlägen, die Anpassungsfähigkeit der Modelle mit konzentrierten Parametern dadurch zu erweitern, daß die beiden Grundbausteine: Zelle der idealen Vermischung und Zelle der idealen Verdrängung in bestimmter Weise miteinander kombiniert werden. Dabei werden in der Kombination der Elemente Einschränkungen dahingehend vorgenommen, daß man sich auf Serien- und Parallelschaltungen begrenzt, innere Rückführungen hingegen vermeidet. Dieser Grundgedanke kommt vielen realen Strömungsprozessen insofern nahe, als bei Durchflußsystemen immer ein Grundtrend der Bewegung vom Eingang zum Ausgang des Reaktors vorhanden ist. Innere Rückführungen größerer Mengen über größere Bereiche, treten nur bei sehr langsam strömenden Systemen (wie z. B. in Staubecken, Kläranlagen u. a.) auf, sind meist instationär (nicht ergodisch, vgl. Abschn. 4.3.) und reaktionstechnisch ungünstig, wenn die Zirkulation nicht dank besonderer Maßnahmen und Anordnungen von Strömungsleiteinrichtungen bewußt gesteuert wird.

Zur Vervollständigung der kombinierten Modelle ohne Zirkulation sind zwei zusätzliche Schaltelemente eingeführt worden: das Totvolumen v_T und der Kurzschluß (Bypass). Es handelt sich hierbei gewissermaßen um zwei neutrale Elemente in der Schalttechnik.

Das Totvolumen ist der Anteil vom Gesamtvolumen des Reaktors der aus verschiedenen Gründen von der Reaktionsmasse nicht durchströmt werden kann. Es kann sich hierbei sowohl um Verstopfungen und Feststoffablagerungen als auch solche „unvermeidbaren" Totzonen handeln wie beispielsweise das von dem Feststoff in Füllkörperkolonnen okkupierte Volumen. In der Modellbildung brauchte das Totvolumen gar keine Berücksichtigung zu finden, wenn man von vornherein das echte freie Reaktorvolumen einsetzt.

Kurzschlüsse sind Elemente idealer Verdrängung mit der Totzeit Null. Sie können beispielsweise in kontinuierlich betriebenen Rührwerkskesseln auftreten, wenn Einlauf und Abfluß nahe beieinander liegen und die Leistung des Rührers gering ist. Als Schaltelement hat der Kurzschluß keine eigene Übertragungsfunktion.

In der technischen Praxis treten Totvolumen und Kurzschlüsse nicht in der idealisierten Form auf. Das mögen die Beispiele in Abb. 5.4 demonstrieren. Es gibt eine Reihe von Beispielen für Totzonen, die keine echten blockierten Volumina darstellen und mit dem Gesamtstrom Stoff austauschen, wobei nur die Austauschgeschwindigkeit gegenüber dem Gesamtprozeß klein ist. So können z. B. die Randzonen (Grenzschichten) an den Innenwänden und Oberflächen der Einbauten in erster Näherung als Totzonen angesehen werden, da der Stoffaustausch zwischen ihnen und dem Hauptstrom im wesentlichen durch den in der Regel viel langsamer verlaufenden molekularen Diffusionsprozeß erfolgt. Es wird in der Tat bei Verweilzeitmessungen mit großer innerer Oberfläche (Füllkörperkolonnen) eine starke Schweifbildung (tailing) beobachtet, was auf einen solchen verlangsamten Austausch zurückzuführen ist. Bei statistischen Schüttungen von Raschig-Ringen kann beobachtet werden, daß die quer zur Hauptströmungsrichtung liegenden Körper Totvolumina mit leichtem Stoffaustausch bilden.

Kurzschlüsse treten in der technischen Praxis als Kanalbildungen auf (Abb. 5.4). Die Randgängigkeit von Füllkörperkolonnen, z. B. Ionenaustauschern, Durchbrüche in Wirbelbettreaktoren sind bekannte Beispiele hierfür.

Die Schaltung der genannten Elemente führt zu einer Vielfalt von Kombinationen, von denen jedoch nur eine begrenzte Anzahl praktisch sinnvoll ist. Man hat daher versucht, allgemeine Zusammenfassungen zu finden. So ist z. B. das von Irmer [71] vorgeschlagene Vielparametermodell eine Kombination aus Zellen idealer Vermischung und Verdrängung, die es gestattet, komplizierte Verweilzeitkurven, d. h. auch solche mit mehreren Maxima, anzupassen. Das sogenannte verallgemeinerte Mischmodell [180] (generalised mixed model, kombiniertes Mischungsmodell [73]) kann als ein häufig angewendeter tech-

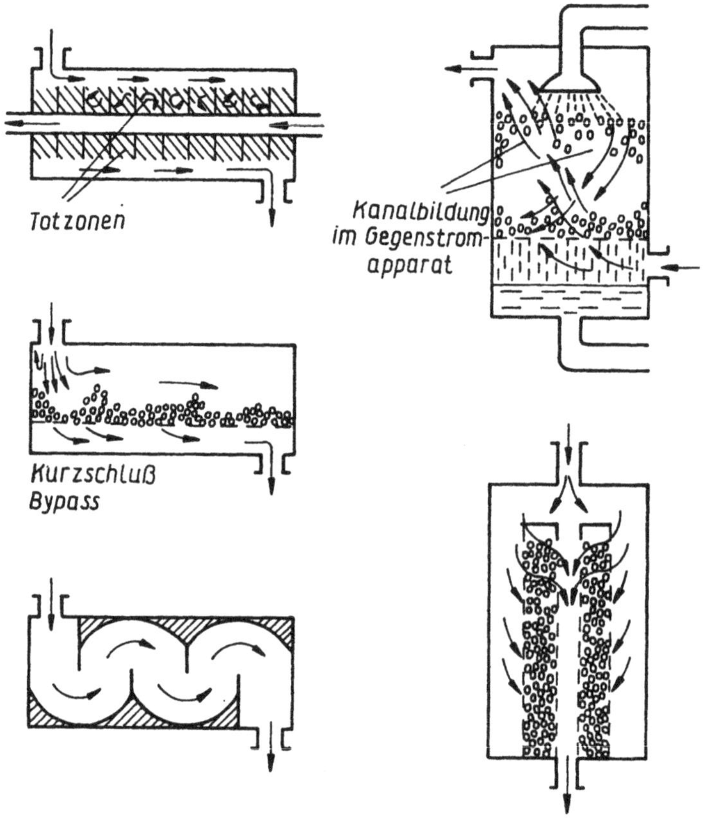

Abb. 5.4: Beispiele für verweilzeitmäßiges Fehlverhalten (nach Levenspiel [98]).

nisch interessanter Sonderfall des Vielparametermodells angesehen werden. Aus ihm lassen sich durch Vereinfachungen und Nullsetzen entsprechender Ausdrücke verschiedene Schaltungen ableiten, die bestimmte strömungstechnische Sachverhalte angenähert wiedergeben. Im folgenden werden wichtige Grundkombinationen angegeben, die sich grundsätzlich zu einem kombinierten Modell zusammenfassen lassen.

Ideale Vermischung mit Totvolumen (4)

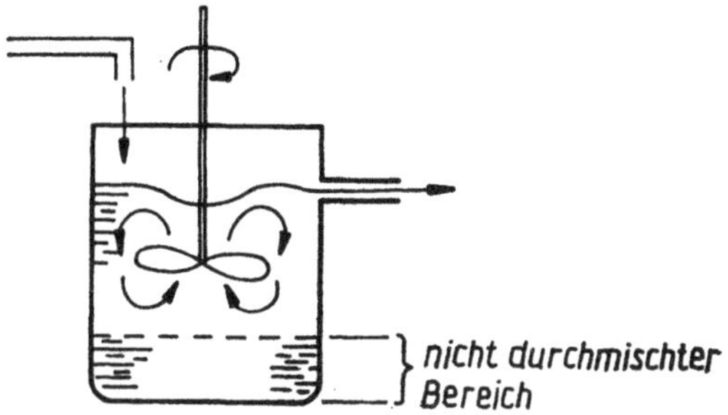

Abb. 5.5: Ideale Vermischung mit Totvolumen.

Anwendungen:
Rührwerkskessel zylindrischer oder rechteckiger Form bei geringen Rührerdrehzahlen, evtl. vorhandene Einbauten in Form von Wärmeaustauschern u. dgl.

Ideale Verdrängung mit Totvolumen (5)

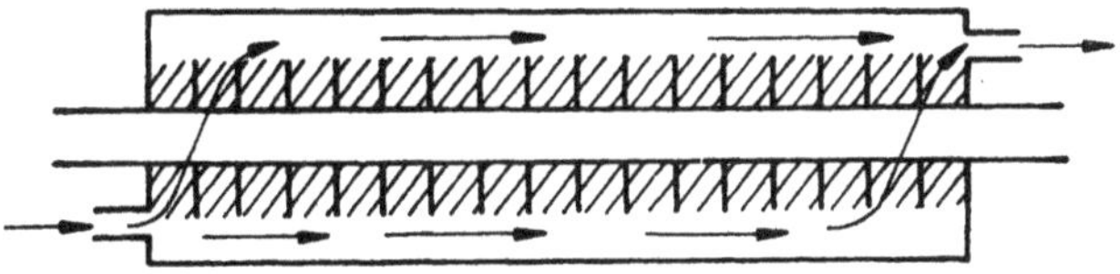

Abb. 5.6: Ideale Verdrängung mit Totvolumen.

Anwendungen:
Festbettreaktoren, Extraktionskolonnen, Rohrreaktoren mit Einbauten; das Modell dient nur zu sehr groben, überschlägigen Rechnungen.

Ideale Vermischung mit Kurzschluß (6)

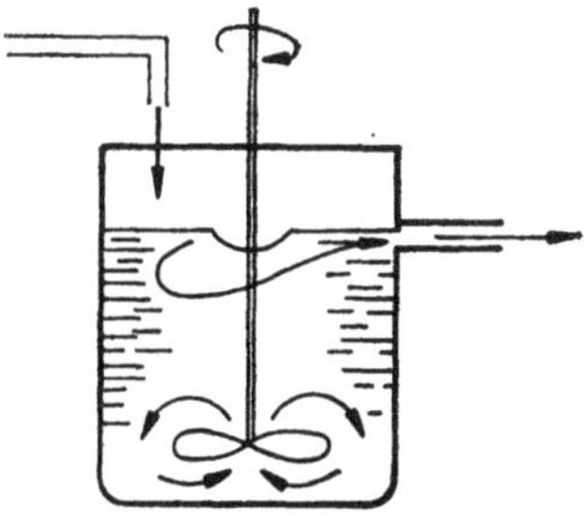

Abb. 5.7: Ideale Vermischung mit Kurzschluß.

Anwendungen:
Rührwerkskessel mit großen Durchsätzen, insbesondere wenn Ein- und Auslauf dicht beieinander liegen (es empfiehlt sich in solchen Fällen, Zwischenwände anzubringen).

Ideale Verdrängung mit Kurzschluß (7)

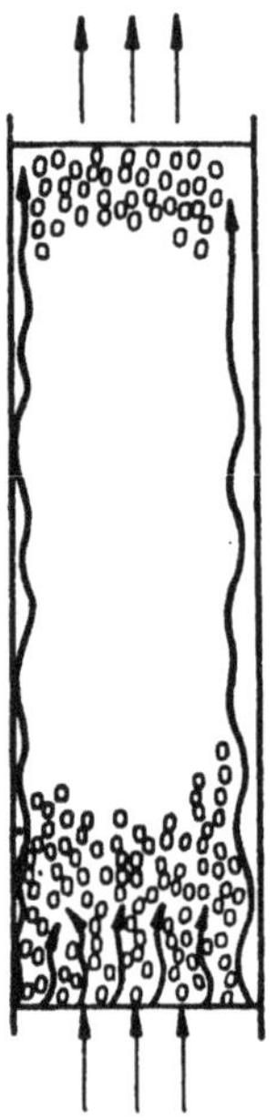

Anwendungen:
Füllkörperkolonnen, Extraktionskolonnen mit Randgängigkeit und Durchbrüche.

Abb. 5.8: Ideale Verdrängung mit Kurzschluß.

Zwei parallele Zellen idealer Verdrängung (8)

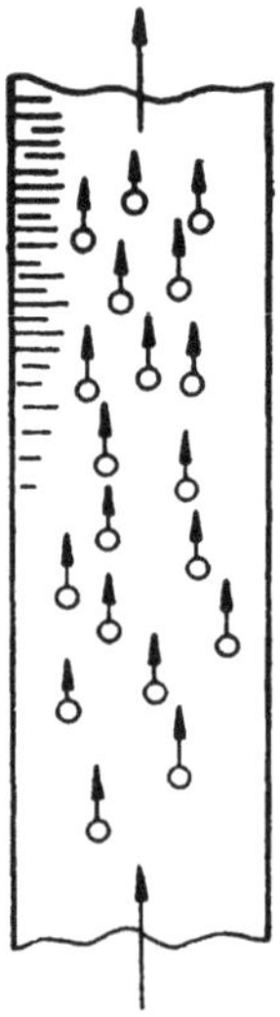

Anwendungen:
Wirbelbettreaktoren, Extraktionssäulen, Füllkörperkolonnen.

Abb. 5.9: Zwei parallele Pfropfströmungen.
(Zwei-Phasen-System im Gleichstrom)

Ideale Vermischungs- und Verdrängungszonen in Serienschaltung (9)

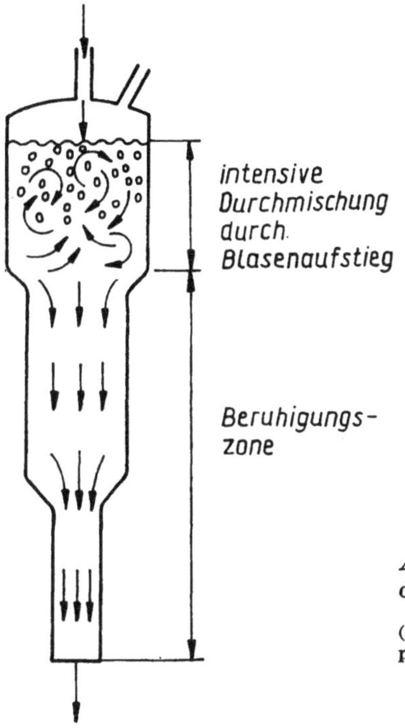

Abb. 5.10: Ideale Vermischung und Verdrängung in Serienschaltung.

(Schematisch dargestellt am Beispiel der Polycaprolactamherstellung im VK-Rohr)

Anwendungen:

Rührkessel, bei denen der Zufluß am Boden und der Abfluß im Deckel angebracht sind; Katalysatorfestbett, Wirbelschicht, Rohrströmung, Füllkörpersäulen, Extraktionskolonnen.

Ideale Vermischung mit Kurzschluß und Totzone (10)

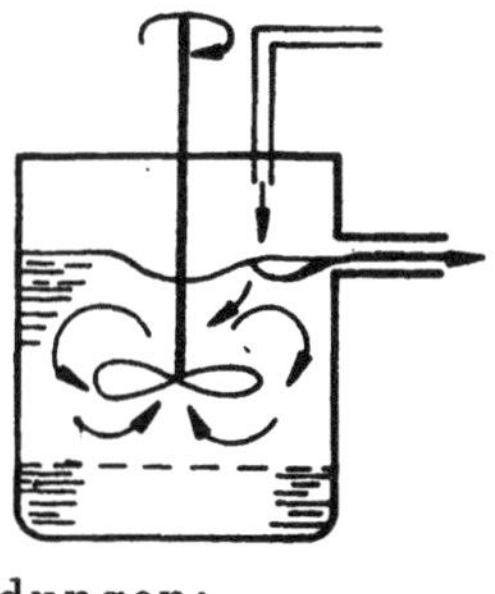

Abb. 5.11: Ideale Vermischung mit Kurzschluß und Totzone.

Anwendungen:

Rührkessel, Zufluß und Abfluß relativ dicht beieinander im Deckel, der Rührer befindet sich relativ weit vom Boden entfernt.

Parallelschaltung idealer Vermischung und Verdrängung (11)

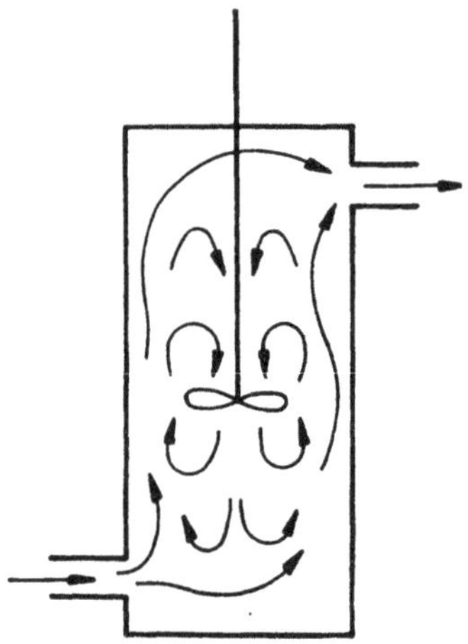

Abb. 5.12: Parallelschaltung idealer Vermischung und Verdrängung.

Anwendungen:
Rührkessel, bei denen der Zufluß durch den Boden und der Abfluß durch den Deckel erfolgt und intensive Vermischung an den Rührblättern vorhanden ist; Wirbelschichten.

c) Kombinierte Modelle mit Zirkulation

Stationäre und relativ stabile Zirkulationen können in Rührkesseln, insbesondere im Falle zähviskoser Medien auftreten. Desgleichen bilden die sogenannten Schlaufenreaktoren innere Kreisläufe mit stetigem Zu- und Abfluß. Für solche Modelle sind ebenfalls Schaltungen abgeleitet worden.

Zirkulation durch zwei Zonen idealer Verdrängung (12)

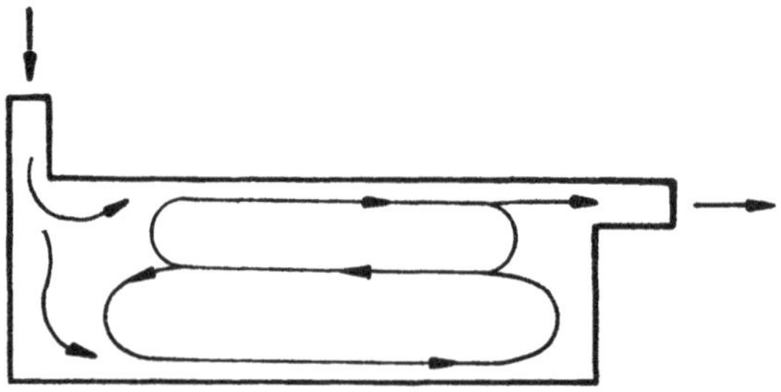

Abb. 5.13: Zirkulation durch zwei Zonen idealer Verdrängung.

Das Modell findet Anwendung bei Rührkesseln mit innerer Zirkulation, bei leicht durchmischten großen Behältern u.a.

Zirkulation mit drei Umlaufströmungen (13)

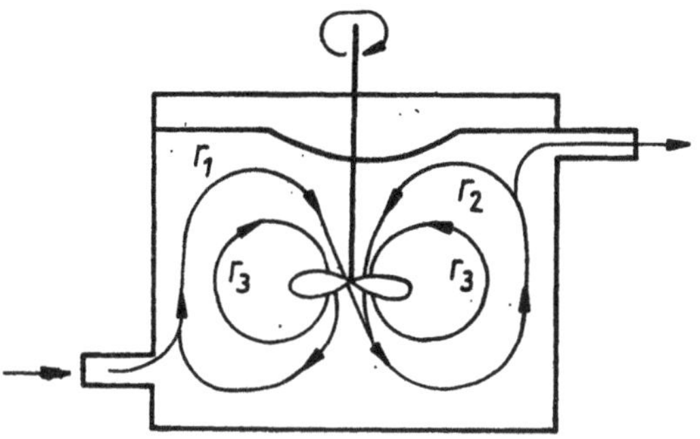

Abb. 5.14: Zirkulation mit drei Umlaufströmungen.

Das Modell weist folgende Wesensmerkmale auf:
Vollständige Vermischung und gleiche Verweilzeit in jeder Schleife, gleiche Übertragungsfunktion für jeden Kreislauf (Abb. 5.14). Zirkulationsmodelle sind für Rührkessel mit zähviskosen Medien geeignet, aber auch für solche Systeme wie Seen und Staubecken, wo eine leichte Durchmischung infolge innerer Durchmischung vonstatten geht.

5.3. Modelle idealer Mikromischung mit verteilten Parametern (Diffusionsmodelle)

5.3.1. Allgemeine Differentialgleichung (eindimensionales Diffusionsmodell)

Bei der Darstellung des Pfropfenströmungsreaktors wurde bereits angedeutet, daß ein idealer Verdrängungsvorgang für fluide Medien nicht möglich ist. Jede Strömung wird zumindest durch die molekulare Diffusion gestört. Nach der Beziehung von Einstein-Smoluchowski ist die Wurzel aus dem Mittelwert der quadratischen Eindringtiefe infolge eines molekularen Diffusionsprozesses gemäß der Beziehung

$$\sqrt{\overline{x^2}} = \sqrt{2Dt} \tag{5.14}$$

gleich der Wurzel aus dem Produkt $2Dt$. Ein Gasmolekül, das sich in einem Pfropfenstrom durch eine Apparatur mit einer mittleren Verweilzeit von 10 min bewegt, ist demnach bei Annahme eines Diffusionskoeffizienten von $D = 1\ \text{cm}^2\ \text{s}^{-1}$ dem Durchschnittsstrom im Mittel um ± 35 cm vorausgeeilt (bzw. zurückgeblieben). Dieser Betrag ist für die meisten technischen Systeme belanglos; für flüssige Medien, in denen der Diffusionskoeffizienten von der Größenordnung $10^{-5}\ \text{cm}^2\ \text{s}^{-1}$ ist, fällt er kaum noch ins Gewicht.

Hat man es nun mit turbulenten Strömungen zu tun, bei denen die einzelnen Wirbel völlig regellos auftreten, so erhält man im vergrößerten Maßstab eine ähnliche Situation wie bei der BROWNschen Molekularbewegung. Es handelt sich um eine durch die Turbulenz verursachte Diffusion, deren Geschwindigkeit die des molekularen Vorganges um mehrere Zehnerpotenzen übersteigt. Diese Prozesse können so schnell verlaufen, daß sie zu einem fast momentanen Konzentrationsausgleich über den gesamten Reaktionsraum führen (ideale Vermischung).

Diese Prozesse lassen sich vom phänomenologischen Standpunkt wie molekulare Diffusionsvorgänge behandeln. Aus dem Bilanzansatz folgt

$$\frac{\partial c}{\partial t} = -\operatorname{div}(c\boldsymbol{u}) + \operatorname{div}(D \operatorname{grad} c), \tag{5.15}$$

wobei D im allgemeinen eine Funktion des Ortes ist. Zur Lösung dieser partiellen Differentialgleichung sind Anfangs- und Randbedingungen erforderlich, deren Vielfalt in Verbindung mit der Ortsabhängigkeit des Diffusionskoeffizienten zu einer Mannigfaltigkeit von Diffusionsmodellen führt.

Der einfachste Fall eines Diffusionsmodells liegt vor, wenn der Hauptstrom eine Pfropfenströmung, der Diffusionskoeffizient konstant ist und nur in Strömungsrichtung x wirkt. Die Gl. (5.15) lautet dann

$$\frac{\partial c}{\partial t} = -u_x \frac{\partial c}{\partial x} + D \frac{\partial^2 c}{\partial x^2}. \tag{5.16}$$

Zur Lösung dieser vereinfachten partiellen Differentialgleichung ist es zweckmäßig, einige Transformationen durchzuführen, mit dem Ziel, die Gleichung in dimensionsloser Form darzustellen.

Es sei

$$C = c/c_0 \tag{5.17}$$

die dimensionslose Konzentration des sich ausbreitenden Indikators mit der Bezugskonzentration c_0, einem Wert, der sich einstellen würde, wenn sich der Indikator über das gesamte Reaktorvolumen verteilte. Die Raumkoordinate x wird auf die gesamte Reaktorlänge L bezogen

$$X = x/L. \tag{5.18}$$

Die dimensionslose Zeit erhält man durch folgende Beziehung

$$\theta = tL/u_x = tv_R/\dot{v}_M = t/\bar{t}_v, \tag{5.19}$$

wobei angenommen wird, daß der Rohrquerschnitt und die lineare Strömungsgeschwindigkeit über die gesamte Rohrlänge $0 \leqq x \leqq L$ konstant sind.

Durch Substitution von C, X und θ in (5.16) und durch Einführen einer weiteren dimensionslosen Kenngröße, der BODENSTEIN-Zahl

$$Bo = u_x \cdot L/D \tag{5.20}$$

erhält man die vereinfachte Differentialgleichung

$$\frac{\partial C}{\partial \theta} = -\frac{\partial C}{\partial X} + \frac{1}{Bo}\frac{\partial^2 C}{\partial X^2}. \tag{5.21}$$

Zur Lösung dieser Differentialgleichung sind Rand- und Anfangsbedingungen erforderlich.

5.3.2. *Rand- und Anfangsbedingungen — Lösung für einfaches Diffusionsmodell*

Die Festlegung von Rand- und Anfangsbedingungen zur Lösung der partiellen Differentialgleichung (5.21) führt zu einer Anzahl von Diffusionsmodellen. Es sollen zunächst nur solche Modelle berücksichtigt werden, bei denen quer zur Strömungsrichtung x die Konzentration homogen ausgeglichen ist, die Grundströmung sei ein idealer Verdrängungsprozeß. Bei einer Vielzahl der in der technischen Praxis vorkommenden Fälle kommt man mit solchen vereinfachenden Annahmen aus. Turbulente Diffusionsvorgänge sind ohnehin mit Schwankungen behaftet, so daß verfeinerte Modellvorstellungen nicht immer zu den genaueren Ergebnissen führen.

Im folgenden wird generell davon ausgegangen, daß der Ausbreitungsvorgang des Indikators von einer Delta-Verteilung aus erfolgt. Das bedeutet für eine nicht-reduzierte Darstellungsweise, daß der Indikator an der Markierungsstelle S^0 (x_a bzw. $x = 0$) in der Form

$$c^0(x, t) = c_0 \bar{t}_v \delta(t)\, L\delta(x) \tag{5.22a}$$

vorliegt. Die Größen $\bar{t}_v$, L können allgemein als Bezugszeit (Zeiteinheit) und Bezugslänge (Längeneinheit) angesehen werden. Nach bereits getroffener Vereinbarung stellen sie die mittlere Verweilzeit und die Reaktorlänge dar. Im reduzierten Koordinatensystem vereinfacht sich (5.22a) zu

$$C^0(X, \theta) = \delta(\theta)\, \delta(X). \tag{5.22b}$$

Weiterhin gilt es, Vereinbarungen bezüglich der Randbedingungen zu treffen.

Der Diffusionsreaktor bestehe aus einem beiderseitig offenen Raum von unendlicher Ausdehnung. Im mittleren Bereich befinde sich zwischen den Positionen S^E und S^A ein Abschnitt, der den Reaktionsraum darstellt (Abb. 5.15). Diese Betrachtungsweise entspricht auch der Darstellung auf dem Abb. 4.3b („offene Systeme").

Für den Reaktionsraum gilt die Gl. (5.21). Vor und nach dem Reaktionsraum setzt sich der Diffusionsprozeß fort (Abb. 5.17), so daß zur vollständigen

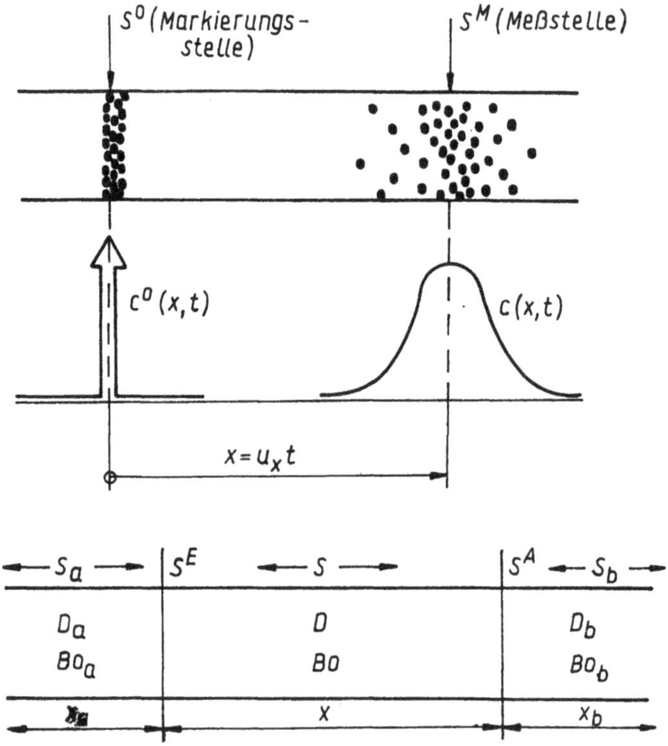

Abb. 5.15: Diffusionsmodell, verschiedene Bereiche.

S = Reaktionszone,
$S_{a,b}$ = Abschnitte vor bzw. nach der Reaktionszone

Markierungs- und Meßstellen fallen im allgemeinen nicht mit Eingang und Ausgang zusammen

Beschreibung des Vorganges drei Differentialgleichungen erforderlich sind:

$$\frac{1}{Bo_a}\frac{\partial^2 C_a}{\partial X^2} - \frac{\partial C_a}{\partial X} - \frac{\partial C_a}{\partial \theta} = 0 \tag{5.21a}$$

mit

$$S^0 \leqq X \leqq 0 \qquad (\triangleq S^E),$$

$$\frac{1}{Bo}\frac{\partial^2 C}{\partial X^2} - \frac{\partial C}{\partial X} - \frac{\partial C}{\partial \theta} = 0 \tag{5.21b}$$

mit

$$0 \leqq X \leqq X_R \qquad (\triangleq S^A)$$

und

$$\frac{1}{Bo_b} \frac{\partial^2 C_b}{\partial X^2} - \frac{\partial C_b}{\partial X} - \frac{\partial C_b}{\partial \theta} = 0 \tag{5.21c}$$

mit

$$X_L \, (\triangleq S^A) \leqq X \leqq S^M.$$

Aus dieser Darstellung geht hervor, daß Markierungs- und Meßstelle im allgemeinen nicht mit dem Reaktoraus- und -eingang zusammenfallen und die Diffusionskoeffizienten in den drei gekennzeichneten Abschnitten unterschiedliche Werte annehmen können.

Die Zweckmäßigkeit einer solchen Einteilung sei am folgenden Beispiel erklärt: In einem Rohrreaktor finde an einer Festbettkatalysatorschicht eine Gasphasenreaktion statt. Es ist offensichtlich, daß der Diffusionskoeffizient in der Schüttschicht einen anderen Wert hat als davor und danach. Es ist auch nicht immer möglich, den Indikator an der Stelle S^E einzuführen und die Meßstelle genau in S^A anzubringen. Es muß daher versucht werden, den interessierenden Diffusionskoeffizienten $D(Bo)$ unter Berücksichtigung der bereits vorher erfolgten und im Abschnitt nach S^A wirkenden Diffusion zu berechnen. Hierzu müssen noch die Randbedingungen in den Übergangsbereichen festgelegt werden.

Es sei für

$$\frac{\partial C_a(-\infty)}{\partial X} = 0 \tag{5.23a}$$

und

$$\frac{\partial C_b(+\infty)}{\partial X} = 0. \tag{5.23b}$$

Das bedeutet, alle Berechnungen mit diesem Modell sind exakt erfüllt, wenn das Diffusionssystem (Rohrreaktor) so bemessen ist, daß die Indikatorkonzentration des durch die Impulsmarkierung eingeleiteten Ausbreitungsvorganges in den Endgebieten (annähernd) tangential einmündet.

Weiterhin wird verlangt, daß die Konzentrationsübergänge an den Rändern $S^E(X = 0)$, Eingang zur Reaktionszone und $S^A(X = X_L)$, Ausgang aus der Reaktionszone stetig sind, was durch folgende Beziehungen zum Ausdruck gebracht wird:

$$C_a(-0) - \frac{1}{Bo_a} \frac{\partial C_a(-0)}{\partial X} = C(+0) - \frac{1}{Bo} \frac{\partial C(+0)}{\partial X} \tag{5.23a}$$

$$C(-X_L) - \frac{1}{Bo} \frac{\partial C(-X_L)}{\partial X} = C_b(+X_L) - \frac{1}{Bo_b} \frac{\partial C(+X_L)}{\partial X}. \tag{5.23b}$$

Für den Fall, daß der Diffusionskoeffizient überall gleich ist, der Indikator in S^E aufgegeben wurde, erhält man für (5.21) als Lösung

$$C(X, \theta) = \left(\frac{Bo}{\pi\theta}\right)^{1/2} \exp\left[-\frac{Bo(X - \theta X)^2}{4\theta}\right] \tag{5.24}$$

und für den zeitlichen Indikatorkonzentrationsverlauf am Ausgang ($X = X_L = 1$)

$$C(X_L, \theta) = \left(\frac{Bo}{\pi\theta}\right)^{1/2} \exp\left[-\frac{Bo(1 - \theta)^2}{4\theta}\right]. \tag{5.25}$$

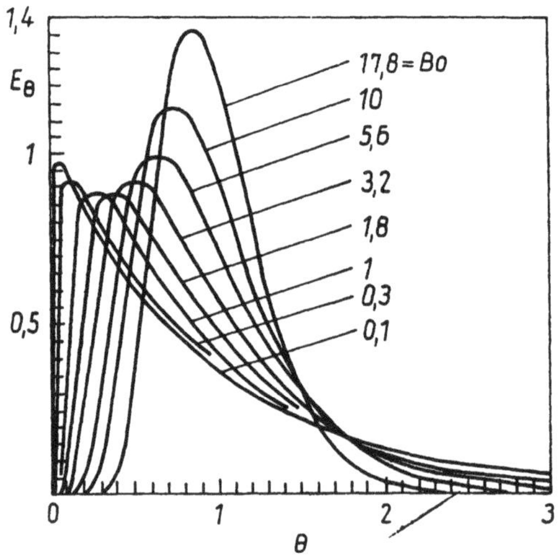

Abb. 5.16: Verweilzeitkurven des Diffusionsmodells für verschiedene Bodenstein-Zahlen.

In Abb. 5.16 sind für verschiedene Bodenstein-Zahlen die Verweilzeitkurven des Diffusionsmodells dargestellt. Auf der Ordinate ist die um den Wert der mittleren Verweilzeit $\bar{t}_v$ erweiterte Dichtefunktion ($E_\theta = \bar{t}_v \cdot E_t$) aufgetragen. Aus der Darstellung ist zu entnehmen, daß das Diffusionsmodell die gleiche Flexibilität besitzt, wie das Zellenmodell (Serienschaltung). Für sehr kleine *Bo*-Zahlen ($Bo \to 0$) erhält man die Dichtefunktion der idealen Mischzelle ($n = 1$) und für sehr große *Bo*-Werte nähert sich die Verteilungskurve der Deltafunktion (ideale Verdrängung, $n \to \infty$, vgl. hierzu auch Abb. 5.2 und 5.3).

Auf Grund der Kombinationsmöglichkeiten der Lagen von Markierungs- und Meßstelle sowie der unterschiedlichen Diffusionskoeffizienten sind verschiedene Lösungen möglich, die alle eine ähnliche Form wie (5.24) haben.

Wie in Kap. 4. erläutert, genügt es jedoch schon, anstelle der Verteilungsfunktionen die entsprechenden Momente zu kennen. VAN DER LAAN [172] berechnete mit Hilfe der LAPLACE-Transformation die Momente aus den Differentialgleichungen (5.21). In den Tab. 7.4.1, 7.4.2 und 7.4.3 (s. „Anhang") sind die von VAN DER LAAN untersuchten Fälle zusammengestellt (Darstellung nach SCHÜGERL [158]).

Die Werte in den Tab. 7.4.1 bis 7.4.3 („Anhang", 7.4) gelten für den Fall, daß der Indikator in Form einer idealen DIRAC-Funktion aufgegeben wurde. Da sich in der Praxis eine solche Markierungsform nur näherungsweise realisieren läßt, wurden Versuche unternommen, Verfahren abzuleiten, damit Messungen mit nichtidealer Stoßmarkierung auch ausgewertet werden können. ARIS [7] hat gezeigt, daß es genügt, die Verweilzeitverteilung an zwei verschiedenen Stellen zu messen und aus der Differenz der Momente des Diffusionskoeffizienten zu berechnen. Entsprechende Angaben hierüber befinden sich in den Tab. 7.4.4., 7.4.5 und 7.4.6 („Anhang", 7.4).

5.3.3. *Einfaches Diffusionsmodell und chemische Reaktion (1. und 2. Ordnung)*

Die Verknüpfung des Diffusionsmodells mit der chemischen Reaktion ist aus der allgemeinen Stoffbilanz in der Form

$$\frac{\partial c_A}{\partial t} = -\operatorname{div}(u c_A) + \operatorname{div}(D \operatorname{grad} c_A) + \nu k c_A^n \tag{5.26}$$

abzuleiten.

Hierbei sind

c_A — die Konzentration eines an der Reaktion beteiligten Stoffes A
ν_A — die Stöchiometriezahl (negativ für Reaktionspartner, positiv für Reaktionsprodukte), im vorliegenden Fall sei $\nu = -1$.
k — Geschwindigkeitskonstante
n — Reaktionsordnung.

Für die Auslegung von Reaktoren interessieren nur die stationären Lösungen. Des weiteren seien der turbulente Diffusionskoeffizient sowie die lineare Strömungsgeschwindigkeit konstant. Somit vereinfacht sich Gl. (5.26) unter Berücksichtigung der bereits früher eingeführten BODENSTEIN-Zahl:

$$\frac{1}{Bo}\frac{d^2 c_A}{dX^2} - \frac{dc_A}{dX} - k\bar{t}_v c_A^n = 0 \tag{5.27}$$

Führt man den Umsatz X_A ein, $c_A = c_{A0}(1 - X_A)$, so ergibt sich

$$\frac{1}{Bo}\frac{d^2 X_A}{dX^2} - \frac{dX_A}{dX} + k\,\bar{t}_v c_{A0}^{n-1}(1 - X_A)^n = 0 \tag{5.28}$$

Hieraus ist zu erkennen, daß der chemische Umsatz eines Stoffes A, der mit der Reaktionsmasse durch einen chemischen Reaktor mit turbulenter Diffusion transportiert wird, von zwei dimensionslosen Gruppen beherrscht wird:

- der Bodenstein-Zahl: $Bo = u_x L/D$
- der Damköhler-Zahl Da_I:

$$Da_I = \nu k \bar{t}_v c_A^n . \tag{5.29}$$

Die Lösung der Gl. (5.28) ergibt für Reaktionen 1. Ordnung:

$$1 - X_A = 4a \exp\left(\frac{1}{2} Bo\right) \bigg/ \left[(1 + a)^2 \exp\left(\frac{a}{2} Bo\right) - (1 - a)^2 \exp\left(-\frac{a}{2} Bo\right)\right] \tag{5.30}$$

mit

$$a = \sqrt{1 + 4Da_I/Bo} . \tag{5.30a}$$

In Abb. 5.17 sind die Ergebnisse in grafischer Form dargestellt (nach Levenspiel [98]).

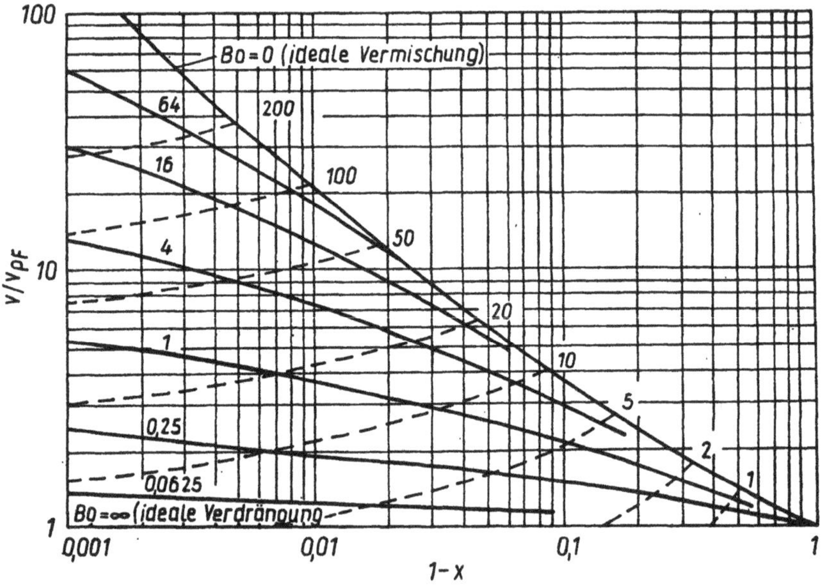

Abb. 5.17: Volumenverhältnis: Diffusionsmodell-Pfropfenströmungsreaktor in Abhängigkeit vom stationären Umsatz X für Reaktionen 1. Ordnung (nach Levenspiel [98]).

Levenspiel [98] gibt auch folgende Grenzbeziehungen für das Verhältnis von Reaktorlänge für ideale Verdrängung L(Verdr.) zur Länge des entsprechenden Diffusionsreaktors $L_{(\text{Diff.})}$ (bei gleichem Umsatz) an:

$$\frac{L_{(\text{Diff.})}}{L(\text{Verdr.})} = \frac{v_R(\text{Diff.})}{v_R(\text{Verdr.})} = 1 + \frac{Da}{Bo} \tag{5.31}$$

und entsprechend für gleiche Reaktorlängen:

$$\frac{c_A(\text{Diff.})}{c_A(\text{Verdr.})} = 1 + \frac{Da^2}{Bo}. \tag{5.32}$$

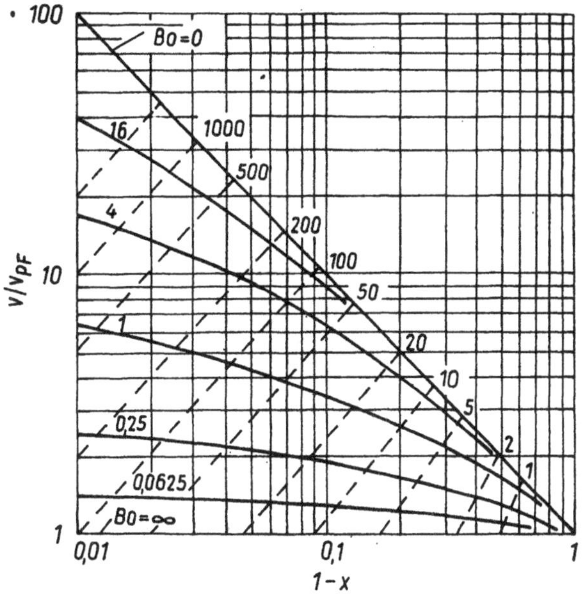

Abb. 5.18: Volumenverhältnis: Diffusionsmodell-Pfropfenströmungsreaktor in Abhängigkeit vom stationären Umsatz X für Reaktionen 2. Ordnung (nach Levenspiel [98]).

Die Gl. (5.31) und (5.32) gelten jedoch nur für Reaktionen 1. Ordnung.

Für Reaktionen 2. Ordnung ist das in Abb. 5.18 dargestellte Diagramm (ebenfalls nach Levenspiel [98]) errechnet worden.

Es sei in diesem Zusammenhang darauf hingewiesen, daß auf Reaktionen nullter Ordnung die Rückvermischung keinen Einfluß hat, vorausgesetzt, daß die Materie molekulardispers verteilt ist (Segregationsgrad = 0).

5.3.4. Erweiterte Diffusionsmodelle, Anwendungsformeln

Im allgemeinen Fall muß davon ausgegangen werden, daß der Diffusionskoeffizient (molekular oder als Mischungskoeffizient aufgefaßt) in einem Strömungssystem in allen drei Raumrichtungen in unterschiedlicher Weise vom Ort abhängt. Der mathematische Ansatz hierfür ist aus der allgemeinen Stoffbilanzgleichung (5.3) abzuleiten. Für die Lösung derartig komplizierter Probleme sind numerische Verfahren einzusetzen.

Ein weit verbreiteter Fall ist die turbulente Diffusion in Rohren mit ortsunabhängigen, aber verschiedenen Koeffizienten in Strömungsrichtung D_X und quer zur Strömungsrichtung D_R. Dieses zweidimensionale Diffusionsmodell stellt man zweckmäßigerweise in Zylinderkoordinaten dar:

$$D_X \frac{\partial^2 c}{\partial x^2} + D_R \left(\frac{\partial^2 c}{\partial r^2} + \frac{1}{r} \frac{\partial c}{\partial r} \right) - u_x \frac{\partial c}{\partial x} - \frac{\partial c}{\partial t} = 0 \tag{5.33}$$

Einige Lösungen für technisch interessierte Randbedingungen wurden von Bischoff und Levenspiel [99] abgeleitet.

Für Diffusionsvorgänge mit ortsabhängigem Koeffizienten gilt im Falle der eindimensionalen Ausbreitung (in ruhenden Systemen) die Gleichung

$$\frac{\partial}{\partial x} \left(D(x) \frac{\partial c}{\partial x} \right) - \frac{\partial c}{\partial t} = 0 \tag{5.34}$$

mit entsprechenden Anfangs- und Randbedingungen.

In einer von Pippel [132] durchgeführten Untersuchung konnte gezeigt werden, daß eine von Boltzmann [21] vorgeschlagene Transformation

$$\lambda = \frac{x}{\sqrt{t}}, \tag{5.35}$$

ursprünglich nur für konzentrationsabhängige Prozeßgrößen verwendet, verallgemeinerungsfähig ist und auch auf Probleme mit ortsabhängigem Diffusionskoeffizienten angewendet werden kann. Die partielle Differentialgleichung (5.34) verwandelt sich dadurch in eine gewöhnliche

$$\frac{d}{d\lambda} \left(D \frac{dc}{d\lambda} \right) + \frac{1}{2} \lambda \frac{dc}{d\lambda} = 0. \tag{5.36}$$

Die Transformation ist jedoch nur für solche Randbedingungen möglich, die sich nach erfolgter Substitution (5.35) in Ausdrücke umwandeln, die nicht mehr in expliziter Form von x und t abhängen.

Die Modelle der turbulenten Diffusion haben in der technischen Praxis eine breite Anwendung gefunden. Messungen sind an vielen Systemen, darunter auch Mehrphasensystemen, durchgeführt worden. Dabei wurden auch Grundströmungsprofile mit nichtidealer Verdrängung berücksichtigt, wie z. B. die parabolische Geschwindigkeitsverteilung der laminaren Strömung. Eine ausführliche Darstellung dieser Phänomene ist in der Monografie von SCHÜGERL

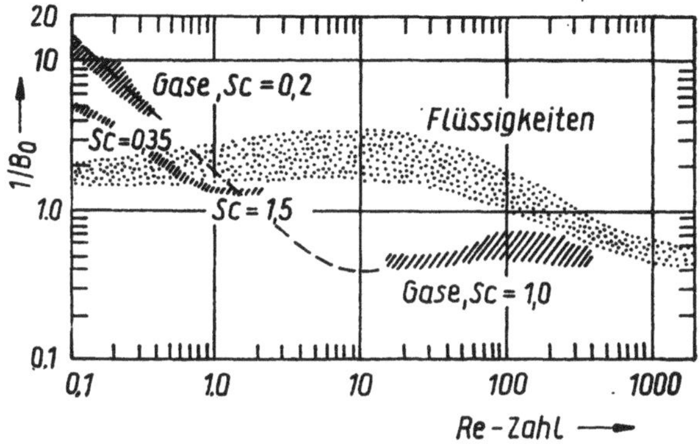

Abb. 5.19: Experimentell gefundene Korrelationen zwischen effektiver Diffusion und Re-Zahl für Strömung in Füllkörpersystemen (nach LEVENSPIEL [98]).

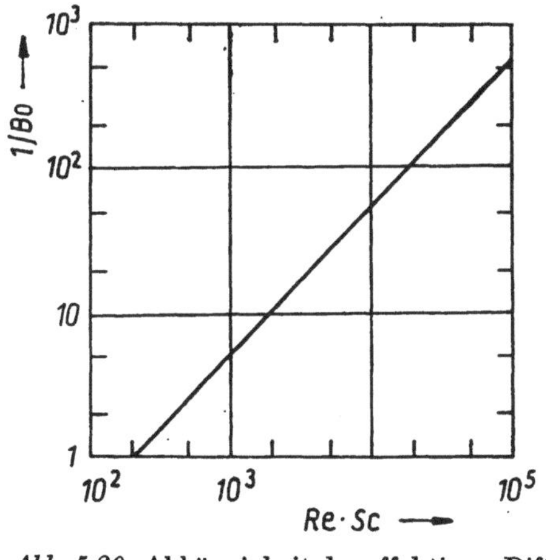

Abb. 5.20: Abhängigkeit der effektiven Diffusion von der Strömungsgeschwindigkeit, charakterisiert durch $Re \cdot Sc = u_x d/D_m$.

D_m = molekularer Diffusionskoeffizient,
Sc = νD_m (SCHMIDT-Zahl)

[158] zu finden. Hier wird auch eine umfassende Darstellung des Diffusionsmodells vom stochastischen Standpunkt als Irrfahrtsmodelle gegeben. Desgleichen sind in dieser Monografie im Zusammenhang mit den Irrfahrtprozessen die sogenannten „nicht bündelbaren Prozesse" beschrieben, die zur

mathematischen Beschreibung von Ausbreitungsvorgängen in großen Systemen (z. B. in der Meteorologie) eine hohe Bedeutung haben.

Die Vielzahl der durchgeführten Messungen hat dazu geführt, daß bereits eine Anzahl von Korrelationen zwischen dem Diffusionskoeffizienten und anderen Prozeßkonstanten sowie verschiedenen Apparatekenngrößen aufgestellt worden sind — Beziehungen, die zum Teil recht gut erfüllt werden, vielfach jedoch noch der Präzisierung bedürfen. Es handelt sich hierbei fast

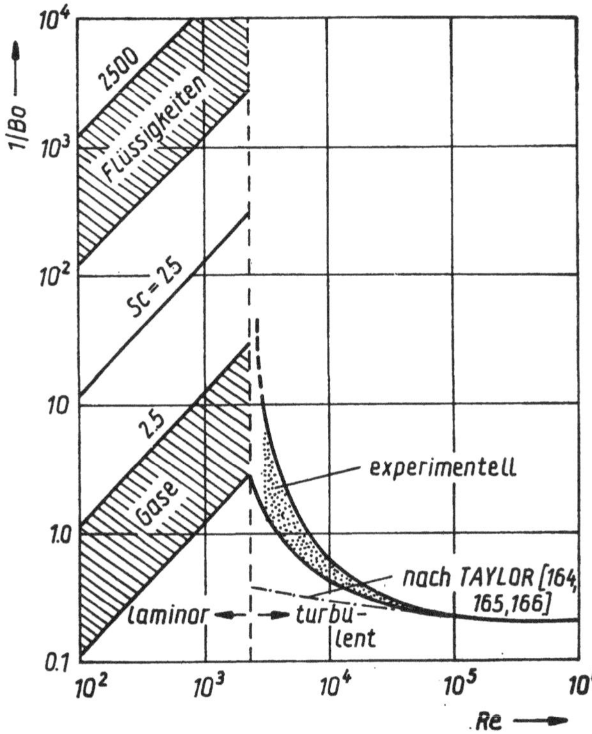

Abb. 5.21: Abhängigkeit der effektiven Diffusion von der *Re*-Zahl in Rohrströmung.

ausnahmslos um halbempirische Zusammenhänge. In den Abb. 5.19, 5.20 und 5.21 sind wichtige Korrelationen zwischen der *Pe*- bzw. *Bo*-Zahl und der *Re*-Zahl für fluide Medien in Festbettapparaten und -reaktoren (5.15), für laminare Strömung in Rohren (5.20) sowie für beliebige Strömung in Rohren (5.21) grafisch dargestellt (nach Levenspiel [98]).

Weitere Angaben über Korrelationen zwischen dem effektiven Diffusionskoeffizienten, Strömungsparametern und Apparatekenngrößen sind in Lehrbüchern der chemischen Reaktionstechnik sowie entsprechenden Monografien nachzusehen (z. B. Kafarow [73], Levenspiel [98], Smith [151], Schügerl [158].

5.4. Modelle mit Berücksichtigung der Segregation

5.4.1. *Verweilzeit und Vermischung (Mikromischung, Makromischung, Segregation)*

Unter Laboratoriumsbedingungen ist es — zumindest was die homogenen Reaktionen anbelangt — fast immer möglich, Reaktanten und Inertstoffe, wie z. B. Lösungsmittel, in kürzester Zeit so miteinander zu vermischen, daß eine völlige statistische Gleichverteilung der reagierenden Individuen (Atome, Moleküle) vorliegt.

Alle Berechnungen, Formeln und Gleichungen der chemischen Kinetik der homogenen Systeme gehen von der grundlegenden Voraussetzung aus, daß dieser Zustand der völligen Durchmischung auf molekularer (atomarer) Ebene während der gesamten Zeit des Ablaufs einer chemischen Reaktion eingestellt ist. Diese Form der Verteilung der Materie wird als Zustand der (idealen) Mikromischung bezeichnet [37].

In großtechnischen Apparaten, Reaktoren und Anlagen ist es nicht immer möglich, diesen Zustand vergleichsweise zu einer mittleren Reaktionszeit schnell zu erreichen. Das liegt daran, daß die zur Vermischung der Reaktionsmasse je Volumeneinheit aufwendbare Energie in großen Systemen nicht beliebig gesteigert werden kann. Die Vermischung in technischen Strömungssystemen erfolgt entweder durch freie Konvektion, durch turbulente Verwirbelung bei hohen Strömungsgeschwindigkeiten, bei der Umströmung von Einbauten oder Füllkörpern („Eddy-Diffusion“ in der Säulenchromatografie und bei Ionenaustauschern), durch aufsteigende Blasen in Blasensäulen oder durch die Wirkung eines Rührwerkes. Wie intensiv die hierbei erzielten Mischwirkungen, d. h. wie klein die Bereiche des hierdurch völlig statistisch bewegten fluiden Mediums auch immer sein mögen — vom atomaren (molekularen) Gesichtspunkt betrachtet, kann hierbei nur ein makroskopischer Ausgleich erzielt werden. Diesen Zustand wollen wir im folgenden als den der Makromischung bezeichnen.

All die genannten Strömungsarten sind konvektiver Natur. Bei der Konvektion werden Bereiche von Elementarteilchen relativ zueinander bewegt. In einem Würfel, dessen Kante ein Zehntel Millimeter lang ist, sind ca. 10^{16} Teilchen (Flüssigkeit) enthalten. Es ist denkbar, daß großtechnischen Apparaten Bereiche dieser Größenordnung (oder Bruchteile davon) relativ zueinander bewegt werden. Der letzte Ausgleich auf molekularer Ebene ist stets der auf der Brownschen Wärmebewegung beruhenden Teilchendiffusion vorbehalten. Diese molekulare Diffusion stellt die Bewegung einzelner Teilchen relativ zueinander dar. Der hierbei erzielte Ausgleich führt zu einem Zustand, den wir als den der idealen Mikromischung bezeichnen werden.

Der Zustand der idealen Mikromischung stellt sich immer ein, wenn die fluiden Medien miteinander mischbar sind. Die Zeit, die hierfür erforderlich ist, kann aus der EINSTEIN-SMOLUCHOWSKI-Beziehung (5.14) abgeschätzt werden. Als Maß hierfür kann die Zeit der mittleren Eindringtiefe angesetzt werden, wobei die Wurzel aus der mittleren quadratischen Eindringtiefe als charakteristisches Längenmaß für den zu betrachtenden Bereich gelten kann. Für das gewählte Beispiel (Würfel mit Kantenlänge von 0,1 mm) wäre diese Zeit im Falle eines

— Diffusionskoeffizienten der Größenordnung 10^0 cm^2 s^{-1} (Gase bei Normaldruck und Zimmertemperatur): $5 \cdot 10^{-5}$ s
— Diffusionskoeffizienten der Größenordnung 10^{-5} cm^2 s^{-1} (Flüssigkeiten der Zähigkeit von Wasser): 5 s
— Diffusionskoeffizeitenten der Größenordnung $0{,}5 \cdot 10^{-6}$ cm^2 s^{-1} (beispielsweise Polymerschmelzen): 100 s

Diese Zeitgrößen besitzen jedoch nur im Zusammenhang mit der Geschwindigkeit des Ablaufs einer chemischen Reaktion, gemessen beispielsweise an der Halbwertzeit, Aussagekraft. Läuft die chemische Reaktion wesentlich schneller ab, als die molekulare Diffusion, so wird letztere der geschwindigkeitsbestimmende Schritt für den Gesamtprozeß. Es kann also in einem großtechnischen Reaktor durchaus der Fall eintreten, daß eine aus Laboratoriumsuntersuchungen als bimolekulare Umwandlung (zweiter Ordnung) bekannte Reaktion formal nach den Gesetzen der Kinetik 1. Ordnung abläuft. Grundsatzaussagen der chemischen Reaktionstechnik, wie die der Auslegung kontinuierlich betriebener Reaktoren (vgl. [73, 98]), hängen entscheidend vom Zustand der Vermischung ab.

In der technischen Praxis wird es selten vorkommen, daß eine Reaktionsmasse im idealen Zustand der Mikro- bzw. Makromischung vorliegt. Zur quantitativen Charakterisierung aller möglichen Zwischenzustände führte DANCKWERTS [37] den Begriff des Segregationsgrades (Trennungsgrad) I ein. Dieser Begriff kann, ähnlich wie bisher, aus Vorstellungen über die räumliche Verteilung von Teilchen, in Strömungssystemen aber auch aus der Altersverteilung derselben hergeleitet werden. Hierzu wurde der Begriff des „Punktes“ für ein fluides Medium definiert [37]. Darunter ist ein kleinster Bereich des Strömungssystems zu verstehen, der jedoch im streng mathematischen Sinn nicht beliebig klein gewählt werden darf, sondern stets so bemessen sein muß, daß eine hinreichende Anzahl von Partikeln Platz findet, damit statistische Betrachtungen angestellt werden können.

In Kap. 4. wurde das Alter von Teilchen in Strömungssystemen als eine Zufallsvariable (Gl. (4.21)) definiert. Im Zusammenhang mit der inneren Verweilzeitstruktur (Abschn. 4.2.) kann das mittlere Alter von Teilchen in einem Strömungssystem definiert werden:

$$\bar{\alpha} = \int_{\alpha,\lambda=0}^{\infty}\int^{\infty} f^S(\alpha, \lambda)\, \alpha \, d\lambda \, d\alpha, \tag{5.37}$$

desgleichen das zweite Zentralmoment der inneren Altersverteilung

$$Z_S^2(\alpha) = \int_{\alpha,\lambda=0}^{\infty}\int^{\infty} f^S(\alpha, \lambda)\,(\alpha - \bar{\alpha})^2\,d\lambda\,d\alpha\,. \tag{5.38}$$

Das mittlere Alter eines Teilchens in einem Punkt ist

$$\bar{\alpha}_p = \int_{\alpha,\lambda=0}^{\infty}\int^{\infty} f^P(\alpha, \lambda)\,\alpha\,d\lambda\,d\alpha\,, \tag{5.39}$$

wobei sich der Integrationsbereich auf das Gebiet des Punktes begrenzt. Der Segregationsgrad ist durch die Beziehung

$$I = Z_{\bar{\alpha}}^2[\bar{\alpha}_p]/Z_{\bar{\alpha}}^2[\alpha] = \overline{(\bar{\alpha}_p - \bar{\alpha})^2}/\overline{(\alpha - \bar{\alpha})^2} \tag{5.40}$$

gegeben. Die Definition hat einen gewissen Nachteil; er besteht darin, daß nur für den ideal durchmischten Rührkessel gilt:

$$0 \leqq I \leqq 1.$$

(ideale Mikromischung) (vollständige Segregation)

Nur im ideal durchmischten System ist bei vollständiger Mikromischung das mittlere Alter in einem Punkt $\bar{\alpha}_p$ gleich dem Durchschnittsalter $\bar{\alpha}$ überhaupt und somit der Segregationsgrad gleich Null. Für alle anderen Strömungssysteme erreicht der Segregationsgrad lediglich einen Minimalwert. ZWIETERING [187] leitet daher einen Zusammenhang zwischen dem Minimalwert von I bei vollständiger Mikromischung für eine gegebene Verweilzeitverteilung ab. Diese Betrachtungen gelten streng genommen nur für ergodische Systeme. Im Rahmen dieser Abhandlungen möge genügen, zu wissen, daß bei vollständiger Durchmischung (maximum mixedness) I einen Minimalwert annimmt, der außer für den Mischreaktor von Null verschieden ist.

Mit einer gemessenen Verweilzeitkurve kann nur die Makromischung erfaßt werden.

Erkenntnisse darüber, ob die Reaktionsmasse außerdem noch ideal molekulardispers verteilt ist, lassen sich aus einer gewöhnlichen Indikatorkonzentrationskurve nicht ableiten. Um den chemischen Umsatz berechnen zu können, genügt es also im allgemeinen noch nicht zu wissen, wie für ein gegebenes System die Verweilzeitkurve aussieht. Es sind zusätzliche Kenntnisse über den Grad der Mikromischung bzw. den Segregationsgrad erforderlich. Eine direkte Messung dieser wichtigen Kennziffer ist kompliziert, so daß im wesentlichen Abschätzungen aus dem Zustand der Reaktionsmasse getroffen werden. Eine schematische Darstellung hiervon gibt Abb. 5.22. Demzufolge ist in homogenen Medien ein niedriger Segregationsgrad bei niedrigen Viskositätswerten langsamer Reaktion und intensiver Durchmischung zu erwarten;

der Segregationsgrad steigt mit der Viskosität und Reaktionsgeschwindigkeit; bei heterogenen Systemen ist der Segregationsgrad der dispergierten Phase groß und erreicht den Wert Eins, wenn Feststoffteilchen in fluiden Medien transportiert werden (Wirbelschichtreaktoren und -apparate).

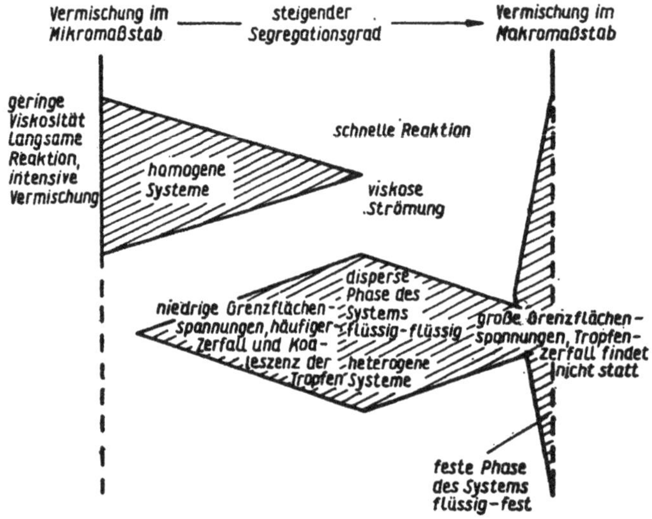

Abb. 5.22: Schematische Darstellung des Segregationsgrades für verschiedene Systeme.

5.4.2. *Parallele Pfropfenströmung (minimale Vermischung, maximale Segregation)*

Da die Zwischenstadien zwischen idealer Mikromischung und vollständiger Segregation schwer erfaßbar sind, begnügt man sich in der chemischen Reaktionstechnik vielfach mit der Berechnung der Extremfälle. Einen solchen Fall stellt das Modell der parallelen Pfropfenströmung dar. Bei einer vollständigen Segregation (Körnchen in einer Wirbelschicht, Flüssigkeitströpfchen in der Gasphase u. dgl.) bewegen sich die Moleküle in Form von Aggregaten, Klumpen, Tröpfchen u. dgl. als selbständige Bereiche unabhängig voneinander durch das Strömungssystem. Ihre Bahnen sind zwar im einzelnen, je nach Strömungsart, mehr oder weniger verworren, können aber zu Gruppen gleicher Verweilzeit zusammengefaßt werden. Jede Bahn kann als ein eigenständiger Reaktor idealer Verdrängung angesehen werden, die in Gruppen gleicher Verweilzeit zusammengefaßten Bahnen als ein Rohr mit Pfropfenströmung.

Der stationäre Umsatz X_{Ai} eines solchen einzelnen Rohres kann nach der Auslegungsgleichung

$$t_{vi} = -c_{A0} \int_{0}^{x_{Ai}} (\nu_A r)^{-1} \, dx \tag{5.41}$$

bestimmt werden.

Die Größe einer solchen Gruppe, die den Reaktor mit der Verweilzeit t_{vi} passiert, entspricht dem Wahrscheinlichkeitselement $f(t_v)\, dt_v$ an der Stelle t_{vi} der Verweilzeitkurve. Diese Kapazität kann durch den Querschnitt des entsprechenden Rohres angedeutet werden. Bevorzugte Bahnen, wie z. B. mit

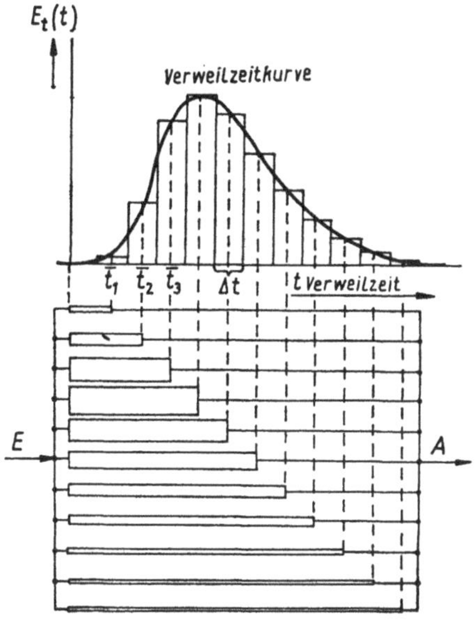

Abb. 5.23: Modell der parallelen Pfropfenströmung.

(Vollständige Segregation, vgl. auch Bild 5.24)

Verweilzeiten, die im Bereich des Maximalwertes von $f(t_v)$ liegen, können als Rohre mit großem Querschnitt, solche mit weit von dem wahrscheinlichsten Wert abweichenden Verweilzeiten als Rohre mit entsprechend kleinem Querschnitt dargestellt werden. Die Länge der einzelnen Pfropfenströmungselemente entspricht der Verweilzeit.

Für eine praktische Auswertung nach einem solchen Modell muß die Verweilzeit in hinreichend klein bemessene diskrete Bereiche Δt_{vi} zerlegt werden (Abb. 5.23). Dieses Modell ist eine Erweiterung des Modelles mit zwei parallelen Zellen idealer Verdrängung (Abschn. 5.2.3, Modell 8).

Das allgemeine Schema dieses Modells ist nicht eindeutig [105] und kann abweichende Resultate bei der Berechnung chemischer Stoffumwandlungen ergeben. Diese möglichen Fehler können wie folgt erläutert werden:

Betrachtet man in einem System mit hohem Segregationsgrad, beispielsweise einem Gas-Feststoff-Wirbelbett zur Trocknung eines granulierten Materials zwei Partikel mit gleicher Verweilzeit t_{va}. Jedes dieser Partikel kann als ein diskontinuierliches Reaktionssystem aufgefaßt werden, das den Reaktionsbedingungen (hier ein Trocknungsprozeß) eine zeitlang t_{va} ausgesetzt ist. Die Wege der Teilchen können sehr verschieden sein. So kann z. B. das eine Teilchen in kleineren unregelmäßigen Bewegungen mit der mittleren Geschwindigkeit durch das Reaktionssystem wandern, während das andere in einem bestimmten Bereich länger verweilt und dann durch einen Sprung die „versäumte" Wegstrecke aufholt, so daß für beide am Ende die gleiche Zeitstrecke herauskommt. Viele unterschiedliche Wege können in solch einem Fall zu gleicher Verweilzeit führen. Jeder Weg in einem stationären Strömungssystem bedeutet aber eine bestimmte Folge von Reaktionsbedingungen (Temperatur, chemische Potentiale). Es besteht also in einem solchen Fall nur dann die Berechtigung einer reaktionstechnischen Gleichbehandlung für gleiche Verweilzeiten, wenn die Zeitfolgen der Reaktionsbedingungen auch die gleichen waren. Das wird unter konkreten Bedingungen mit hoher Wahrscheinlichkeit immer dann der Fall sein, wenn auch die Wege der Teilchen mit gleicher Verweilzeit etwa die gleichen sind. Das heißt, es muß annähernd eine Gesamtpfropfenströmung vorliegen.

Auf Grund der angestellten Betrachtungen ist es sinnvoll, für Systeme mit hohem Segregationsgrad noch einmal eine Unterscheidung zwischen maximaler Segregation (maximum segregation) und minimaler Vermischung (minimum mixedness) zu treffen [105]. Maximale Segregation bedeutet die isolierte, auf voneinander unabhängigen Bahnen sich vollziehende Bewegung einzelner segregierter Bereiche mit gleicher Verweilzeit; minimale Vermischung heißt, daß die segregierten Bereiche räumlich miteinander korrelieren, so daß sie auch als einheitliche Reaktionsmasse aufgefaßt werden können. Es würde sich nichts ändern, wenn diese Bereiche in sich vermischt (im Sinne einer idealen Mikromischung) wären. An einem Pfropfenströmungsmodell interpretiert wäre der Zustand der minimalen Vermischung gegeben, wenn eine intensive Vermischung über den Querschnitt vorläge, während im Falle der maximalen Segregation die Teilchen auf Stromlinienbahnen nebeneinander das Strömungssystem durchlaufen würden. Diese Situation wird in Abb. 5.24 verdeutlicht.

Die reaktionstechnischen Berechnungen des Modells der minimalen Vermischung sind wie folgt durchzuführen:

Im stationären Zustand vereinigen sich am Ausgang Bereiche der Reaktionsmasse mit unterschiedlichem Alter α. Die Altersverteilung einer solchen Fraktion ist für ergodische Systeme gleich der gemessenen Verweilzeitverteilung (vgl. Kap. 4., α-λ-Diagramm, Abb. 4.5 und Abb. 4.6).

Für jedes Alter $\alpha_i = t_{vi}$ kann aus der Gl. (5.41) der X_{Ai} bzw. die entsprechende Konzentration eines Stoffes A c_{Ai} berechnet werden. Der Gesamtumsatz X_A ist der Mittelwert aus allen X_{Ai}; das gleiche gilt für die Konzentration:

$$c_A = \int_0^\infty f^A(\alpha)\, c_{Ai}\, d\alpha\,, \tag{5.42a}$$

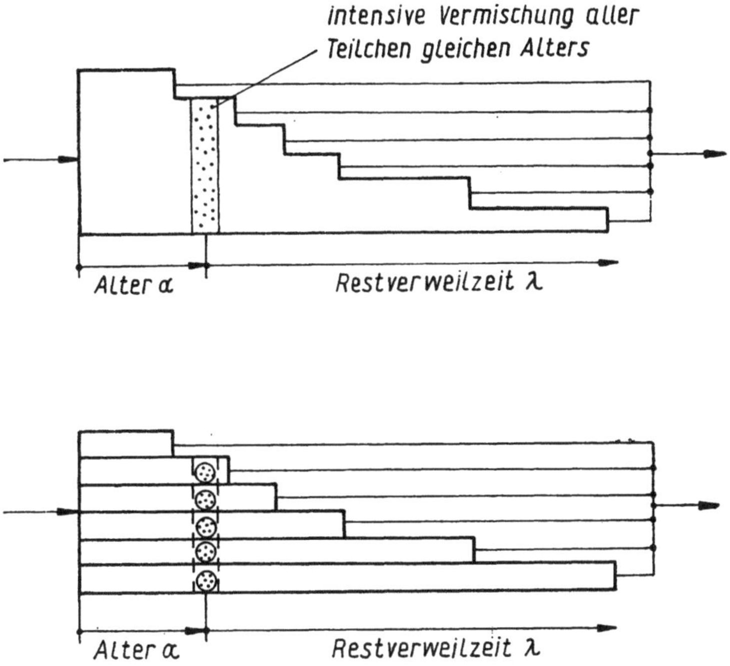

Abb. 5.24: Modelle der minimalen Vermischung (oben) und maximalen Segregation.

(Parallele Pfropfenströmung, vgl. Bild 5.23)

d. h. für ergodische Systeme

$$c_A = \int_0^\infty f^E(t_v/t^E)\, c_{Ai}\, dt_v\,. \tag{5.42b}$$

Diese Berechnungen sind unter den genannten Bedingungen exakt, gelten für beliebige Reaktionssysteme (Reaktionen mit Ordnungen verschieden von Eins, komplexe Schemata).

Eine Übertragung auf die maximale Segregation ist dann möglich, wenn die segregierten Bereiche eine gleiche oder ähnliche Zeitfolge der Reaktionsbedingungen haben; das ist z. B. in einem ideal durchmischten Rührkessel immer der Fall.

5.4.3. *Maximale Vermischung und Interpolationsmodelle*

Das in Abschn. 5.4.2. beschriebene Modell der minimalen Vermischung ist insofern ein Extremfall, als jede den Reaktor verlassende Fraktion der Reaktionsmasse erst im Augenblick des Austrittes aus verschiedenen Teilfraktionen unterschiedlichen Alters zusammengesetzt wird. Die einzelnen Anteile solch einer austretenden Fraktion waren also die maximale mögliche Zeit voneinander getrennt. Das andere Extrem kommt zustande, wenn man den Richtungssinn des Zeitverlaufs bei diesem Modell umkehrt: eine den Reaktor verlassende Fraktion der Reaktionsmasse ist die maximal mögliche Zeit zusammengemischt. Diese Situation ist in Abb. 5.25 verdeutlicht.

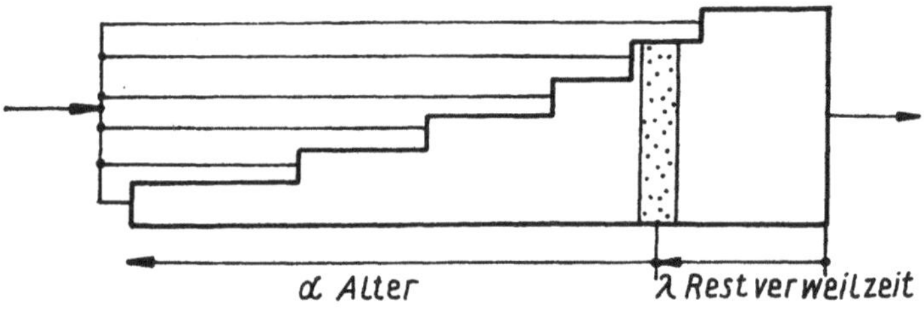

Abb. 5.25: Modell der maximalen Vermischung.

Die Zusammensetzung einer zur Zeit $t^A = 0$ das Reaktionssystem verlassenden Fraktion beginnt, streng genommen, bei $t = -\infty$, hier hat die Fraktion die Restverweilzeit $\lambda = \infty$. Mit fortlaufender Zeit nimmt die Restverweilzeit ab und die Fraktion „nähert" sich dem Ausgang. Die Abhängigkeit der Konzentration von λ ist durch die Differentialgleichung [105, 187]

$$\frac{dc_A(\lambda)}{d\lambda} = \nu_A r + \frac{f^A(\lambda \mid t^A)}{1 - F(\lambda \mid t^A)} \left[c_A(\lambda) - c_A^E\right] \tag{5.43}$$

gegeben. Die Differentialgleichung muß für $\lambda = 0$ gelöst werden, denn es gilt

$$c_A(\lambda = 0) = c_A^A. \tag{5.43a}$$

Für ergodische Systeme können für f^A und F die entsprechenden Indikatorkonzentrationskurven bzw. die daraus berechneten Kurven eingesetzt werden. Der Term $f/(1 - F)$ in Gl. (5.43) entspricht der Intensitätsfunktion (Abschn. 4.5.3.g). Diese Funktion ist für einen ideal durchmischten Rührkessel stets gleich Eins, Gl. (5.43) wandelt sich damit in die einfache Differentialgleichung des idealen Rührkessels um. Hieraus folgt, daß der ideale Rührkessel den Bedingungen des Modells der maximalen Vermischung voll genügt.

Nach den Gln. (5.42) und (5.43) lassen sich für jede gegebene Reaktion bebekannter Verweilzeitverteilung eindeutig die beiden Extrema der Ausgangskonzentrationen ergodischer Systeme berechnen. Die Verweilzeitverteilung kann als analytischer Ausdruck oder als Wertetabelle vorliegen. In der Mehrzahl der technologisch interessanten Fälle werden numerische Verfahren angewendet. Im Anhang ist ein Programm enthalten, das die Berechnung nach diesen Modellen ermöglicht. Bereits mehrfach durchgeführte Berechnungen und Abschätzungen (vgl. z. B. [98, 187]) ergeben für den Ausgangsumsatz von Strömungssystemen mit chemischer Stoffumwandlung (unter sonst gleichen Bedingungen, n = Reaktionsordnung)

X^A (min.V.) $<$ X^A (max.V.) $n < 1$
X^A (min.V.) $=$ X^A (max.V.) $n = 1$
X^A (min.V.) $>$ X^A (max.V.) $n > 1$

Diese Erkenntnis hat in der Fachliteratur bereits zu Erwägungen geführt, Reaktionen mit Ordnungen größer Eins unter hohen Segregationsbedingungen (beispielsweise heterogen) ablaufen zu lassen.

Die beiden Modelle entsprechend Gln. (5.42) und (5.43) sind Grenzfälle von reinen Zeitmodellen. Für viele praktische Fälle genügt es, Berechnungen mit diesen Extremwerten durchzuführen. Es wurden weiterhin umfangreiche Anstrengungen unternommen, Zwischenzustände berechnen zu können. Übersichten der verschiedensten Modellvorstellungen sind in [51] und [140] gegeben.

Prinzipiell werden zwei verschiedene Wege gegangen:

a) Zwei-Bereichs-Modelle (1. Weg)

Basierend auf einer rein zeitmäßigen Betrachtungsweise wird der Reaktor in zwei Bereiche (ohne räumliche Zuordnung) untergliedert. Im Eintrittsgebiet sind Teilchen gleichen Alters vermischt. Im Austrittsgebiet liegt Vermischung nach gleicher Restverweilzeit λ vor.

Diese Vorstellungsweise wurde von Ng und Rippin [114] eingeführt; man spricht in diesem Zusammenhang von dem sogenannten „Zwei-Medien-Modell“ (two environment model).

Die Intensität des Übergangs aus dem ersten in das zweite Gebiet steht in unmittelbarer Korrelation mit dem Segregationsgrad. Liegt kein Übergang vor, herrscht vollständige Segregation. Erfolgt der Übergang schlagartig nach Betreten des Reaktors, ist die Vermischung maximal. Goto und Matsobara [54] lieferten die bisher vollkommenste Beschreibung entsprechend dieser Vorgehensweise für stationär arbeitende Reaktoren. Das dynamische Verhalten von Reaktoren in Abhängigkeit von den Mischungsverhältnissen beschreibt Chen [28] in einer allgemeinen Theorie.

b) Tropfen-Modelle (2. Weg)

Eine anschaulichere Vorstellungsweise bieten die Tropfendiffusionsmodelle. Hierbei wird davon ausgegangen, daß Teilchen gleichen Alters den Reaktor in Tröpfchen durchströmen. Der Stoffaustausch mit Teilchen anderer Altersklassen wird als Diffusionsprozeß zwischen dem Tropfen und der „Umgebungssubstanz“ beschrieben. Naumann [112] führte die Segregationszahl N_{seg} als

Maß für die Makromischung ein und lieferte [113] eine allgemeine Beschreibung für stationäre Reaktoren.

Die Berechnung von Zwischenzuständen der Mikromischung wird noch große Anstrengungen erfordern, insbesondere, was die Verknüpfung dieser Modelle mit meßbaren Parametern anbelangt.

5.5. Kombinierte stochastisch-deterministische Methode basierend auf dem universellen Zellenmodell und MARKOW-Ketten

Es wurde bereits darauf hingewiesen, daß die Mehrzahl aller chemisch-technologischen Berechnungen, basierend auf Verweilzeitbetrachtungen, auf numerischem Wege mit Hilfe der elektronischen Datenverarbeitung durchgeführt wird. Im Abschn. 4.6.2. sind die allgemeinen Züge eines universellen Zellenmodells auf der Grundlage von Markow-Ketten vorgestellt worden. Die Vorteile in der Anwendung von Markow-Ketten für numerische Auswertungsverfahren sind in der diskreten Struktur (sowohl in räumlicher als auch in zeitlicher Hinsicht) dieser Prozesse begründet.

Alle in den bisherigen Kapiteln beschriebenen Methoden führen zu Differentialgleichungen bzw. Systemen von Differentialgleichungen. Modellen mit verteilten Parametern entsprechen partielle, solchen mit konzentrierten Parametern (Zellenmodelle, Schaltungen) — gewöhnliche Differentialgleichungssysteme. Es konnte mehrfach gezeigt werden, daß Modelle mit konzentrierten Parametern mathematisch einfacher zu handhaben sind als beispielsweise die Diffusionsmodelle.

Die Vereinfachung einer solchen Darstellungsweise ist darin begründet, daß Zellenmodelle entweder gar keine Raumstruktur besitzen, d. h. als eine rein zeitliche Anordnung von Zuständen, oder aber als diskretisierte Aufteilung aufzufassen sind. Beide führen vom formal mathematischen Standpunkt zu reinen Zeitprozessen und sind somit durch gewöhnliche Differentialgleichungen darstellbar.

Für ein numerisches Lösungsverfahren muß jedoch auch eine gewöhnliche Differentialgleichung noch weiter aufbereitet werden, wobei der wesentliche Schritt in der Diskretisierung der Zeit zu sehen ist. Es besteht also im Zusammenhang mit der numerischen Datenverarbeitung das Bedürfnis nach einem Algorithmus, der Prozesse diskret in Raum und Zeit darzustellen erlaubt. Eine solche Möglichkeit bieten die Markow-Ketten — eine Klasse einfacher stochastischer Prozesse, dadurch gekennzeichnet, daß der jeweilige Zustand nur von dem unmittelbar vorangegangenen und nicht weiter zurückliegenden Zuständen abhängt.

Ansätze zur Anwendung von Markow-Ketten zur Lösung von Problemen des Zusammenwirkens von Transportvorgängen und chemischer Reaktion sind verschiedentlich publiziert worden [74, 75, 76]. Es konnte gezeigt werden [119, 123], daß diese Methoden verallgemeinerungsfähig und zur Lösung komplizierter Aufgaben der Beschreibung von instationären und nichtisothermen Prozessen des Zusammenwirkens von Stoff-, Energietransport und chemischer Reaktion geeignet sind.

5.5.1. Begriffserklärungen zu Markow-Ketten

Die Grundlage der Methode bildet das in Abschn. 4.6.2. beschriebene Zellenmodell. Zwischen den einzelnen Zellen finden in diskreten Schritten mit der bedingten Wahrscheinlichkeit

$$p_{ij}(k) = P[a_j(k)\, a_i(k-1)] \qquad (5.44)$$

Übergänge aus dem Zustand a_i in den Zustand a_j statt. Alle bedingten Wahrscheinlichkeiten $p_{ij}(k)$ lassen sich zu einer Matrix $P(k)$ zusammenfassen. Die (absolute) Wahrscheinlichkeit für den Zustand a_j nach k Schritten ist durch die rekursive Beziehung

$$a_j(k) = \sum_i a_i(k-1)\, p_{ij}(k) \qquad (5.45)$$

gegeben, wobei für die Wahrscheinlichkeit des Zustandes a_j der einfachen Schreibweise wegen das gleiche Symbol verwendet wurde. In Matrizendarstellung erhält man

$$\boldsymbol{A}(k) = \boldsymbol{A}(k-1)\, \boldsymbol{P}(k), \qquad (5.46)$$

bzw. bei einer homogenen MARKOW-Kette (siehe Abschn. 4.6.2.)

$$\boldsymbol{A}(k) = \boldsymbol{A}(0)\, \boldsymbol{P}^k \qquad (5.47)$$

Im folgenden sollen einige Begriffe im Zusammenhang mit diskretisierten Raummodellen erläutert werden.

a) Zustandswahrscheinlichkeit $a_j(k)$ nach k Schritten

Zustand heißt in Zusammenhang mit der MARKOW-Ketten-Darstellung: „sich in einem bestimmten diskretisierten Raumelement (Zelle) aufzuhalten“. Die (absolute) Wahrscheinlichkeit eines solchen Zustandes nach k Zeitschritten wird mit $a_j(k)$ bezeichnet, die Gesamtheit all dieser Zustandswahrscheinlichkeiten zu dem Zeilenvektor $\boldsymbol{A}(k)$ zusammengefaßt:

$$\boldsymbol{A}(k) = [a_1(k), a_2(k) \ldots a_n(k)] \qquad (5.48$$

n — Zahl der diskreten Raumbereiche (Zellen).

Der Zustand a_j (bzw. dessen Wahrscheinlichkeit) kann allgemein in verschiedener Hinsicht aufgefaßt werden. Im Zusammenhang mit der vorzustellenden Methode sind sowohl stofflich als auch energetische Zustände von Interesse.

Für den Stofftransport kann die Zustandswahrscheinlichkeit durch die Konzentration der transportierten Komponente ausgedrückt werden (jede auf Eins genormte Konzentration kann als Wahrscheinlichkeit interpretiert werden). Die Konzentration $c_j(k)$ eines Stoffes (beispielsweise eines Indikators) in einer Zelle j nach k Zeitschritten ist also

$$c_j(k) = q_c a_j(k) \tag{5.49a}$$

mit q_c als konstanten Umrechungsfaktor von Wahrscheinlichkeit auf Konzentration.

Eine ähnliche Beziehung kann auch für die energetischen Zustände aufgestellt werden. Hierfür ist die Temperatur in einer Zelle charakteristisch

$$T_j(k) = q_T a_j(k), \tag{5.49b}$$

ebenfalls mit q_T als einen konstanten Umrechnungsfaktor. Beide Größen lassen sich zu Zeilenvektoren zusammenfassen mit der Bedeutung:

$\boldsymbol{C}(k)$ — Konzentrationsverteilung nach k Zeitschritten
$\boldsymbol{T}(k)$ — Temperaturverteilung nach k Schritten.

Es kann also anstelle der Gl. (5.47) für homogene markowsche Stoff- und Wärmetransportvorgänge das algebraische Matrizengleichungssystem

$$\boldsymbol{C}(k) = \boldsymbol{C}(0)\, \boldsymbol{P}_c^k \tag{5.50a}$$

$$\boldsymbol{T}(k) = \boldsymbol{T}(0)\, \boldsymbol{P}_T^k \tag{5.50b}$$

gesetzt werden, wobei

$$\boldsymbol{C}(0) = [c_1(0), c_2(0) \dots c_n(0)] \tag{5.51a}$$

die Anfangskonzentrationsverteilung in den einzelnen Zellen, und

$$\boldsymbol{T}(0) = [T_1(0), T_2(0) \dots T_n(0)] \tag{5.51b}$$

deren Anfangstemperaturverteilung darstellt.

Die Schrittzahl k, in der Wahrscheinlichkeitsrechnung auch als Versuchszahl bezeichnet, ist im Falle einer Zeitdiskretisierung mit einer Schrittweite Δt zu multiplizieren; die Prozeßzeit t ist

$$t = k \Delta t \tag{5.52}$$

Die Wahl der Schrittlänge Δt hat im Zusammenhang mit dem zu untersuchenden Prozeß zu erfolgen.

b) Zustandsklassen und Prozesse in offenen isolierten Systemen

Die praktische Deutung einiger in der Theorie stochastischer Prozesse definierten Zustände ist für eine Erschließung dieser Methode von Bedeutung. So ist

z. B. allen durchströmten Systemen, wenn es sich um Modelle mit konzentrierten Parametern handelt, ein Absorptionszustand mit $p_{ii} = 1$ nachzuschalten, wodurch zum Ausdruck kommt, daß kein Rückfluß in das Strömungssystem stattfindet. Wesentliche Zustände i sind all diejenigen, für welche Übergänge nach $j \neq i$ als auch zurück mit positiven Wahrscheinlichkeiten stattfinden $p_{ij}(n) > 0$, $p_{ji}(m) > 0$. In einer Serienschaltung von Mischzellen sind demnach alle Zustände unwesentlich, in einem (diskretisierten) geschlossenen Raum hingegen wesentlich. Symmetrieebenen (Diffusionsausbreitung nach dem Quellenintegral) oder Gefäßwandzonen können als Reflexionszustände beschrieben werden. Eine ausführliche Darstellung der Zustände ist in den Lehrbüchern der Wahrscheinlichkeitsrechnung zu finden (vgl. z. B. Bharucha-Reid [13], Fisz [45]).

5.5.2. *Darstellung des konvektiven Transports*

Die Grundbeziehungen für diese Transportart wurden in Abschn. 4.6.2. vorgestellt. Für den konvektiven Stoffübergang gilt ebenso wie für den Wärmeübergang (entsprechend den Bedingungen sind die thermodynamischen Zustandsgrößen, wie z. B. Enthalpie zu verwenden):

Für die bedingte Wahrscheinlichkeit des Verweilens während Δt in einer Zelle idealer Vermischung

$$p_{ii}(\Delta t) = \exp\left(-\frac{1}{v_i}\sum \dot{v}_{ij}\Delta t\right) = \exp\left(-\frac{\Delta t}{\tau_i}\right) \tag{5.53}$$

und für die Übergangswahrscheinlichkeit während Δt

$$p_{ij}(\Delta t) = \mu_{ij}\big(1 - p_{ii}(\Delta t)\big), \qquad i \neq j \tag{5.54}$$

unter Berücksichtigung von

$$p_{ij} = v_{ij}\Big(\sum_j \dot{v}_{ij}\Delta t\Big)^{-1}\left[1 - \exp\left(-\frac{\Delta t}{\tau_i}\right)\right]. \tag{5.55}$$

Für den konvektiven Stoff- und Wärmeübergang in Zellen idealer Verdrängung ergibt sich

$$p_{ii}(\Delta t) = \begin{cases} 1, \ \Delta t < t_v \\ 0, \ \Delta t \geqq t_v \end{cases}. \tag{5.56}$$

Es ist daher im Sinne der praktischen Handhabung der Methode ratsam, größere Zellen idealer Verdrängung in kleinere Einzelzellen zu zerlegen, deren Größe durch die Bedingung

$$p_{ij} = \dot{v}_{ij}/\sum_j \dot{v}_{ij}\Delta t \quad \text{mit} \quad \Delta t = \tau_i \tag{5.57}$$

vorgeschrieben ist, wonach bei jedem Zeitsprung ein Übergang stattfindet.

Konvektiver Stoff- und Wärmeübergang vollziehen sich mit der gleichen Intensität λ_i

$$\lambda_i^{\text{st.}} = \lambda_i^{\text{En.}} = \sum_j \dot{v}_{ij}/v_i = \frac{1}{\tau_i}. \tag{5.58}$$

Bei der Klassifizierung der Zustände eines jeden Zellenmodells (mit endlich vielen Zuständen) ist zu beachten, daß dem Gesamtströmungssystem formal ein Absorptionszustand nachzuschalten ist, der den Ausgang charakterisiert. Diese Feststellung gilt exakt für die sogenannten „geschlossenen" Verweilzeitsysteme (Systeme mit konzentrierten Parametern).

5.5.3. Darstellung des konduktiven Transports (Triebkraftansatz und Randbedingungen)

Diffusion und Wärmeleitung ergeben auf Grund der phänomenologischen Ähnlichkeit der Fourierschen und Fickschen Gesetze gleiche Markow-Ansätze, nur, daß hierbei die unterschiedlichen Übergangsintensitäten zu beachten sind. Im allgemeinen erfolgt ein Wärmeausgleich durch Leitung schneller als der Stoffausgleich infolge Diffusion unter gleichen Bedingungen.

Grundsätzlich können jedoch die Ableitungen für beide Prozeßarten am Beispiel der Diffusion abgehandelt werden. Der Diffusionsstrom erfolgt nach dem 1. Fickschen Gesetz in vereinfachter Form gemäß Gleichung

$$\dot{n} = -DA\,\frac{dc}{dx}. \tag{5.59}$$

Das Diffusionssystem wird in einzelne Zellen zerlegt, deren Strukturen der geometrischen Form des Gesamtsystems angepaßt sind. Plattenförmige Systeme werden zweckmäßigerweise in Scheiben, Kugeln in Schalengebilde („Zwiebelschalenmodell") eingeteilt.

Randbedingungen werden durch besondere Zustände erfaßt. Das in Abb. 5.26 dargestellte bekannte Diffusionssystem (Quellenintegral) enthält durchweg vorübergehende Zustände, wenn das System beiderseitig unendlich offen ist. Die mittlere Zelle mit der Nummer 1 stellt wegen der Symmetriebeziehungen einen Reflexionszustand dar. Wäre das System beiderseitig endlich begrenzt, so würden die äußeren Grenzen ebenfalls als Reflexionszustand zu beschreiben sein. In solch einem System würden alle Zustände ergodisch sein. In vielen praktischen Fällen strömt die Materie an den Rändern aus; hier müßten den beiden Endzellen Absorberzustände nachgeschaltet werden. Alle Zustände eines solchen Systems wären vorübergehend. Mit Hilfe der Markow-Ketten-Methode können somit alle wesentlichen Fälle von Diffusionsprozessen beschrieben werden. Der Vorteil dieser Methode ist u. a. darin zu sehen, daß Stoff- und Energieausbreitungsvorgänge auch in geometrisch komplizierten Objekten, deren Gestalt nicht durch analytische Ausdrücke erfaßt werden kann, darstellbar sind.

Der Diffusionsaustausch zweier benachbarter Zellen (i und $j = i + 1$ in Abb. 5.26) setzt sich aus zwei Nettoströmen zusammen, die wie folgt angesetzt werden können:

$$\dot{n}'_{ij} = DA_{ij} \frac{c_i}{l_{ij}} \quad \text{(Hin-Strom)} \tag{5.60}$$

$$\dot{n}'_{ji} = DA_{ij} \frac{c_j}{l_{ij}} \quad \text{(Rück-Strom)} \tag{5.61}$$

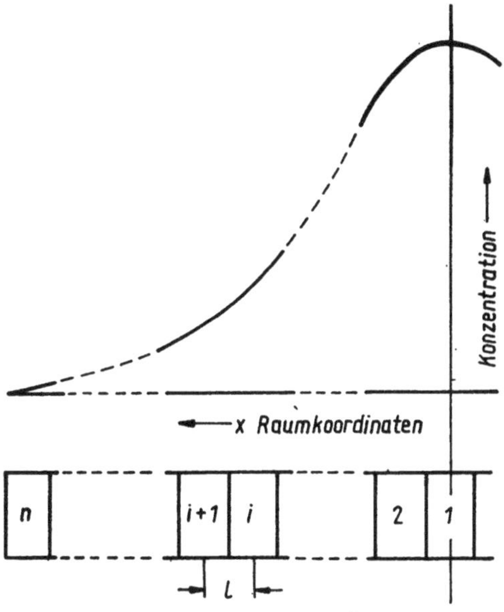

Abb. 5.26: Diskretisierter Diffusionsprozeß (Quellenintegral).

Der Nettostrom ist

$$\dot{n}_{ij} = \dot{n}'_{ij} - \dot{n}'_{ji} = DA_{ij} \left(\frac{c_i}{l_{ij}} - \frac{c_j}{l_{ij}} \right). \tag{5.62}$$

A_{ij} — Austauschfläche zwischen den benachbarten Zellen
l_{ij} — Abstand zwischen den Zellenmittelpunkten.

Entsprechend gilt für den Wärmeleitstrom:

$$\dot{q}_{ij} = \alpha A \varepsilon_{ij} \left(\frac{T_i}{l_{ij}} - \frac{T_j}{l_{ij}} \right). \tag{5.63}$$

Demzufolge sind die Übergangsintensitäten für den Diffusionsstrom

$$\lambda^{D,st} = DA_{ij}/(v_i l_{ij}) \tag{5.64}$$

und den Wärmeleitstrom

$$\lambda^{D,E} = \alpha A_{ij}/(v_i l_{ij}). \tag{5.65}$$

Für die Übergänge an Phasengrenzen können entweder die formalen Ansätze der Ein- und Zweifilmtheorie gewählt werden, dann führt die Beschreibung mit Hilfe der MARKOW-Ketten formal zu ähnlichen Beziehungen wie (5.64) und (5.65). Eine solche Darstellung kann vorwiegend dann gewählt werden, wenn Vorgänge in strömenden Systemen untersucht werden. Gilt es jedoch Prozesse in Grenzschichten detaillierter zu erfassen (wie das z. B. in der heterogenen Katalyse, bei Färbereiprozessen an Fasern, Textilveredlungsprozessen, Quellungsvorgängen u. dgl. der Fall ist), so muß ein geometrisch angepaßtes Zellenmodell für die Grenzschichten selbst aufgestellt werden, wobei die Randschicht durch ihre besonderen Merkmale als Reflexions- oder Absorberzustand zu kennzeichnen ist.

Der besondere Vorteil der Methode bei der Beschreibung solcher Prozesse ist u. a. auch darin zu sehen, daß bei Anwendung inhomogener Ketten (Grundgleichung (5.46)) auch solche Vorgänge erfaßt werden können, bei denen sich die geometrische Struktur der Systeme und die Prozeßparameter im Verlaufe der Zeit ändern (z. B. orts- und konzentrationsabhängige Diffusion in wachsenden Gebilden).

5.5.4. *Zusammenfassende Prozeßbeschreibung*

Zur Darstellung des Gesamtprozesses müssen die in einem Zeitschritt erfolgten Zustandsänderungen aus Transportprozessen und chemischer Umwandlung summiert werden. Für das stoffliche Quellenglied erhält man für ein beliebiges Reaktionssystem

$$\Delta c'_{Ai}(t + \Delta t) = \int_t^{t+\Delta t} \sum_k \nu_{Ak} r_k \, d\tau, \tag{5.66a}$$

wobei k die Laufzahl über die möglichen Reaktionen ist, in deren Folge sich die Konzentration des Stoffes A in der Zelle i ändert.

Für die Temperatur gilt entsprechend

$$\Delta T'_i = \Delta c'_i \frac{\Delta H}{\varrho c_p}. \tag{5.66b}$$

Δc_i, ΔH entsprechen den summaren Konzentrations- und Enthalpieänderungen im System, Δc_i ist aus der Summe der Gln. (5.66a) einzusetzen. Beide $\Delta c_i'$ und $\Delta T_i'$ können zu Zeilenvektoren $\boldsymbol{\Delta c}'(t + \Delta t)$ und $\boldsymbol{\Delta T}'(t + \Delta t)$ zusammengefaßt werden. Die Berechnung dieser Zustandsanteile erfolgt ohne Zuhilfenahme der stochastischen Prozeßtheorie.

Unter Berücksichtigung der zu Zeilenvektoren zusammengefaßten Quellenanteile wird der Gesamtprozeß durch das Matrizengleichungssystem

$$\boldsymbol{c}(t + \Delta t) = \boldsymbol{c}(t)\, \boldsymbol{P}_c(t) + \Delta \boldsymbol{c}'(t + \Delta t) \tag{5.67a}$$

$$\boldsymbol{T}(t + \Delta t) = \boldsymbol{T}(t)\, \boldsymbol{P}_T(t) + \Delta \boldsymbol{T}'(t + \Delta t) \tag{5.67b}$$

mit den Übergangsintensitäten

$$\lambda^{st,\Sigma} = \frac{1}{v_i} \sum_j (\dot{v}_{ij} + DA_{ij}/l_{ij}) \tag{5.68a}$$

$$\lambda^{E,\Sigma} = \frac{1}{v_i} \sum_j (\dot{v}_{ij} + \alpha A_{ij}/l_{ij}) \tag{5.68b}$$

beschrieben.

Dieses kombinierte stochastisch-deterministische Matrizengleichungssystem wurde bereits auf verschiedene Beispiele der chemischen Reaktionstechnik angewendet [119, 123], wobei die Vorteile der Methode nachgewiesen werden konnten. Das System enthält die gleichen Prozeßparameter wie die aus der Damköhler-Bilanz ableitbaren Differentialgleichungssysteme. Es ist einfacher zu handhaben und kann direkt als Programmiervorschrift verwendet werden. Der besondere Vorteil ist darin zu sehen, daß auch nichtisotherme dynamische Prozesse mit komplizierten kinetischen Umwandlungen, wie z. B. Polymerisationsreaktionen berechnet werden können.

Für reaktionstechnische Berechnungen eignet sich das Verfahren im Zusammenhang mit dem allgemeinen Zellenmodell, das aus der Verweilzeitanalyse, wie in Abschn. 4.6.7. beschrieben, unter Zuhilfenahme zusätzlicher technologischer Gesichtspunkte, abgeleitet werden kann. Ein Programm hierzu befindet sich im Anhang.

6. Auswertung gemessener Verweilzeitkurven-Fehlerbetrachtungen und -korrekturen

6.1. Auswertung von Verweilzeitkurven

6.1.1. Übersicht über Auswertungsstrategien

Verweilzeituntersuchungen werden in der Praxis mit unterschiedlichen Zielstellungen durchgeführt. Der bereits vorhandene Erkenntnisstand über die in dem Strömungssystem ablaufenden Prozesse und die volkswirtschaftliche Bedeutung des Verfahrens spielen hierbei eine wichtige Rolle. Bei minimalen Vorkenntnissen begnügt man sich in der Regel mit überschlägigen Aussagen und möchte wissen, ob sich der Prozeß strömungstechnisch „normal" verhält oder in irgendeiner Weise gestört ist. In solch einem Falle genügen einfache Auswertungsmethoden, in der Regel kommt man mit Grobmodellvorstellungen aus. Solche einfachen Fälle wie: „Pfropfenströmung mit (soundsoviel %) Totvolumen", „Vermischung mit Kurzschluß" (vgl. Kap. 5.) sind Beispiele hierfür. Geht es jedoch darum, ein bereits hochentwickeltes Produktionsverfahren zu optimieren, so sind mit Einsatz aller zur Verfügung stehenden Mittel der elektronischen Datenverarbeitung die maximal möglichen Informationen zu erstreben. Das Endziel solcher Bemühungen ist das strömungstechnisch begründete Verweilzeitmodell. Die Forderung nach Ableitung eines exakten Modells steigt mit der volkswirtschaftlichen Bedeutung des untersuchten Verfahrens. Die hierbei anzuwendende Vorgehensweise stimmt in allen wesentlichen Schritten und Gesichtspunkten mit denen der allgemeinen Prozeßanalyse überein (Näheres hierüber in den entsprechenden Lehrbüchern [44, 58, 73, 80]).

Hier wird generell zwischen den zwei Modellklassen: formale Regressionsansätze und naturwissenschaftlich begründete Modelle unterschieden, entsprechend ergeben sich auch verschiedene Ableitungsalgorithmen. In der Verweilzeitanalyse sollte der Schwerpunkt auf den strömungstechnisch begründeten Modellen liegen. Darauf wurde bereits in der Einleitung und an entsprechenden Stellen der einzelnen Kapitel hingewiesen. Das Verweilzeitmodell beschreibt nur den strömungstechnischen Anteil des Gesamtprozesses. Letzterer ist mit Ausnahme von isothermen Reaktionen 1. Ordnung durch nichtlineare Kopplung mit anderen Vorgängen, wie chemische Reaktion, thermische Umwandlungen u. dgl. gekennzeichnet. Wird bereits ein Teilprozeß hiervon rein formal dargestellt, so kann der Gesamtprozeß wiederum auch nur als ein formales Modell beschrieben werden. Der Sinn einer Verweilzeitanalyse wäre von vornherein infrage gestellt.

Für beide Methoden, d. h. sowohl für eine Grob- als auch eine Feinauswertung ist die Erfüllung folgender Grundvoraussetzungen erforderlich:

- die zur Auswertung verwendete Kurve muß mit der Gewichtsfunktion (Kap. 3.) bzw. der Wahrscheinlichkeitsdichteverteilung (Kap. 4.) entweder identisch oder eindeutig in diese transformierbar sein
- die Ergodizität (Stabilität, Stationarität) des untersuchten Strömungssystems muß, notfalls durch mehrfache Verweilzeitverteilungsuntersuchungen, erwiesen sein (vgl. Kap. 5.).

Zur Absicherung dieser beiden Gesichtspunkte ist eine Art Vorauswertung der Meßkurven in Form einer Beurteilung, Grobeinschätzung im Zusammenhang mit dem verwendeten Meßverfahren (Anordnung der Meßstellen, Art der verwendeten Geräte u. dgl.) erforderlich. Vorstellungen hierüber befinden sich in Abschn. 6.1.2. und 6.1.3. In Abschn. 6.1.3. sind einige Verfahren für überschlägige Auswertungen angegeben.

Der Ableitung von verfeinerten Modellen können alle in den Kap. 2. bis 5. vorgestellten Betrachtungsweisen zugrundegelegt werden.

Die Auswertung kann im Zeitbereich erfolgen, wobei es gleichgültig ist, ob man sich einer deterministischen (Gewichtsfunktion) oder wahrscheinlichkeitstheoretischen (Verteilungsfunktion) Lesart bedient.

Die Auswertung kann aber auch im Bildbereich vorgenommen werden, wobei sowohl die LAPLACE- als auch die FOURIER-Transformation zur Anwendung kommen kann. In beiden Fällen werden Vergleichsverfahren von experimentellen und theoretischen Kenngrößen angewendet. Im Zeitbereich vergleicht man entweder gemessene und theoretische Gewichtsfunktionen $\left(g^{ex}(t) \leftrightarrow g^{th}(t)\right)$ direkt oder die aus ihnen abgeleiteten Kenndaten (Zahlencharakteristika, Momente, Quantile etc.) Im Bildbereich bedient man sich der Methoden der Frequenzganganalyse (BODE-Diagramm), Ortskurvendarstellung und anderer Methoden.

In Abb. 6.1 ist ein allgemeines Schema der möglichen Vorgehensweisen dargestellt. Ausgangspunkt ist die experimentelle Analyse, die entweder mit einem aperiodischen oder einem periodischen Testsignal durchgeführt wird. Kommen radioaktive Indikatoren zum Einsatz, so wird in der Regel die aperiodische Stoßfunktion (Stoßmarkierung) angewendet. Die erhaltene Ausgangskonzentration $c^A(t)$ wird auf die Gewichtsfunktion $g^{ex}(t)$ umgerechnet und diese, bzw. die aus ihr bestimmten Zahlencharakteristika mit den theoretischen Werten verglichen.

Der Auswertung auf diesem Wege dient das im Anhang beschriebene Programm VWZAUS.

Seltener werden bei Verweilzeituntersuchungen periodische Testsignale verwendet, so daß es in der Regel kaum vorkommt, daß Frequenz- und Phasenspektrum direkt gemessen werden. Will man eine Verweilzeitauswertung dennoch mit verschiedenen Methoden der Frequenzganganalyse vornehmen, so muß die Übertragungsfunktion $G(j\omega)$ aus der Gewichtsfunktion $g^{ex}(t)$ mit Hilfe der LAPLACE- (LT) bzw. FOURIER-Transformation (FT) berechnet werden. Hierzu dienen die Programme FREGA1 und FREGA2 im Anhang.

Der Modellvergleich geschieht nach den verschiedenen Methoden der Optimierung und Modelldiskriminanz. (Näheres hierzu in den Lehrbüchern z. B.

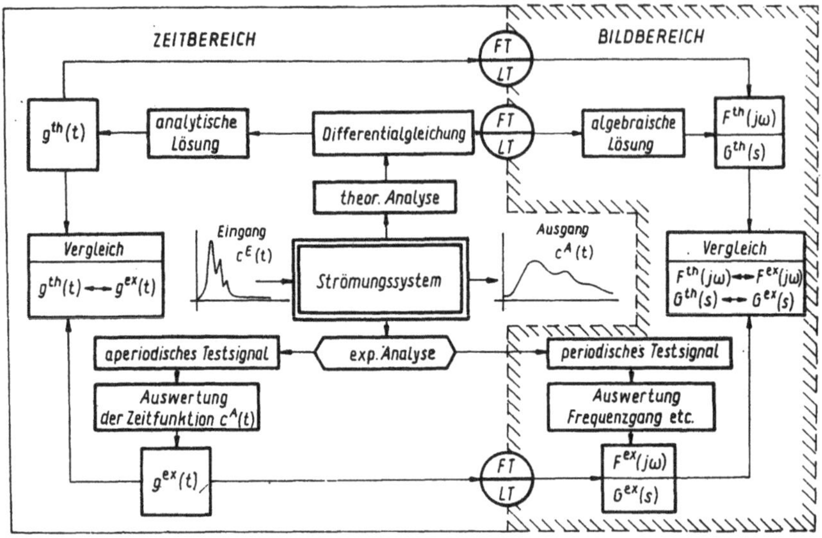

Abb. 6.1: Schema der Systemanalyse im Zeit- und Bildbereich.

[44, 58, 73, 80].) Ein Verfahren, nämlich die Anpassung von Verweilzeitkurven an ein Zellenmodell ist im Anhang näher beschrieben (Programm ZEMØ01). Desgleichen wird auch die Verknüpfung von chemischer Reaktion mit dem Zellenmodell nach dem in Abschn. 5.5. beschriebenen MARKOW-Ketten-Modell vorgestellt (Programm REAK01).

6.1.2. *Beurteilung von Verweilzeitmeßkurven*

Bevor eine gemessene Verweilzeitkurve weiter verarbeitet wird, ist es ratsam, sie einer „Gütekontrolle" zu unterziehen. Es hat sich in der Praxis als wenig sinnvoll erwiesen, die Meßwerte unmittelbar in ein Programmpaket einzugeben und die Auswertung schematisch von einem Computer vornehmen zu lassen. Es gibt für die Beurteilung von Verweilzeitmeßkurven keine allgemeingültigen Vorschriften außer der, daß solch eine Bewertung stets im Zusammenhang mit dem untersuchten Prozeß zu erfolgen hat. Hierbei spielt auch der Gesichtspunkt eine Rolle, ob der Ablauf während der Messung normal oder gestört war.

In Abb. 6.2 sind drei mögliche Kurventypen dargestellt. Die erste Kurve (6.2a) zeigt einen im wesentlichen typischen Trendverlauf einer unimodalen Verweilzeitverteilung, die scheinbar durch einige „Schwankungen" gestört ist. Die Störungen äußern sich unter anderen im Auftreten von einigen Nebenmaxima. Eine solche Kurve ist nur bedingt auswertbar, da über die Ursachen der Nebenmaxima zunächst keine Aussagen gemacht werden können. Wurde

z. B. parallel zur Verweilzeitmessung eine Schwankung in der Produktqualität beobachtet (oder ist eine solche Schwankung sogar ständig zu verzeichnen und war vielleicht der Anlaß dafür, daß eine Verweilzeitmessung durchgeführt wurde), so ist es erwiesen, daß sich das System im Sinne der in Abschn. 4.3.

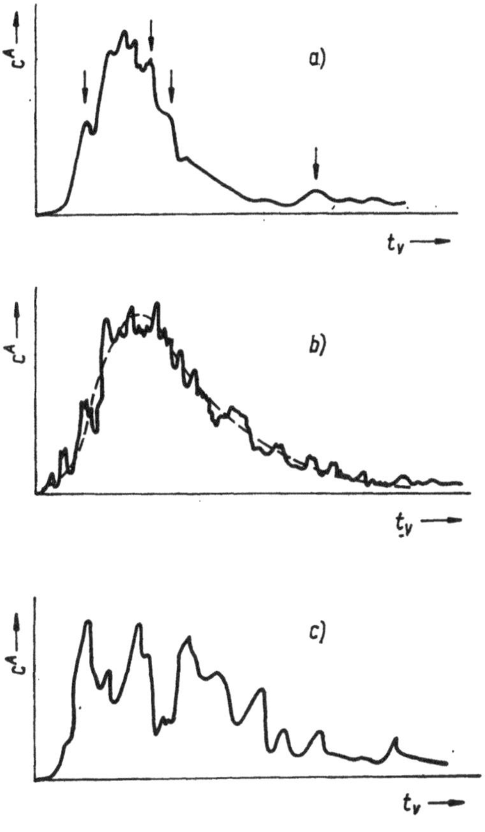

Abb. 6.2: Mit Schwankungen behaftete Verweilzeitkurven.

gemachten Ausführungen nicht ergodisch verhält. Ist das der Fall, so ist eine weitere Modellauswertung mit hohem Aufwand von Datenverarbeitung ungerechtfertigt. Durch eine verbesserte Prozeßführung kann ein gleichmäßiger Kurvenverlauf und mit großer Sicherheit auch eine Verbesserung der Produktqualität erreicht werden. Erhält man jedoch bei Wiederholungsmessungen deckungsgleiche Kurven (ergodisches Verhalten), so ist zu vermuten, daß im Reaktor eine Materialaufteilung stattfindet derart, daß eintretende Chargen auf unterschiedlichen Wegen das Strömungssystem durchwandern. Dabei können die „kurzen Wege" (Nebenmaxima vor dem Hauptmaximum) als

Durchbrüche, die „langen Wege“ (Nebenmaxima nach dem Hauptmaximum) als Totzonen mit leichtem Austausch gedeutet werden. Totzonen und Durchbrüche sind insbesondere vermittels der Intensitätsfunktion (4.5.3.) gut zu erkennen. Das Ergebnis solcher Strömungssysteme sind zwar gleichmäßige Produkte, ihr Wert ist jedoch insgesamt gemindert.

Abb. 6.2b zeigt eine mit vielen kleinen Schwankungen behaftete Kurve, deren Gesamttrend jedoch einen normalen unimodalen Verlauf zeigt. Zur Erklärung gibt es neben den bereits zu Abb. 6.2a gemachten Aussagen zwei Hauptmöglichkeiten: die Schwankungen sind entweder auf die Meßtechnik (zu geringe Impulsrate, s. hierzu auch Abschn. 6.2.) oder den Prozeß selbst zurückzuführen. Letzteres ist insbesondere dann der Fall, wenn die strömende Masse hetereogen ist (Wirbelschichten, Blasensäulen), wodurch sich notwendigerweise geringe Fluktuationen ergeben. Die Kurve kann als Realisierung eines Zufallsprozesses angesehen werden. Im Falle mehrfacher Wiederholung der Messung würden mehrere ähnliche Kurven erhalten, und diese Übereinandergelegt, eine Mittelwertkurve ergeben. Der Kurvenzug dieser Mittelwertkurve kann jedoch auch schon aus der Einzelmessung mit hinreichender Genauigkeit grafisch gezogen oder aus einem entsprechenden Glättungsprogramm berechnet werden. Es ist zu empfehlen, nur diese Mittelwertkurve im Computer weiter auszuwerten.

Im Falle einer polymodalen Verweilzeitkurve (Abb. 6.2c) sind ähnliche Überlegungen erforderlich wie bei Kurven mit Nebenmaxima. Bei schnellen Prozessen (Zeitdauer der Indikatorzugabe ist nicht klein gegenüber der mittleren Verweilzeit) kann die Form der Indikatorzugabe eine gewisse Rolle spielen, da es in diesem Falle nicht gelingt, eine Stoßmarkierung zu realisieren. Auf alle Fälle müssen bei polymodalen Kurven die Messungen mehrfach wiederholt werden.

6.1.3. Überschlägige Auswertungsmethoden

Nachdem eine Verweilzeitkurve gemessen und die Grobeinschätzung des Ergebnisses stattgefunden hat, ist es wichtig, eine erste Modellauswertung vorzunehmen. Bei langsamen Strömungsprozessen kann schon während der Aufnahme der letzten Meßpunkte damit begonnen werden. Diese Auswertungsverfahren müssen mit einfachen Hilfsmitteln durchführbar sein und dürfen nur wenig Zeit in Anspruch nehmen. Aus diesem Grunde legt man dem Vergleichsverfahren auch unkomplizierte Modelle zugrunde. Das Rührstufenmodell (Serienschaltung von n gleichgroßen Zellen idealer Vermischung) als Sonderfall des Zellenmodells spielt wegen seiner Flexibilität eine wichtige Rolle. Mit $n = 1$ charakterisiert es die totale Vermischung (Rührwerkskessel) und $n \to \infty$ die ideale Pfropfenströmung. Aus der chemischen Reaktionstechnik ist bekannt, daß für viele Reaktionen die Pfropfenströmung die erstrebte Ideallösung darstellt (vgl. hierzu [58, 73, 98, 151]). Die aus dem Modell ableitbare äquivalente Rührstufenzahl n ist ein Maß dafür, in welchem Grade dieser ideale Strömungszustand erreicht ist. Die äquivalente Rührstufenzahl ist eine formale Interpolationsgröße und gibt an, wieviel gleichgroße Rührkessel in Serie geschaltet eine Verweilzeitkurve ergeben, die mit der gemessenen kongruent ist (wobei auch gebrochene Werte auftreten können). Aus reaktionstechnischen Berechnungen kann gezeigt werden, daß eine relativ kleine Rührstufenzahl (der Größenordnung $n = 5$ bis 10) den Bedingungen der idealen Pfropfenströmung hinreichend genügt. Es ist somit von Interesse, nach erfolgter Messung eine schnelle überschlägige Aussage in dieser Hinsicht zu erhalten.

Alle Vergleichsverfahren, ob direkt oder über Hilfsmittel (Nomogramme, Hilfsfunktionen u. dgl.) vorgenommen, setzen eine bestimmte Normierung der Meßkurven voraus. Die der Auswertung von Verweilzeitkurven im Zeitbereich nach dem Programm VWZAUS (Anhang) zugrunde gelegte Normierung — Zeitachse bezogen auf die mittlere Verweilzeit, Konzentration umgerechnet auf Wahrscheinlichkeitsdichte — ist wegen des hohen Rechenaufwandes zur Ermittlung der Bezugsgröße mittlere Verweilzeit für ein Schnellverfahren zu aufwendig. Als einfachere Zeitbezugsgröße bietet sich die wahrscheinlichste Verweilzeit t_w (Abschn. 4.5.3.b) an. Sie kann aus dem Kurvenmaximum direkt abgelesen werden. Desgleichen kann der Maximalwert der Indikatorkonzentration als Bezugspunkt für die Ordinatennormierung dienen.

Im folgenden werden einige gängige Methoden zur Ermittlung der äquivalenten Rührstufenzahl vorgestellt. Sie erheben keinen Anspruch auf Vollständigkeit, sondern dienen lediglich als Beispiel für die Vorgehensweise bei überschlägigen Auswertungsmethoden.

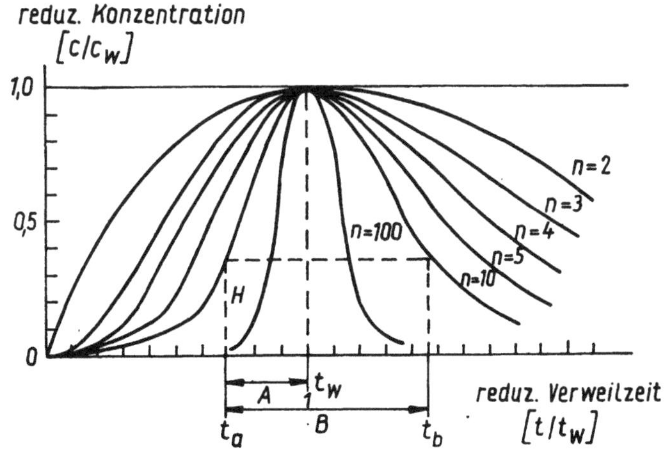

Abb. 6.3: Genormte Verweilzeitkurven des Zellenmodells (gleichgroße Zellen, Serienschaltung), Normierung bezüglich der Koordinaten des Maximums (wahrscheinlichste Verweilzeit).

a) Wahrscheinlichste Verweilzeit t_w

Der erste Schritt ist die Ermittlung der wahrscheinlichsten Verweilzeit t_w. Kann dieser Wert aus der gemessenen Kurve nicht eindeutig abgelesen werden („flaches" Maximum), so empfiehlt sich die Anwendung folgender Interpolationsformel

$$t_w = \frac{t_b - t_a}{\ln (t_b/t_a)} . \tag{6.1}$$

Die Bedeutungen der Werte t_a und t_b sind aus Abb. 6.3. zu entnehmen.

b) Hilfsfunktion φ_B

Stellt man die theoretischen Verweilzeitkurven des Rührstufenmodells für verschiedene Rührstufenzahlen n derart reduziert dar, daß man alle Maxima durch einen Punkt legt, so sieht man, daß die Kurven um so schmaler werden, je größer die Rührstufenzahl n ist (Abb. 6.3). Die Breite der Kurve in einer bestimmten Höhe $H = c/c_w$ ist eine Funktion von n. Es kann folgende Hilfs-

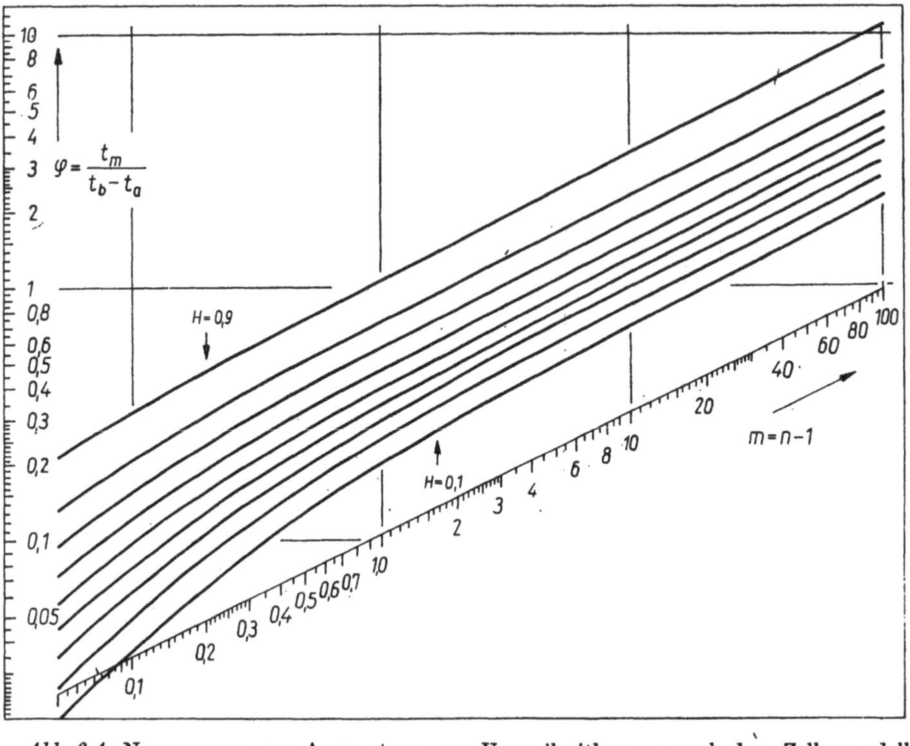

Abb. 6.4: Nomogramm zur Auswertung von Verweilzeitkurven nach dem Zellenmodell (Serienschaltung gleichgroßer idealer Mischstufen).

funktion konstruiert werden:

$$\varphi_B(n, H) = \frac{t_w(n)}{t_b(n, H) - t_a(n, H)}. \tag{6.2}$$

φ_B kann aus der gemessenen Kurve leicht ermittelt werden (Abstand des Maximums vom Nullpunkt dividiert durch Kurvenbreite) und mit der theoretischen Funktion verglichen werden [125]. Die theoretische Funktion φ^{th} wird in einem Diagramm gegen n aufgetragen (Abb. 6.4), so daß der Vergleich $\varphi_B^{\exp} : \varphi_B^{th}$ leicht möglich ist. Es genügt, sich auf eine Höhe, in der die Kurvenbreite $t_b - t_a$ zu messen ist, z. B. $H = 0{,}5$ (Halbwertbreite), festzulegen. Für Kontrollzwecke ist es jedoch gut, mehrere Werte heranzuziehen. Dazu liegt im Nomogramm (Abb. 6.4) eine Unterteilung von H in 10 gleiche Abschnitte vor.

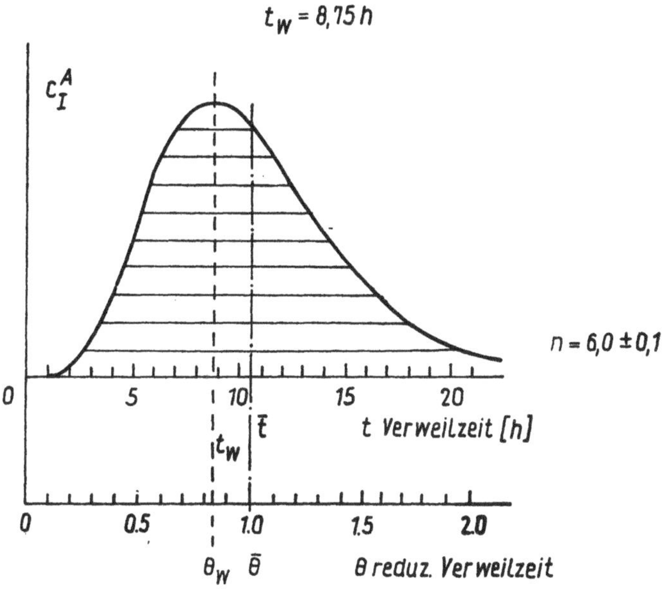

Abb. 6.5: Beispiel einer Verweilzeitauswertung nach dem Nomogrammschema

H	$t_b - t_a$	φ_B	n
0,9	3,60	2,43	6,0
0,8	5,25	1,67	6,0
0,7	6,60	1,33	6,2
0,6	8,00	1,10	6,1
0,5	9,30	0,95	6,0
0,4	11,0	0,80	5,8
0,3	12,1	0,72	6,1
0,2	14,1	0,61	6,0
0,1	17,1	0,51	6,0

Die Methode ist für $n = 1$ nicht anwendbar. Ein praktisches Beispiel ist in Abb. 6.5 erläutert.

c) Verhältnis t_a/t_b

Es kann gezeigt werden, daß die Rührstufenzahl auch aus dem in einer bestimmten Höhe H gemessenen Verhältnis t_a/t_b abgeleitet werden kann.

In der Tab. 6.1 sind für die Werte $H = 0{,}1$ bis 0,9 die Zahlenwerte der äquivalenten Rührstufenzahl (genauer $m_H = n - 1$) in Abhängigkeit von t_a/t_b aufgetragen. Somit kann n einfach interpoliert werden. Beide Verfahren sind insbesondere für kleine n geeignet.

Tabelle 6.1: $m_H = f(t_a/t_b)_H$

$\frac{1}{u} = \frac{t_a}{t_b}$	0,1	0,2	0,3	0,4	0,5	0,6	0,7	0,8	0,9
0,02	1,432	1,001	0,749	0,570	0,431	0,318	0,222	0,139	0,066
0,04	2,014	1,408	1,053	0,815	0,606	0,447	0,312	0,195	0,029
0,06	2,567	1,795	1,342	1,022	0,773	0,570	0,398	0,249	0,117
0,08	3,130	2,188	1,637	1,246	0,942	0,694	0,485	0,303	0,143
0,10	3,719	2,600	1,945	1,480	1,120	0,825	0,576	0,360	0,170
0,12	4,343	3,036	2,271	1,728	1,308	0,964	0,673	0,421	0,199
0,14	5,012	3,503	2,620	1,995	1,509	1,112	0,776	0,486	0,229
0,16	5,732	4,007	2,997	2,281	1,726	1,272	0,888	0,556	0,262
0,18	6,512	4,552	3,405	2,591	1,960	1,445	1,009	0,613	0,298
0,20	7,359	5,144	3,848	2,929	2,215	1,633	1,140	0,731	0,337
0,22	8,283	5,789	4,331	3,296	2,493	1,838	1,283	0,803	0,379
0,24	9,292	6,495	4,859	3,698	2,797	2,061	1,439	0,909	0,425
0,26	10,40	7,268	5,437	4,138	3,130	2,307	1,611	1,008	0,476
0,28	11,61	8,118	6,073	4,662	3,496	2,576	1,799	0,125	0,531
0,30	12,95	9,053	6,773	5,154	3,899	2,874	2,006	1,255	0,593
0,32	14,43	10,09	7,546	5,743	4,344	3,202	2,235	1,399	0,660
0,34	16,07	11,23	8,402	6,394	4,837	3,565	2,489	1,557	0,735
0,36	17,89	12,50	9,352	7,118	5,384	3,968	2,771	1,733	0,818
0,38	19,91	13,92	10,41	7,923	5,994	4,471	3,084	1,930	0,911
0,40	22,17	15,50	11,59	8,823	6,674	4,919	3,434	2,149	1,014
0,42	24,70	17,27	12,92	9,830	7,436	5,480	3,826	2,394	1,130
0,44	27,55	19,26	14,40	10,96	8,293	6,111	4,267	2,670	1,261
0,46	30,76	21,50	16,08	12,24	9,259	6,824	4,764	2,981	1,407
0,48	34,39	24,04	17,98	13,69	10,35	7,630	5,327	3,333	1,574
0,50	38,52	26,93	20,14	15,33	11,60	8,546	5,967	3,733	1,763
0,52	43,24	30,23	22,61	17,21	13,02	9,593	6,698	4,191	1,979
0,54	48,66	34,01	25,44	19,36	14,65	10,79	7,537	4,715	2,226
0,56	54,90	38,38	28,71	21,85	16,53	12,18	8,505	5,321	2,512
0,58	62.15	43,44	32,50	24,73	18,71	13,79	9,627	6,023	2,844
0,60	70,61	49,35	36,92	28,10	21,26	15,66	10,94	6,843	3,231
0,62	80,55	56,30	42,12	32,05	24,25	17,87	12,48	7,806	3,686
0,64	92,33	64,54	48.28	36,74	27,79	20,48	14,30	8,948	4,225
0,66	106,4	74,37	55,63	42,34	32,03	23,61	16,48	10,31	4,869

Tabelle 6.1 (Fortsetzung)

$\frac{1}{u} = \frac{t_a}{t_b}$	0,1	0,2	0,3	0,4	0,5	0,6	0,7	0,8	0,9
0,68	123,4	86,23	64,51	49,09	37,14	27,37	19,11	11,96	5,645
0,70	144,1	100,7	75,32	57,32	43,36	31,96	22,31	13,96	6,591
0,72	169,6	118,5	88,66	67,47	51,04	37,62	26,27	16,43	7,759
0,74	201,5	140,8	105,3	80,17	60,65	44,69	31,21	19,52	9,218
0,76	242,0	169,1	126,5	96,30	72,85	53,69	37,49	23,45	11,07
0,78	294,4	205,8	154,0	117,2	88,63	65,32	45,61	28,53	13,47
0,80	363,7	254,2	190,2	144,7	109,5	80,95	56,34	35,35	16,64
0,82	457,7	319,9	239,3	182,1	137,8	101,5	70,90	44,36	20,94
0,84	589,1	411,7	308,0	234,4	177,3	130,7	91,25	57,09	26,95
0,86	779,7	545,0	407,7	310,3	234,7	173,0	120,8	75,56	35,68
0,88	1070	747,6	559,3	425,6	322,0	237,3	165,7	103,7	48,94
0,90	1537	1074	803,8	611,7	462,7	341,0	238,1	149,0	70,34
0,92	2351	1643	1229	935,5	707,7	521,5	364,2	227,8	107,6
0,94	3909	2732	2044	1555	1177	867,2	605,5	378,8	178,9
0,96	7222	5048	3776	2874	2174	1602	1119	699,9	330,5
0,98	14254	9963	7453	5672	4291	3162	2208	1381	652,2

d) Direkte Auflösung nach n

Die Gewichtsfunktion des Rührstufenmodells kann, in den reduzierten Koordinaten c/c_w, t/t_w dargestellt, explizit nach $n > 1$ aufgelöst werden:

$$n = \frac{\ln\left(\frac{c_w}{c}\right)}{\frac{t}{t_w} - \ln\frac{t}{t_w} - 1} - 1 \tag{6.3}$$

Die äquivalente Rührstufenzahl n einer Experimentalkurve kann mit Hilfe von Gl. (6.2) direkt berechnet werden. Das Verfahren ist für c- und t-Werte in der Nähe des Kurvenmaximums störanfällig.

e) STIRLINGsche Näherungslösung

Mit Hilfe der STIRLINGschen Näherungsformel

$$n! = \sqrt{2\pi n}\left(\frac{n}{e}\right)^n\left(1 + \frac{1}{12n}\right) \tag{6.4}$$

kann die Beziehung

$$n = 1{,}15 + 2\pi\,\frac{(c_w t_w)^2}{c_0 t_v} \tag{6.5}$$

abgeleitet werden. Das Produkt $c_0\bar{t}_v$ stellt die Fläche unter der Verweilzeitkurve dar. Man ermittelt den Wert durch grafische Integration, Auszählen, Auswägen oder Planimetrieren. Die Gleichung ist für $n > 4$ zu empfehlen.

f) Anpassung über statistische Parameter

In Abschn. 4.5. wurden einige charakteristische Parameter der Verweilzeitverteilung beschrieben. Für das Rührstufenmodell können folgende Zusammenhänge abgeleitet werden:

— Zusammenhang zwischen wahrscheinlichster und mittlerer Verweilzeit:

$$t_w = \frac{n-1}{n}\,\bar{t}_v \tag{6.6}$$

oder

$$n = \frac{1}{1 - \dfrac{t_w}{\bar{t}_v}}\,. \tag{6.7}$$

Es gibt eine Reihe weiterer charakteristischer Parameter der Verweilzeitverteilung, der sogenannten statistischen Momente, die für die Auswertung herangezogen werden können. Näheres ist in der Spezialliteratur [73] nachzulesen.

Der charakteristische Parameter des Diffusionsmodells, die Bodenstein-Zahl kann für den Fall, daß am Ein- und Auslauf keine Rückvermischungen stattfinden, näherungsweise aus der Beziehung

$$Bo = \left(4(n-1)^2 - 1\right)^{1/2} \tag{6.8}$$

berechnet werden.

6.2. Wirkung experimenteller Einflußgrößen auf statistische Momente und Parameter

Bei der experimentellen Untersuchung von Strömungsvorgängen treten Einflußgrößen auf, die bewirken, daß die erhaltene Verweilzeitverteilung und alle aus dieser Verteilung gewonnenen Kenngrößen mit systematischen und zufälligen Fehlern behaftet sind. Auf Grund der speziellen Gegebenheiten des Systems und der technischen Möglichkeiten der Indikatorzugabe besteht zwischen der theoretischen Antwortfunktion und der am Ausgang des Systems vorliegenden Indikatorkonzentration nicht immer ein proportionaler Zusammenhang. Weiterhin rufen Fehlerquellen bei der Messung der Indikatorkonzentration und bei der Registrierung des Detektorausgangssignales Abweichungen der registrierten Antwortfunktion von der vorliegenden Indikatorkonzentration hervor. Bei der Auswertung experimentell ermittelter Verweilzeitverteilungen treten ebenfalls Fehlerquellen auf. In Anbetracht der großen Bedeutung, die die Ergebnisse von Verweilzeitmessungen für die verfahrenstechnische Forschung besitzen, ist deshalb die Berechnung der Genauigkeit der Kenngrößen erforderlich.

Falls auf Grund der gewählten Auswertungsmethode gefordert werden muß, daß die experimentell ermittelte Verweilzeitverteilung nur zufällige Fehler aufweist, sind Korrektionen der registrierten Indikatorkonzentrationsverteilung unumgänglich. Die Berechnung der theoretischen Antwortfunktion des Systems aus der registrierten Antwortfunktion kann erfolgen, indem nacheinander alle systematischen Meßfehler eliminiert werden. Das bedeutet, daß die Korrektion der zuletzt entstandenen Abweichung zuerst vorgenommen werden muß [71]. Eine vollständige Korrektion ist sehr schwierig und nur mit Hilfe der elektronischen Datenverarbeitung möglich. Nach der Korrektion der systematischen Fehler kann die registrierte Antwortfunktion ausgewertet werden. Da bei der praktischen Auswertung weitere Fehler entstehen, müssen erneut Korrektionen der erhaltenen Kenngrößen vorgenommen werden.

Erheblich rationeller ist es, zuerst die experimentell ermittelte Verweilzeitverteilung auszuwerten und anschließend die systematischen Abweichungen der gewonnenen Kenngrößen zu eliminieren. Die zur Korrektion benötigte Vorschrift läßt sich bestimmen, indem die Wirkung experimenteller Einflußgrößen auf die Kenngrößen analytisch berechnet wird. Das Ziel der Berechnungen besteht darin, allgemeingültige Gleichungen abzuleiten, die den Zusammenhang zwischen den fehlerbehafteten Kenngrößen und ihren theoretischen Werten explizit enthalten. Zunächst ist dazu die mathematische Beschreibung der fehlerbehafteten registrierten Antwortfunktion erforderlich. Unter Berücksichtigung der Fehlerquellen, die bei der Auswertung dieser Funktion auftreten, werden dann die für die Korrektion benötigten Gleichungen erhalten. Nach einmaliger allgemeiner Berechnung dieser Gleichungen ist es möglich, einerseits die experimentellen Untersuchungsmethoden zu verbessern und andererseits eine hohe Genauigkeit der Kenngrößen zu erreichen.

Die statistischen Momente und Parameter, die aus der registrierten Antwortfunktion berechnet werden, sind sowohl mit systematischen als auch mit zufälligen Fehlern behaftet. Zur Elimination systematischer Abweichungen werden die fehlerbehafteten Parameterwerte unter Verwendung der oben genannten Gleichungen korrigiert. Die Größe der zufälligen Abweichungen ergibt sich ebenfalls aus diesen Gleichungen und bestimmt die Genauigkeit der ermittelten Parameterwerte. Es ist deshalb besonders darauf zu achten, daß der Einfluß derjenigen Fehlerquellen hinreichend klein bleibt, die zufällige Abweichungen der berechneten statistischen Momente und Parameter von ihren theoretischen Werten verursachen.

6.2.1. *Experimentelle Einflußgrößen*

In Abb. 6.6 sind diejenigen experimentellen Einflußgrößen angegeben, deren Wirkung auf die Genauigkeit statistischer Momente und Parameter analytisch berechnet wird [52, 50]. Fehlerquellen, die den Verlauf der registrierten Impulsdichteverteilung beeinflussen, werden in der schematischen Darstellung der

Messung von Verweilzeitverteilungen genannt (oberer Teil von Abb. 6.6). Fehlerquellen, die bei der Auswertung der registrierten Impulsdichteverteilung auftreten, sind auf dem Oszillogramm aufgeführt (unterer Teil von Abb. 6.6). Es genügt, die Wirkung der angegebenen Einflußgrößen auf die Genauigkeit

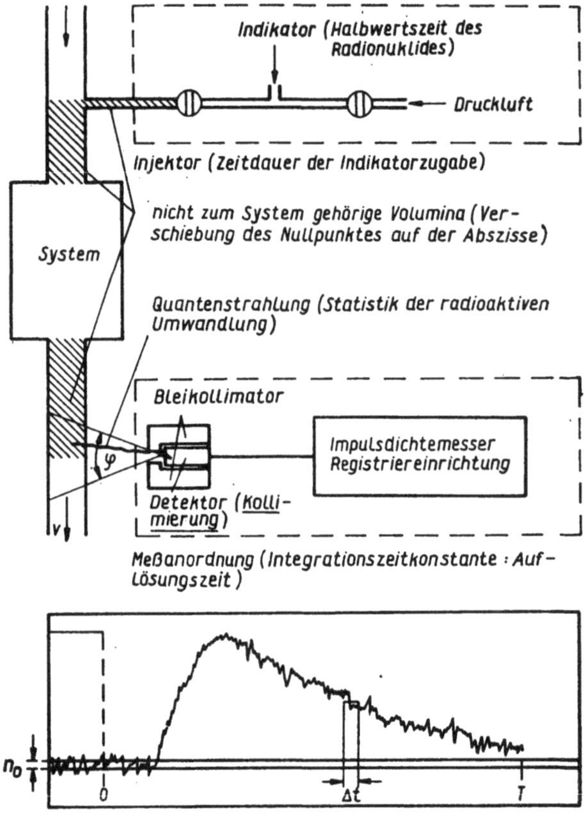

Abb. 6.6: Schematische Darstellung der Störgrößen, die eine Verweilzeitmessung beeinflussen.

n_0 = Verschiebung des Nullpunktes auf der Ordinate
Δt = Zeitlicher Abstand der Meßwerte der Impulsdichte
T = Zeitdauer der Messung

der gewöhnlichen Momente zu untersuchen, da sowohl die Zentralmomente als auch die wichtigsten Parameter auf gewöhnliche Momente zurückgeführt werden können. Für Zentralmomente gilt (vgl. Abschn. 4.5.2.):

$$Z(t^r) = \sum_{i=0}^{r} \binom{r}{i} (-1)^i \, E(t^{r-i}) \, E^i(t) \tag{6.9}$$

Aus Gl. (6.9) und den in Abschn. 4.5.2. enthaltenen Gleichungen für $E(\Theta^r)$ und $Z(\Theta^r)$ geht hervor, daß sich die Genauigkeit der angegebenen Größen eindeutig aus der Genauigkeit der gewöhnlichen Momente ergibt.

Wenn bei der Berechnung der Genauigkeit der aus experimentell ermittelten Verweilzeitverteilungen erhaltenen gewöhnlichen Momente alle auftretenden Fehlerquellen berücksichtigt werden, entstehen komplizierte unübersichtliche Beziehungen. Deshalb erfolgt die Berechnung des Zusammenhanges zwischen den fehlerbehafteten gewöhnlichen Momenten und ihren theoretischen Werten für jede experimentelle Einflußgröße einzeln. Die theoretischen Werte der gewöhnlichen Momente werden dabei aus der theoretischen Verweilzeitverteilung des Strömungssystems bestimmt. Mit Hilfe der Gleichungen, die bei der Berechnung des Einflusses der einzelnen Fehlerquellen erhalten werden, ist eine Abschätzung der zu erwartenden Genauigkeit der gewöhnlichen Momente vor der experimentellen Untersuchung von Materialtransportvorgängen möglich.

Die erhaltenen Gleichungen zeigen, daß der relative Fehler der gewöhnlichen Momente r-ter Ordnung im allgemeinen von allen gewöhnlichen Momenten bis zur Ordnung r und von der betrachteten Einflußgröße abhängt. Vor der experimentellen Untersuchung von Strömungsvorgängen sind die gewöhnlichen Momente bis zur Ordnung r unbekannt. Die Elimination dieser Momente kann unter Verwendung von Modellvorstellungen erfolgen. Als Modellvorstellungen kommen nur Einparametermodelle in Betracht, damit die Gleichungen zur Abschätzung der zu erwartenden Genauigkeit der gewöhnlichen Momente einfach und übersichtlich bleiben. Außerdem eignet sich nur ein Modell, das folgende Forderungen erfüllt:

- Das Modell muß eine hinreichend genaue Beschreibung experimentell ermittelter Verweilzeitverteilungen ermöglichen.
- Der mathematische Zusammenhang zwischen den gewöhnlichen Momenten r-ter Ordnung und der mittleren Verweilzeit muß sich explizit angeben lassen und darf nicht zu kompliziert sein.

Diesen Forderungen wird nur das Zellenmodell gerecht. Für die gewöhnlichen Momente des Zellenmodells gilt:

$$E(t^r) = \tau_0^r \frac{(m + r - 1)!}{(m - 1)!} = E^r(t) \frac{(m + r - 1)!}{m^r(m - 1)!} \tag{6.10}$$

Nach Elimination der oben genannten unbekannten Momente mit Hilfe von Gl. (6.10) ergibt sich die Genauigkeit der gewöhnlichen Momente r-ter Ordnung aus der mittleren Verweilzeit, der Zellenzahl und der betrachteten Einflußgröße. Die mittlere Verweilzeit und die betrachtete Einflußgröße lassen sich vor der experimentellen Untersuchung von Stofftransportvorgängen abschätzen. Für die Zellenzahl steht kein Schätzwert zur Verfügung. Deshalb wird der maximale relative Fehler der gewöhnlichen Momente in Abhängigkeit von m bestimmt. Danach kann mit den Schätzwerten für die mittlere Verweilzeit und die betrachtete Einflußgröße der von dieser Einflußgröße hervorgerufene maximale relative Fehler der gewöhnlichen Momente vor der experimentellen Untersuchung des Strömungsvorganges ermittelt werden.

Für einige experimentelle Einflußgrößen ist eine allgemeine Berechnung des Zusammenhanges zwischen den fehlerbehafteten gewöhnlichen Momenten und ihren theoretischen Werten nicht möglich. Die Berechnung der Genauigkeit erfolgt dann mit Hilfe des Zellenmodells, da die Verwendung eines Vielparametermodells oder des Diffusionsmodells auf sehr komplizierte und unübersichtliche Gleichungen führt. Die Verwendung des Zellenmodells erweist sich außerdem als vorteilhaft, weil die erhaltenen Ergebnisse auf ein allgemeineres Vielparametermodell übertragen werden können.

Neben den in Abb. 6.6 angegebenen Einflußgrößen gibt es weitere, die durch den Strömungsvorgang selbst bedingt sind. Auch bei der Auswertung der registrierten Impulsdichteverteilung können noch Einflußgrößen auftreten, die die berechneten Kenngrößen verfälschen.

Nichtstationär ablaufende Strömungsvorgänge sind durch Schwankungen der Betriebsparameter gekennzeichnet. Für die hier betrachteten ergodischen Systeme kann der Einfluß der Schwankungen der Betriebsparameter definitionsgemäß vernachlässigt werden.

Die Anwendung der kontinuierlichen Meßmethode setzt eine homogene Verteilung des Indikators senkrecht zur Strömungsrichtung und eine konstante Geschwindigkeit des Materials im gesamten durchströmten Querschnitt an der Meßstelle voraus. Wenn eine inhomogene Verteilung vorliegt, wird eine verfälschte Verweilzeitverteilung erhalten [72, 63, 30]. Bei ortsabhängiger Geschwindigkeit im durchströmten Querschnitt ist die registrierte Impulsdichteverteilung ebenfalls fehlerbehaftet [66, 69, 169]. Die auf Grund der genannten Ursachen entstehenden Fehler der berechneten Kenngrößen lassen sich durch die Wahl einer geeigneten Meßstelle oder durch die Anwendung der diskontinuierlichen Meßmethode vermeiden.

Alle Meßwerte $n_i(t_i)$, die bei der Auswertung aus kontinuierlich registrierten Impulsdichteverteilungen entnommen werden, sind mit einem Ablesefehler behaftet, der die Genauigkeit der berechneten Kenngrößen beeinflußt. Die Wirkung des Ablesefehlers auf die Genauigkeit statistischer Momente und Parameter läßt sich analog zur Statistik der radioaktiven Umwandlung berechnen. Die Verwendung unterschiedlicher Rechenprogramme kann die Genauigkeit der berechneten Kenngrößen ebenfalls beeinflussen [109].

6.2.2. *Verschiebung des Nullpunktes auf der Abszisse*

Bei der theoretischen Betrachtung der Untersuchung von Strömungsvorgängen wird davon ausgegangen, daß die Indikatorzugabe am Eingang des Systems und die Messung der Indikatorkonzentration am Ausgang des Systems erfolgt. In der Praxis sind jedoch erfahrungsgemäß Eingang und Ausgang des Systems aus technischen Gründen oft nicht zugänglich. Der Indikator muß dann bereits vor dem Systemeingang zugegeben werden, und die Indikatorkonzentration läßt sich erst hinter dem Systemausgang messen. Die Indikatorsubstanz strömt somit auch durch Volumina, die nicht zum betrachteten System gehören (s. Abb. 6.6).

Unter der Voraussetzung, daß in den nicht zum System gehörigen Volumina keine axiale Mischung auftritt, ist die Verweilzeit in den genannten Volumina für alle Teilchen gleich groß. Diese Verweilzeit wird mit t_0 bezeichnet. Der Nullpunkt der Verweilzeitverteilung des Materials stimmt somit nicht mit dem auf dem Oszillogramm registrierten Nullpunkt überein, sondern liegt bei $t = t_0$. Dabei wird angenommen, daß eine fehlerfreie Registrierung des tatsächlichen Zeitpunktes der stoßförmigen Indikatorzugabe erfolgt.

Die Verschiebung des Nullpunktes auf der Abszisse läßt sich mathematisch durch eine stoßförmige Indikatorzugabe zur Zeit $t = t_0$ ausdrücken:

$$n^E(t) = N\delta(t - t_0) \tag{6.11}$$

Unter Verwendung der Gln. (3.6a) und (3.6b) wird zunächst die registrierte normierte Impulsdichteverteilung berechnet. Nach LAPLACE-Transformation dieser Funktion ergeben sich die gewöhnlichen Momente der experimentell ermittelten Verweilzeitverteilung:

$$E_A(t^r) = \sum_{i=0}^{r} \binom{r}{i} E(t^i)\, t_0^{r-i} \tag{6.12}$$

Zur einheitlichen Bezeichnung der von den einzelnen Einflußgrößen verursachten Fehler werden nacheinander die großen Buchstaben des lateinischen Alphabets als Indizes verwendet. Gl. (6.12) beschreibt den Zusammenhang zwischen den fehlerbehafteten gewöhnlichen Momenten $E_A(t^r)$ und den theoretischen Werten dieser Momente $E(t^r)$, wenn der Indikator durch Volumina strömt, die nicht zum Strömungssystem gehören.

Die Verschiebung des Nullpunktes ruft systematische Fehler der gewöhnlichen Momente hervor, weil t_0 stets positiv ist. Die Elimination systematischer Fehler kann erfolgen, indem die theoretischen Werte der gewöhnlichen Momente aus den fehlerbehafteten Werten nach Gl. (6.12) berechnet werden, da nach der Auswertung der experimentell ermittelten Verweilzeitverteilung die Momente $E_A(t^r)$ bis zur Ordnung r bekannt sind. Die Berechnung aller übrigen statistischen Momente und Parameter ist nach Gl. (6.9) und den in Abschn. 4.5.2. angegebenen Gleichungen möglich.

Zur Abschätzung der Genauigkeit der gewöhnlichen Momente vor der experimentellen Untersuchung des Materialtransportvorganges müssen die unbekannten gewöhnlichen Momente $E(t^i)$ in Gl. (6.12) unter Verwendung von Gl. (6.10) eliminiert werden. Der relative Fehler der gewöhnlichen Momente wird dann durch die Größen $E(t)$, m und t_0 festgelegt. Nach Abschätzug dieser Größen ist es möglich, den relativen Fehler von $E_A(t^r)$ vor der experimentellen Untersuchung des Materialtransportvorganges zu berechnen.

Unter der Voraussetzung, daß das Volumen des betrachteten Systems konstant bleibt, gilt für die mittlere Verweilzeit:

$$E(t) = \tau_q \tag{6.13}$$

Gl. (6.13) wird, trotz der von STEIN [161] angegebenen einschränkenden Bedingungen für ihre Gültigkeit, in den folgenden Abschnitten stets zur Abschätzung der mittleren Verweilzeit verwendet. Die technologische Verweilzeit τ_q ist definiert durch:

$$\tau_q = \frac{v_R}{\dot{v}_M}. \tag{6.14}$$

Volumen und Durchsatz des betrachteten Systems lassen sich in der Praxis erfahrungsgemäß nur sehr ungenau bestimmen. Deshalb entsteht für τ_q ein stark fehlerbehafteter Wert, der jedoch als Schätzwert für die mittlere Verweilzeit geeignet ist.

Die Verschiebung des Nullpunktes auf der Abszisse t_0 kann analog zu $E(t)$ abgeschätzt werden:

$$t_0 = \frac{v_a}{\dot{v}_M}, \tag{6.15}$$

v_a kennzeichnet die Volumina, die vom Indikator durchströmt werden, aber nicht zum betrachteten System gehören.

Die Berechnung des maximalen relativen Fehlers der gewöhnlichen Momente in Abhängigkeit von m zeigt, daß $\Delta E_A(t^r)/E(t^r)$ mit zunehmender Zellenzahl wächst und für $m \to \infty$ am größten ist. Unter Verwendung der Schätzwerte für $E(t)$ und t_0 wird für $m \to \infty$ der maximale relative Fehler von $E_A(t^r)$ erhalten, der auf Grund der Verschiebung des Nullpunktes auf der Abszisse zu erwarten ist.

Tabelle 6.2: Relativer Fehler wichtiger statistischer Momente und Parameter

$\frac{\Delta E_A(t)}{E(t)}$	$\frac{\Delta Z_A(t^2)}{Z(t^2)}$	$\frac{\Delta \beta_A}{\beta}$	$\frac{\Delta \varepsilon_A}{\varepsilon}$	$\frac{\Delta Z_A(\Theta^2)}{Z(\Theta^2)}$
$\frac{t_0}{E(t)}$	0	0	0	$-2\frac{\Delta E_A(t)}{E(t)}$

Der Einfluß der Verschiebung des Nullpunktes auf die Genauigkeit statistischer Momente und Parameter ergibt sich aus den Gln. (6.12) und (6.9) und den Gleichungen von Abschn. 4.5.2. Die relativen Fehler wichtiger Kenngrößen sind in Tab. 6.2 angegeben. Die Abhängigkeit des relativen Fehlers der wichtigsten Momente von $t_0/E(t)$ ist in Abb. 6.7 dargestellt.

Aus Abschn. 4.5.2. geht hervor, daß der relative Fehler des Variationskoeffizienten durch den relativen Fehler des relativen zweiten Zentralmomentes eindeutig bestimmt ist:

$$\frac{\Delta\gamma}{\gamma} = \frac{1}{2}\frac{\Delta Z(\Theta^2)}{Z(\Theta^2)}, \tag{6.16}$$

Gl. (6.16) gilt für alle experimentellen Einflußgrößen.

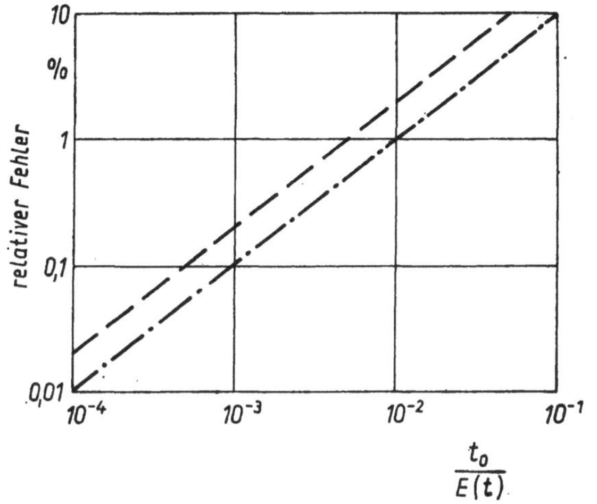

Abb. 6.7: Abhängigkeit des relativen Fehlers der wichtigsten Momente von der Verschiebung des Nullpunktes auf der Abszisse.

–·–·–· $|\Delta E_A(t)/E(t)|$

– – – – $|\Delta Z_A(\theta^2)/Z(\theta^2)|$

6.2.3. *Zeitdauer der Indikatorzugabe*

Die theoretisch geforderte Indikatorzugabe in Form einer DIRACschen Delta-Funktion ist technisch nicht zu realisieren. Bei der experimentellen Untersuchung von Strömungsvorgängen wird zur Injektion des Indikators eine endliche Zeit T_d benötigt. Die Konzentrationsverteilung des Indikators weist deshalb am Eingang des zu untersuchenden Systems eine endliche Breite auf. Die registrierte Impulsdichteverteilung ist infolgedessen flacher als die theoretische Verweilzeitverteilung und nach größeren Werten von t verschoben. Die Berechnung des Einflusses der Zeitdauer der Indikatorzugabe erfolgt unter der Annahme, daß die Konzentrationsverteilung des zugegebenen Indikators durch einen Rechteckimpuls der Breite T_d beschrieben werden kann:

$$n^E(t) = \frac{N}{T_d} \{\Theta(t) - \Theta(t - T_d)\}. \tag{6.17}$$

Zur Berechnung der registrierten normierten Impulsdichteverteilung dienen die Gln. (3.6a) und (3.6b). Für die LAPLACE-Transformierte dieser Funktion erhält man die gewöhnlichen Momente der experimentell ermittelten Verweilzeitverteilung:

$$E_B(t^r) = \sum_{i=0}^{r} \binom{r}{i} \frac{1}{(r - i + 1)} E(t^i)\, T_d^{r-i}, \tag{6.18}$$

Gl. (6.18) gibt den Zusammenhang zwischen den fehlerbehafteten gewöhnlichen Momenten $E_B(t^r)$ und den theoretischen Werten dieser Momente $E(t^r)$ an, wenn am Eingang des Systems in der Zeit T_d eine konstante Indikatorkonzentration zugegeben wird.

Die endliche Zeitdauer der Indikatorzugabe verursacht systematische Fehler der gewöhnlichen Momente, weil T_d stets positiv ist. Nach der Auswertung der registrierten Impulsdichteverteilung können die entstandenen systematischen Abweichungen unter Verwendung von Gl. (6.18) eliminiert werden. Gl. (6.18) stellt eine Rekursionsformel zur sukzessiven Berechnung der theoretischen Werte der gewöhnlichen Momente $E(t^r)$ dar.

Die Abschätzung der Genauigkeit der gewöhnlichen Momente vor der experimentellen Untersuchung des Strömungsvorganges erfolgt analog zum vorhergehenden Abschnitt. Mit Gl. (6.10) läßt sich $E(t^i)$ aus Gl. (6.18) eliminieren. Der relative Fehler der gewöhnlichen Momente hängt dann nur noch von $E(t)$, m und T_d ab. Ein Schätzwert für T_d ergibt sich unter Berücksichtigung der speziellen Gegebenheiten der Indikatorzugabe. Aus der Abhängigkeit des relativen Fehlers der gewöhnlichen Momente von der Zellenzahl geht hervor, daß $\Delta E_B(t^r)/E(t^r)$ mit zunehmendem m wächst und für $m \to \infty$ am größten ist. Mit den Schätzwerten für $E(t)$ und T_d wird für $m \to \infty$ der maximale relative Fehler von $E_B(t^r)$ erhalten, der infolge der endlichen Zeitdauer der Indikatorzugabe auftreten kann.

Tabelle 6.3: Relativer Fehler wichtiger statistischer Momente und Parameter

$\frac{\Delta E_B(t)}{E(t)}$	$\frac{\Delta Z_B(t^2)}{Z(t^2)}$	$\frac{\Delta \beta_B}{\beta}$	$\frac{\Delta \varepsilon_B}{\varepsilon}$	$\frac{\Delta Z_B(\Theta^2)}{Z(\Theta^2)}$
$\frac{1}{2}\frac{T_d}{E(t)}$	$\frac{1}{3\gamma^2}\left(\frac{\Delta E_B(t)}{E(t)}\right)^2$	$-\frac{1}{2\gamma^2}\left(\frac{\Delta E_B(t)}{E(t)}\right)^2$	$-\frac{2}{3\gamma^2}\left(\frac{\Delta E_B(t)}{E(t)}\right)^2$	$-2\,\frac{\Delta E_B(t)}{E(t)}$

Der Einfluß der Zeitdauer der Indikatorzugabe auf die Genauigkeit statistischer Momente und Parameter läßt sich aus den Gln. (6.18) und (6.9) und den Gleichungen von Abschn. 4.5.2. berechnen. Tab. 6.3 gibt einen Überblick über die relativen Fehler wichtiger Kenngrößen. Aus Tab. 6.3 ist ersichtlich, daß besonders bei schnell ablaufenden Strömungsvorgängen große relative Fehler auftreten können. Abb. 6.8 zeigt die Abhängigkeit des relativen Fehlers der wichtigsten Momente von $T_d/E(t)$ und m.

Werner [181] bestimmt die Abweichungen der Koordinaten des Maximums der experimentell ermittelten Verweilzeitverteilung als Funktion von T_d. Die von ihm angegebene Näherung

$$\frac{\Delta t_{w,B}}{t_w} \approx \frac{1}{2}\frac{T_d}{t_w} \quad \text{für} \quad \frac{T_d}{t_w} < \frac{1}{2}$$

kann als Bestätigung des in Tab. 6.3. angegebenen relativen Fehlers der mittleren Verweilzeit angesehen werden. Kardos [81] untersucht numerisch, wie der relative Fehler der Zellenzahl von der Zeitdauer der Indikatorzugabe

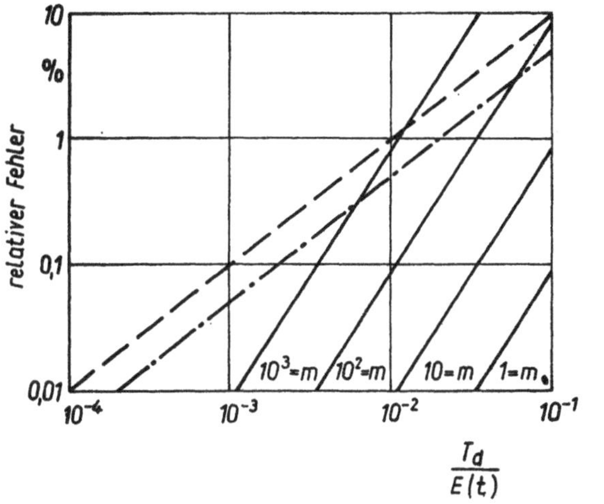

Abb. 6.8: Abhängigkeit des relativen Fehlers der wichtigsten Momente von der Zeitdauer der Indikatorzugabe.

Parameter: Zellenzahl m

—·—·— $|\Delta E_B(t)/E(t)|$

——— $|\Delta Z_B(t^2)/Z(t^2)|$

- - - - $|\Delta Z_B(\Theta^2)/Z(\Theta^2)|$

abhängt. Aus der in Abschn. 4.5.2. enthaltenen Gleichung für $Z(\Theta^2)$ und den Gln. (6.9) und (6.10) folgt für die Zellenzahl und deren relativen Fehler:

$$m = \frac{1}{Z(\Theta^2)} \tag{6.19}$$

$$\frac{\Delta m}{m} = -\frac{\Delta Z(\Theta^2)}{Z(\Theta^2)}. \tag{6.20}$$

Gl. (6.20) gilt für alle experimentellen Einflußgrößen. Ein Vergleich von Gl. (6.20) mit den grafischen Darstellungen von Kardos [81] beweist, daß die ermittelten relativen Fehler von m übereinstimmen, Die Behauptung von Schmidt [153], daß „Änderungen von T_d im Bereich $0 \leqq \{T_d/E(t)\} \leqq 0{,}2$ einen sehr geringen Einfluß auf die Genauigkeit der Berechnung der Rührstufenzahl n (Zellenzahl m) haben“, kann dagegen nicht bestätigt werden.

6.2.4. *Bestimmung der Indikatorkonzentration in einem endlichen Volumen des transportierten Materials*

Der zeitliche Verlauf der Indikatorkonzentration in der senkrecht zur Strömungsrichtung des Materials gelegenen Ebene am Ausgang des Systems stellt die theoretische Verweilzeitverteilung dar. Bei der experimentellen Untersuchung von Strömungsvorgängen wird die Indikatorkonzentration in einem endlichen Volumen des transportierten Materials ermittelt.

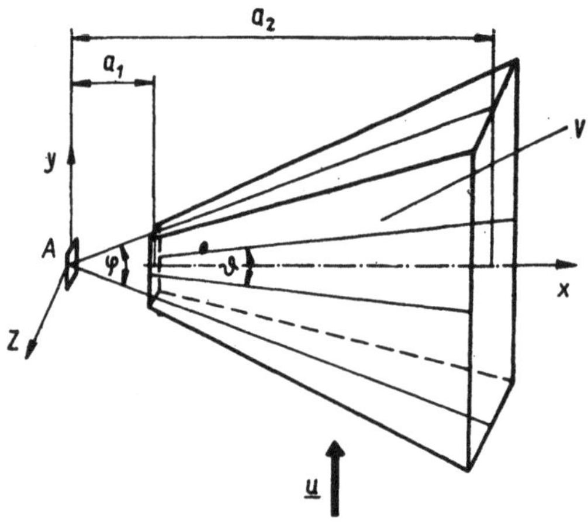

Abb. 6.9: Empfindlichkeitsbereich des Detektors

Die Anwendung von Radionukliden, die eine hinreichend energiereiche Quantenstrahlung emittieren, ermöglicht die Messung der Verweilzeitverteilung ohne Eingriff in das zu untersuchende System. Der Detektor wird so kollimiert, daß die Indikatorkonzentration in einem endlichen Volumen V' des transportierten Materials zur Verweilzeitverteilung beiträgt (Abb. 6.9). Das bedeutet, daß zu jedem beliebigen Zeitpunkt die registrierte Impulsdichteverteilung nicht nur von der Indikatorkonzentration in der beabsichtigten Meßebene, sondern auch von der Indikatorkonzentration an Nachbarorten innerhalb des Empfindlichkeitsbereiches des Detektors abhängt. Die registrierte Impulsdichteverteilung ist deshalb gegenüber der theoretischen Verweilzeitverteilung verflacht.

Unter den Voraussetzungen, daß die Schwächung der Quantenstrahlung im Volumen V' und die Streustrahlung, die auf den Detektor einwirkt, zu vernachlässigen sind, gilt für die registrierte Impulsdichteverteilung:

$$n^A(t) = \int_{V'} n(\mathfrak{r}, t)\, S(\mathfrak{r})\, dV' \qquad (6.21)$$

In Gl. (6.21) gibt $n(\mathfrak{r}, t)$ die vom Volumenelement dV' am Ort $\mathfrak{r}$ zur Zeit t hervorgerufene Impulsdichte an. Der Empfindlichkeitsbereich des Detektors $S(\mathfrak{r})$ ist durch die speziellen Gegebenheiten des Systems an der Meßstelle, durch die gewählte Kollimierung und das verwendete Radionuklid festgelegt und läßt sich experimentell bestimmen.

Die Berechnung des Integrals in Gl. (6.21) erfolgt unter Verwendung von Kugelkoordinaten. Dabei wird angenommen, daß

- eine homogene Verteilung des Indikators senkrecht zur Strömungsrichtung des Materials vorliegt,
- die Strömungsgeschwindigkeit u des Materials im Volumen V' konstant ist,
- die Verteilung des Indikators sich während der Strömung des Materials durch das Volumen V' nicht ändert,
- das im Empfindlichkeitsbereich des Detektors befindliche Volumen V' durch einen vierseitigen Pyramidenstumpf beschrieben werden kann (s. Abb. 6.9),
- der Detektor parallel zur x-y-Ebene des Koordinatensystems (s. Abb. 6.9) symmetrisch kollimiert ist und
- $S(\mathfrak{r})$ sich durch das Produkt aus dem Raumwinkel $\Omega(r', \varphi', \vartheta')$, unter dem der Detektor vom Ort $\mathfrak{r}$ aus gesehen wird, aus der willkürlichen Funktion $g(\vartheta')$ und aus der geraden Funktion $f(\varphi')$, darstellen läßt, wobei der Einfachheit wegen $f(\varphi') = 1$ für $-\varphi/2 \leqq \varphi' \leqq \varphi/2$ gelten soll.

Mit diesen Annahmen kann die registrierte normierte Impulsdichteverteilung berechnet werden. Nach LAPLACE-Transformation dieser Funktion und Reihenentwicklung resultieren die gewöhnlichen Momente der experimentell ermittelten Verweilzeitverteilung:

$$E_C(t^r) = \sum_{i=0}^{r/2} \binom{r}{2i} \frac{1}{(2i+1)^2} E(t^{r-2i}) \left(\frac{a_2\varphi}{2u}\right)^{2i} \sum_{j=0}^{2i} \left(\frac{a_1}{a_2}\right)^j. \tag{6.22}$$

Gl. (6.22) zeigt, daß der Fehler der gewöhnlichen Momente durch $T_l = a_2\varphi/u$ und das Verhältnis a_1/a_2 festgelegt wird. T_l bedeutet die Zeit, die das Material im Fall $a_1 = a_2$ für den Transport durch den Empfindlichkeitsbereich des Detektors benötigt.

Wenn die Messung der Verweilzeitverteilung durch Entnahme von Proben aus dem Materialstrom und Bestimmung der Indikatorkonzentration in diesen Proben erfolgt, gilt unter analogen Voraussetzungen wie oben für die fehlerbehafteten gewöhnlichen Momente:

$$E_C(t^r) = \sum_{i=0}^{r/2} \binom{r}{2i} \frac{1}{(2i+1)} E(t^{r-2i}) \left(\frac{T_l}{2}\right)^{2i} \tag{6.23}$$

Gl. (6.23) ist ein Spezialfall von Gl. (6.22) für $a_1 \approx a_2$. In Gl. (6.23) stellt T_l die Zeit dar, in der das Material das Volumen durchströmt, das für die Entnahme von Proben vorgesehen ist.

Gl. (6.22) enthält den Zusammenhang zwischen den fehlerbehafteten gewöhnlichen Momenten $E_C(t^r)$ und den theoretischen Werten dieser Momente

$E(t^r)$. Aus Gl. (6.22) geht hervor, daß $E_C(t^r)$ nicht vom vertikalen Öffnungswinkel ϑ des Kollimators abhängt, obwohl der Empfindlichkeitsbereich des Detektors in Abhängigkeit von der Variablen ϑ' als willkürlich wählbare Funktion $g(\vartheta')$ angenommen wurde.

Die Bestimmung der Indikatorkonzentration in einem endlichen Volumen des transportierten Materials bewirkt systematische Fehler der gewöhnlichen Momente, weil die Größen a_1, a_2, u und φ stets positiv sind. Die Korrektion der aus der registrierten Impulsdichteverteilung berechneten gewöhnlichen Momente ist unter Verwendung von Gl. (6.22) möglich. Diese Gleichung dient als Rekursionsformel zur sukzessiven Berechnung der theoretischen Werte der gewöhnlichen Momente.

Zur Abschätzung der Genauigkeit der gewöhnlichen Momente vor der experimentellen Untersuchung des Strömungsvorganges wird mit Gl. (6.10) $E(t^{r-2i})$ aus Gl. (6.22) eliminiert. Der relative Fehler der gewöhnlichen Momente ist dann von $E(t)$, m, a_1, a_2, u und φ abhängig. Die Abstände a_1 und a_2 und die Strömungsgeschwindigkeit u des Materials an der Meßstelle lassen sich unter Berücksichtigung der speziellen Gegebenheiten des zu untersuchenden Systems abschätzen. Der horizontale Öffnungswinkel φ des Kollimators wird experimentell bestimmt. Aus der Abhängigkeit des relativen Fehlers der gewöhnlichen Momente von der Zellenzahl ist ersichtlich, daß $\Delta E_C(t^r)/E(t^r)$ mit zunehmendem m wächst und für $m \to \infty$ ein Maximum erreicht. Mit den Zahlenwerten für $E(t)$, a_1, a_2, u und φ kann für $m \to \infty$ der maximale relative Fehler von $E_C(t^r)$ abgeschätzt werden.

Der Einfluß der Bestimmung der Indikatorkonzentration in einem endlichen Volumen des transportierten Materials auf die Genauigkeit statistischer Momente und Parameter ergibt sich aus den Gln. (6.22) und (6.9) und den Gleichungen von Abschn. 4.5.2. Die relativen Fehler wichtiger Kenngrößen sind in Tab. 6.4 enthalten. Die Abhängigkeit des relativen Fehlers der Streuung

Tabelle 6.4: Relativer Fehler wichtiger statistischer Momente und Parameter

$\frac{\Delta E_C(t)}{E(t)}$	$\frac{\Delta Z_C(t^2)}{Z(t^2)}$	$\frac{\Delta \beta_C}{\beta}$	$\frac{\Delta \varepsilon_C}{\varepsilon}$	$\frac{\Delta Z_C(\Theta^2)}{Z(\Theta^2)}$
0	$\frac{1}{9\gamma^2}\left(\frac{a_2\varphi}{2uE(t)}\right)^2 \sum_{j=0}^{2}\left(\frac{a_1}{a_2}\right)^j$	$-\frac{3}{2}\frac{\Delta Z_C(t^2)}{Z(t^2)}$	$-2\frac{\Delta Z_C(t^2)}{Z(t^2)}$	$\frac{\Delta Z_C(t^2)}{Z(t^2)}$

von $a_2\varphi/uE(t)$ und m ist in Abb. 6.10 für $a_1 = 0$ dargestellt. Falls bei der experimentellen Untersuchung des Strömungsvorganges $a_1 \neq 0$ gilt, muß der aus Abb. 6.10 abgelesene relative Fehler mit

$$\sum_{j=0}^{2}\left(\frac{a_1}{a_2}\right)^j$$

multipliziert werden.

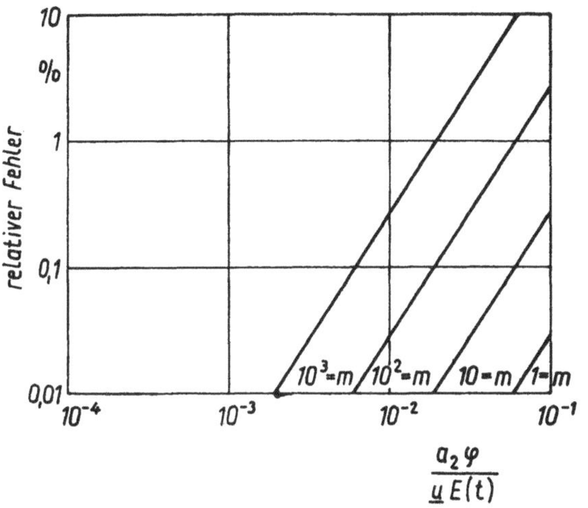

Abb. 6.10: Abhängigkeit des relativen Fehlers der Streuung von der Kollimierung des Detektors für $a_1 = 0$.
(Erklärung der Bezeichnungen bei Abb. 6.8)

IRMER [72] berechnet die Genauigkeit des 1. und 2. gewöhnlichen Momentes unter der Annahme, daß das Volumen V' des transportierten Materials in Strömungsrichtung linienförmig ausgedehnt ist. Mit diesen Voraussetzungen ($\vartheta = 0$, $a_1 = a_2$) und $f(\varphi') = 1$ im Bereich $-\varphi/2 \leqq \varphi' \leqq \varphi/2$ folgt für $E_C(t)$ und $E_C(t^2)$:

$$E_C(t) = E(t)$$
$$E_C(t^2) = E(t^2) + \frac{1}{3}\left(\frac{a_2\varphi}{2u}\right)^2.$$

Beide Gleichungen stimmen mit den von IRMER [72] angegebenen Beziehungen überein. In der Arbeit von IRMER [72] wird außerdem bewiesen, daß bei symmetrischer Kollimierung des Detektors senkrecht zur Strömungsrichtung des Materials die mittlere Verweilzeit nicht fehlerbehaftet ist. Dieser Beweis läßt sich innerhalb der vorliegenden Berechnung ebenfalls führen [46]. SCHOLZ [124] untersucht den Einfluß der Bestimmung der Indikatorkonzentration in einem endlichen Volumen des transportierten Materials auf den relativen Fehler der mittleren Verweilzeit und der Streuung, wobei nur kleine Winkel φ und ϑ betrachtet werden. Trotz dieser einschränkenden Annahmen erhält SCHOLZ [124] Gleichungen, die den vorliegenden Ergebnissen äquivalent sind.

6.2.5. *Integrationszeitkonstante der Meßanordnung*

Bei Anwendung der kontinuierlichen Meßmethode transformiert die Meßanordnung die am Ausgang des Systems vorliegende Indikatorkonzentration in eine Spannung, deren Verlauf registriert wird. Die Meßanordnung setzt sich in vielen Fällen aus Integrationsschaltungen zusammen. Im statischen Zustand besteht bei diesen Schaltungen zwischen der Indikatorkonzentration und der Spannung ein linearer Zusammenhang. Das dynamische Verhalten der Integrationsschaltungen ist dadurch gekennzeichnet, daß die Spannung nicht mehr linear von der Indikatorkonzentration abhängt. Die registrierte Impulsdichteverteilung ist deshalb flacher als die tatsächlich vorliegende Indikatorkonzentrationsverteilung und nach größeren Werten von t verschoben.

Es wird angenommen, daß sich die gesamte Meßanordnung durch eine Integrationsschaltung mit der Integrationszeitkonstanten τ beschreiben läßt. Für die durch diese Integrationszeitkonstante verfälschte registrierte Impulsdichteverteilung gilt dann:

$$n^A(t) = \frac{N}{\tau} \int_0^t f(t - t') \exp\left(-\frac{t'}{\tau}\right) dt' \tag{6.24}$$

Die Berechnung der registrierten normierten Impulsdichteverteilung erfolgt nach Gl. (3.6). Aus der LAPLACE-Transformierten dieser Funktion werden die gewöhnlichen Momente der experimentell ermittelten Verweilzeitverteilung erhalten:

$$E_D(t^r) = \sum_{i=0}^{r} \frac{r!}{i!} E(t^i) \tau^{r-i} \tag{6.25}$$

Gl. (6.25) beschreibt den Zusammenhang zwischen den fehlerbehafteten gewöhnlichen Momenten $E_D(t^r)$ und den theoretischen Werten dieser Momente $E(t^r)$.

Die Integrationszeitkonstante der Meßanordnung verursacht systematische Fehler der gewöhnlichen Momente, weil τ stets positiv ist. Die Elimination der entstandenen systematischen Abweichungen der gewöhnlichen Momente kann erfolgen, indem Gl. (6.25) nach $E(t^r)$ aufgelöst wird.

Die Genauigkeit der gewöhnlichen Momente läßt sich vor der experimentellen Untersuchung des Strömungsvorganges abschätzen, wenn mit Gl. (6.10) $E(t^i)$ aus Gl. (6.25) eliminiert wird. Der relative Fehler der gewöhnlichen Momente hängt dann nur noch von $E(t)$, m und τ ab. Die Integrationszeitkonstante τ kann an der verwendeten Meßanordnung eingestellt werden. Die Abhängigkeit des relativen Fehlers der gewöhnlichen Momente von der Zellenzahl zeigt, daß $\Delta E_D(t^r)/E(t^r)$ mit zunehmendem m wächst und für $m \to \infty$ am größten ist. Mit den Zahlenwerten für $E(t)$ und τ ist unter der Bedingung $m \to \infty$ die Abschätzung des maximalen relativen Fehlers von $E_D(t^r)$ möglich.

Der Einfluß der Integrationszeitkonstanten der Meßanordnung auf die Genauigkeit statistischer Momente und Parameter kann unter Verwendung der Gln. (6.25) und (6.9) und der Gleichungen von Abschn. 4.5.2. berechnet werden. Die relativen Fehler wichtiger Kenngrößen sind in Tab. 6.5. zusammengestellt. Aus Tab. 6.5. geht hervor, daß besonders bei schnell ablaufenden

Strömungsvorgängen große relative Fehler auftreten können. Die Abhängigkeit des relativen Fehlers der wichtigsten Momente von $\tau/E(t)$ und m ist in Abb. 6.11 dargestellt.

Tabelle 6.5: Relativer Fehler wichtiger statistischer Momente und Parameter

$\frac{\Delta E_D(t)}{E(t)}$	$\frac{\Delta Z_D(t^2)}{Z(t^2)}$	$\frac{\Delta \beta_D}{\beta}$	$\frac{\Delta \varepsilon_D}{\varepsilon}$	$\frac{\Delta Z_D(\Theta^2)}{Z(\Theta^2)}$
$\frac{\tau}{E(t)}$	$\frac{1}{\gamma^2}\left(\frac{\Delta E_D(t)}{E(t)}\right)^2$	$-\frac{3}{2\gamma^2}\left(\frac{\Delta E_D(t)}{E(t)}\right)^2$	$-\frac{2}{\gamma^2}\left(\frac{\Delta E_D(t)}{E(t)}\right)^2$	$-2\frac{\Delta E_D(t)}{E(t)}$

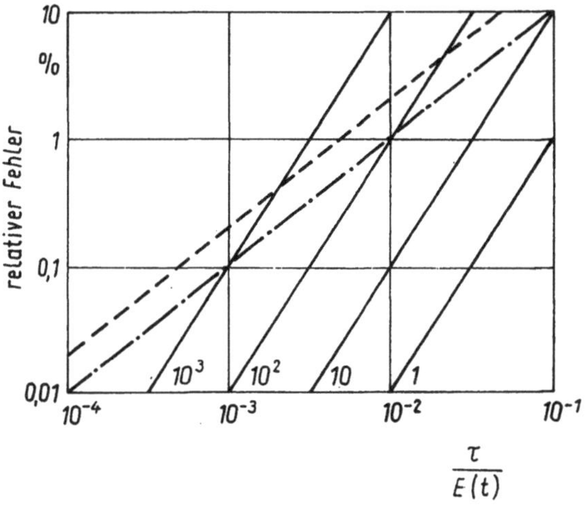

Abb. 6.11: Abhängigkeit des relativen Fehlers der wichtigsten Momente von der Integrationszeitkonstanten der Meßanordnung.

(Erklärung der Bezeichnungen bei Abb. 6.8)

Scholz [124] erhält für die Genauigkeit der mittleren Verweilzeit und der Streuung ebenfalls die in Tab. 6.5. angegebenen Beziehungen. Die Gleichung für den relativen Fehler der mittleren Verweilzeit wird außerdem beispielsweise von Berry [15] bestätigt.

6.2.6. *Auflösungszeit der Meßanordnung*

Jede zur Impulszählung oder Impulsdichtebestimmung verwendete Meßanordnung besitzt ein zeitlich begrenztes Auflösungsvermögen. Das Auflösungsvermögen läßt sich durch die Auflösungszeit T_a von Detektor und Meß- und Registriereinrichtung charakterisieren. Impulse, die während der Auflösungszeit auftreten, werden von der Meßanordnung nicht wahrgenommen. Daraus folgt für die registrierte Impulsdichteverteilung:

$$n^{A(1)}(t) = \frac{n(t)}{\left(1 + T_a n(t)\right)} \tag{6.26}$$

Falls innerhalb der Auflösungszeit auftretende Impulse die Auflösungszeit verlängern, ergibt sich die registrierte Impulsdichteverteilung zu:

$$n^{A(2)}(t) = n(t) \exp\left(-T_a n(t)\right) \tag{6.27}$$

Beide Fälle führen zu einer Verflachung der registrierten Impulsdichteverteilung gegenüber der tatsächlichen vorliegenden Impulsdichteverteilung. Die Berechnung der gewöhnlichen Momente von $n^{A(1)}(t)$ und $n^{A(2)}(t)$ ist sehr schwierig. Da jedoch bei allen bisherigen experimentellen Untersuchungen von Strömungsvorgängen die Bedingung $\bar{n}^A T_a \ll 1$ (und damit auch $\bar{n} T_a \ll 1$) erfüllt war, können beide Gleichungen durch

$$n^A(t) = n(t)\left(1 - T_a n(t)\right) \tag{6.28}$$

angenähert werden.

Trotz dieser Vereinfachung ist es im Gegensatz zu den vorhergehenden Abschnitten nicht möglich, die Gleichung für die fehlerbehafteten gewöhnlichen Momente allgemein abzuleiten, d. h. ohne eine Modellvorstellung für den Strömungsvorgang vorzugeben. Die Berechnung der gewöhnlichen Momente von $n^A(t)$ erfolgt nach der Gl. (4.75) von Abschn. 4.5.2., wobei für $f(t)$ die Verweilzeitverteilung des Zellenmodells eingesetzt wird:

$$E_B(t^r) = E(t^r)\left\{1 + \frac{NT_a}{E(t)}\,\frac{2m}{(m-1)!\,4^m}\left[\frac{(2m-2)!}{(m-1)!} - \frac{(2m+r-2)!}{(m+r-1)!\,2^r}\right]\right\} \tag{6.29}$$

Gl. (6.29) gibt den Zusammenhang zwischen den fehlerbehafteten gewöhnlichen Momenten $E_B(t^r)$ und den theoretischen Werten dieser Momente $E(t^r)$ an.

Die Auflösungszeit der Meßanordnung bewirkt systematische Fehler der gewöhnlichen Momente, weil T_a stets positiv ist. Nach der Auswertung der registrierten Impulsdichteverteilung können die entstandenen systematischen Abweichungen unter Verwendung von Gl. (6.29) eliminiert werden.

Zur Abschätzung der Genauigkeit der gewöhnlichen Momente vor der experimentellen Untersuchung des Strömungsvorganges wird von Gl. (6.29) ausgegangen. Diese Gleichung zeigt, daß der relative Fehler der gewöhnlichen Momente von $E(t)$, m, N und T_a festgelegt wird und in Abhängigkeit von m für $m = 1$ ein Maximum erreicht, mit wachsendem m abnimmt und für $m \to \infty$ verschwindet. Die Gesamtzahl der gemessenen Impulse N läßt sich vor der experimentellen Untersuchung des Strömungsvorganges schwer abschätzen. Zur Elimination von N aus Gl. (6.29) wird für das Zellenmodell mit $m = 1$ die maximale Impulsdichte $n(t_w)$ berechnet: $n(t_w) = N/E(t)$.

Die Bestimmung der Auflösungszeit T_a der Meßanordnung kann experimentell erfolgen [61]. Ein Schätzwert für die maximale Impulsdichte $n(t_w)$ resultiert aus der Effektivität der gesamten Meßanordnung, der Bedingung $m = 1$ und der Aktivität, die zugegeben werden soll. Für $m = 1$ liefert Gl. (6.29) mit diesen Zahlenwerten für T_a und $n(t_w)$ den maximalen relativen Fehler von $E_E(t^r)$.

Tabelle 6.6: Relativer Fehler wichtiger statistischer Momente und Parameter

$\frac{\Delta E_E(t)}{E(t)}$	$\frac{\Delta Z_E(t^2)}{Z(t^2)}$	$\frac{\Delta \beta_E}{\beta}$	$\frac{\Delta \varepsilon_E}{\varepsilon}$	$\frac{\Delta Z_E(\Theta^2)}{Z(\Theta^2)}$
$\frac{NT_a}{E(t)} \frac{(2m-2)!}{((m-1)!)^2 4^m}$	$m \frac{\Delta E_E(t)}{E(t)}$	$-\frac{3m}{4} \frac{\Delta E_E(t)}{E(t)}$	$-\frac{m(m+5)}{4} \frac{\Delta E_E(t)}{E(t)}$	$(m-2) \frac{\Delta E_E(t)}{E(t)}$

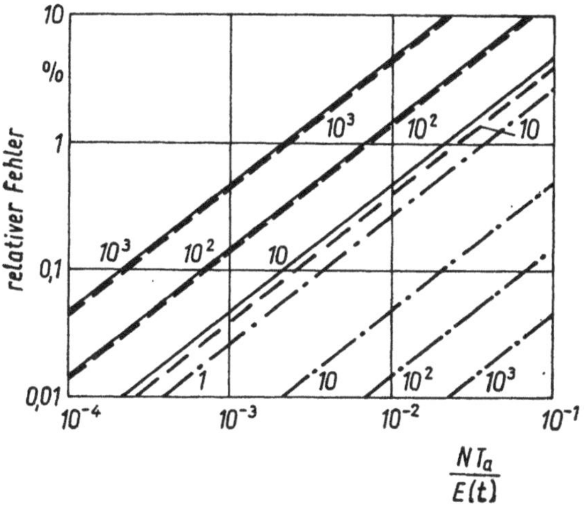

Abb. 6.12: Abhängigkeit des relativen Fehlers der wichtigsten Momente von der Auflösungszeit der Meßanordnung.

(Erklärung der Bezeichnungen bei Abb. 6.8)

Der Einfluß der Auflösungszeit der Meßanordnung auf die Genauigkeit statistischer Momente und Parameter ergibt sich aus den Gln. (6.29) und (6.9) und den Gleichungen von Abschn. 4.5.2. Die relativen Fehler wichtiger Kenngrößen sind in Tab. 6.6 angegeben. Abb. 6.12 zeigt, wie der relative Fehler der wichtigsten Momente von $NT_a/E(t)$ und m abhängt. Für $m = 1$ gilt:

$$\left(\Delta E_E(t)/E(t)\right) = \left(\Delta Z_E(t^2)/Z(t^2)\right) = |\Delta Z_E(\Theta^2)/Z(\Theta^2)|$$

6.2.7. Halbwertzeit des Radionuklides

Atomkerne radioaktiver Nuklide wandeln sich mit einer für das jeweilige Nuklid charakteristischen Halbwertzeit $T_{1/2}$ um. Infolgedessen nimmt während der experimentellen Untersuchung des Strömungsvorganges die Aktivität des radioaktiven Indikators mit der Zeit ab. Die registrierte Impulsdichteverteilung wird mit zunehmenden Werten von t im Vergleich zur theoretischen Verweilzeitverteilung immer kleiner.

Auf Grund der Halbwertzeit des Radionuklides tritt anstelle der theoretisch vorausgesetzten Impulsdichte $n(t)$ die Impulsdichteverteilung

$$n^A(t) = n(t) \exp(-\lambda t); \qquad \lambda = \frac{\ln 2}{T_{1/2}} \tag{6.30}$$

auf. Eine allgemeine Berechnung der Gleichung für die fehlerbehafteten gewöhnlichen Momente ohne Vorgabe einer Modellvorstellung für den Strömungsvorgang ist nicht möglich. Als Modellvorstellung dient wie im vorhergehenden Abschnitt das Zellenmodell. Aus Gl. (4.75), Abschn. 4.5.2., folgt dann für die gewöhnlichen Momente von $n^A(t)$:

$$E_F(t^r) = \frac{E(t^r)}{\left(1 + \dfrac{E(t) \ln 2}{m T_{1/2}}\right)^r} \tag{6.31}$$

Gl. (6.31) beschreibt den Zusammenhang zwischen den fehlerbehafteten gewöhnlichen Momenten $E_F(t^r)$ und den theoretischen Werten dieser Momente $E(t^r)$.

Die Halbwertzeit des Radionuklides verursacht systematische Fehler der gewöhnlichen Momente, weil $T_{1/2}$ stets positiv ist. Die Korrektion der entstandenen systematischen Abweichungen der gewöhnlichen Momente kann erfolgen, indem Gl. (6.31) nach $E(t^r)$ aufgelöst wird.

Die Genauigkeit der gewöhnlichen Momente läßt sich vor der experimentellen Untersuchung des Strömungsvorganges nach Gl. (6.31) abschätzen. Der relative Fehler der gewöhnlichen Momente ist von $E(t)$, m und $T_{1/2}$ abhängig. Die Halbwertzeit $T_{1/2}$ ist durch das Radionuklid gegeben, das für die experimentelle Untersuchung verwendet werden soll. Aus Gl. (6.31) geht hervor, daß $\Delta E_F(t^r)/E(t^r)$ als Funktion von m für $m = 1$ ein Maximum erreicht, mit wachsendem m abnimmt und für $m \to \infty$ verschwindet. Mit den Zahlenwerten für $E(t)$ und $T_{1/2}$ folgt für $m = 1$ aus Gl. (6.31) der maximale relative Fehler von $E_F(t^r)$.

Der Einfluß der Halbwertzeit des Radionuklides auf die Genauigkeit statistischer Momente und Parameter kann unter Verwendung der Gln. (6.31) und (6.9) und der Gleichungen von Abschn. 4.5.2. berechnet werden. Tab. 6.7 enthält die relativen Fehler wichtiger Kenngrößen. Die Abhängigkeit des relativen Fehlers der wichtigsten Momente von $T_{1/2}/E(t)$ und m ist in Abb. 6.13 dargestellt.

Tabelle 6.7: Relativer Fehler wichtiger statistischer Momente und Parameter

$\frac{\Delta E_F(t)}{E(t)}$	$\frac{\Delta Z_F(t^2)}{Z(t^2)}$	$\frac{\Delta \beta_F}{\beta}$	$\frac{\Delta \varepsilon_F}{\varepsilon}$	$\frac{\Delta Z_F(\Theta^2)}{Z(\Theta^2)}$
$-\frac{\ln 2}{m}\frac{E(t)}{T_{1/2}}$	$2\frac{\Delta E_F(t)}{E(t)}$	0	0	0

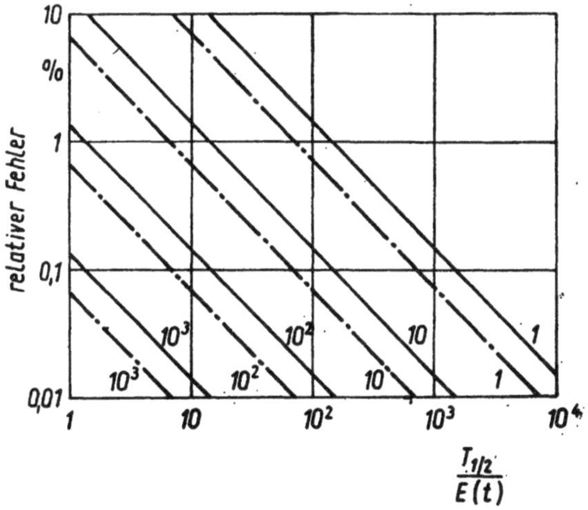

Abb. 6.13: Abhängigkeit des relativen Fehlers der wichtigsten Momente von der Halbwertzeit des Radionuklides.

(Erklärung der Bezeichnungen bei Abb. 6.8)

6.2.8. *Zeitdauer der Messung*

Theoretische Verweilzeitverteilungen erstrecken sich definitionsgemäß von $t = 0$ bis $t \to \infty$. Praktisch ist die Bestimmung der Indikatorkonzentrationsverteilung jedoch nur bis zu einer endlichen Zeit $t = T$ möglich. Für $t > T$ wird der experimentell ermittelten Impulsdichteverteilung der Wert Null zugeschrieben:

$$n^A(t) = n(t)\,[\Theta(t) - \Theta(t - T)] \tag{6.32}$$

Zur Ableitung der Gleichung für die fehlerbehafteten gewöhnlichen Momente muß eine Modellvorstellung für den Strömungsvorgang vorgegeben werden. Unter Verwendung des Zellenmodells folgt für die gewöhnlichen Momente von $n^A(t)$:

$$E_G(t^r) = E(t^r)\left\{1 - \frac{\exp\left(-\frac{mT}{E(t)}\right)\sum_{i=m}^{m+r-1}\left(\frac{mT}{E(t)}\right)^i \frac{1}{i!}}{1 - \exp\left(-\frac{mT}{E(t)}\right)\sum_{i=0}^{m-1}\left(\frac{mT}{E(t)}\right)^i \frac{1}{i!}}\right\} \tag{6.33}$$

Gl. (6.33) enthält den Zusammenhang zwischen den fehlerbehafteten gewöhnlichen Momenten $E_G(t^r)$ und den theoretischen Werten dieser Momente $E(t^r)$.

Die Zeitdauer der Messung ruft systematische Fehler der gewöhnlichen Momente hervor, weil T stets positiv ist. Nach der Auswertung der registrierten Impulsdichteverteilung können die entstandenen systematischen Abweichungen unter Verwendung von Gl. (6.33) eliminiert werden.

Die Abschätzung der Genauigkeit der gewöhnlichen Momente vor der experimentellen Untersuchung des Strömungsvorganges ist nach Gl. (6.33) möglich. Der relative Fehler der gewöhnlichen Momente hängt von $E(t)$, m und T ab. Ein Schätzwert für T resultiert aus den speziellen Gegebenheiten des zu untersuchenden Systems. Die Abhängigkeit des relativen Fehlers der gewöhnlichen Momente von der Zellenzahl zeigt, daß $\Delta E_G(t^r)/E(t^r)$ für $m = 1$ ein Maximum erreicht, mit wachsendem m abnimmt und für $m \to \infty$ gegen Null geht, wenn $T/E(t) > 1$ gilt. Mit den Schätzwerten für $E(t)$ und T wird aus Gl. (6.33) unter Berücksichtigung der Bedingung $m = 1$ der maximale relative Fehler von $E_G(t^r)$ erhalten.

Der Einfluß der Zeitdauer der Messung auf die Genauigkeit statistischer Momente und Parameter läßt sich aus den Gln. (6.33) und (6.9) und den

Tabelle 6.8: Relativer Fehler wichtiger statistischer Momente und Parameter

$\frac{\Delta E_G(t)}{E(t)}$	$-\frac{\frac{1}{m!}\left(\frac{mT}{E(t)}\right)^m \exp\left(-\frac{mT}{E(t)}\right)}{1 - \exp\left(-\frac{mT}{E(t)}\right)\sum_{i=0}^{m-1}\left(\frac{mT}{E(t)}\right)^i \frac{1}{i!}}$
$\frac{\Delta Z_G(t^2)}{Z(t^2)}$	$(mx_0 + 1)\frac{\Delta E_G(t)}{E(t)}; \quad x_0 = \frac{T}{E(t)} - 1$
$\frac{\Delta\beta_G}{\beta}\frac{1}{2}$	$(m^2x_0^2 - mx_0 - m - 1)\frac{\Delta E_G(t)}{E(t)}$
$\frac{\Delta\varepsilon_G}{\varepsilon}\frac{1}{6}$	$(m^3x_0^3 + 3m^2x_0^2 - 3m(m+2)\,x_0 - 5m - 6)\frac{\Delta E_G(t)}{E(t)}$
$\frac{\Delta Z_G(\Theta^2)}{Z(\Theta^2)}$	$(mx_0 - 1)\frac{\Delta E_G(t)}{E(t)}$

Gleichungen von Abschn. 4.5.2. berechnen. Tab. 6.8 gibt einen Überblick über die relativen Fehler wichtiger Kenngrößen. Abb. 6.14 zeigt die Abhängigkeit des relativen Fehlers der wichtigsten Momente von $T/E(t)$ und m. Aus Abb. 6.14 ist ersichtlich, daß große relative Fehler dann auftreten, wenn bei niedrigen Zellenzahlen die Zeitdauer der Messung zu kurz gewählt wird.

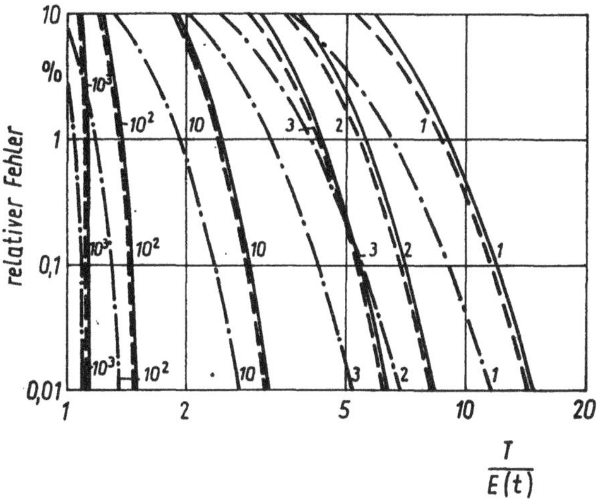

Abb. 6.14: Abhängigkeit des relativen Fehlers der wichtigsten Momente von der Zeitdauer der Messung.

(Erklärung der Bezeichnungen bei Abb. 6.8)

Cerro [26] bestimmt für das von Wolf [183] vorgeschlagene Modell die relativen Fehler der mittleren Verweilzeit und der Streuung und erhält für $m = 1$ und $T/E(t) = 4$ relative Fehler von 7% bzw. 25%. Diese Werte sind den hier ermittelten näherungsweise gleich. Pippel [129], Müller [109] und Runge [144] berechnen numerisch den Einfluß der Zeitdauer der Messung auf die Genauigkeit der mittleren Verweilzeit und der Streuung. Die relativen Fehler, die in diesen Arbeiten angegeben werden, stimmen mit den hier analytisch berechneten relativen Fehlern überein.

6.2.9. *Zeitlicher Abstand der Meßwerte der Impulsdichte*

Bei der Auswertung experimentell ermittelter Verweilzeitverteilungen mit Hilfe eines Digitalrechners werden die gewöhnlichen Momente über endliche Summen berechnet. Die in diesen Summen auftretenden Zeitintervalle Δt_i kennzeichnen den zeitlichen Abstand der Meßwerte der Impulsdichte. Anstelle der theoretisch vorausgesetzten stetigen Impulsdichteverteilung $n(t)$ liegt der Berechnung der gewöhnlichen Momente somit eine diskrete stufenförmige

Verteilung zugrunde:

$$n^A(t) = n_i(t_i); \qquad i = 1, 2, \ldots, g. \tag{6.34}$$

Die Berechnung der fehlerbehafteten gewöhnlichen Momente vereinfacht sich erheblich, wenn zeitlich äquidistante Meßwerte angenommen werden: $\Delta t_i = \Delta t$; $t_i = i\Delta t$. Für die Zeitdauer der Messung folgt daraus: $T = t_g = g\Delta t$. Zur Ableitung der Gleichung für die fehlerbehafteten gewöhnlichen Momente muß wie in den drei vorhergehenden Abschnitten eine Modellvorstellung für den Strömungsvorgang vorgegeben werden. Unter Verwendung des Zellenmodells und nach Ausführung des Grenzüberganges $T \to \infty$ $(g \to \infty)$ ergibt sich für die gewöhnlichen Momente von $n^A(t)$ im Fall $m = 1$:

$$E_H(t^r) = \frac{E(t^r)\left[\frac{\Delta t}{E(t)}\right]^r \frac{1}{r!}}{\left[1 - \exp\left(-\frac{\Delta t}{E(t)}\right)\right]^r} \sum_{k=0}^{r-1} \exp\left(-\frac{\Delta t(r-k-1)}{E(t)}\right) \times \sum_{j=0}^{k} \binom{r+1}{j} (-1)^j (k+1-j)^r \tag{6.35}$$

Für $m \geqq 2$ gilt:

$$E_H(t^r) = \frac{E(t^r)\left[\frac{m\Delta t}{E(t)}\right]^r \frac{(m-1)!}{(m+r-1)!} \sum\limits_{k=0}^{m+r-2} \exp\left(-\frac{m\Delta t(m+r-k-2)}{E(t)}\right)}{\left[1 - \exp\left(-\frac{m\Delta t}{E(t)}\right)\right]^r \sum\limits_{k=0}^{m-2} \exp\left(-\frac{m\Delta t(m-k-2)}{E(t)}\right)} \times \frac{\sum\limits_{j=0}^{k} \binom{m+r}{j} (-1)^j (k+1-j)^{m+r-1}}{\sum\limits_{j=0}^{k} \binom{m}{j} (-1)^j (k+1-j)^{m-1}} \tag{6.36}$$

Die Gln. (6.35) und (6.36) geben den Zusammenhang zwischen den fehlerbehafteten gewöhnlichen Momenten $E_H(t^r)$ und den theoretischen Werten dieser Momente $E(t^r)$ an.

Auf Grund des endlichen zeitlichen Abstandes der Meßwerte der Impulsdichte entstehen systematische Fehler der gewöhnlichen Momente, weil Δt stets positiv ist. Nach der Auswertung der diskreten Impulsdichteverteilung kann die Korrektion der auftretenden systematischen Abweichungen der gewöhnlichen Momente unter Verwendung der Gln. (6.35) und (6.36) erfolgen.

Zur Abschätzung der Genauigkeit der gewöhnlichen Momente vor der experimentellen Untersuchung des Strömungsvorganges wird von den Gln. (6.35) und (6.36) ausgegangen. Der relative Fehler der gewöhnlichen Momente ist von $E(t)$, m und Δt abhängig. Der zeitliche Abstand Δt der Meßwerte der

Impulsdichte läßt sich aus den speziellen Gegebenheiten bei der Messung, Registrierung und Auswertung von Verweilzeitverteilungen abschätzen. Aus den Gln. (6.35) und (6.36) ist ersichtlich, daß $\Delta E_H(t^r)/E(t^r)$ als Funktion von m für $m = 1$ ein Maximum erreicht, mit wachsendem m abnimmt und für $m \to \infty$ gegen Null geht, wenn $\Delta t/E(t) < 1$ gilt. Mit den Schätzwerten für $E(t)$ und Δt folgt aus Gl. (6.35) der maximale relative Fehler von $E_H(t^r)$.

Der Einfluß des zeitlichen Abstandes der Meßwerte der Impulsdichte auf die Genauigkeit statistischer Momente und Parameter ergibt sich aus den Gln. (6.35), (6.36) und (6.9) und den Gleichungen von Abschn. 4.5.2. Im Gegensatz zu allen vorhergehenden Abschnitten ist es hier nicht möglich, den relativen Fehler eines statistischen Momentes oder Parameters in Form einer einzigen übersichtlichen Gleichung anzugeben, die für alle Werte von m gilt. Auch nach Reihenentwicklung muß der relative Fehler der gewöhnlichen Momente für jede Zellenzahl einzeln berechnet werden. Bei gegebener Zellenzahl läßt sich der relative Fehler von $E_H(t^r)$ jedoch für diejenigen Werte von r, die der Bedingung $r \geqq i + 1 - m$ genügen, durch eine einzige Gleichung ausdrücken. Der Buchstabe i kennzeichnet den größten Exponenten von $\Delta t/E(t)$, der bei der Reihenentwicklung noch berücksichtigt wird. Im Fall $r < i + 1 - m$ muß die Berechnung des relativen Fehlers von $E_H(t^r)$ auch für jeden Wert von r einzeln erfolgen.

Die Gleichungen für den relativen Fehler aller statistischen Momente und Parameter werden in Form von Potenzreihen von $\Delta t/E(t)$ erhalten. Die kleinsten Exponenten, die in diesen Potenzreihen auftreten, nehmen mit wachsendem m zu. In Tab. 6.9 sind Näherungsformeln für den relativen Fehler wichtiger Kenngrößen angegeben. Die Abhängigkeit des relativen Fehlers der

Tabelle 6.9: Näherungsformeln für den relativen Fehler wichtiger statistischer Momente und Parameter

m	1	2	3	4
$\frac{\Delta E_H(t)}{E(t)}$	$+\frac{1}{2}\frac{\Delta t}{E(t)}$	$+\frac{1}{3}\left(\frac{\Delta t}{E(t)}\right)^2$	$+\frac{9}{20}\left(\frac{\Delta t}{E(t)}\right)^4$	$-\frac{16}{45}\left(\frac{\Delta t}{E(t)}\right)^4$
$\frac{\Delta Z_H(t^2)}{Z(t^2)}$	$-\frac{1}{12}\left(\frac{\Delta t}{E(t)}\right)^2$	$-\frac{1}{3}\left(\frac{\Delta t}{E(t)}\right)^2$	$-\frac{27}{20}\left(\frac{\Delta t}{E(t)}\right)^4$	$+\frac{16}{15}\left(\frac{\Delta t}{E(t)}\right)^4$
$\frac{\Delta \beta_H}{\beta}$	$+\frac{1}{8}\left(\frac{\Delta t}{E(t)}\right)^2$	$+\frac{1}{2}\left(\frac{\Delta t}{E(t)}\right)^2$	$+\frac{27}{8}\left(\frac{\Delta t}{E(t)}\right)^4$	$-\frac{8}{3}\left(\frac{\Delta t}{E(t)}\right)^4$
$\frac{\Delta \varepsilon_H}{\varepsilon}$	$+\frac{1}{6}\left(\frac{\Delta t}{E(t)}\right)^2$	$+\frac{2}{3}\left(\frac{\Delta t}{E(t)}\right)^2$	$+\frac{9}{4}\left(\frac{\Delta t}{E(t)}\right)^4$	$-\frac{16}{9}\left(\frac{\Delta t}{E(t)}\right)^4$
$\frac{\Delta Z_H(\Theta^2)}{Z(\Theta^2)}$	$-\frac{\Delta t}{E(t)}$	$-\left(\frac{\Delta t}{E(t)}\right)^2$	$-\frac{9}{4}\left(\frac{\Delta t}{E(t)}\right)^4$	$+\frac{16}{9}\left(\frac{\Delta t}{E(t)}\right)^4$

wichtigsten Momente von $\Delta t/E(t)$ und m ist in Abb. 6.15 dargestellt. Im Fall $m = 2$ gilt für den relativen Fehler der Streuung:

$$|\Delta Z_H(t^2)/Z(t^2)| \approx \Delta E_H(t)/E(t).$$

Aus Abb. 6.15 geht hervor, daß große relative Fehler dann entstehen, wenn bei niedrigen Zellenzahlen der zeitliche Abstand der Meßwerte der Impulsdichte zu groß gewählt wird.

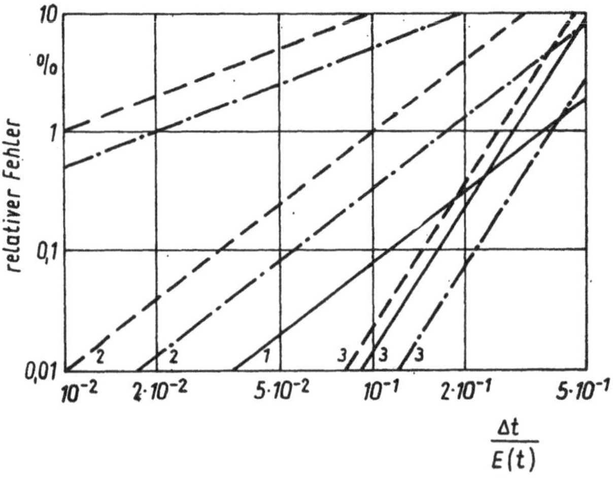

Abb. 6.15: Abhängigkeit des relativen Fehlers der wichtigsten Momente vom zeitlichen Abstand der Meßwerte der Impulsdichte.

(Erklärung der Bezeichnungen bei Abb. 6.8)

Eine analytische Untersuchung des Einflusses des zeitlichen Abstandes der Meßwerte der Impulsidchte auf die Genauigkeit statistischer Momente und Parameter liegt bis jetzt nicht vor. In allen bisher veröffentlichten Arbeiten [81, 129, 144] werden die relativen Fehler statistischer Momente und Parameter nur für einzelne ausgewählte Werte von m numerisch berechnet.

Bei numerischer Berechnung der relativen Fehler muß eine endliche Zeitdauer der Messung vorgegeben werden. Numerisch ermittelte relative Fehler enthalten somit sowohl den Einfluß des zeitlichen Abstandes der Meßwerte der Impulsdichte als auch den Einfluß der Zeitdauer der Messung. Da die Impulsdichtewerte vor der numerischen Berechnung der relativen Fehler gerundet werden müssen, treten außerdem Rundungsfehler auf. Die in den oben genannten Arbeiten angegebenen relativen Fehler unterscheiden sich deshalb von den hier analytisch berechneten relativen Fehlern.

6.2.10. Verschiebung des Nullpunktes auf der Ordinate

Bei Anwendung der kontinuierlichen Meßmethode zur Untersuchung schnell ablaufender Strömungsvorgänge muß das Registrierpapier des Oszillographen stark belichtet werden, damit rasche Änderungen der Indikatorkonzentration auf dem Oszillogramm noch zu sehen sind. Auf Grund der starken Belichtung weist die Linie, die die Impulsdichte vor der Indikatorzugabe angibt (Nulllinie), eine endliche Breite auf. Zur Auswertung der registrierten Impulsdichteverteilung muß auf dem Oszillogramm ein Koordinatensystem eingeführt werden. Infolge der endlichen Linienbreite entsteht bei der Festlegung der Zeitachse eine gewisse Unsicherheit: Die Zeitachse kann um die konstante Impulsdichte n_0 zu hoch oder zu tief gelegt werden. Alle Werte der experimentell ermittelten Impulsdichteverteilung sind somit im Vergleich zu den Werten der theoretischen Impulsdichteverteilung $n(t)$ entweder um den konstanten Betrag n_0 zu groß oder zu klein:

$$n^A(t) = n(t) \pm n_0[\Theta(t) - \Theta(t - T)] \tag{6.37}$$

Hieraus folgt (vgl. Abschn. 4.5.2.):

$$E_I(t^r) = E(t^r) \left\{ 1 \pm \frac{\frac{n_0 T}{N} \left[\frac{T^r}{E(t^r)\,(r+1)} - 1 \right]}{1 \pm \frac{n_0 T}{N}} \right\} \tag{6.38}$$

Gl. (6.38) enthält den Zusammenhang zwischen den fehlerbehafteten gewöhnlichen Momenten $E_I(t^r)$ und den theoretischen Werten dieser Momente $E(t^r)$.

Die Verschiebung des Nullpunktes auf der Ordinate bewirkt zufällige Fehler der gewöhnlichen Momente. Eine Korrektion der gewöhnlichen Momente, die aus der registrierten Impulsdichteverteilung berechnet werden, ist deshalb nicht möglich.

Die Genauigkeit der gewöhnlichen Momente läßt sich vor der experimentellen Untersuchung des Strömungsvorganges abschätzen, wenn mit Gl. (6.10) $E(t^r)$ aus Gl. (6.38) eliminiert wird. Der relative Fehler der gewöhnlichen Momente ist dann nur noch eine Funktion von $E(t)$, m, N, T und n_0. Die Abhängigkeit des relativen Fehlers der gewöhnlichen Momente von der Zellenzahl zeigt, daß $\Delta E_I(t^r)/E(t^r)$ mit zunehmendem m wächst und für $m \to \infty$ am größten ist. Die Elimination von N erfolgt wie im Abschn. 6.2.6., weil N nicht von der Zellenzahl abhängt. Für die Abschätzung von $n(t_w)$ und T gelten die Bemerkungen der Abschn. 6.2.6. und 6.2.8. Ein Schätzwert für die Verschiebung n_0 des Nullpunktes auf der Ordinate ergibt sich aus der Linienbreite und dem Ordinatenmaßstab. Mit den Schätzwerten für $E(t)$, T, n_0 und $n(t_w)$ wird für $m \to \infty$ der maximale relative Fehler von $E_I(t^r)$ erhalten, der auf Grund der Verschiebung des Nullpunktes auf der Ordinate zu erwarten ist.

Der Einfluß der Verschiebung des Nullpunktes auf die Genauigkeit statistischer Momente und Parameter kann unter Verwendung der Gln. (6.38) und

Tabelle 6.10: Relativer Fehler wichtiger statistischer Momente und Parameter

$\frac{\Delta E_I(t)}{E(t)}$	$\pm \frac{n_0 E(t)}{N} \frac{x_0^2 - 1}{2}; \quad x_0 = \frac{T}{E(t)} - 1$
$\frac{\Delta Z_I(t^2)}{Z(t^2)}$	$\pm \frac{n_0 E(t)}{N} \left[\frac{x_0^3 + 1}{3\gamma^2} - \frac{T}{E(t)}\right]$
$\frac{\Delta \beta_I}{\beta}$	$\pm \frac{n_0 E(t)}{N} \left[\frac{E^3(t)\,(x_0^4 - 1)}{4Z(t^3)} - \frac{x_0^3 + 1}{2\gamma^2} - \frac{3Z(t^2)\,E(t)\,(x_0^2 - 1)}{2Z(t^3)} + \frac{T}{2E(t)}\right]$
$\frac{\Delta \varepsilon_I}{\varepsilon}$	$\pm \frac{n_0 E(t)}{N} \frac{Z(t^4)}{Z(t^4) - 3Z^2(t^2)} \left[\frac{E^4(t)\,(x_0^5 + 1)}{5Z(t^4)} - \frac{2(x_0^3 + 1)}{3\gamma^2} - \frac{2Z(t^3)\,E(t)\,(x_0^2 - 1)}{Z(t^4)} + \frac{T}{E(t)}\right]$
$\frac{\Delta Z_I(\Theta^2)}{Z(\Theta^2)}$	$\pm \frac{n_0 E(t)}{N} \left[\frac{x_0^3 + 1}{3\gamma^2} - \frac{T x_0}{E(t)}\right]$

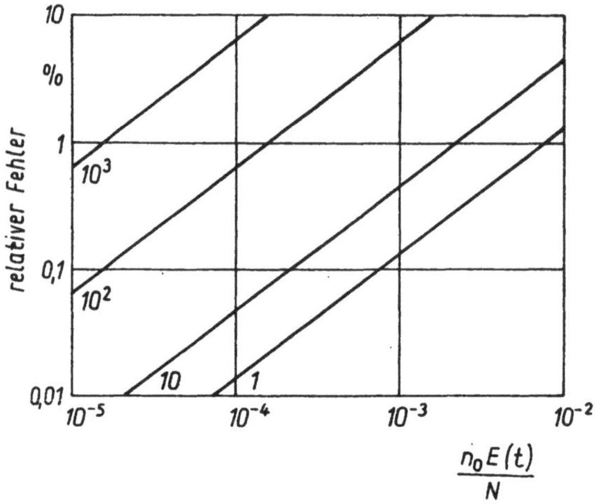

Abb. 6.16: Abhängigkeit des relativen Fehlers der wichtigsten Momente von der Verschiebung des Nullpunktes auf der Ordinate für $T/E(t) = 2$.
(Erklärung der Bezeichnungen bei Abb. 6.8)

(6.9) und der Gleichungen von Abschn. 4.5.2. berechnet werden. Die relativen Fehler wichtiger Kenngrößen sind in Tab. 6.10 zusammengestellt. Die Abb. 6.16 und 6.17 zeigen die Abhängigkeit des Betrages des relativen Fehlers der wichtigsten Momente von $n_0 E(t)/N$ und m. Für $T/E(t) = 2$ (s. Abb. 6.16) ist die mittlere Verweilzeit nicht fehlerbehaftet. Aus diesem Grunde gilt für den relativen Fehler des relativen zweiten Zentralmomentes:

$$\Delta Z_I(\Theta^2)/Z(\Theta^2) = \Delta Z_I(t^2)/Z(t^2).$$

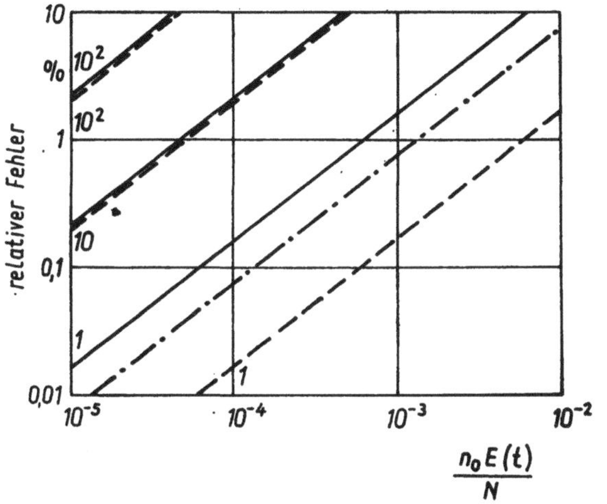

Abb. 6.17: Abhängigkeit des relativen Fehlers der wichtigsten Momente von der Verschiebung des Nullpunktes auf der Ordinate für $T/E(t) = 5$.

(Erklärung der Bezeichnungen bei Abb. 6.8)

6.2.11. *Statistik der radioaktiven Umwandlung*

Die Umwandlung der Atomkerne radioaktiver Nuklide erfolgt statistisch. In jedem Zeitintervall finden unterschiedlich viele Kernumwandlungen statt. Infolgedessen weisen auch die registrierten Impulszahlen (bzw. die Meßwerte der Impulsdichte) statistische Schwankungen auf. Wenn die mittlere Impulszahl für ein Zeitintervall bekannt ist, gibt das Poissonsche Verteilungsgesetz die Wahrscheinlichkeit dafür an, daß in diesem Zeitintervall eine bestimmte vorgegebene Impulszahl auftritt. Die statistische Schwankung der registrierten Impulszahlen kann durch die Standardabweichung beschrieben werden.

Bei der Untersuchung von Strömungsvorgängen mit Hilfe radioaktiver Nuklide hängt die Konzentration des Indikators von der Zeit ab. Deshalb ist die Impulszahl, die in einem Zeitintervall registriert wird, nicht nur von der Größe dieses Zeitintervalles, sondern auch von der Zeit abhängig. Die zugehörige Impulsdichte $n_i^A(t_i)$ setzt sich additiv aus der vom Indikator hervorgerufenen Impulsdichte $n_i(t_i)$ und der (konstanten) Impulsdichte des Nulleffektes n_u zusammen. Daraus resultiert für die vom Indikator hervorgerufene Impulsdichte $n_i(t_i)$:

$$n_i(t_i) = n_i^A(t_i) - n_u; \qquad i = 1, 2, \ldots, g \tag{6.39}$$

Die in Gl. (6.39) enthaltenen Impulsdichten schwanken statistisch (s. Abb. 6.6). Eine mehrmalige bzw. beliebig genaue Messung der Impulsdichte des Nulleffektes ist prinzipiell möglich. Die zu verschiedenen Zeitpunkten vorliegenden Werte der Indikatorkonzentration werden dagegen nur einmal gemessen. Die erhaltenen Meßwerte $n_i^A(t_i)$ können jedoch näherungsweise als mittlere Impulsdichte zur Zeit t_i angesehen werden. Unter diesen Voraussetzungen lassen sich die Standardabweichungen von $n_i^A(t_i)$ und n_u bestimmen. Die genannten Standardabweichungen führen nach dem Fehlerfortpflanzungsgesetz auf Standardabweichungen der statistischen Momente und Parameter.

Zur Berechnung der Standardabweichung der gewöhnlichen Momente müssen zeitlich äquidistante Meßwerte der Impulsdichte angenommen werden: $\Delta t_i = \Delta t$; $t_i = i\Delta t$. Daraus folgt: $T = t_g = g\Delta t$.

Hieraus folgt (vgl. Abschn. 4.5.2.):

$$E_K(t^r) = (\Delta t)^r \frac{\sum\limits_{i=1}^{g} i^r n_i^A(t_i) - n_u \sum\limits_{i=1}^{g} i^r}{\sum\limits_{i=1}^{g} n_i^A(t_i) - g n_u} \pm \sigma_{E(t^r)} \approx E(t^r) \pm \sigma_{E(t^r)} \tag{6.40}$$

Die Standardabweichung der gewöhnlichen Momente kann unter Verwendung des Fehlerfortpflanzungsgesetzes berechnet werden, weil die Meßwerte $n_i^A(t_i)$ und n_u nur zufällige Fehler aufweisen und alle $n_i^A(t_i)$ und n_u wie gefordert voneinander unabhängig sind. Außerdem müssen für die Bestimmung der Standardabweichung die Bedingungen $\sigma_{n_i^A}(t_i) \ll n_i^A(t_i)$ und $\sigma_{n_u} \ll n_u$ erfüllt sein. Bei der Untersuchung von Strömungsvorgängen ist das im allgemeinen der Fall.

Die Meßzeit der einzelnen Werte der Impulsdichte wird für alle $n_{a_i}(t_i)$ als gleich groß angenommen und mit T_m bezeichnet. T_M bedeutet die Meßzeit des Nulleffektes. Nach dem Fehlerfortpflanzungsgesetz wird dann für das Quadrat der Standardabweichung von $E(t^r)$ näherungsweise erhalten:

$$\sigma^2_{E(t^r)} = \frac{E^2(t^r)\,\Delta t}{N T_m} \left\{ \frac{E(t^{2r})}{E^2(t^r)} - 1 + \frac{T n_u}{N} \left[\left(\frac{T^r}{(r+1)\,E(t^r)} - 1 \right)^2 \left(1 + \frac{g T_m}{T_M} \right) + \frac{1}{(2r+1)} \left(\frac{r T^r}{(r+1)\,E(t^r)} \right)^2 \right] \right\} \tag{6.41}$$

Die Gl. (6.40) und (6.41) beschreiben den Zusammenhang zwischen den fehlerbehafteten gewöhnlichen Momenten $E_K(t^r)$ und den theoretischen Werten dieser Momente $E(t^r)$.

Aus Gl. (6.41) ist ersichtlich, daß das Quadrat der relativen Standardabweichung von $E(t^r)$ in zwei Summanden σ^2_{1r} und σ^2_{2r} zerlegt werden kann. Die relative Standardabweichung σ_{1r} gibt den Einfluß der statistisch schwankenden Impulsdichte $n_i(t_i)$ des Indikators an:

$$\sigma^2_{1r} = \frac{\Delta t}{N T_m} \left[\frac{E(t^{2r})}{E^2(t^r)} - 1 \right] \tag{6.42}$$

Die statistischen Schwankungen der Impulsdichte n_u des Nulleffektes verursachen die relative Standardabweichung σ_{2r}:

$$\sigma_{2r}^2 = \frac{\Delta t}{NT_m} \frac{Tn_u}{N} \left[\left(\frac{T^r}{(r+1)\,E(t^r)} - 1 \right)^2 \left(1 + \frac{gT_m}{T_M} \right) + \frac{1}{(2r+1)} \left(\frac{rT^r}{(r+1)\,E(t^r)} \right)^2 \right] \tag{6.43}$$

Ein Vergleich von Gl. (6.43) mit Gl. (6.38) zeigt, daß die statistischen Schwankungen der Impulsdichte des Nulleffektes und die Verschiebung des Nullpunktes auf der Ordinate zu qualitativ ähnlichen Gleichungen führen. $\Delta E_I(t^r)/E(t^r)$ und σ_{2r} unterscheiden sich im wesentlichen darin, daß σ_{2r} zusätzlich den charakteristischen Faktor $N^{-1/2}$ aufweist und auch im Fall $T^r = (r+1)\,E(t^r)$ von Null verschieden ist ($n_u \neq 0$).

Gl. (6.40) besagt, daß die gewöhnlichen Momente mit einer Wahrscheinlichkeit von rund 68% im Intervall von $E(t^r) - \sigma_{E(t^r)}$ bis $E(t^r) + \sigma_{E(t^r)}$ liegen. Genaugenommen müßte $E(t^r)$ dabei der Mittelwert aus vielen Berechnungen und damit vielen Untersuchungen eines Strömungsvorganges unter gleichen Bedingungen sein.

Die Statistik der radioaktiven Umwandlung ruft zufällige Fehler der gewöhnlichen Momente hervor, weil $\sigma_{E(t^r)}$ sowohl positiv als auch negativ sein kann. Die Elimination der auftretenden Abweichungen ist nicht möglich.

Zur Abschätzung der Genauigkeit der gewöhnlichen Momente vor der experimentellen Untersuchung des Strömungsvorganges wird mit Gl. (6.10) $E(t^r)$ und $E(t^{2r})$ aus Gl. (6.41) eliminiert. σ_{1r} hängt dann von m, N, Δt und T_m ab. Aus Gl. (6.42) ist ersichtlich, daß σ_{1r} als Funktion von m für $m = 1$ ein Maximum erreicht, mit wachsendem m abnimmt und für $m \to \infty$ verschwindet. Die Elimination von N und die Abschätzung von $n(t_w)$ ist im Abschn. 6.2.6. beschrieben. Ein Schätzwert für Δt läßt sich wie im Abschn. 6.2.9. ermitteln. Die Meßzeit T_m kann bei der Bestimmung der Indikatorkonzentration von Proben beliebig gewählt werden. Bei kontinuierlicher Messung der Impulsdichte ist T_m durch die Integrationszeitkonstante τ der Meßanordnung gegeben: $T_m = 2\tau$. Mit den Zahlenwerten für $n(t_w)$, Δt und T_m läßt sich unter Berücksichtigung der Bedingung $m = 1$ die maximale relative Standardabweichung σ_{1r} abschätzen.

Die relative Standardabweichung σ_{2r} wird durch die Größen $E(t)$, m, N, Δt, T_m, T, T_M und n_u festgelegt. Die Abhängigkeit der relativen Standardabweichung σ_{2r} von der Zellenzahl zeigt, daß σ_{2r} mit zunehmendem m wächst und für $m \to \infty$ am größten ist. Die Abschätzung von T erfolgt wie im Abschn. 6.2.8. Die Meßzeit T_M des Nulleffektes ist willkürlich wählbar. T_M sollte so groß sein, daß etwa 10^4 Impulse registriert werden. Die Impulsdichte n_u des Nulleffektes liegt bei Szintillationszählern in der Größenordnung von 10^3 Imp./min. Die Zahlenwerte für $E(t)$, $n(t_w)$, Δt, T_m, T, T_M und n_u liefern für $m \to \infty$ die maximale relative Standardabweichung σ_{2r}. Nach der Abschätzung von σ_{1r}^2 und σ_{2r}^2 wird durch Addition beider Größen eine obere Schranke für das

Quadrat der relativen Standardabweichung von $E(t^r)$ erhalten, die infolge der Statistik der radioaktiven Umwandlung auftreten kann.

Der Einfluß der Statistik der radioaktiven Umwandlung auf die Genauigkeit statistischer Momente und Parameter ergibt sich aus den Gln. (6.41) und (6.9)

Tabelle 6.11: Relative Standardabweichung wichtiger statistischer Momente und Parameter

$\frac{\sigma^2_{E(t)}}{E^2(t)}$	$\frac{\Delta t}{NT_m}\left\{\gamma^2 + \frac{Tn_u}{N}\left[\left(\frac{T}{2E(t)} - 1\right)^2\left(1 + \frac{gT_m}{T_M}\right) + \frac{T^2}{12E^2(t)}\right]\right\}$
$\frac{\sigma^2_{Z(t^2)}}{Z^2(t^2)}$	$\frac{1}{Z^2(t^2)}\left[\sigma^2_{E(t^2)} + 4E^2(t)\,\sigma^2_{E(t)}\right]$
$\frac{\sigma^2_\beta}{\beta^2}$	$\frac{1}{Z^2(t^3)}\left[\sigma^2_{E(t^3)} + \frac{9}{4}\left(\frac{E(t^3) - E(t^2)\,E(t)}{Z(t^2)}\right)^2\sigma^2_{E(t^2)} + 9\left(\frac{E(t^3)\,E(t) - E^2(t^2)}{Z(t^2)}\right)^2\sigma^2_{E(t)}\right]$
$\frac{\sigma^2_\varepsilon}{\varepsilon^2}$	$\frac{1}{(Z(t^4) - 3Z^2(t^2))^2}\left[\sigma^2_{E(t^4)} + 16E^2(t)\,\sigma^2_{E(t^3)} + 4\left(\frac{E(t^4) - 4E(t^3)\,E(t) + 3E(t^2)\,E^2(t)}{Z(t^2)}\right)^2\sigma^2_{E(t^2)} + 16\left(\frac{E(t^4)\,E(t) - 3E(t^3)\,E^2(t) - E(t^3)\,E(t^2) + 3E^2(t^2)E(t)}{Z(t^2)}\right)^2\sigma^2_{E(t)}\right]$
$\frac{\sigma^2_{Z(\Theta^2)}}{Z^2(\Theta^2)}$	$\frac{1}{Z^2(t^2)}\left[\sigma^2_{E(t^2)} + 4\,\frac{E^2(t^2)}{E^2(t)}\,\sigma^2_{E(t)}\right]$

und den Gleichungen von Abschn. 4.5.2. Tab. 6.11 enthält die relativen Standardabweichungen wichtiger Kenngrößen. In Abb. 6.18 ist unter der Voraussetzung $n_u = 0$ der Betrag der relativen Standardabweichung der wichtigsten Momente als Funktion von $NT_m/\Delta t$ und m dargestellt. Diese Voraussetzung wurde gewählt, weil sonst die Parameter gT_m/T_M, Tn_u/N und $T/E(t)$ vorgegeben werden müssen und damit keine allgemeine Darstellung erfolgen kann. Im Fall $n_u > 0$ lassen sich die relativen Standardabweichungen wichtiger Kenngrößen bei bekannten Werten für die genannten Parameter nach Tab. 6.11 bestimmen.

Hovenkamp [66] berechnet für $n_u = 0$ die relative Standardabweichung der Wahrscheinlichkeitsverteilung $F(t)$:

$$\frac{\sigma_{F(t)}}{F(t)} = \left(\frac{\Delta t}{NT_m}\right)^{1/2}\left(\frac{1 - F(t)}{F(t)}\right)^{1/2}. \tag{6.44}$$

Gl. (6.44) zeigt, daß auch die relative Standardabweichung von $F(t)$ die oben ermittelte Abhängigkeit von $NT_m/\Delta t$ aufweist. Der Einfluß der Statistik der radioaktiven Umwandlung auf die Genauigkeit statistischer Momente und Parameter wurde in Publikationen bisher nicht untersucht.

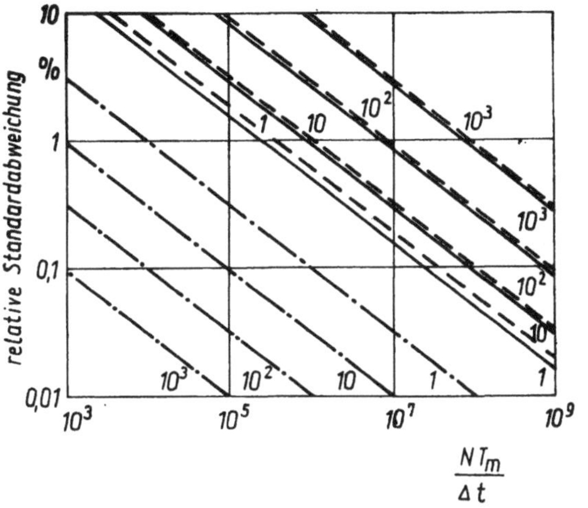

Abb. 6.18: Abhängigkeit der relativen Standardabweichung der wichtigsten Momente von der Statistik der radioaktiven Umwandlung für $n_u = 0$.
(Erklärung der Bezeichnungen bei Abb. 6.8)

6.3. Anwendungsmöglichkeiten

Für die Gleichungen, die bei der analytischen Berechnung der Wirkung experimenteller Einflußgrößen auf statistische Momente und Parameter erhalten werden, existieren zwei grundlegende Anwendungsmöglichkeiten. Einmal können die erhaltenen Gleichungen zur Rationalisierung der experimentellen Untersuchungen dienen. Zum anderen ist es mit der Kenntnis dieser Gleichungen möglich, eine hohe Genauigkeit der Kenngrößen zu erreichen. Beide Anwendungsmöglichkeiten werden im folgenden anhand der Gleichungen für den relativen Fehler der mittleren Verweilzeit erläutert.

Bei der Untersuchung von Strömungsvorgängen treten alle experimentellen Einflußgrößen gemeinsam auf. Die Wirkung aller Einflußgrößen kann mit hinreichender Genauigkeit aus den bereits erhaltenen Ergebnissen ermittelt werden. Die Berechnung zeigt, daß sich z. B. der Gesamtfehler der mittleren Verweilzeit $\Delta E_Q(t)/E(t)$ additiv aus den in den Tab. 6.2 bis 6.11 angegebenen Fehlern der mittleren Verweilzeit zusammensetzt:

$$\frac{\Delta E_Q(t)}{E(t)} = \sum_j \frac{\Delta E_j(t)}{E(t)}; \qquad j = A, B, \ldots, K. \tag{6.45}$$

Analoge Beziehungen gelten für das 2. und 3. Zentralmoment. Die Gesamtfehler aller anderen statistischen Momente und Parameter enthalten neben den zu Gl. (6.45) analogen Ausdrücken weitere Summanden. Diese zusätzlichen Summanden sind klein gegen die bereits vorhandenen und können vernachlässigt werden.

Aus den Abschn. 6.2.2. bis 6.2.11. geht hervor, daß sich die Genauigkeit der mittleren Verweilzeit anhand der in diesen Abschnitten angegebenen Gleichungen vor der experimentellen Untersuchung des Strömungsvorganges berechnen läßt. Dazu müssen die experimentellen Einflußgrößen und die mittlere Verweilzeit abgeschätzt werden. Dabei ist besonders darauf zu achten, daß die mittlere Verweilzeit selbst relativ genau abgeschätzt wird, weil sich sonst für die vorausberechneten relativen Fehler zu ungenaue Werte ergeben. Allgemeine Hinweise für die Abschätzung der experimentellen Einflußgrößen sind in den Abschn. 6.2.2. bis 6.2.11. enthalten.

Die Bedingungen für die Messung und Auswertung von Verweilzeitverteilungen werden so gewählt, daß sie folgende Forderungen erfüllen:

1. Die einzelnen zufälligen Fehler der mittleren Verweilzeit (s. Abschn. 6.2.10. und 6.2.11.) sollen so klein wie möglich bleiben.
2. Die einzelnen systematischen Fehler der mittleren Verweilzeit (s. Abschn. 6.2.2. bis 6.2.9.) sollen maximal 10% betragen.

Die 1. Forderung bedarf keiner weiteren Erläuterung. Die 2. Forderung wird gestellt, damit eine hinreichend genaue Korrektion der systematischen Abweichungen der mittleren Verweilzeit erfolgen kann, und liefert für die experimentellen Einflußgrößen folgende Bedingungen:

— $t_0 \leqq 0{,}1\, E(t)$; $T_d \leqq 0{,}2\, E(t)$; $\tau \leqq 0{,}1\, E(t)$; $T_{1/2} \geqq 10\, E(t) \ln 2$

— $NT_a \leqq 0{,}4\, E(t)$; $T \geqq 3{,}6\, E(t)$; $\Delta t \leqq 0{,}2\, E(t)$ (6.46)

— Bei Bestimmung der Verweilzeitverteilungen ohne Eingriff in das untersuchte System muß der Detektor senkrecht zur Strömungsrichtung des Materials symmetrisch kollimiert sein.

Bei schnell ablaufenden Strömungsvorgängen werden zur Erfüllung der Bedingungen für T_d und τ spezielle Injektoren und selbstgefertigte Meßanordnungen verwendet.

Nach der Elimination systematischer Abweichungen ergibt sich der Gesamtfehler der mittleren Verweilzeit aus der Summe der zufälligen Fehler:

$$\frac{\Delta E_Q(t)}{E(t)} = \pm \left\{ \left(\frac{\Delta t}{NT_m}\right)^{1/2} \left[\gamma^2 + \frac{Tn_u}{N} \left[\left(\frac{T}{2E(t)} - 1\right)^2 \left(1 + \frac{gT_m}{T_{M_e}}\right) + \frac{T^2}{12E^2(t)}\right]\right]^{1/2} + \frac{n_0 T}{N} \left(\frac{T}{2E(t)} - 1\right) \right\} \tag{6.47}$$

Gl. (6.47) zeigt, daß die größte Genauigkeit der mittleren Verweilzeit bei möglichst kleinen Werten von n_0, n_u, T und Δt sowie bei möglichst großen

Werten von N, T_m und T_M erhalten wird. Die Anzahl der Meßwertepaare g ergibt sich wegen $T = g\Delta t$ aus T und Δt.

Dabei ist jedoch zu berücksichtigen, daß die Größen T, N und T_m auch die systematischen Fehler der mittleren Verweilzeit beeinflussen. Kleine Werte von T bzw. große Werte von N vergrößern die systematischen Fehler $\Delta E_G(t)/E(t)$ bzw. $\Delta E_E(t)/E(t)$. Mit Ausnahme der Untersuchungen, bei denen die Verweilzeitverteilungen durch Entnahme von Proben bestimmt werden, gilt für die Meßzeit der einzelnen Werte der Impulsdichte $T_m = 2\tau$. Große Werte von T_m erhöhen in diesen Fällen $\Delta E_D(t)/E(t)$. Zur Einhaltung der Bedingungen (6.46), die die Korrektion systematischer Abweichungen mit hinreichender Genauigkeit ermöglichen, dürfen deshalb T nicht zu klein sowie N und T_m (bzw. τ) nicht zu groß gewählt werden. Für T_m gilt diese Beschränkung nicht, wenn die Bestimmung der Verweilzeitverteilungen durch Entnahme von Proben erfolgt.

Nach Gl. (6.47) läßt sich der Gesamtfehler der mittleren Verweilzeit vor allem durch Vergrößerung von N erheblich verkleinern. In diesem Fall muß auf Grund der Bedingungen (6.46) eine Meßanordnung mit entsprechend kleiner Auflösungszeit verwendet werden. Die Gesamtzahl der Impulse, die vom Indikator hervorgerufen werden, läßt sich durch Erhöhung der zugegebenen Aktivität und durch Verbesserung der Effektivität der gesamten Meßanordnung vergrößern. Bei der Bestimmung der Verweilzeitverteilungen durch Entnahme von Proben können große Werte von N außerdem dadurch erreicht werden, daß die Meßzeit der einzelnen Werte der Impulsdichte erhöht wird. Die Verwendung beliebig großer Aktivitäten ist aus Strahlenschutzgründen nicht möglich. Eine höhere Effektivität der gesamten Meßanordnung kann durch Vergrößerung des Empfindlichkeitsbereiches des Detektors (bzw. durch die Entnahme von größeren Probenmengen) erreicht werden, d. h. φ und ϑ (bzw. T_l) sollten möglichst groß und a_1 sollte möglichst klein sein (s. Abb. 6.9). Bei der Bestimmung der Impulsdichte in den Proben steigt mit zunehmenden Werten von T_m der Zeitaufwand für die Messung erheblich an.

Die Verschiebung des Nullpunktes auf der Ordinate ist am kleinsten, wenn das Registrierpapier des Oszillographen optimal belichtet und die gesamte Breite des Papiers zur Registrierung der Impulsdichteverteilung genutzt wird. Die Impulsdichte des Nulleffektes läßt sich durch Verwendung eines Detektors mit niedrigem Nulleffekt, durch ausreichende Kollimierung des Detektors gegen Streu- und Umgebungsstrahlung und, falls erforderlich, durch Antikoinzidenzschaltung mehrerer Detektoren verringern. Eine Verkleinerung des zeitlichen Abstandes der Meßwerte der Impulsdichte führt zu einer Vergrößerung der Anzahl der Meßwertepaare (bei konstanter Zeitdauer der Messung). Zur rationellen Auswertung werden deshalb Digitalrechner verwendet. Die Meßzeit des Nulleffektes sollte nicht kleiner als gT_m gewählt werden. Gl. (6.47) zeigt, daß eine weitere Vergrößerung von T_M den Gesamtfehler der mittleren Verweilzeit nur wenig verkleinert.

Wenn die Wahl der Untersuchungsbedingungen unter Berücksichtigung der technischen Möglichkeiten und des mathematischen und zeitlichen Aufwandes in der angegebenen Weise erfolgt, ist es möglich, Verweilzeitverteilungen mit hoher Effektivität zu messen und rationell auszuwerten. Außerdem können dann alle experimentellen Untersuchungen entfallen, die sonst zur Bestimmung der Bedingungen für die Messung und Auswertung der Verweilzeitverteilungen erforderlich wären. Weiterhin wird das Risiko, daß Verweilzeitmessungen bei unterschiedlichen Betriebsbedingungen des zu untersuchenden Systems fehlschlagen, durch die Vorausberechnung der Genauigkeit der mittleren Verweilzeit beträchtlich verkleinert.

Die Auswertung der experimentell ermittelten Verweilzeitverteilungen mit Hilfe eines Digitalrechners liefert deren statistische Momente und Parameter. Die Berechnung der Genauigkeit dieser Kenngrößen kann unter Verwendung der in den Abschn. 6.2.2. bis 6.2.11. angegebenen Geichungen erfolgen, weil nach der Messung und Auswertung der Verweilzeitverteilungen die Zahlenwerte der dazu benötigten Größen bekannt sind. Die Berechnung wird wieder am Beispiel der mittleren Verweilzeit erläutert.

Die Gleichungen für die einzelnen relativen Fehler, die von den experimentellen Einflußgrößen T_a, $T_{1/2}$, T und Δt verursacht werden, sind sehr kompliziert und gelten genaugenommen nur, wenn sich das Zellenmodell zur Beschreibung des Strömungsvorganges eignet. Diese Gleichungen sind jedoch in guter Näherung allgemein anwendbar, da sie lediglich zur Berechnung der relativen Fehler der mittleren Verweilzeit und nicht zur Berechnung der mittleren Verweilzeit selbst dienen. Außerdem lassen sich, falls es in komplizierten Fällen erforderlich ist, die relativen Fehler der mittleren Verweilzeit durch Iteration recht genau berechnen. Die Gleichungen für die einzelnen relativen Fehler, die von allen anderen experimentellen Einflußgrößen hervorgerufen werden, sind allgemeingültig. Bei der Berechnung der Genauigkeit der mittleren Verweilzeit treten einige Besonderheiten auf, die im folgenden beschrieben werden.

Die Korrektion systematischer Abweichungen vereinfacht sich erheblich, wenn die mittlere Verweilzeit nur in einem Abschnitt des Strömungssystems zu bestimmen ist. In diesem Fall werden die Verweilzeitverteilungen an den Grenzen des betreffenden Abschnittes ermittelt, und die mittlere Verweilzeit in diesem Abschnitt ergibt sich durch Differenzbildung. Die experimentellen Einflußgrößen t_0 und T_d verfälschen die erhaltene mittlere Verweilzeit nicht, weil sie systematische Abweichungen hervorrufen, die bei der Differenzbildung herausfallen. Das gleiche gilt für die experimentelle Einflußgröße τ, wenn die Integrationszeitkonstanten der Meßanordnung an beiden Meßstellen gleich groß sind. Die Bestimmung der Indikatorkonzentration in einem endlichen Volumen des transportierten Materials (s. Abschn. 6.2.4.) besitzt ebenfalls keinen Einfluß auf die mittlere Verweilzeit im betrachteten Abschnitt, wenn die Detektoren an beiden Meßstellen senkrecht zur Strömungsrichtung des Materials symmetrisch kollimiert werden.

Der relative Fehler, den die mittlere Verweilzeit auf Grund des Einflusses der Halbwertzeit des Radionuklides aufweist, ist von der Art der gewählten Meßmethode abhängig. Bei kontinuierlich registrierenden Meßanordnungen oder bei Verwendung von Meßgeräten mit digitaler Anzeige wird die Impulsdichteverteilung während des Transportes des Indikators durch das untersuchte System ermittelt, und für $\Delta E_F(t)/E(t)$ gilt die in Tab. 6.7 angegebene Gleichung. Bei der experimentellen Untersuchung des Strömungsvorganges durch Entnahme von Proben verfälscht die Halbwertzeit des Radionuklides die mittlere Verweilzeit nicht, wenn die Impulsdichte in allen Proben gleichzeitig bestimmt wird. In der Praxis erfolgt die Messung der Impulsdichte in den Proben jedoch nicht gleichzeitig, sondern in der Reihenfolge, in der die Proben aus dem System entnommen worden sind. Der Einfluß der Halbwertzeit des Radionuklides auf die Genauigkeit der mittleren Verweilzeit wird deshalb unter der Voraussetzung berechnet, daß nach der Meßzeit T_m jeder einzelnen Probe noch einmal eine Zeit T_m zum Wechseln der Proben erforderlich ist. Die Berechnung zeigt, daß sich in diesem Fall der relative Fehler der mittleren Verweilzeit aus der in Tab. 6.7 enthaltenen Gleichung ergibt, wenn dort $T_{1/2}$ durch $TT_{1/2}/2gT_m$ ersetzt wird.

Aus den Abb. 6.14 und 6.15 geht hervor, daß mit zunehmender Symmetrie der Verweilzeitverteilungen (mit zunehmender Zellenzahl) die Zeitdauer der Messung T immer kleiner und der zeitliche Abstand der einzelnen Werte der Impulsdichte Δt immer größer sein können, ohne die Werte von $\Delta E_G(t)/E(t)$ bzw. von $\Delta E_H(t)/E(t)$ zu erhöhen. Bei der Messung und Auswertung stark unsymmetrischer Verweilzeitverteilungen ist jedoch darauf zu achten, daß T nicht zu klein bzw. Δt nicht zu groß gewählt wird, damit eine hinreichend genaue Korrektion der systematischen Abweichungen der mittleren Verweilzeit möglich ist.

Anhand der folgenden zwei Beispiele läßt sich schließlich quantitativ zeigen, wie durch geeignete Wahl der Bedingungen für die Messung und Auswertung von Verweilzeitverteilungen eine Verkleinerung des Gesamtfehlers der mittleren Verweilzeit erreicht werden kann.

Aus Abschn. 6.2.10. ist ersichtlich, daß die Verschiebung des Nullpunktes auf der Ordinate die Genauigkeit der mittleren Verweilzeit nicht beeinflußt, wenn die Verweilzeitverteilungen durch Entnahme von Proben bestimmt werden. Bei allen anderen Meßmethoden verfälscht n_0 die mittlere Verweilzeit nur dann nicht, wenn die Zeitdauer der Messung gleich bzw. nahezu gleich der doppelten mittleren Verweilzeit gewählt wird. Die Bedingung $T = 2E(t)$ stellt keinen Widerspruch zu der oben genannten 2. Forderung dar, wenn die Verweilzeitverteilungen hinreichend symmetrisch sind ($m \geqq 3$, s. Abb. 6.14). Aus Gl. (6.47) resultiert dann für den Gesamtfehler der mittleren Verweilzeit:

$$\frac{\Delta E_Q(t)}{E(t)} = \pm \left(\frac{\Delta t}{NT_m}\right)^{1/2} \left\{\gamma^2 + \frac{2}{3}\,\frac{E(t)\,n_u}{N}\right\}^{1/2} \tag{6.48}$$

Gl. (6.48) zeigt, daß die Genauigkeit der mittleren Verweilzeit nur von der Statistik der radioaktiven Umwandlung abhängt.

Weiterhin gilt unter der Voraussetzung $N \gg Tn_u$, die in der Praxis häufig realisiert ist, nach Gl. (6.47) für den Gesamtfehler der mittleren Verweilzeit:

$$\frac{\Delta E_Q(t)}{E(t)} = \pm \left[\left(\frac{\Delta t}{NT_m}\right)^{1/2} \gamma + \frac{n_0 T}{N}\left(\frac{T}{2E(t)} - 1\right)\right] \tag{6.49}$$

Aus Gl. (6.49) folgt, daß z. B. für $N \to 2N$ und $\Delta t \to \Delta t/2$ der Gesamtfehler der mittleren Verweilzeit auf die Hälfte sinkt.

Die vorliegenden Betrachtungen zeigen, daß eine hohe Genauigkeit der experimentell ermittelten mittleren Verweilzeit nur dann erreicht werden kann, wenn sowohl die Elimination systematischer Abweichungen als auch eine geeignete Wahl derjenigen Untersuchungsbedingungen erfolgt, die die zufälligen Abweichungen beeinflussen. Der Gesamtfehler der mittleren Verweilzeit wird aus Gl. (6.47) erhalten. Für alle anderen Kenngrößen von Verweilzeitverteilungen gelten die in den Abschn. 6.2.10. und 6.2.11. angegebenen Gleichungen. Die berechneten Gesamtfehler der Kenngrößen können zu klein sein, wenn neben den betrachteten weitere experimentelle Einflußgrößen auftreten (s. Abschn. 6.2.1.).

Zahlreiche praktische Beispiele beweisen, daß der geringste Aufwand zur Erzielung einer hohen Genauigkeit der Kenngrößen bei der Bestimmung der Verweilzeitverteilungen durch Entnahme von Proben erforderlich ist. Die Gründe dafür bestehen darin, daß n_0 in diesem Fall die Kenngrößen nicht verfälscht und T_m relativ groß gewählt werden kann und sich deshalb für N relativ große Zahlenwerte ergeben. Wenn die Verweilzeitverteilungen ohne Eingriff in das untersuchte System bestimmt werden, beeinflussen die geometrischen Verhältnisse an den Meßorten den Gesamtfehler der Kenngrößen erheblich, weil N von der Effektivität der Meßanordnung abhängt.

Die Vorteile der vorliegenden Genauigkeitsberechnungen bestehen darin, daß eine Korrektion der experimentell ermittelten Verweilzeitverteilungen nicht erforderlich ist, die Berechnungen analytisch erfolgen können und sich eine hohe Genauigkeit der Kenngrößen erreichen läßt.

7. Anhang

7.1. Radioaktive Indikatoren und Präparate

7.1.1. Generatorsysteme zur Erzeugung kurzlebiger Nuklide

(Halbwertzeiten der Tochtersubstanzen kleiner als 2 Stunden)

Nuklide		Halbwertzeiten		Interessierende Strahlung der Tochternuklide in MeV		
Mutter	Tochter	Mutter	Tochter	β^-	β^+	γ
Sn-113	In-113m	115 d	1,7 h			0,39
Rb-83	Kr-83m	83 d	1,86 h			0,03
Te-132	I-132	77,7 h	2,26 h	2,12		0,67; 0,77
Y-97m	Sr-87m	14 h	2,83 h			0,38
Ti-44	Sc-44	48 a	3,92 h		1,47	0,51; 1,16
Cd-115	In-115m	53,5 h	4,5 h			0,34
Mo-99	Tc-99m	66,7 h	6,0 h			0,14
W-188	Re-188	69,4 h	16,7 h	2,12		0,15
Pd-100	Rh-100	4,0 d	20,8 h		2,62	0,54; 0,82
Se-72	As-72	8,4 d	26 h		3,30	0,84
Hg-194	Au-194	1,9 a	39,5 h			0,33; 2,0
Ba-140	La-140	12,8 d	40,2 h	1,34		0,33; 0,48; 1,6
Pt-188	Ir-188	10,2 d	41,5 h			0,15; 0,63
Sr-90	Y-90	27,7 a	2,7 d	2,27		
Hf-172	Lu-172	5 a	6,7 d			0,18; 0,90
Sb-125	Te-125 m	2,71 a	58 d			0,035

7.1.2. Generatorsysteme zur Erzeugung kurzlebiger Nuklide

(Halbwertzeiten der Tochtersubstanzen größer als 2 Stunden)

Nuklide		Halbwertzeiten		Interessierende Strahlung des Tochternuklids in MeV		
Mutter	Tochter	Mutter	Tochter	β^+	β^-	γ
Os-191 m	Ir-191 m	13 h	4,9 s			0,13
Rb-81	Kr-81 m	4,7 h	13 s			0,19
Ru-106	Rh-106	1,0 a	30 s	3,54		0,51; 0,62
Pd-109	Ag-109	13,5 h	39 s			0,088
Sr-82	Rb-82	25 d	1,25 min		3,15	0,51; 0,78

(Halbwertszeiten der Tochtersubstanzen größer als 2 Stunden)

Nuklide		Halbwertzeiten		Interessierende Strahlung des Tochternuklids in MeV		
Mutter	Tochter	Mutter	Tochter	β^+	β^-	γ
Mg-28	Al-28	21 h	2,3 min	2,85		1,78
Cs-137	Ba-137	30 a	2,6 min			0,66
Nd-140	Pr-140	3,3 d	3,4 min		2,32	0,51
Ba-128	Cs-128	58 h	3,8 min		2,90	0,44; 0,51
Ce-134	La-134	72 h	6,8 min		2,70	0,51
W-178	Ta-178	21,5 d	9,4 min			0,09; 0,51
Zn-62	Cu-62	9,1 h	9,8 min		2,91	0,51
Ce-144	Pr-144	284 d	17,3 min	2,99		0,69
S-38	Cl-38	2,87 h	37,3 min	4,81		1,60; 2,17
Ge-68	Ga-68	275 d	68 min		1,90	0,51; 1,08
Zr-97	Nb-97	17 h	72 min	127		0,67

7.1.3. Präparative Arbeitsvorschriften zur Herstellung markierter Verbindungen (Dr. Otto)

[1 A] Na-*Oleat*

50 m*l* NaOH werden mit 50 m*l* H_2O erwärmt und 300 g Olein (Ölsäureglyzerinester) zugegeben. Nach 1 h setzt man 75 m*l* 5 N NaOH und einer weiteren Stunde erneut je 100 m*l* Lauge und Wasser zu. Die Reaktionsmischung wird gerührt; sie darf nur zum schwachen Sieden erhitzt werden. Nach einer weiteren Stunde wird der Rest der Lauge (75 m*l*) zugegeben. Wenn nötig, gibt man noch Wasser zu. Eine Stunde nach der letzten Zugabe versetzt man mit 250 m*l* H_2O und kocht, bis eine dicke homogene Masse entsteht (etwa 2···4 h). Unter kräftigem Rühren gibt man nun 2 bis 2,5 *l* heißes Wasser zu. Man salzt schließlich in der Siedehitze mit 100 g NaCl aus und läßt über Nacht stehen. Die erstarrte Seife wird abgehoben und mit H_2O gespült. Zur Reinigung kann man in siedendem H_2O lösen und wieder aussalzen und/oder aus Äthanol umkristallisieren.

Die trockene Seife wird nun neutronenaktiviert. Durch Lösen der aktivierten Seife in n-Butanol erhält man eine gelartige Masse.

[1 B] Na-*Stearat*

14 g Stearinsäure und 4 g Glyzerin werden mit 30 m*l* 5 N methanolischer Natronlauge am Rückfluß gekocht. Nach 4 h gibt man noch 10 m*l* H_2O zu und kocht abermals 4 h. Bei Zugabe von Methanol fällt nun das Stearat aus. (Arbeitstemperatur 70 °C; Stearinsäure ist bei dieser Temperatur noch flüssig — Fp. 69,4 °C) Das Rohprodukt wird aus Methanol oder Äthanol umkristallisiert.

Das trockene Produkt wird neutronenaktiviert.

[1 C] Na-*benzoat*

1 g Benzoesäureester (Kettenlänge des Alkohols < 4) wird mit 10 m*l* 2 N alkoholischer NaOH am Rückfluß 6 h gekocht. Man dampft nun zur Trockne ab und kristallisiert den Rückstand aus Äthanol um.

Das trockene Produkt wird neutronenaktiviert.

[1 D] ^{64}Cu-*Oleat*

1,95 g $CuCl_2$ werden in 10 m*l* H_2O gelöst, mit $^{64}Cu^{2+}$ versetzt und bis zur vollständigen Blaufärbung tropfenweise NaOH hinzugefügt Nun gibt man 8,8 g Olein zu und erhitzt das Gemisch 2,5 h auf einem Wasserbad. Anschließend nimmt man mit Benzol auf, trennt die organische Phase ab und verdampft das Benzol vorsichtig. Ausbeute: 60%.

[1 E] ^{64}Cu-*Naphthenat*/^{140}La-*Naphthenat*

10 Teile Naphthensäure (Cyclohexancarbonsäure, Kp 232 °C) werden bei Siedetemperatur mit 2 Teilen NaOH verrührt. Nun gibt man die Aktivität mit 6,3 Teilen $CuCl_2/La(NO_3)_3$ zu. Das ausgefällte Produkt wird mit heißem Wasser ausgewaschen und durch Schmelzen bei 130 °C entwässert. Die Ausbeuten schwanken zwischen 50 und 80% der Einsatzaktivität.

[1 F] ^{64}Cu-*markiertes Mineralöl*

5 bis 6 Kristalle $CuCl_2$ werden mit der $^{64}Cu^{2+}$-Lösung zur Trockne eingedampft; den Rückstand nimmt man mit 2 m*l* n-Butanol auf und verdünnt anschließend mit 2 m*l* Benzol und weiter mit 10 m*l* Mineralöl.

[1 G] *Monogerman*-^{77}Ge

0,6 g neutronenaktiviertes, lösliches GeO_2 (20 h Bestrahlung bei $5 \cdot 10^{13}$n/cm^2 s) werden in 300 m*l* siedender 1 M HBr gelöst und die Lösung eisgekühlt. Nun gibt man in 2 Ansätzen bereitete wäßrige $NaBH_4$-Lösung (jeweils 4 g $NaBH_4$ in 80 m*l* H_2O) durch einen Tropftrichter zu. Das Reaktionsgemisch wird während der Zugabe stark gerührt. Das entstehende Gas wird zuerst durch eine mit Trockeneis/Azeton gekühlte Falle geleitet und dann in einer 2. Falle mit flüssigen Stickstoff ausgefroren. Vor Beginn der Reaktion wird auf ca. 30 bis 50 mm Hg evakuiert (zwischen Reaktionskolben und 1. Kühlfalle befindet sich ein Manometer, nach der 2. Kühlfalle folgt der Anschluß an eine Vakuumpumpe). Das Zutropfen der $NaBH_4$-Lösung erfolgt so, daß der verminderte Druck von 30 bis 50 mm Hg bei laufender Vakuumpumpe etwa aufrechterhalten bleibt.

Die Ausbeute beträgt ca. 50 bis 55%, entsprechend ca. 3,5 mCi ^{77}Ge nach Ablauf von $2t_{1/2}$ /(70 m*l* GeH_4 bei N.B. $\triangleq$ 0,23 g).

Anm.: Bei Zimmertemperatur innerhalb 2 Jahre keine Zersetzung, bei UV-Bestrahlung bereits bei niederer Temperatur Zersetzung. GeH_4 in ammoniak. H_2O_2 gibt quantitativ GeO_2. Flüss. NH_4 löst GeH_3 zu einem Salz $NH_4^+GeH_3^-$. GeH_4 in

$AgNO_3$ gibt Ag_4Ge. GeH_4 ist bei Abwesenheit von Oxydationsmitteln sehr stabil, sogar in konz. NaOH keine Zersetzung.

Löslichkeiten bei 20 °C:

(m*l* GH_4/m*l* Lsgm.)	H_2O	0,1
	Nitrobenzol	9,0
	Vaselinöl	9,4
	Furfurol	8,3
	Silikonöl	4—12
	Didecylphthalat	7,4

[1 H] *Triphenylstibin*-^{124}Sb

In einem Dreihalskolben mit Rührer, Rückflußkühler und Tropftrichter gibt man 4 g (0,165 Mol) Mg-Späne und 20 m*l* trockenen Äther und dann 10 m*l* eines Gemisches aus 26 g (0,165 Mol) trockenem Brombenzol und 80 m*l* Äther. Nach Einsatz der Reaktion werden noch 20 m*l* absoluter Äther und dann der Rest der Brombenzol/Ätherlösung zugesetzt. Anschließend erwärmt man 15 min zum leichten Sieden. Danach wird langsam eine Lösung von 11,4 g (0,05 Mol) frisch destilliertem $SbCl_3$, dem das aktive $SbCl_3$ hinzugefügt wurde, in 30 m*l* Äther zugegeben. Nun erhitzt man 1 h auf einem Dampfbad und rührt das Reaktionsgemisch in 100 m*l* Eiswasser ein. Die sich abscheidende organische Phase wird abgetrennt und die wäßrige Phase zweimal mit Äther extrahiert. Nach dem Verdampfen des Äthers erhält man gelbliche Kristalle F. 73,3 °C, Ausbeute: 50 bis 60%.

Zur Darstellung von Tri-p-tolylstibin (F. 126 °C) geht man von 28,2 g Brombenzol (0,165 Mol) und 11,4 g $SbCl_3$ (0,05 Mol) aus. Ausbeute: 75%.

[1 J] ^{140}La-*Oleat*

4,33 g $La(NO_3)_3$ werden in 10 m*l* H_2O gelöst, das $^{140}La^{3+}$ zugefügt und die Lösung bis zur vollständigen Fällung mit Natronlauge versetzt. Nun gibt man 8,80 g Olein zu und erhitzt 2,5 h auf einem Wasserbad. Anschließend nimmt man mit Benzol auf, trennt die organische Phase ab und verdampft das Benzol. Ausbeute: 95%.

[1 K] ^{140}La-*Markierung fester Phasen* (*pulverförmig*)

100 g des zu markierenden Pulvers, z. B. PVC, Dextrin, keramische Ausgangsprodukte, werden in 250 m*l* H_2O oder Methanol suspendiert. Dazu gibt man unter Rühren die $^{140}La^{3+}$-Lösung in H_2O oder Methanol. Je nach der Oberflächenaktivität des Pulvers werden nach 5 bis 10 min 80 bis 90% der eingesetzten Aktivität adsorbiert. Das eingetragene Pulver wird nun abfiltriert und getrocknet.

[1 L] ^{198}Au-*Markierung fester Phasen* (*körnig*)

Die Phasen werden vorher versilbert und dann mit Radiogold behandelt.

Zur Versilberung werden folgende Lösungen bereitet:

Lösung *A*: 25 g $AgNO_3/l$ H_2O

Lösung *B*: 4 g KOH/l H_2O

Lösung *C*: 800 m*l* H_2O, 80 g Rohrzucker, 100 m*l* abs. Alkohol, 3,8 m*l* konz. HNO_3. 24 h stehen lassen und 30 min zum Sieden erhitzen.

Die Lösungen werden im Volumenverhältnis

$$A : B : C = 64 : 32 : 4$$

angewendet.

Zur Lösung *A* ist tropfenweise NH_3 zu geben, bis sich der auftretende bräunliche Niederschlag gelöst hat. Dann wird die Hälfte der erforderlichen Menge der Lösung *B* zugegeben. Den tiefbraunen oder schwarzen Niederschlag bringt man mit NH_3 zum Verschwinden und gibt danach den Rest der Lösung *B* zu. Der Niederschlag wird abermals mit NH_3 aufgelöst. Das zu versilbernde pulvrige oder körnige Material setzt man der so bereiteten Lösung zu und fügt anschließend unter Rühren Lösung *C* zu. Die Versilberung ist beendet, wenn die Lösung flockig wird. Man dekantiert, saugt ab und wäscht mit Alkohol/Äther. Das versilberte Material wird in H_2O suspendiert und unter Rühren mit einer $H/^{198}AuCl_4/$-Lösung gewünschter Aktivität versetzt.

Bei pH = 3 werden 90% der Aktivität auf dem Feststoff fixiert. Nach 60 min Rührdauer filtriert man ab, wäscht mit Alkohol/Äther und trocknet.

[2 A] *Methylbromid*

Zu 4,8 g KBr (oder 3,9 g NH_4Br) (0,04 Mol) gibt man die aktive wäßrige KBr- (oder NH_4Br-)Lösung und noch soviel Wasser, daß das Bromid vollständig gelöst wird (bei 20 °C sind 0,66 g KBr bzw. 0,76 g NH_4Br in 1 g Wasser löslich), dann 0,5 m*l* konz. H_2SO_4 sowie 5 g $(CH_3O)_2SO_2$ (0,04 Mol) und erhitzt auf 50 bis 70 °C. Das sich bildende CH_3Br leitet man durch je einen Fingerkolben mit H_2O, konz. H_2SO_4 und NaOH (oder $CaCl_2$). Das Reaktionsprodukt wird in einer mit Trockeneis gekühlten Vorlage gesammelt. Nach 20 bis 30 min ist die Reaktion beendet, den Rest des Produktes spült man mit Stickstoff in die Vorlage.

(S. dazu auch W. LISTWAN, M. DOBROWOLSKI, M. RADWAN, Krajowe Symp. Zastosowe Isotop. Tech. 3rd. Szczecin Pol. 1966, Dez. 68)

[2 B] *Organische Bromverbindungen/Umsatz mit Dioxandibromid*-^{82}Br (*DDB*^{82}Br)

In einen 500-m*l*-Dreihalskolben, der mit Rührer, Tropftrichter und Rückflußkühler versehen ist, gibt man 0,10 bis 0,15 g Diäthylammoniumhydrobromid sowie das meist in wäßriger Lösung vorliegende ^{82}Br-markierte NaBr (KBr bzw. NH_4Br) und zur vollständigen Lösung der Komponenten noch 5 m*l* H_2O. Anschließend dampft man das Wasser bis zur völligen Trockne ab, versetzt den Eindampfrückstand mit einer aus 120 m*l* wasserfreiem Dioxan und 16 g (0,1 Mol) elementarem Brom bereiteten Dioxandibromidlösung und rührt 10 min. Unter weiterem Rühren werden jetzt ca. 0,1 Mol der Verbindung in 35 m*l* Dioxan bis zur bleibenden Entfärbung des Reaktionsgemisches zugegeben. (Die Temperatur soll 40 °C nicht übersteigen). Zur Abscheidung der markierten Substanz schüttelt man das Reaktionsgemisch mit 300 m*l* Wasser bzw. 3%iger NaCl-Lösung. Wird ein flüssiges Reaktionsprodukt erhalten, trennt man die organische Phase ab und wäscht 1- bis 2mal mit 100 m*l* Wasser. Das erhaltene Rohprodukt ist meist ohne Nachreinigung einsatzfähig. Ein kristallines Reaktionsprodukt nimmt man mit 100 bis 200 m*l* Äther auf, wäscht den Extrakt 1- bis 2mal mit 100 m*l* Wasser, trocknet ihn anschließend mit $CaCl_2$ oder Na_2SO_4 und dampft den Äther ab.

In vielen Fällen kann das markierte Rohprodukt bereits ohne nachfolgende Umkristallisation als Leitverbindung benutzt werden.

Führt man eine Bromierung von nicht azetalisierten Aldehyden und Ketonen, von Aromaten und Phenolen und von aromatischen Aminen durch, kann die Ausbeute an ^{82}Br gemäß der Umsatzgleichung

$$RH + Br_2 \rightarrow RBr + HBr$$

maximal nur 50% betragen, was aber wegen der Einfachheit der Methode und des niedrigen Preises der ^{82}Br-Ausgangsverbindungen noch vertretbar ist.

[2 C] *Organische Bromverbindungen/Isotopenaustausch mit DBB* ^{82}Br

In einem 100-m*l*-Zweihalskolben, der mit Tropftrichter und Rückflußkühler versehen ist, werden 5 mg Diäthylammoniumhydrobromid in ca. 1 m*l* H_2O gelöst und dazu die $K^{82}Br$-, $Na^{82}Br$- oder $NH_4{}^{82}Br$-Lösung, z. B. 5 mCi in 0,5 m*l* H_2O gegeben. Der Rückstand wird mit einer Lösung aus 0,5 g elem. Brom (3 mMol) und 10 m*l* wasserfreiem Dioxan versetzt und 5 min mit einem Magnetrührer gerührt. Anschließend gibt man 0,1 Mol der Monobrom- bzw. 0,05 Mol der Dibromverbindung in 10 m*l* wasserfreiem Dioxan und 0,8 g $AlCl_3$ (6 mMol) zu. Die Ansätze werden 120 bis 300 min bei der Siedetemperatur des Lösungsmittels gehalten. Das Austauschgemisch trennt man durch Zugabe von 50 m*l* H_2O.

Die Reinigung der bei Zimmertemperatur flüssigen Bromverbindungen erfolgt durch Aufnahme derselben mit Äther, durch Waschen der Ätherextrakte mit KBr- und $Na_2S_2O_3$-Lösung und verdünnter Natronlauge sowie abschließend durch zweimaliges Schütteln mit Wasser.

Die Aufarbeitung der Ansätze mit kristallinen organischen Bromiden erfolgt in der Weise, daß der durch den Zusatz von Wasser abgeschiedene Kristallbrei abfiltriert und sorgfältig umkristallisiert wird.

[2 D] *Neutronenaktivierung von 1-Bromnaphthalin*

Bei einem Neutronenfluß von 10^{13} n/cm^2 s wird eine Sättigungsaktivität von 3,3 Ci/g Brom erreicht, d. s. 1,3 Ci/g Bromnaphthalin.

Bei einer 20-min-Bestrahlung mit 10^{13} n/cm^2 s verbleiben 75 bis bis 80% des

^{82}Br in organischer Bindung. Die Abtrennung des anorganisch gebundenen Aktivitätsanteils erfolgt durch Schütteln mit 2 N Natronlauge und anschließendes Waschen mit 10%iger wäßriger NaBr-Lösung.

[3 A] *Organische Jodverbindungen/Isotopenaustausch mit radioaktiv markierten* KJ/J_2*-Lösungen*

In einem 50-m*l*-Rundkolben wird eine Lösung von 50 mg KJ und 76 mg J_2 in 10 m*l* 90%igem Äthanol hergestellt. Ihr gibt man die erforderliche Aktivität, z. B. als wäßrige $K^{131}J$-Lösung zu — bei Zusätzen > 0,3 m*l* ist dieses Volumen bei der Herstellung der äthanolischen Lösung zu berücksichtigen. Das Eluat aus einem ^{132}Te-^{132}J-Generator (10 m*l* physiologische NaCl-Lösung), in dem das Radiojod ebenfalls als Jodid vorliegt, wird vorher unter einem *IR*-Strahler eingeengt. Nach der Zugabe des Radiojods versetzt man mit 50 mMol einer Monojodverbindung und gegebenenfalls mit 1,5 mMol $AlCl_3$ und erhitzt im allgemeinen unter Rühren 20 bis 60 min am Rückfluß.

Das Austauschgemisch trennt man durch Schütteln mit 60 m*l* 3% $Na_2S_2O_3$-Lösung. Die organische Phase wird mit 40 m*l* 1 N Natronlauge und anschließend mit dem gleichen Volumen Wasser gewaschen.

In einzelnen Fällen werden andere bekannte Trennmethoden angewendet (z. B. bei der Wiederabtrennung der Jodessigsäure).

[3 B] *Organische Jodverbindungen/Umsatz mit radioaktiv markiertem* KJ

In einen Dreihalskolben, der mit Rührer, Rückflußkühler und Thermometer versehen ist, gibt man 9,8 g 85%ige H_3PO_4 sowie 3,6 g P_2O_5 (d. s. 12,4 g 95%ige H_3PO_4 bzw. 0,12 Mol H_3PO_4) und des weiteren die Menge an P_2O_5, die sich aus dem noch folgenden Zusatz an wäßriger, radioaktiv markierter KJ-Lösung ergibt, um auch dieses H_2O in 95%iger H_3PO_4 zu überführen. (Für 0,1 m*l* H_2O sind 0,22 g P_2O_5 erforderlich, d. s. 0,003 Mol H_3PO_4. Sind mehr als 0,5 m*l* wäßrige Lösung zuzusetzen, ist die Einsatzmenge von 0,12 Mol H_3PO_4 zu reduzieren.) Die Säure wird auf 15 bis 20 °C abgekühlt. Nun setzt man 13,7 g KJ (0,08 Mol), die wäßrige Lösung von $K^{131}J$ (— das $K^{131}J$ kann auch kristallin zugegeben werden —) und 0,1 Mol eines einwertigen Alkohols oder Olefins bzw. 0,05 Mol eines Diols oder Äthers zu. Das Reaktionsgemisch wird 3 bis 4 h zum Sieden bzw. auf 100 bis 120 °C erhitzt. Während dieser Zeit entstehen zwei Phasen. Es scheidet sich ein Öl ab. Nach dem Abkühlen gibt man 50 m*l* H_2O und 50 m*l* Äther zu und schüttelt aus. Wenn erforderlich, entfärbt man die Ätherschicht nach ihrer Abtrennung mit $Na_2S_2O_3$-Lösung, wäscht sie mit gesättigter NaCl-Lösung und trocknet sie mit Na_2SO_4. Der Äther wird durch Destillation auf dem Dampfbad entfernt. Das rohe Jodid (enthält vor allem nicht umgesetztes Ausgangsprodukt) kann in den meisten Fällen ohne weitere Reinigung als Tracer eingesetzt werden, sonst erfolgt gegebenenfalls eine Vakuumdestillation. Bei Verkleinerung des Ansatzes auf 1/20 Mol werden um ca. 5% niedrigere Ausbeuten erzielt.

Zur obigen Vorschrift s. H. STONE, H. SHECHTER, Organ. Synth. Coll. Vol. IV, 323 (1963).

Anm. zu 3 B

1. Alkyljodide (z. B. Methyljodid, Jodäthan, n-Propyljodid, Isopropyljodid, n-Butyljodid, n-Hexyljodid und Cyclohexyljodid) lassen sich auch nach einer im „*Organikum*“, 6. Aufl., 1967, S. 178 beschriebenen, zuerst von A. J. Vogel angegebenen Vorschrift durch Umsatz der entsprechenden Alkohole mit elementarem J_2 und rotem Phosphor darstellen. Die angegebenen Ausbeuten von ca. 80% werden jedoch oft nicht erreicht.
2. Teilweise schwankende Ausbeuten liefert auch die Methode nach Finkelstein, die Umhalogenierung organischer Halogenverbindungen mit NaJ.
   H. Finkelstein, B 43 (1910), 1528 bzw.
   Houben-Weyl, Bd. 5/4, G. Thieme Verlag, Stuttgart 1960, S. 597.
   Sie erfordert meist die vorherige Darstellung des Chlorids oder Bromids.

Organische Bromverbindungen/Neutronenaktivierung

Die sorgfältig gereinigten und getrockneten organischen Verbindungen werden in Quarzampullen einer Reaktoraktivierung unterzogen.

In der folgenden Tabelle sind in Abhängigkeit von der Bestrahlungsdauer die Br-82-Aktivitäten angegeben, die durch Bestrahlung von 1 g Atom Brom bei einem Fluß von $1 \cdot 10^{13}$ n/cm² s erreicht werden.

Bestrahlungsdauer	Br-82-Aktivität (mCi)
10 min	0,8
1 h	5,3
10 h	44,8
20 h	84,8
100 h	224
bis zur Sättigung	264

Die Ausbeuten erreicht man durch eine 10 min-Bestrahlung bei einem Fluß von $1 \cdots 2 \cdot 10^{13}$ n/cm² s (s. auch 2 D-Neutronenaktivierung von 1-Bromnaphthalin).

Vor der Applikation werden die markierten Verbindungen mit oder ohne Zusatz der entsprechenden Verbindungen in inaktiver Form in einem Lösungsmittel (z. B. Benzol) gelöst und die Lösung zweimal mit dem gleichen Volumen H_2O geschüttelt. Die organische Phase kann — wenn keine weitere Reinigung der Leitverbindung erforderlich ist — unmittelbar zur Markierung benutzt werden. Andernfalls ist das Lösungsmittel abzudampfen und der Rückstand aus jeweils geeigneten Lösungsmitteln zweimal sorgfältig umzukristallisieren, um die Verbindung weitgehend radiochemisch rein zu erhalten.

7.2. Zusammenstellung verschiedener Beschreibungsmöglichkeiten von Verweilzeittypenmodellen[1])

7.2.1. *Technologische Schaltbilder von Typenmodellen*

1. Idealer Mischreaktor

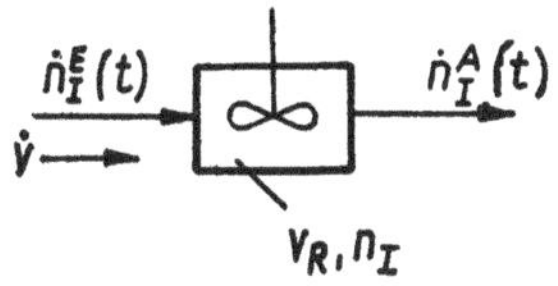

2. Idealer Pfropfenströmungsreaktor

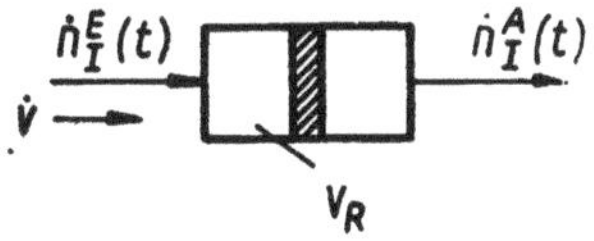

3. Zellenmodell

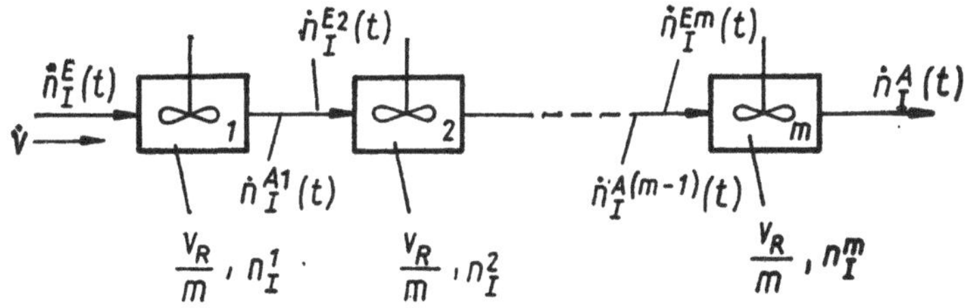

4. Ideale Vermischung mit Totvolumen

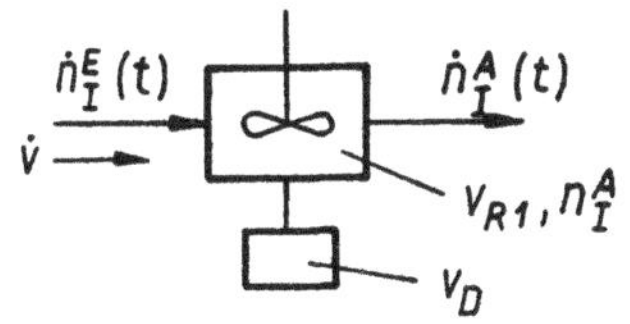

---

[1]) Die an den Variablen rechts oben angebrachten Zahlen sind keine Exponenten im mathematischen Sinne, sondern als Indizes aufzufassen!

5. Ideale Verdrängung mit Totvolumen

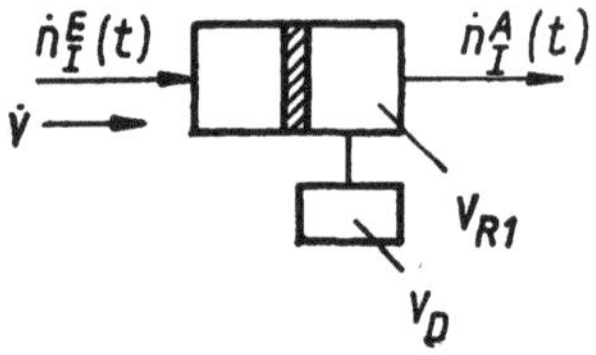

6. Ideale Vermischung mit Kurzschluß

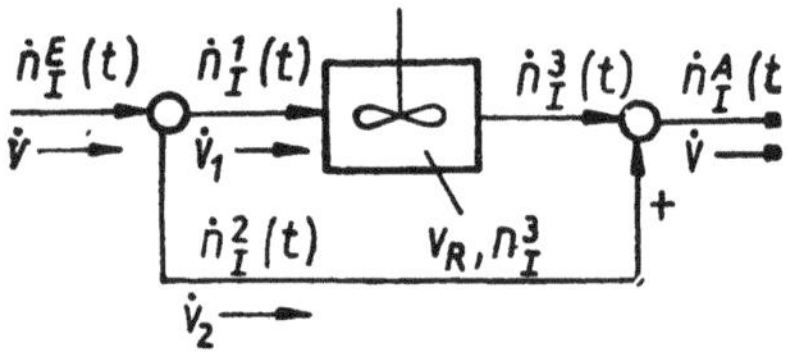

7. Ideale Verdrängung mit Kurzschluß

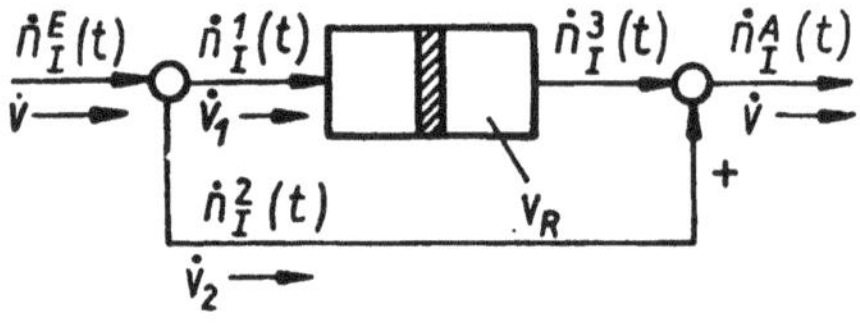

8. Zwei parallele Zellen idealer Verdrängung

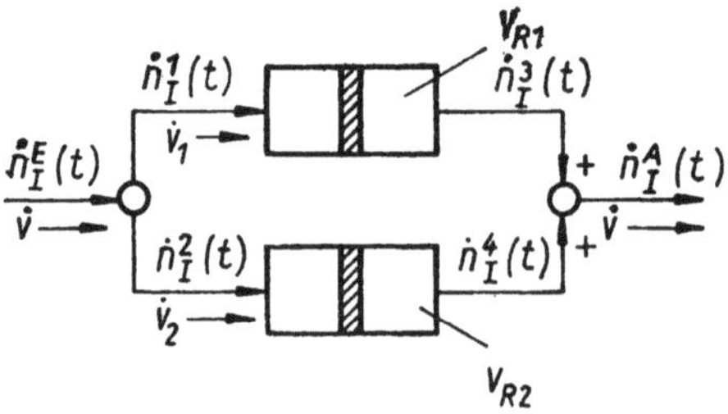

9. Ideale Verdrängung und Vermischung in Reihe

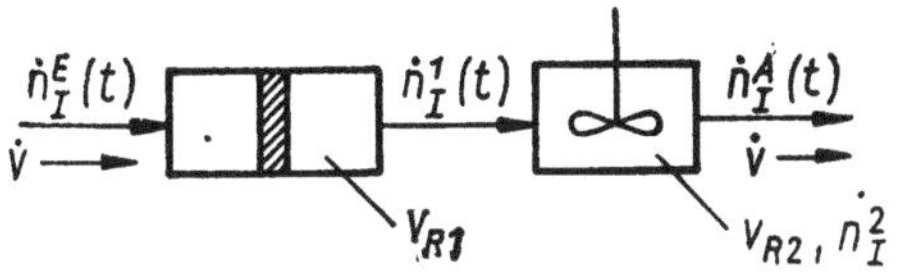

10. Ideale Vermischung mit Kurzschluß und Totvolumen

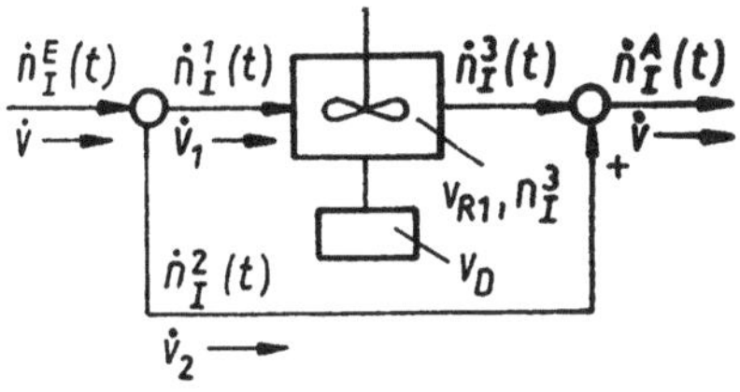

11. Parallelschaltung von Vermischung und Verdrängung

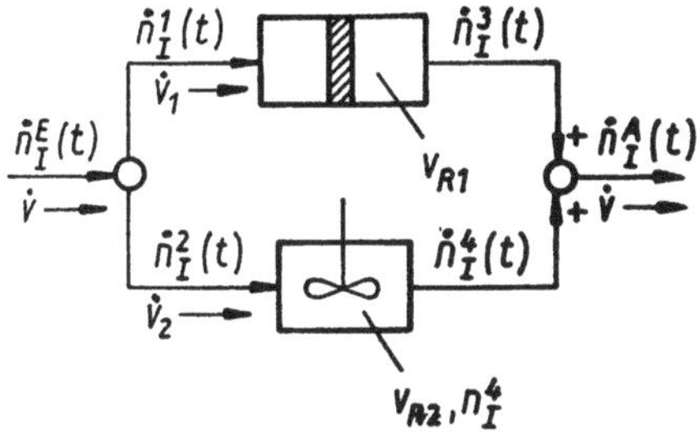

12. Zirkulation zweier Ströme idealer Verdrängung

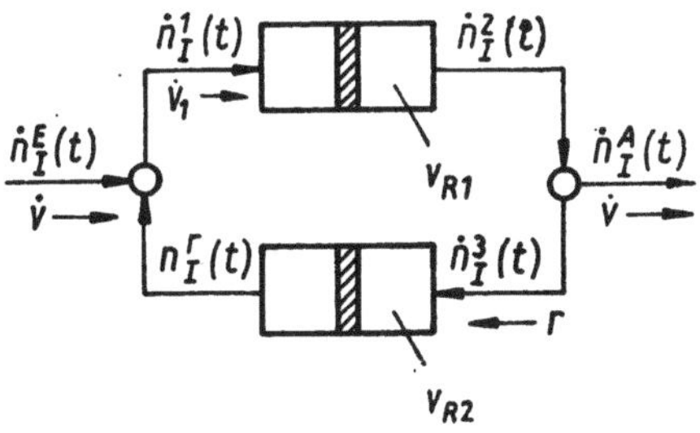

13. Zirkulation mit drei geschlossenen Umlaufströmungen

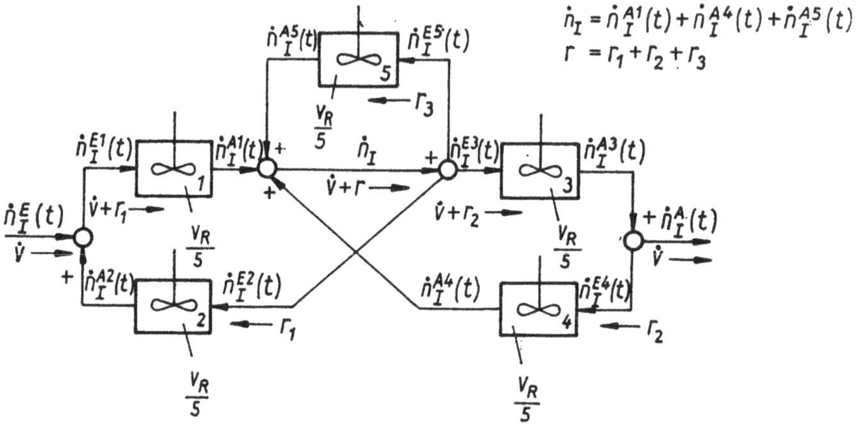

7.2.2. *Signalflußbilder von Typenmodellen*

1. Idealer Mischreaktor

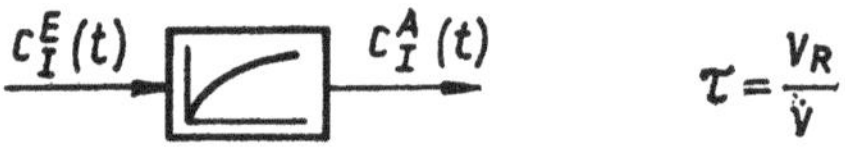

2. Idealer Pfropfenströmungsreaktor

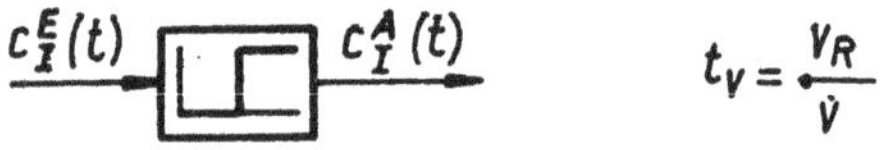

3. Zellenmodell

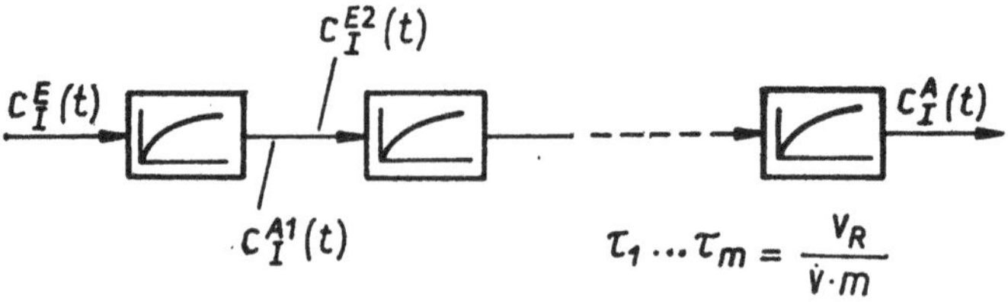

4. Ideale Vermischung mit Totvolumen

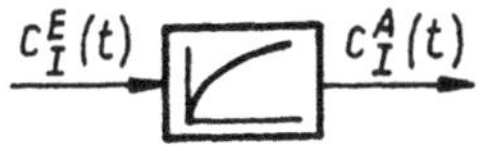

$$\tau_1 = \frac{V_{R1}}{\dot{V}}$$

5. Ideale Verdrängung mit Totvolumen

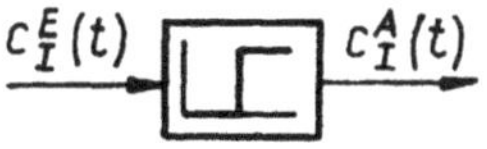

$$t_{V1} = \frac{V_{R1}}{\dot{V}}$$

6. Ideale Vermischung mit Kurzschluß

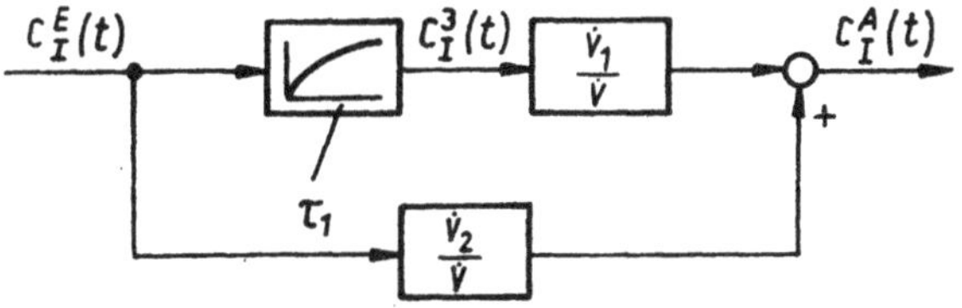

$$\tau_1 = \frac{V_{R1}}{\dot{V}_1}$$

7. Ideale Verdrängung mit Kurzschluß

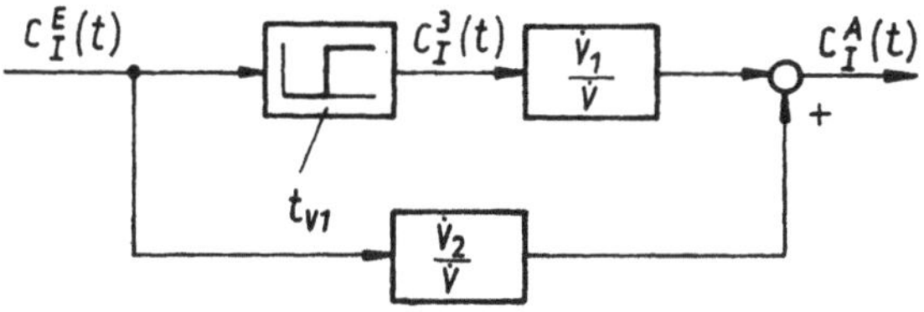

$$t_{V1} = \frac{V_R}{\dot{V}_1}$$

8. Zwei parallele Zellen mit idealer Verdrängung

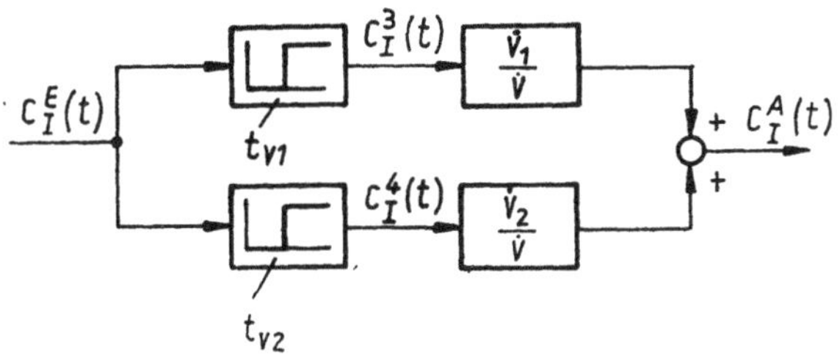

$$t_{V1} = \frac{V_{R1}}{\dot{V}_1}$$

$$t_{V2} = \frac{V_{R2}}{\dot{V}_2}$$

9. Ideale Verdrängung und Vermischung in Reihe

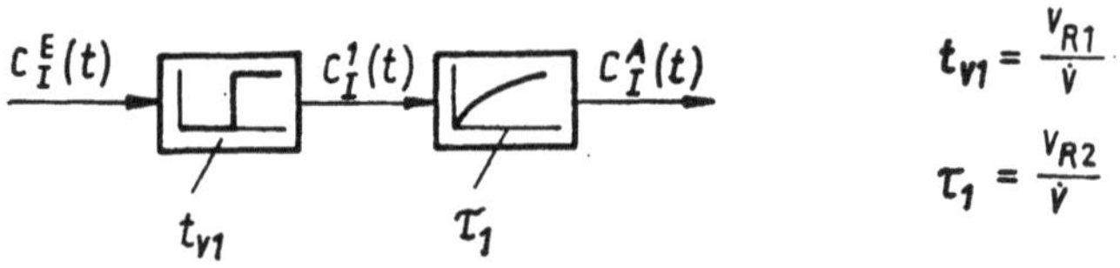

10. Ideale Vermischung mit Kurzschluß und Totvolumen

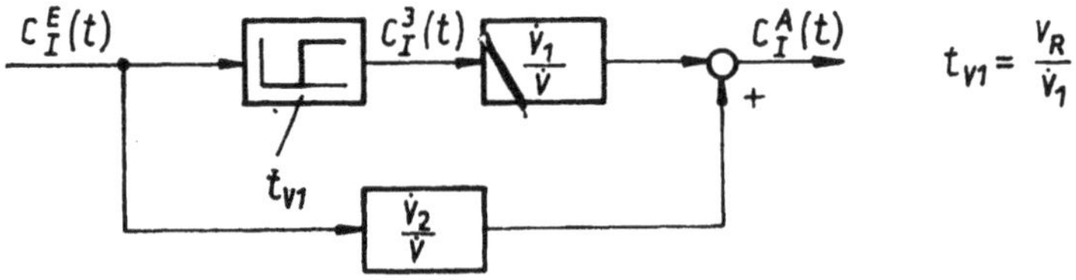

11. Parallelschaltung von Vermischung und Verdrängung

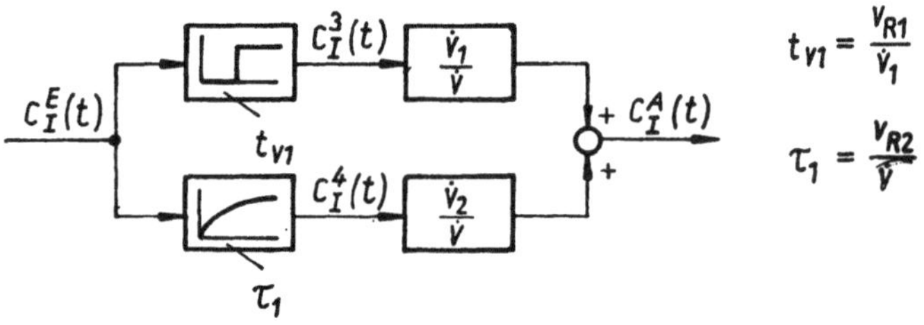

12. Zirkulation zweier Ströme idealer Verdrängung

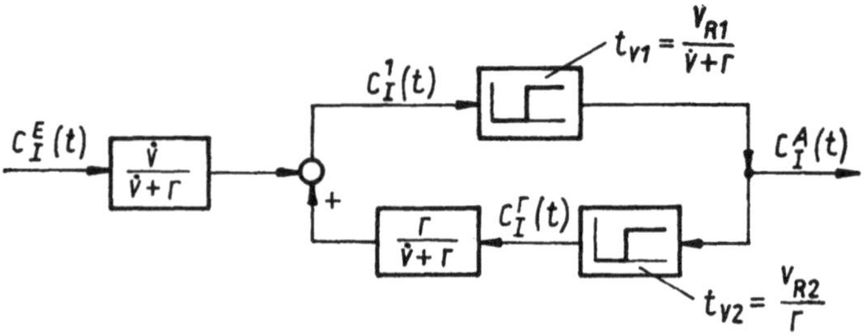

13. Zirkulation mit zwei geschlossenen Umlaufströmungen

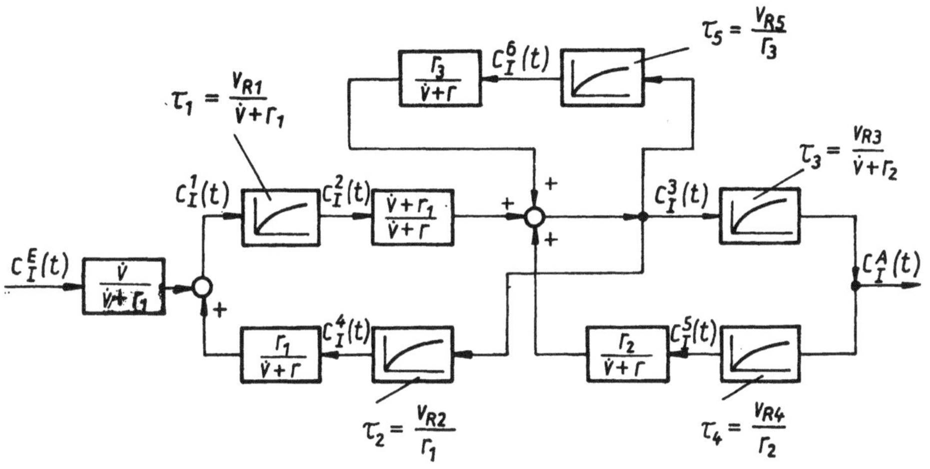

7.2.3. Bilanzgleichungen von Typenmodellen

1. Idealer Mischreaktor

Verknüpfungen:

v_R, $\dot{v}$ konstant

$\tau = v_R/\dot{v}$

Molbilanz:

$$\frac{dn_I^A}{dt} = \dot{n}_I^E(t) - \dot{n}_I^A(t)$$

$\dot{n}_I^E = \dot{v} \cdot c_I^E$, $\dot{n}_I^A = \dot{v} \cdot c_I^A$, $n_I^A = v_R \cdot c_I^A$

Konzentrationsbilanz:

$$\frac{dc_I^A}{dt} = \frac{\dot{v}}{v_R}\left(c_I^E(t) - c_I^A(t)\right) \quad \rightarrow \quad \tau \frac{dc_I^A}{dt} + c_I^A(t) = c_I^E(t)$$

2. Idealer Pfropfenströmungsreaktor

Verknüpfungen:

v_R, $\dot{v}$ konstant

$t_v = v_R/\dot{v}$

Molbilanz:

$\dot{n}_I^A(t) = \dot{n}_I^E(t - t_v)$ für $t > t_v$

$\dot{n}_I^E = \dot{v} \cdot c_I^E$, $\dot{n}_I^A = \dot{v} \cdot c_I^A$, $\dot{n}_I^A = \dot{v} \cdot c_I^A$

Konzentrationsbilanz:

$c_I^A(t) = c_I^E(t - t_v)$

3. Zellenmodell

Verknüpfungen:

$\dot{n}_I^{E2}(t) = \dot{n}_I^{A1}(t)$, $\dot{n}_I^{E3}(t) = \dot{n}_I^{A2}(t)$, ..., $\dot{n}_I^{Em}(t) = \dot{n}_I^{A(m-1)}(t)$

$c_I^{E1}(t) = c_I^E(t)$, $c_I^{E2}(t) = c_I^{A1}(t)$, ..., $c_I^A(t) = c_I^{Am}(t)$

$v_R = \sum_{i=1}^{m} v_{Ri}$, $v_{Ri} = \dfrac{v_R}{m}$, $\dot{v}$ konstant

$\tau = v_R/\dot{v}$, $\tau_i = \tau/m \rightarrow \tau_1 = \tau_2 = \tau_i \cdots = \tau_m$

Molbilanz:

$$\frac{dn_I^{A1}}{dt} = \dot{n}_I^E(t) - \dot{n}_I^{A1}(t); \; \dot{n}_I^E = \dot{v} \cdot c_I^E, \; \dot{n}_I^{A1} = \dot{v} \cdot c_I^{A1}, \; n_I^{A1} = \frac{v_R}{m} \cdot c_I^{A1}$$

$$\frac{dn_I^{A2}}{dt} = \dot{n}_I^{E2}(t) - \dot{n}_I^{A2}(t); \; \dot{n}_I^{E2} = \dot{v} \cdot c_I^{E2}, \; \dot{n}_I^{A2} = \dot{v} \cdot c_I^{A2}, \; n_I^{A2} = \frac{v_R}{m} \cdot c_I^{A2}$$

$$\vdots \qquad \qquad \vdots$$

$$\frac{dn_I^{A}}{dt} = \dot{n}_I^{Em}(t) - \dot{n}_I^{A}(t); \; \dot{n}_I^{Em} = \dot{v} \cdot c_I^{Em}, \; \dot{n}_I^{A} = \dot{v} \cdot c_I^{A}, \; n_I^{A} = \frac{v_R}{m} \cdot c_I^{A}$$

Konzentrationsbilanz:

$$\frac{dc_I^{A1}}{dt} = \frac{\dot{v} \cdot m}{v_R}\left(c_I^E(t) - c_I^{A1}(t)\right) \quad \rightarrow \quad \tau_1 \frac{dc_I^{A1}}{dt} + c_I^{A1}(t) = c_I^E(t)$$

$$\frac{dc_I^{A2}}{dt} = \frac{\dot{v} \cdot m}{v_R}\left(c_I^{E2}(t) - c_I^{A2}(t)\right) \quad \rightarrow \quad \tau_2 \frac{dc_I^{A2}}{dt} + c_I^{A2}(t) = c_I^{E2}(t)$$

$$\vdots$$

$$\frac{dc_I^{A}}{dt} = \frac{\dot{v} \cdot m}{v_R}\left(c_I^{Em}(t) - c_I^{A}(t)\right) \quad \rightarrow \quad \tau_m \frac{dc_I^{A}}{dt} + c_I^{A}(t) = c_I^{Em}(t)$$

4. Ideale Vermischung mit Totvolumen

Verknüpfungen: v_{R1}, v_D, $\dot{v}$ konstant, $v_R = v_{R1} + v_D$, $\tau_1 = v_{R1}/\dot{v}$

Molbilanz:

$$\frac{dn_I^A}{dt} = \dot{n}_I^E(t) - \dot{n}_I^A(t) \qquad \dot{n}_I^E = \dot{v} \cdot c_I^E,\ \dot{n}_I^A = \dot{v} \cdot c_I^A,$$

$$n_I^A = v_{R1} \cdot c_I^A$$

Konzentrationsbilanz:

$$\frac{dc_I^A}{dt} = \frac{\dot{v}}{v_{R1}} \left(c_I^E(t) - c_I^A(t)\right) \quad \rightarrow \quad \tau_1 \frac{dc_I^A}{dt} + c_I^A(t) = c_I^E(t)$$

5. Ideale Verdrängung mit Totvolumen

Verknüpfungen: $\dot{v}$, $v_R = v_{R1} + v_D$ konstant

$$t_{v1} = v_{R1}/\dot{v}$$

Molbilanz:

$\dot{n}_I^A(t) = \dot{n}_I^E(t - t_{v1})$ für $t > t_{v1}$

$\dot{n}_I^E = \dot{v} \cdot c_I^E,\ \dot{n}_I^A = \dot{v} \cdot c_I^A$

Konzentrationsbilanz: $c_I^A(t) = c_I^E(t - t_{v1})$

6. Ideale Vermischung mit Kurzschluß

Verknüpfungen:

$$\dot{n}_I^E(t) = \dot{n}_I^1(t) + \dot{n}_I^2(t) \qquad v_R,\ \dot{v} = \dot{v}_1 + \dot{v}_2 \text{ konstant}$$

$$\dot{n}_I^A(t) = \dot{n}_I^2(t) + \dot{n}_I^3(t) \qquad \tau_1 = v_R/\dot{v}_1$$

Molbilanz:

$$\frac{dn_I^3}{dt} = \dot{n}_I^1(t) - \dot{n}_I^3(t)$$

$\dot{n}_I^1 = \dot{v}_1 \cdot c_I^E,\ \dot{n}_I^2 = \dot{v}_2 \cdot c_I^E,\ \dot{n}_I^3 = \dot{v}_1 \cdot c_I^3,\ \dot{n}_I^E = \dot{v} \cdot c_I^E,$

$\dot{n}_I^A = \dot{v} \cdot c_I^A$

$n_I^3 = v_R \cdot c_I^3$

Konzentrationsbilanz:

$$\frac{dc_I^3}{dt} = \frac{\dot{v}_1}{v_R} \left(c_I^E(t) - c_I^3(t)\right), \quad c_I^3(t) = \frac{\dot{v}}{\dot{v}_1} c_I^A(t) - \frac{\dot{v}_2}{\dot{v}_1} c_I^E(t)$$

$$\frac{dc_I^A}{dt} + \frac{1}{\tau_1} c_I^A(t) = \frac{\dot{v}_2}{\dot{v}} \frac{dc_I^E}{dt} + \left(\frac{\dot{v}_1}{\tau_1 \dot{v}} + \frac{\dot{v}_2}{\tau_1 \dot{v}}\right) c_I^E(t)$$

7. Ideale Verdrängung mit Kurzschluß

Verknüpfungen:

$\dot{n}_I^E(t) = \dot{n}_I^1(t) + \dot{n}_I^2(t) \qquad v_R,\ \dot{v} = \dot{v}_1 + \dot{v}_2$ konstant

$\dot{n}_I^A(t) = \dot{n}_I^2(t) + \dot{n}_I^3(t) \qquad t_{v1} = v_R/\dot{v}_1$

Molbilanz:

$\dot{n}_I^3(t) = \dot{n}_I^1(t - t_{v1})$

$\dot{n}_I^A(t) = \dot{n}_I^2(t) + \dot{n}_I^1(t - t_{v1})$

$\dot{n}_I^1 = \dot{v}_1 \cdot c_I^E,\ \dot{n}_I^2 = \dot{v}_2 \cdot c_I^E,\ \dot{n}_I^3 = \dot{v}_1 \cdot c_I^3,\ \dot{n}_I^E = \dot{v} \cdot c_I^E,\ \dot{n}_I^A = \dot{v} \cdot c_I^A$

Konzentrationsbilanz:

$c_I^3(t) = c_I^E(t - t_{v1})$

$$c_I^A(t) = \frac{\dot{v}_2}{\dot{v}}\, c_I^E(t) + \frac{\dot{v}_1}{\dot{v}}\, c_I^E(t - t_{v1})$$

8. Zwei parallele Zellen idealer Verdrängung

Verknüpfungen:

$\dot{n}_I^E(t) = \dot{n}_I^1(t) + \dot{n}_I^2(t) \qquad v_R = v_{R1} + v_{R2},\ \dot{v} = \dot{v}_1 + \dot{v}_2$ konstant

$\dot{n}_I^A(t) = \dot{n}_I^3(t) + \dot{n}_I^4(t) \qquad t_{v1} = v_{R1}/\dot{v}_1,\ t_{v2} = v_{R2}/\dot{v}_2$

Molbilanz:

$\dot{n}_I^3(t) = \dot{n}_I^1(t - t_{v1}), \qquad \dot{n}_I^4(t) = \dot{n}_I^2(t - t_{v2})$

$\dot{n}_I^A(t) = \dot{n}_I^1(t - t_{v1}) + \dot{n}_I^2(t - t_{v2})$

$\dot{n}_I^1 = \dot{v}_1 \cdot c_I^E,\ \dot{n}_I^2 = \dot{v}_1 \cdot c_I^E,\ \dot{n}_I^3 = \dot{v}_1 \cdot c_I^3,\ \dot{n}_I^4 = \dot{v}_2 \cdot c_I^4$

$\dot{n}_I^E = \dot{v} \cdot c_I^E,\ \dot{n}_I^A = \dot{v} \cdot c_I^A$

Konzentrationsbilanz:

$c_I^3(t) = c_I^E(t - t_{v1}), \qquad c_I^4(t) = c_I^E(t - t_{v2})$

$$c_I^A(t) = \frac{\dot{v}_1}{\dot{v}}\, c_I^E(t - t_{v1}) + \frac{\dot{v}_2}{\dot{v}}\, c_I^E(t - t_{v2})$$

9. Ideale Verdrängung und Vermischung in Reihe

Verknüpfungen:

$\dot{v},\ v_R = v_{R1} + v_{R2}$ konstant

$t_{v1} = v_{R1}/\dot{v},\ \tau_1 = v_{R2}/\dot{v}$

Molbilanz:

$$\dot{n}_I^1(t) = \dot{n}_I^E(t - t_{v1})$$

$$\frac{dn_I^2}{dt} = \dot{n}_I^1(t) - \dot{n}_I^A(t)$$

$$\dot{n}_I^1 = \dot{v} \cdot c_I^1,\ \dot{n}_I^E = \dot{v} \cdot c_I^E,\ \dot{n}_I^A = \dot{v} \cdot c_I^A,\ n_I^2 = v_{R2} \cdot c_I^A$$

Konzentrationsbilanz:

$$c_I^1(t) = c_I^E(t - t_{v1})$$

$$\frac{dc_I^A}{dt} = \frac{\dot{v}}{v_{R2}} \left(c_I^1(t) - c_I^A(t)\right) \quad \rightarrow \quad \tau_1 \frac{dc_I^A}{dt} + c_I^A(t) = c_I^1(t)$$

$$\tau_1 \frac{dc_I^A}{dt} + c_I^A(t) = c_I^E(t - t_{v1})$$

10. Ideale Vermischung mit Kurzschluß und Totvolumen

Verknüpfungen:

$$\dot{n}_I^E(t) = \dot{n}_I^1(t) + \dot{n}_I^2(t) \qquad v_R = v_{R1} + v_D,\ \dot{v} = \dot{v}_1 + v_2 \text{ konstant}$$

$$\dot{n}_I^A(t) = \dot{n}_I^2(t) + \dot{n}_I^3(t) \qquad \tau_1 = v_{R1}/\dot{v}_1$$

Molbilanz:

$$\frac{dn_I^3}{dt} = \dot{n}_I^1(t) - \dot{n}_I^3(t)$$

$$\dot{n}_I^1 = \dot{v}_1 \cdot c_I^E,\ \dot{n}_I^2 = \dot{v}_2 \cdot c_I^E,\ \dot{n}_I^3 = \dot{v}_1 \cdot c_I^3,\ \dot{n}_I^E = \dot{v} \cdot c_I^E,\ \dot{n}_I^A = \dot{v} \cdot c_I^A$$

$$n_I^3 = v_{R1} \cdot c_I^3$$

Konzentrationsbilanz:

$$\frac{dc_I^3}{dt} = \frac{\dot{v}_1}{v_{R1}} \left(c_I^E(t) - c_I^3(t)\right) \qquad c_I^3(t) = \frac{\dot{v}}{\dot{v}_1} c_I^A(t) - \frac{\dot{v}_2}{\dot{v}_1} c_I^E(t)$$

$$\frac{dc_I^A}{dt} + \frac{1}{\tau_1} c_I^A(t) = \frac{\dot{v}_2}{\dot{v}} \frac{dc_I^E}{dt} + \left(\frac{\dot{v}_1}{\tau_1 \dot{v}} + \frac{\dot{v}_2}{\tau_1 \dot{v}}\right) c_I^E(t)$$

11. Parallelschaltung von Vermischung und Verdrängung

Verknüpfungen:

$$\dot{n}_I^E(t) = \dot{n}_I^1(t) + \dot{n}_I^2(t) \qquad v_R = v_{R1} + v_{R2},\ \dot{v} = \dot{v}_1 + \dot{v}_2 \text{ konstant}$$

$$\dot{n}_I^A(t) = \dot{n}_I^3(t) + \dot{n}_I^4(t) \qquad t_{v1} = v_{R1}/\dot{v}_1,\ \tau_1 = v_{R2}/\dot{v}_2$$

Molbilanz:

$$\dot{n}_I^3(t) = \dot{n}_I^1(t - t_{v1})$$

$$\frac{dn_I^4}{dt} = \dot{n}_I^2(t) - \dot{n}_I^4(t)$$

$$\dot{n}_I^1 = \dot{v}_1 \cdot c_I^E,\ \dot{n}_I^2 = \dot{v}_2 \cdot c_I^E,\ \dot{n}_I^3 = \dot{v}_1 \cdot c_I^3,\ \dot{n}_I^4 = \dot{v}_2 \cdot c_I^4$$

$$\dot{n}_I^E = \dot{v} \cdot c_I^E,\ \dot{n}_I^A = \dot{v} \cdot c_I^A,\ n_I^4 = v_{R2} \cdot c_I^4$$

Konzentrationsbilanz:

$$c_I^3(t) = c_I^E(t - t_{v1}), \quad c_I^4(t) = \frac{\dot{v}}{\dot{v}_2}\, c_I^A(t) - \frac{\dot{v}_1}{\dot{v}_2}\, c_I^3(t)$$

$$\frac{dc_I^4}{dt} = \frac{\dot{v}_2}{v_{R2}}\left(c_I^E(t) - c_I^4(t)\right) \rightarrow \tau_1 \frac{dc_I^4}{dt} + c_I^4(t) = c_I^E(t)$$

$$\frac{dc_I^A}{dt} + \frac{\dot{v}_1}{\tau_1 \dot{v}}\, c_I^A(t) = \frac{\dot{v}_1}{\dot{v}}\, \frac{dc_I^E(t - t_{v1})}{dt} + \frac{\dot{v}_2}{\tau_1 \dot{v}}\, c_I^E(t - t_{v1}) + \frac{\dot{v}_2}{\tau_1 \dot{v}}\, c_I^E(t)$$

12. Zirkulation zweier Ströme mit idealer Verdrängung

Verknüpfungen:

$$\dot{n}_I^E(t) = \dot{n}_I^1(t) - \dot{n}_I^r(t) \qquad v_R = v_{R1} + v_{R2},\ \dot{v} = v_1 - r \qquad \text{konstant}$$

$$\dot{n}_I^A(t) = \dot{n}_I^2(t) - \dot{n}_I^3(t) \qquad t_{v1} = \frac{v_{R1}}{\dot{v} + r},\ t_{v2} = \frac{v_{R2}}{r}$$

Molbilanz:

$$\dot{n}_I^2(t) = \dot{n}_I^1(t - t_{v1})$$

$$\dot{n}_I^r(t) = \dot{n}_I^3(t - t_{v2})$$

$$\dot{n}_I^1 = \dot{v}_1 \cdot c_I^1,\ n_I^2 = \dot{v}_1 \cdot c_I^A,\ \dot{n}_I^3 = r \cdot c_I^A,\ \dot{n}_I^r = r \cdot c_I^r,$$

$$\dot{n}_I^E = \dot{v} \cdot c_I^E,\ \dot{n}_I^A = \dot{v} \cdot c_I^A$$

Konzentrationsbilanz:

$$c_I^A(t) = c_I^1(t - t_{v1}), \quad \dot{v}_1 \cdot c_I^1(t) = \dot{v} \cdot c_I^E(t) + r \cdot c_I^r(t)$$

$$c_I^r(t) = c_I^A(t - t_{v2})$$

$$c_I^1(t) = \frac{\dot{v}}{\dot{v} + r}\, c_I^E(t) - \frac{r}{\dot{v} + r}\, c_I^A(t - t_{v2})$$

$$c_I^A(t) + \frac{r}{\dot{v} + r}\, c_I^A(t - t_{v1} - t_{v2}) = \frac{\dot{v}}{\dot{v} + r}\, c_I^E(t - t_{v1})$$

13. Zirkulation mit drei geschlossenen Umlaufströmungen

Verknüpfungen:

$\dot{n}_I^E(t) = \dot{n}_I^{E1}(t) - \dot{n}_I^{A2}(t)$ $\quad v_R,\ \dot{v},\ r = r_1 + r_2 + r_3$ konstant

$\dot{n}_I(t) = \dot{n}_I^{A1}(t) + \dot{n}_I^{A4}(t) + \dot{n}_I^{A5}(t)$ $\quad v_{Ri} = \dfrac{v_R}{5}$

$\dot{n}_I^{E3}(t) = \dot{n}_I(t) - \dot{n}_I^{E2}(t) - \dot{n}_I^{E5}(t)$ $\quad \tau_1 = v_{R1}/\dot{v} + r_1,\ \tau_4 = v_{R4}/r_2$

$\dot{n}_I^A(t) = \dot{n}_I^{A3}(t) - \dot{n}_I^{E4}(t)$ $\quad \tau_2 = v_{R2}/r_1,\ \tau_5 = v_{R5}/r_3,\ \tau_3 = v_{R3}/\dot{v} + r_2$

Molbilanz:

$\dfrac{dn_I^{A1}}{dt} = \dot{n}_I^{E1}(t) - \dot{n}_I^{A1}(t)$ $\quad \dot{n}_I^{E1} = (\dot{v} + r_1)\, c_I^1(t),\ \dot{n}_I^{A1} = (\dot{v} + r_1)\, c_I^2(t)$

$n_I^{A1} = v_{R1} \cdot c_I^2$

$\dfrac{dn_I^{A2}}{dt} = \dot{n}_I^{E2}(t) - \dot{n}_I^{A2}(t)$ $\quad \dot{n}_I^{E2} = r_1 \cdot c_I^3,\ \dot{n}_I^{A2} = r_1 \cdot c_I^4$

$n_I^{A2} = v_{R2} \cdot c_I^4$

$\dfrac{dn_I^{A3}}{dt} = \dot{n}_I^{E3}(t) - \dot{n}_I^{A3}(t)$ $\quad \dot{n}_I^{E3} = (\dot{v} + r_2)\, c_I^3,\ \dot{n}_I^{A3} = (\dot{v} + r_2)\, c_I^A$

$n_I^{A3} = v_{R3} \cdot c_I^A$

$\dfrac{dn_I^{A4}}{dt} = \dot{n}_I^{E4}(t) - \dot{n}_I^{A4}(t)$ $\quad \dot{n}_I^{E4} = r_2 \cdot c_I^A,\ \dot{n}_I^{A4} = r_2 \cdot c_I^5$

$n_I^{A4} = v_{R4} \cdot c_I^5$

$\dfrac{dn_I^{A5}}{dt} = \dot{n}_I^{E5}(t) - \dot{n}_I^{A5}(t)$ $\quad \dot{n}_I^{E5} = r_3 \cdot c_I^3,\ \dot{n}_I^{A5} = r_3 \cdot c_I^6$

$n_I^{A5} = v_{R5} \cdot c_I^6$

$\dot{n}_I^E = \dot{v} \cdot c_I^E,\ \dot{n}_I^A = \dot{v} \cdot c_I^A$

Konzentrationsbilanz:

$$\dot{v} \cdot c_I^E(t) = (\dot{v} + r_1)\, c_I^1(t) - r_1 c_I^4(t)$$

$$\rightarrow c_I^1(t) = \frac{\dot{v}}{\dot{v} + r_1}\, c_I^E(t) + \frac{r_1}{\dot{v} + r_1}\, c_I^4(t)$$

$$(\dot{v} + r_2)\, c_I^3(t) = (\dot{v} + r_1)\, c_I^2(t) + r_2 c_I^5(t) + r_3 c_I^6(t) - r_1 c_I^3(t) - r_3 c_I^3(t)$$

$$\rightarrow c_I^3(t) = \frac{\dot{v} + r_1}{\dot{v} + r}\, c_I^2(t) + \frac{r_2}{\dot{v} + r}\, c_I^5(t) + \frac{r_3}{\dot{v} + r}\, c_I^6(t)$$

7.2.4. *Gewichtsfunktionen von Typenmodellen, analytisch*

1. Idealer Mischreaktor

$$g(t) = \frac{1}{\tau} \cdot e^{-t/\tau}$$

2. Idealer Pfropfenströmungsreaktor

$$g(t) = \delta(t - t_v)$$

3. Zellenmodell

$$g(t) = \frac{1}{\left(\frac{\tau}{m}\right)(m-1)!} \cdot \left(\frac{m}{\tau} \cdot t\right)^{m-1} \cdot e^{-(m \cdot t)/\tau}$$

m Zellenzahl

4. Ideale Vermischung mit Totvolumen

$$g(t) = \frac{1}{\tau_1} \cdot e^{-t/\tau_1}$$

5. Ideale Verdrängung mit Totvolumen

$$g(t) = \delta(t - t_{v1})$$

6. Ideale Vermischung mit Kurzschluß

$$g(t) = \frac{\dot{v}_1}{\tau \cdot \dot{v}} \cdot e^{-t/\tau} + \frac{\dot{v}_2}{\dot{v}} \cdot \delta(t)$$

7. Ideale Verdrängung mit Kurzschluß

$$g(t) = \frac{\dot{v}_1}{\dot{v}} \cdot \delta(t - t_v) + \frac{\dot{v}_2}{\dot{v}} \cdot \delta(t)$$

8. Zwei parallele Zellen idealer Verdrängung

$$g(t) = \frac{\dot{v}_1}{\dot{v}} \cdot \delta(t - t_{v1}) + \frac{\dot{v}_2}{\dot{v}} \cdot \delta(t - t_{v2})$$

9. Ideale Verdrängung und Vermischung in Reihe

$$g(t) = \frac{1}{\tau_1} \cdot e^{-\frac{t - t_{v1}}{\tau_1}}$$

10. Ideale Vermischung mit Kurzschluß und Totvolumen

$$g(t) = \frac{\dot{v}_1}{\tau_1 \cdot \dot{v}} \cdot e^{-t/\tau_1} + \frac{\dot{v}_2}{\dot{v}} \cdot \delta(t)$$

11. Parallelschaltung von Vermischung und Verdrängung

$$g(t) = \frac{\dot{v}_1}{\dot{v}} \cdot \delta(t - t_{v1}) + \frac{\dot{v}_2}{\tau_1 \cdot \dot{v}} \cdot e^{-t/\tau_1}$$

12. Zirkulation zweier Ströme idealer Verdrängung

$$g(t) = \sum_{N=1}^{\infty} \frac{\dot{v}}{\dot{v} + r} \left(\frac{r}{\dot{v} + r}\right)^{N-1} \cdot \delta[t - N \cdot t_{v1} - (N - 1)\, t_{v2}]$$

N = Zahl der Umläufe

13. Zirkulation mit drei geschlossenen Umlaufströmungen

$$g(t) = \left(\frac{\dot{v} + r}{r}\right)^{\frac{N-1}{N}} \cdot e^{-\frac{N(\dot{v} + r)}{\dot{v}} \cdot t} \cdot d$$

$$\text{wobei } d = \sum_{i=0}^{N-1} \left[e^{a\tau \cdot t \cdot \cos \frac{2\pi \cdot i}{N}} \cdot \cos \left(a\tau \cdot t \cdot \sin \frac{2\pi \cdot i}{N} + \frac{2\pi \cdot i}{N} \right) \right]$$

$$a = \frac{N(\dot{v} + r)}{\tau \dot{v}} \left(\frac{r}{\dot{v} + r}\right)^{1/N}$$

$$r = r_1 + r_2 + r_3$$

N – Anzahl der Umläufe

7.2.5. *Gewichtsfunktionen von Typenmodellen, grafisch*

1. Idealer Mischreaktor

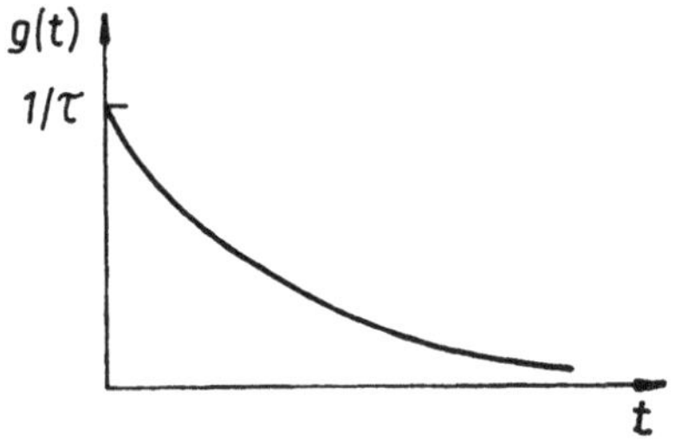

2. Idealer Pfropfenströmungsreaktor

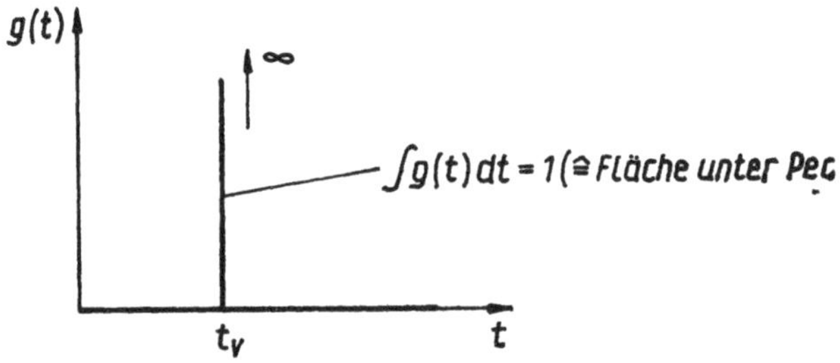

3. Zellenmodell

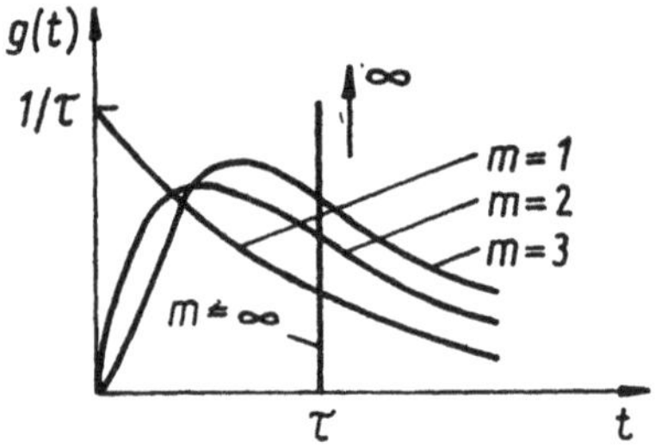

4. Ideale Vermischung mit Totvolumen

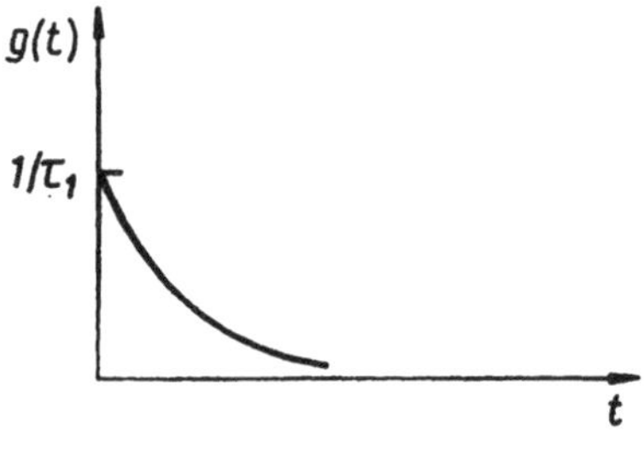

5. Ideale Verdrängung mit Totvolumen

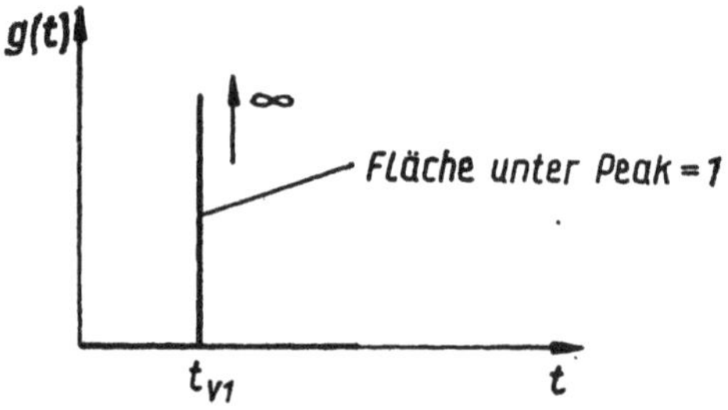

6. Ideale Vermischung mit Kurzschluß

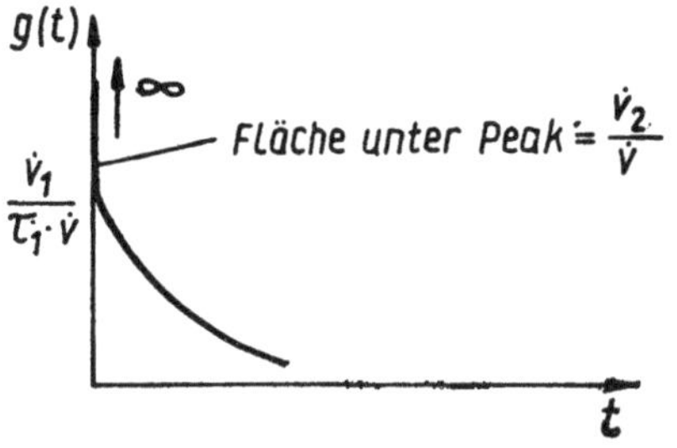

7. Ideale Verdrängung mit Kurzschluß

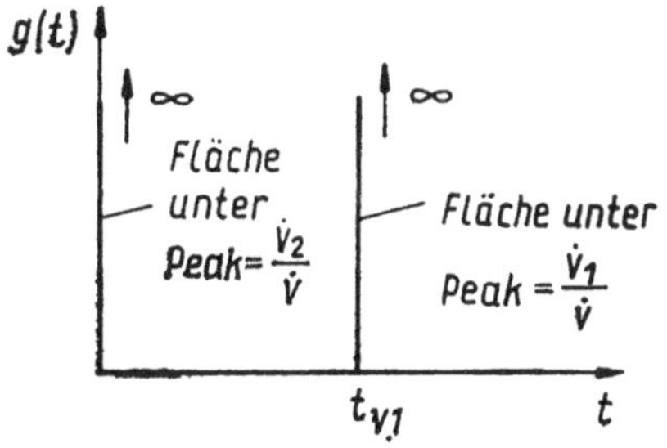

8. Zwei parallele Zellen idealer Verdrängung

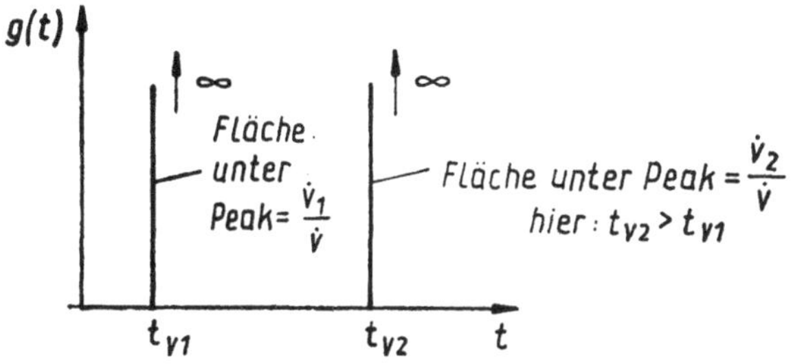

9. Ideale Verdrängung und Vermischung in Reihe

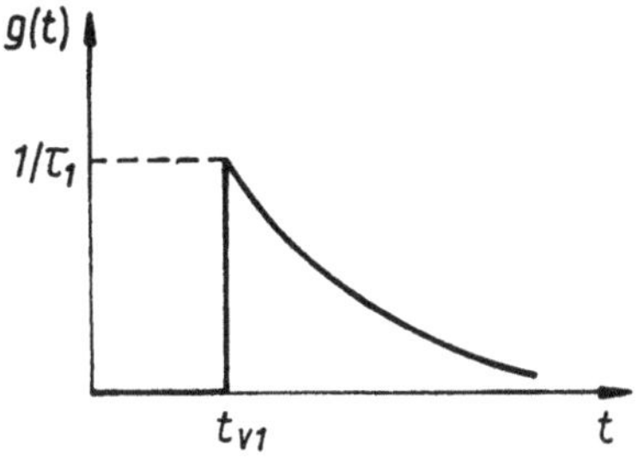

10. Ideale Vermischung mit Kurzschluß und Totvolumen

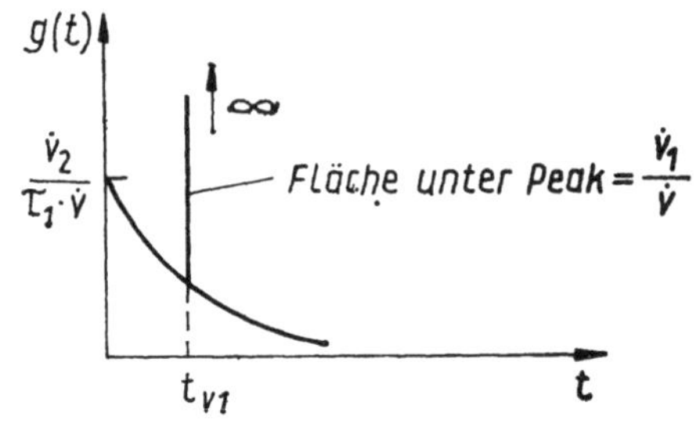

11. Parallelschaltung von Vermischung und Verdrängung

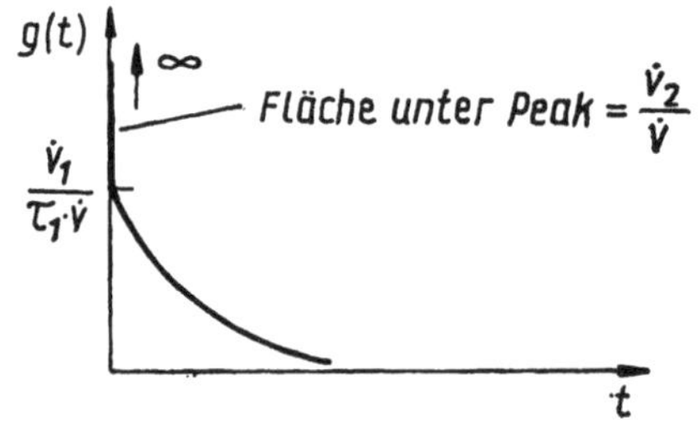

12. Zirkulation zweier Ströme idealer Verdrängung

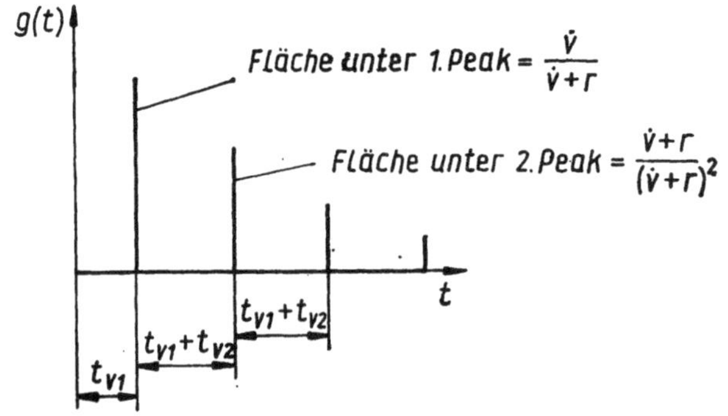

13. Zirkulation mit drei geschlossenen Umlaufströmen

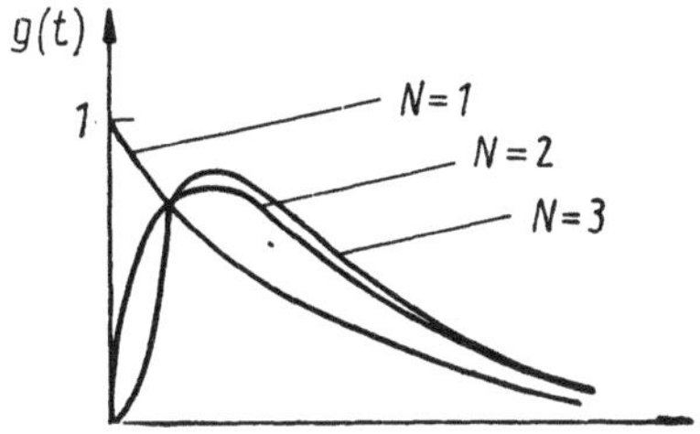

7.2.6. Übertragungsfunktionen von Typenmodellen

1. Idealer Mischreaktor

$$G(s) = \frac{1}{1 + s\tau}$$

2. Idealer Pfropfenströmungsreaktor

$$G(s) = e^{-st_v}$$

3. Zellenmodell

$$G(s) = \frac{1}{\left(1 + s\,\frac{\tau}{m}\right)^m}$$

4. Ideale Vermischung mit Totvolumen

$$G(s) = \frac{1}{1 + s\tau_1}$$

5. Ideale Verdrängung mit Totvolumen

$$G(s) = e^{-st_{v1}}$$

6. Ideale Vermischung mit Kurzschluß

$$G(s) = \frac{\dot v_1}{\dot v} \cdot \frac{1}{1 + s\tau_1} + \frac{\dot v_2}{\dot v}, \qquad \text{wobei } \tau_1 = v_R/\dot v_1$$

7. Ideale Verdrängung mit Kurzschluß

$$G(s) = \frac{\dot v_1}{\dot v} \cdot e^{-st_{v1}} + \frac{\dot v_2}{\dot v}$$

8. Zwei parallele Zellen idealer Verdrängung

$$G(s) = \frac{\dot{v}_1}{\dot{v}} \cdot e^{-st_{v1}} + \frac{\dot{v}_2}{\dot{v}} \cdot e^{-st_{v2}}$$

9. Ideale Verdrängung und Vermischung in Reihe

$$G(s) = e^{-st_{v1}} \cdot \frac{1}{1 + s\tau_1}$$

10. Ideale Vermischung mit Kurzschluß und Totvolumen

$$G(s) = \frac{\dot{v}_1}{\dot{v}} \cdot \frac{1}{1 + s\tau_1} + \frac{\dot{v}_2}{\dot{v}}, \quad \text{wobei } \tau_1 = v_{R1}/\dot{v}_1$$

11. Parallelschaltung von Vermischung und Verdrängung

$$G(s) = \frac{\dot{v}_1}{\dot{v}} \cdot e^{-st_{v1}} + \frac{\dot{v}_2}{\dot{v}} \cdot \frac{1}{1 + s\tau_1}$$

12. Zirkulation zweier Ströme idealer Verdrängung

$$G(s) = \frac{\dfrac{\dot{v}}{\dot{v} + r} \cdot \exp(-s \cdot t_{v1})}{1 - \dfrac{r}{\dot{v} + r} \cdot \exp[-s(t_{v1} + t_{v2})]}$$

13. Zirkulation mit drei geschlossenen Umlaufströmungen

$$G(s) = \frac{\dfrac{\dot{v}}{\dot{v} + r} \cdot b^N}{(b + s)^N - a^N}, \quad \text{wobei} \quad a = b\left(\frac{r}{\dot{v} + r}\right)^{1/N}$$

$$b = \frac{N(\dot{v} + r)}{\dot{v} \cdot \tau}$$

$$r = r_1 + r_2 + r_3$$

N = Zahl der Umlaufströme

7.2.7. *Ortskurven von Typenmodellen*

1. Idealer Mischreaktor

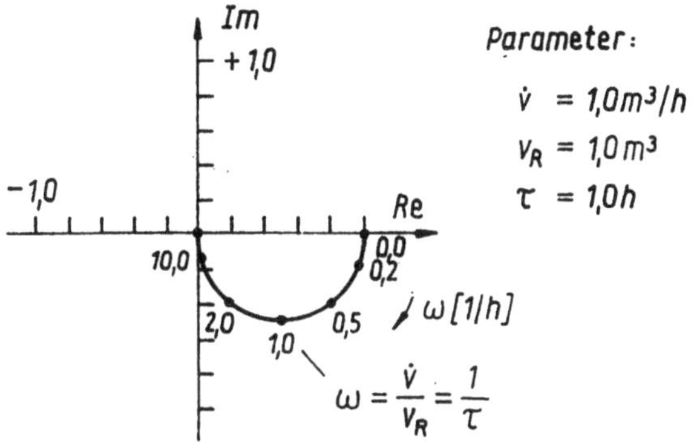

2. Idealer Pfropfenströmungsreaktor

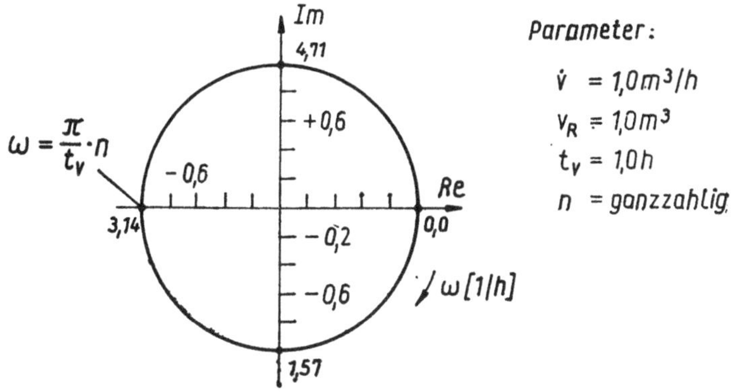

3. Zellenmodell

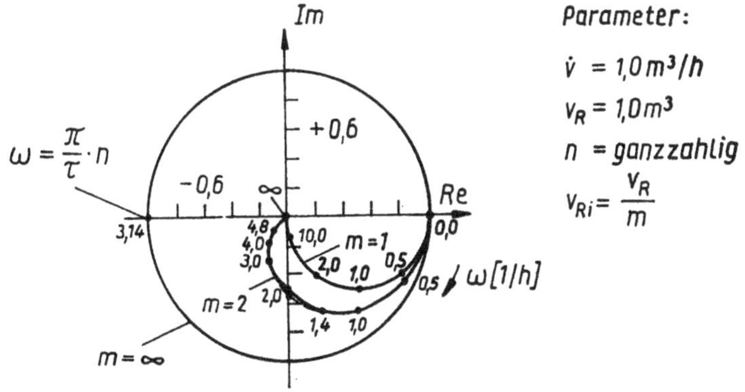

4. Ideale Vermischung mit Totvolumen

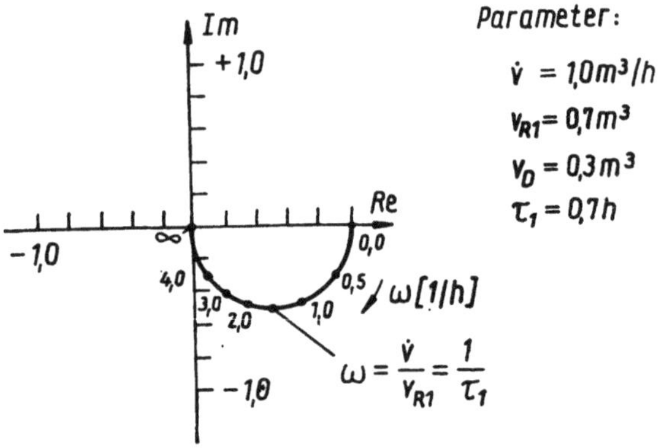

5. Ideale Verdrängung mit Totvolumen

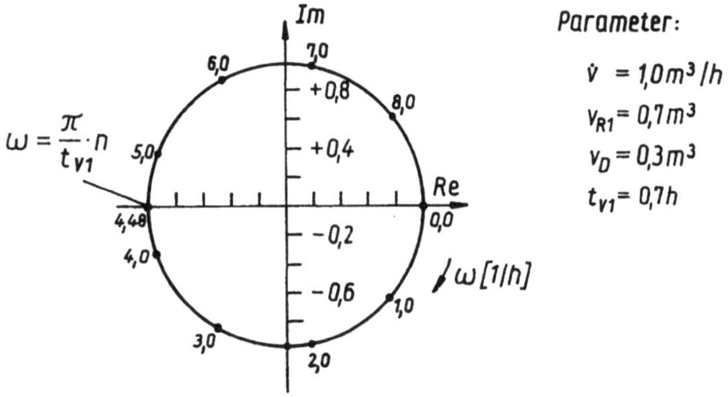

6. Ideale Verdrängung mit Kurzschluß

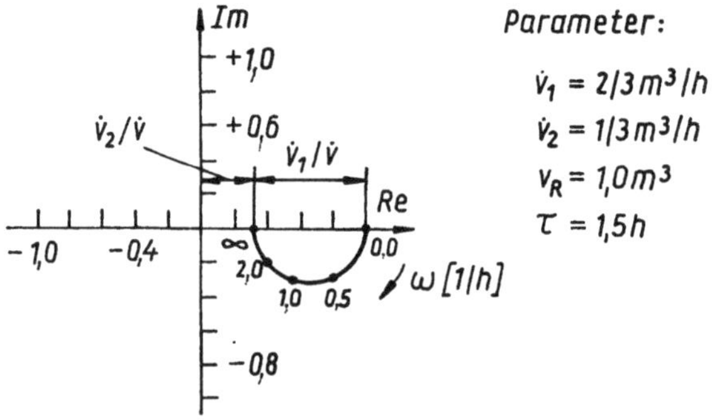

7. Ideale Verdrängung mit Kurzschluß

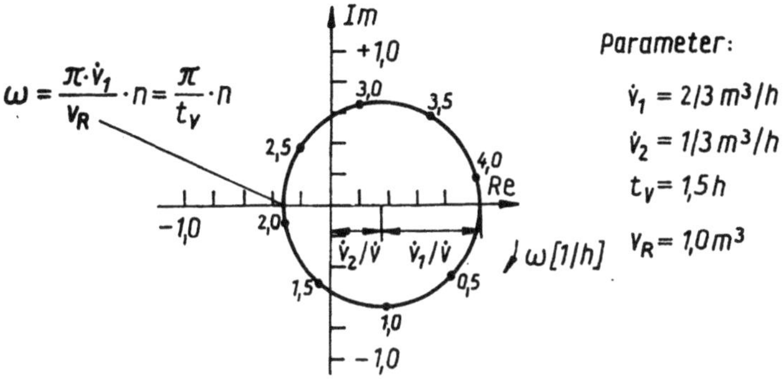

8. Zwei parallele Zellen idealer Verdrängung

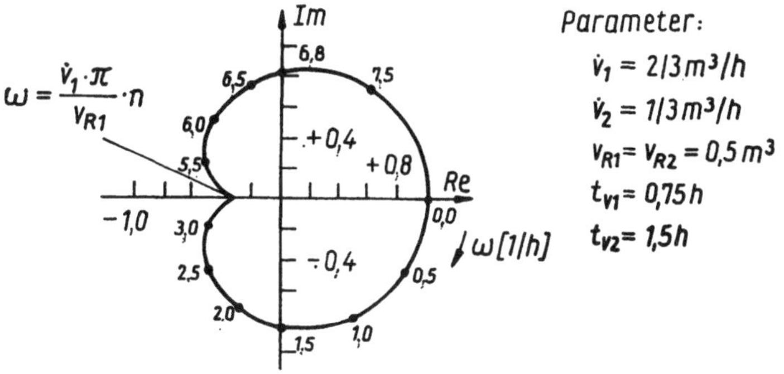

9. Ideale Verdrängung und Vermischung in Reihe

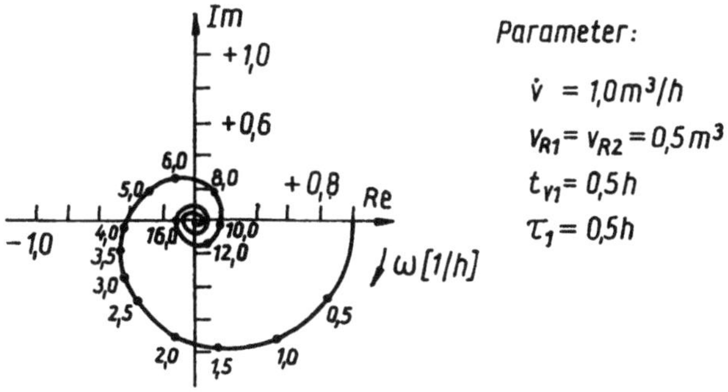

10. Ideale Vermischung mit Kurzschluß und Totvolumen

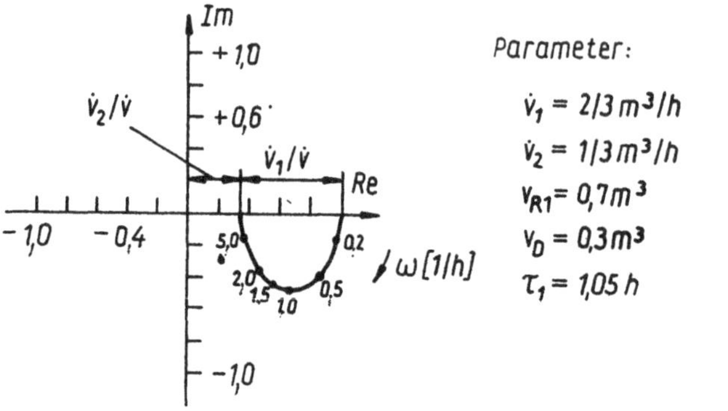

11. Parallelschaltung von Vermischung und Verdrängung

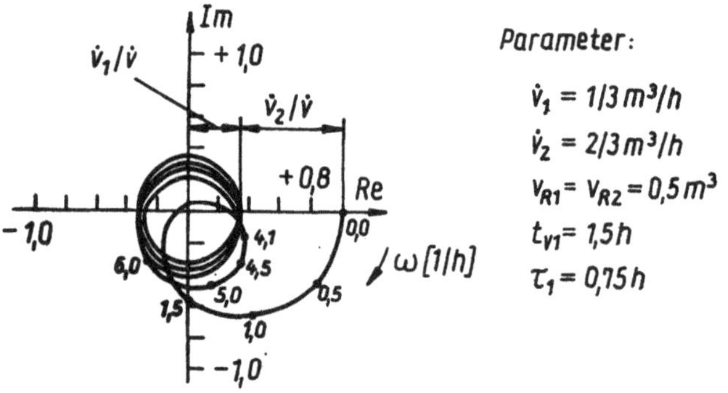

12. Zirkulation zweier Ströme idealer Verdrängung

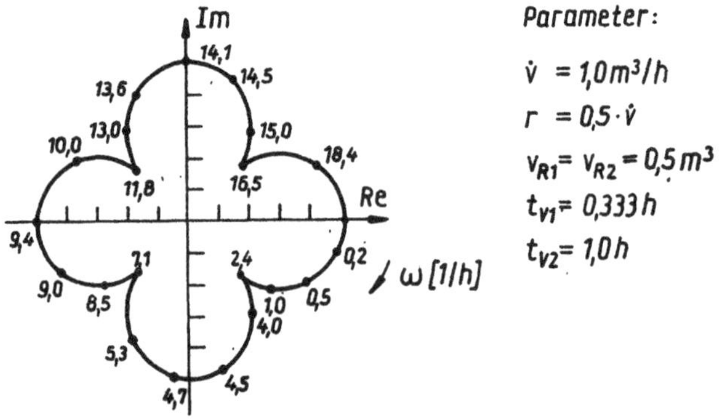

13a. Zirkulation mit drei geschlossenen Umlaufströmen

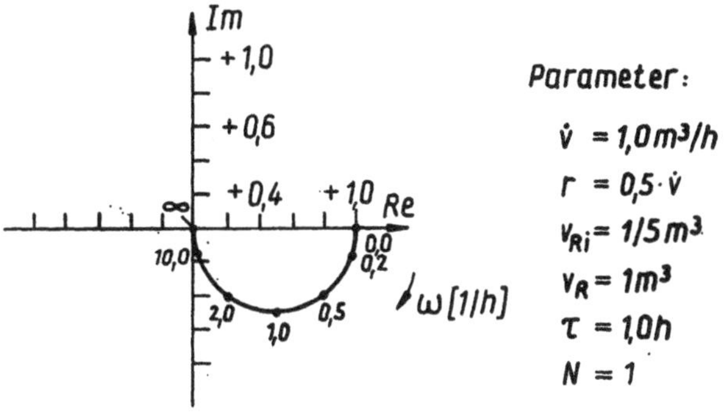

13b. Zirkulation mit drei geschlossenen Umlaufströmen

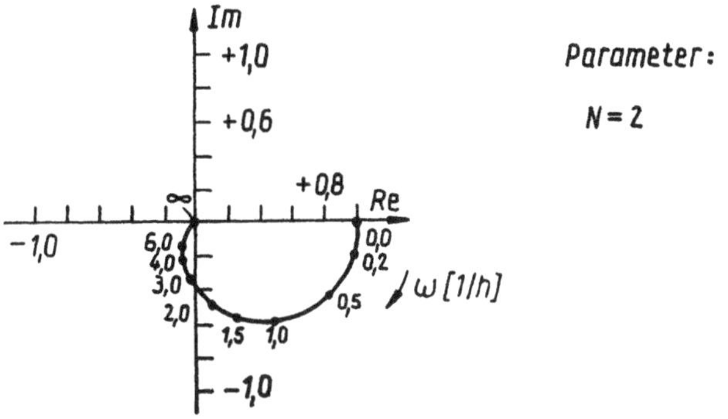

13c. Zirkulation mit drei geschlossenen Umlaufströmen

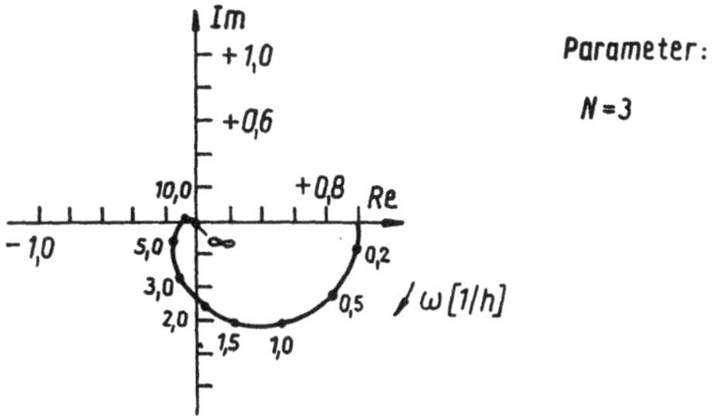

7.2.8. Bode-*Diagramme von Typenmodellen*

1. Idealer Mischreaktor

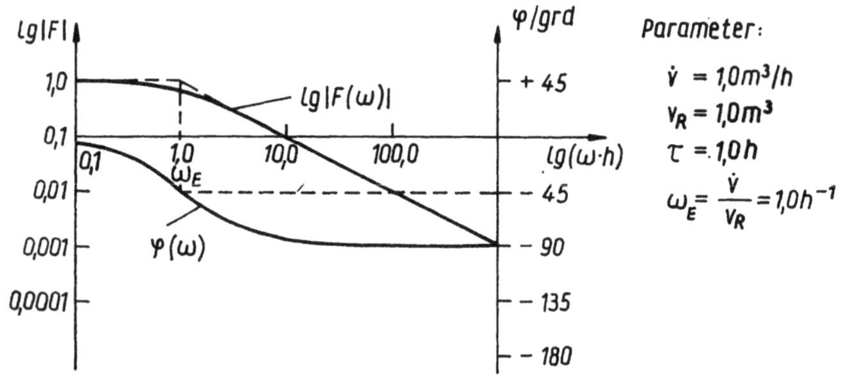

2. Idealer Pfropfenströmungsreaktor

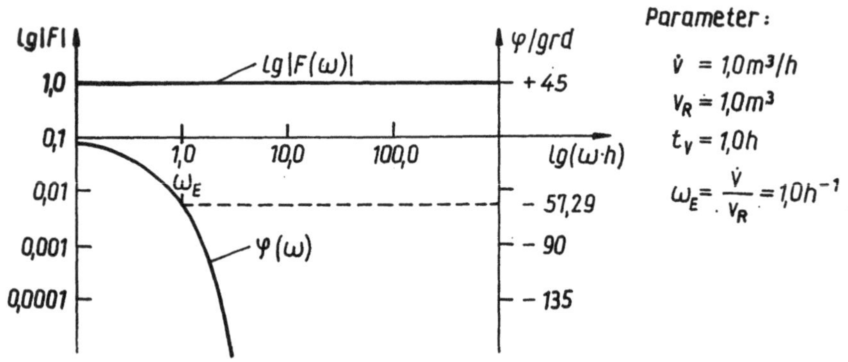

3. Zellenmodell ($m = 2$)

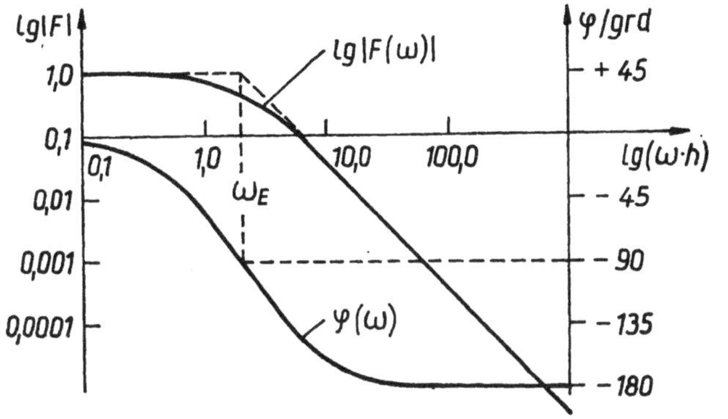

Parameter:

$\dot{V} = 1{,}0\,m^3/h$

$V_R = 1{,}0\,m^3$

$m = 2$

$\omega_E = \frac{\dot{V}}{V_{Ri}} = 2{,}0\,h^{-1}$

4. Ideale Vermischung mit Totvolumen

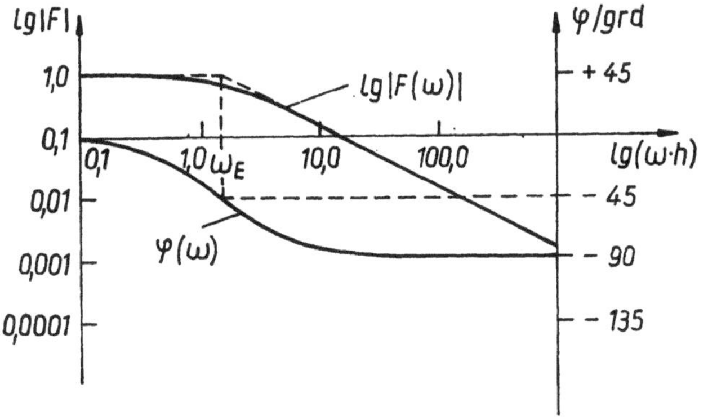

Parameter:

$\dot{V} = 1{,}0\,m^3/h$

$V_{R1} = 0{,}7\,m^3$

$V_D = 0{,}3\,m^3$

$\tau_1 = 0{,}7\,h$

$\omega_E = \frac{\dot{V}}{V_{R1}} = 1{,}43\,h^{-1}$

5. Ideale Verdrängung mit Totvolumen

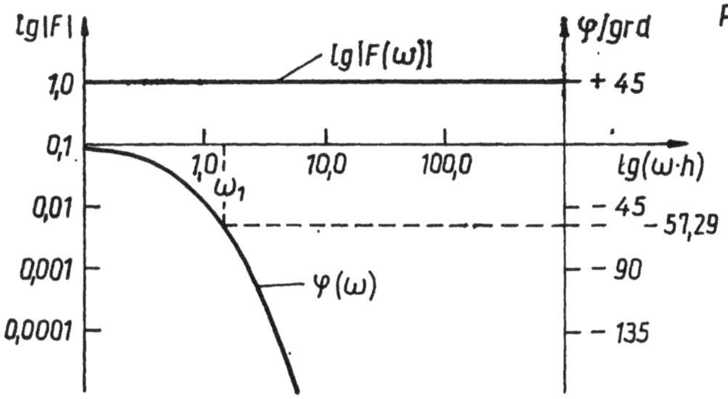

Parameter:

$\dot{V} = 1{,}0\,m^3/h$

$V_{R1} = 0{,}7\,m^3$

$V = 0{,}3\,m^3$

$t_{V1} = 0{,}7\,h$

$\omega_1 = \frac{\dot{V}}{V_{R1}} = 1{,}43\,h^{-1}$

6. Ideale Vermischung mit Kurzschluß

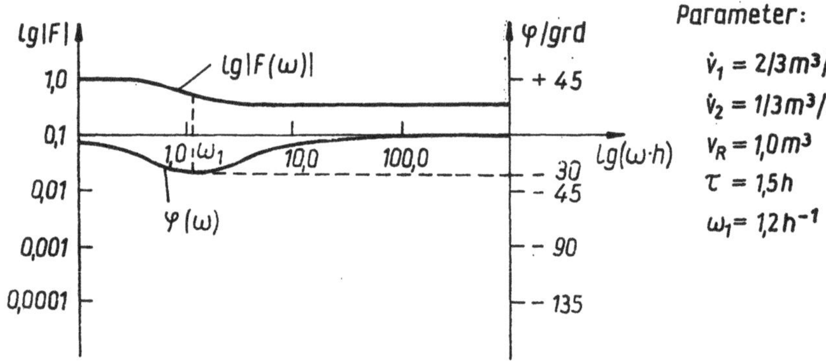

7. Ideale Verdrängung mit Kurzschluß

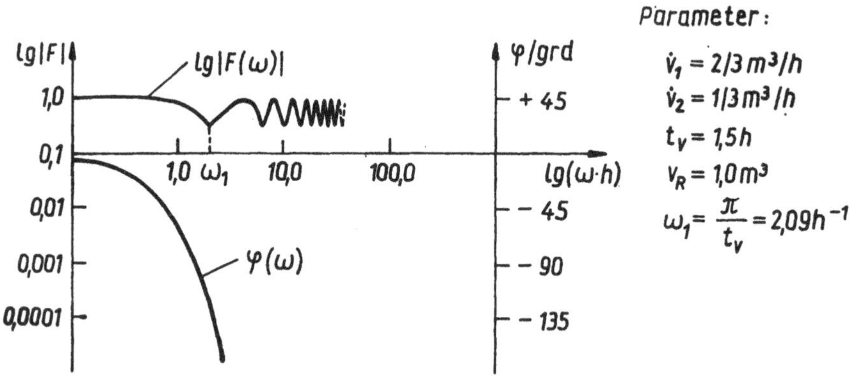

8. Zwei parallele Zellen idealer Verdrängung

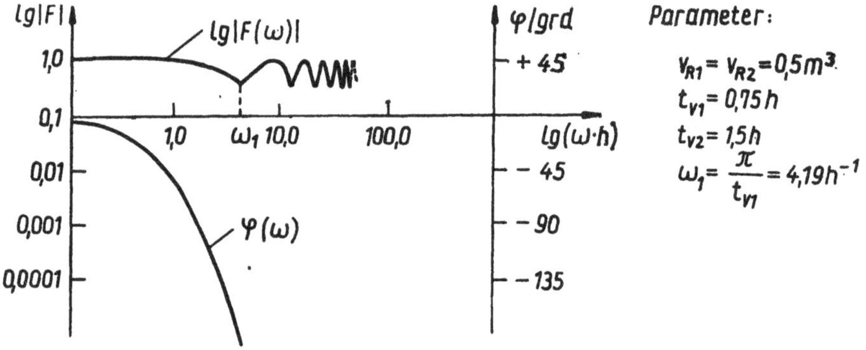

9. Ideale Verdrängung und Vermischung in Reihe

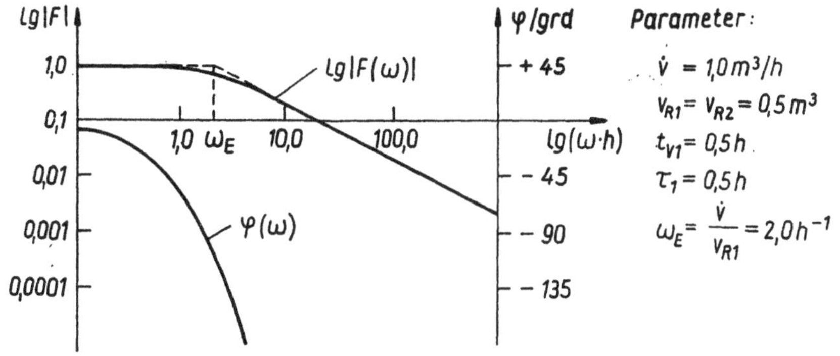

10. Ideale Vermischung mit Kurzschluß und Totvolumen

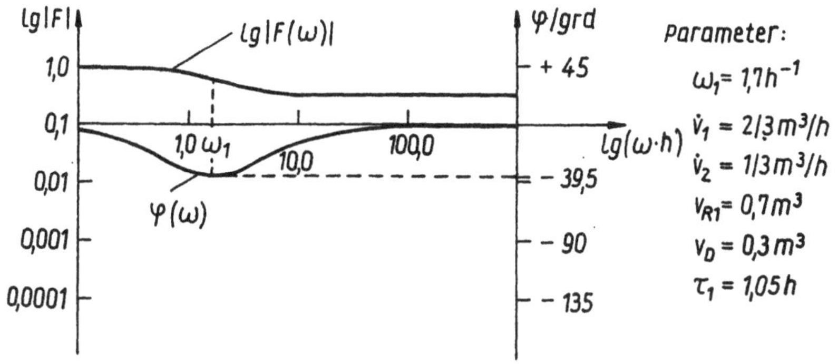

11. Parallelschaltung von Vermischung und Verdrängung

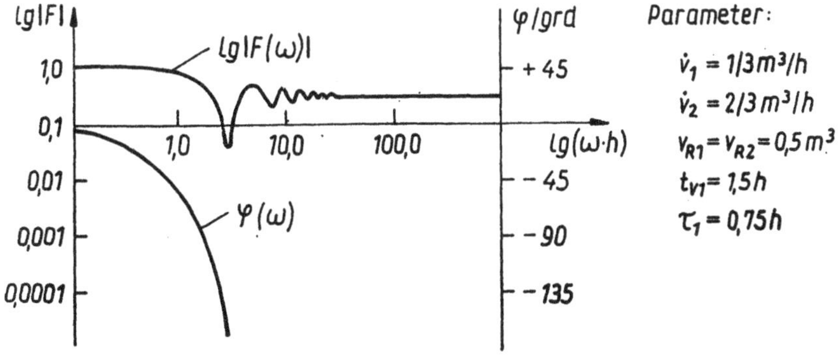

12. Zirkulation zweier Ströme idealer Verdrängung

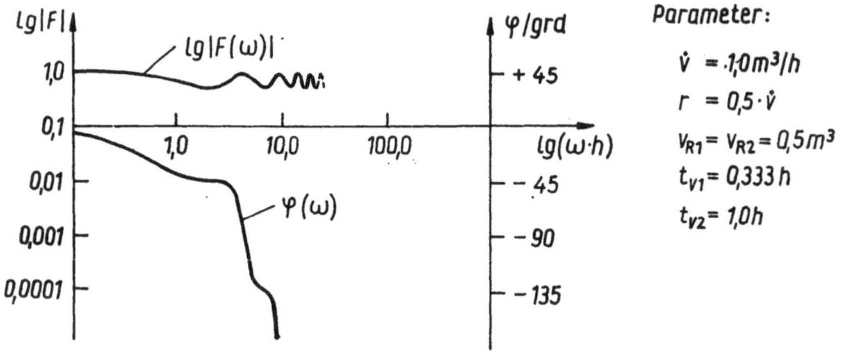

13a. Zirkulation mit drei geschlossenen Umlaufströmen ($N = 1$)

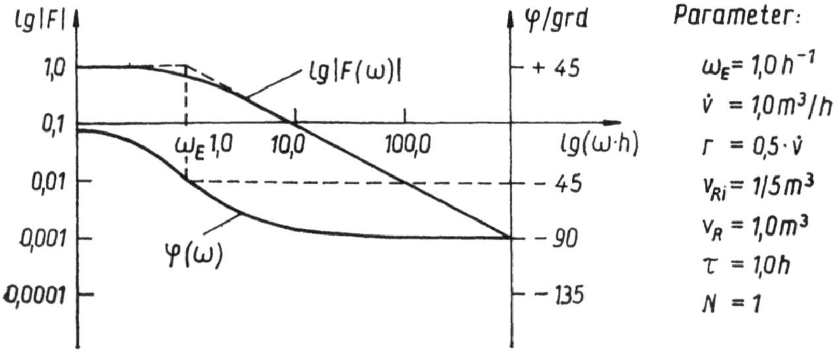

13b. Zirkulation mit drei geschlossenen Umlaufströmen ($N = 2$)

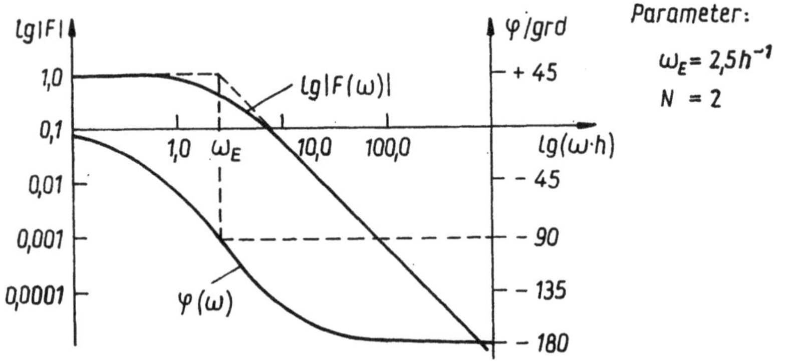

13c. Zirkulation mit drei geschlossenen Umlaufströmen ($N = 3$)

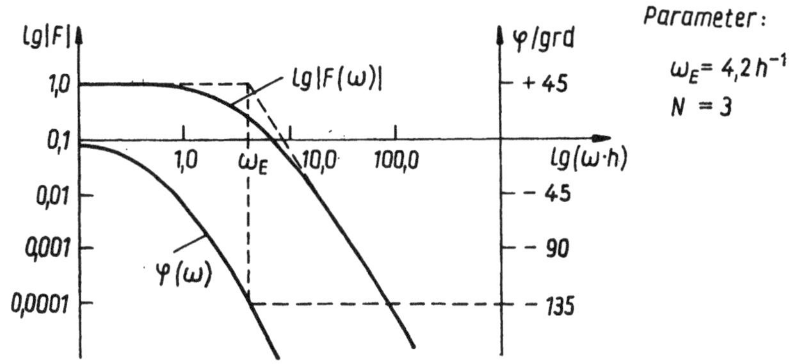

7.3. LAPLACE-Transformation

7.3.1. Rechenregeln der LAPLACE-Transformation

1. Additionssatz

Die Bildfunktion einer Summe von Zeitfunktionen ist gleich der Summe der Bildfunktionen der einzelnen Zeitfunktionen.

$$\mathfrak{L}\{a_1c(t) + a_2c(t) + \cdots\} = a_1C_1(s) + a_2C_2(s) + \cdots$$

2. Ähnlichkeitssatz

Eine Maßstabsänderung im Zeitbereich wirkt sich auch im Bildbereich aus.

$$\mathfrak{L}\{c(a \cdot t)\} = \frac{1}{a} \cdot C\left(\frac{s}{a}\right)$$

3. Dämpfungssatz

Erfolgt das Abklingen einer Funktion im Zeitbereich nach einer e-Funktion, so wirkt sich dies im Bildbereich nach folgender Vorschrift aus

$$\mathfrak{L}\{c(t) \cdot e^{-at}\} = C(s + a).$$

4. Verschiebungssätze

Wird eine Zeitfunktion um den Betrag a nach rechts verschoben, so lautet die entsprechende Beziehung im Bildbereich

$$\mathfrak{L}\{c(t - a)\} = e^{-as} \cdot C(s) \quad (c = 0 \quad \text{für} \quad t < a).$$

Erfolgt die Verschiebung nach links, so ergibt sich für den Bildbereich

$$\mathfrak{L}\{c(t + a)\} = e^{as}\Big(C(s) - \int_0^a e^{-st}c(t)\,dt\Big). \qquad (a > 0)$$

5. Differentiationssatz

Wird eine Funktion $c(t)$ n-mal im Zeitbereich differenziert (abgeleitet), so gilt

$$\mathfrak{L}\{c^{(n)}(t)\} = s^n\mathfrak{L}\{c(t)\} - [s^{n-1}c(0) + s^{n-2}c^{(1)}(0) + \cdots + sc^{(n-2)}(0) + c^{(n-1)}(0)].$$

n-maliges Differenzieren im Zeitbereich bedeutet also, falls für $t \to +0$ $c(t)$ selbst als auch die ersten $n - 1$ Ableitungen verschwinden, eine Multiplikation mit s^n im Bildbereich.

6. Integrationssatz

Falls im Zeitbereich eine Integration der Funktion $c(t)$ über der Zeit t erfolgt, gilt

$$\mathfrak{L}\left\{\int_0^t c(\vartheta)\,d\vartheta\right\} = \frac{1}{s}\,\mathfrak{L}\{c(t)\} + \frac{1}{s}\,c^{(-1)}(0+) = \frac{1}{s}\,C(s) + \frac{1}{s}\,c^{(-1)}(0+).$$

7. Faltungssatz

Die Faltung (*) zweier Funktionen im Zeitbereich stellt im Bildbereich die Multiplikation der Bildfunktionen dar

$$\mathfrak{L}\{c_1(t) * c_2(t)\} = \mathfrak{L}\left\{\int_0^t c_1(t - \vartheta)\,c_2(\vartheta)\,d\vartheta\right\}$$

$$= \mathfrak{L}\left\{\int_0^t c_1(t)\cdot c_2(t - \vartheta)\,d\vartheta)\right\} = C_1(s)\cdot C_2(s).$$

7.3.2. Korrespondenztabelle der LAPLACE-*Transformation*

	Zeitfunktion $c(t)$	Bildfunktion $C(s)$
1	0	0
2	$c_0 \cdot \delta(t)$	c_0
3	$c_0 \cdot \delta(t - t_0)$	$c_0 \cdot e^{-t_0 \cdot s}$
4	$c_0 \cdot \sigma(t)$	$c_0 \cdot \frac{1}{s}$

	Zeitfunktion $c(t)$	Bildfunktion $C(s)$
5	$c_0 \cdot \sigma(t - t_0)$	$c_0 \cdot \frac{1}{s} e^{-t_0 \cdot s}$
6	$c_0\big(1 - \sigma(t - t_0)\big)$	$\frac{c_0(1 - e^{-t_0 s})}{s}$
7	$\frac{t^{n-1}}{(n-1)!}$	$\frac{1}{s^n}$ $(n > 0$, ganz)
8	$\frac{t^{n-1}}{(n-1)!} e^{s_1 t}$	$\frac{1}{(s - s_1)^n}$
9	$\frac{1}{s_1}(e^{s_1 t} - 1)$	$\frac{1}{s(s - s_1)}$
10	$\frac{e^{s_2 t} - s^{s_1 t}}{s_2 - s_1}$	$\frac{1}{(s - s_1)(s - s_2)}$
11	$\frac{s_2 e^{s_2 t} - s_1 e^{s_1 t}}{s_2 - s_1}$	$\frac{s}{(s - s_1)(s - s_2)}$
12	$\frac{s_2 e^{s_1 t} - s_1 e^{s_2 t}}{s_1 s_2 (s_1 - s_2)} + \frac{1}{s_1 s_2}$	$\frac{1}{s(s - s_1)(s - s_2)}$
13	$\sin s_1 t$	$\frac{s_1}{s^2 + {s_1}^2}$
14	$\cos s_1 t$	$\frac{s}{s^2 + {s_1}^2}$
15	$K \cdot e^{s_1 t} \cdot \sin(\omega_1 t + t_0)$	$\frac{A + Bs}{(s - s_1)(s - \bar{s}_1)}$
	mit $K = \frac{B}{\omega_1}\sqrt{\left(\alpha_1 + \frac{A}{B}\right)^2 + \omega_1^2}$	mit $s_1 = \alpha_1 + j\omega_1$ (konj. Komplex)
	$t_0 = \arctan \frac{\omega_1}{\alpha_1 + A/B}$	$\bar{s}_1 = \alpha_1 - j\omega_1$

7.4. Tabellen zum Diffusionsmodell

Tabelle 7.4.1: Diffusionsmodell (eine Meßstelle, DIRAC-Eingabe), erste Momente bezüglich des Nullpunktes nach VAN DER LAAN [172] Zeitachse $\Theta = \bar{t}_v/\bar{t}_v$

I	$1 + \frac{1}{Bo}[2 - (1 - a)\exp[-BoS^0] - (1 - b)\exp[-Bo(S_1^M - S^M)]]$
II	$1 + \frac{1}{Bo}[2 - \exp[-BoS^0] - \exp[-Bo(S_1^M - S^M)]]$
III	$1 + \frac{1}{Bo}[a + b]$
IV	1
V	$1 + \frac{1}{Bo}[2 - (1 - a)\exp(-BoS^0)]$
VI	$1 + \frac{1}{Bo}[2 - (1 - b)\exp[-Bo(S^A - S^M)]]$
VII	$1 + \frac{2}{Bo}$
VIII	$1 + \frac{1}{Bo}$

Tabelle 7.4.2: Diffusionsmodell, zweite Momente bezüglich des Nullpunktes nach VAN DER LAAN [172] Zeitachse $\Theta = \bar{t}_v/\bar{t}_v$

I	$\frac{1}{Bo^2}[2Bo + 8 + 2(1 - a)(1 - b)\exp[-BoS^A] - (1 - a)\exp[-BoS^0]\{4S^0Bo + 4(1 + a) + (1 - a)\exp[-BoS^0]\} - (1 - b)\exp[-Bo(S^A - S^M)]\{4(1 + b) + (1 - b)\exp[-Bo(S^A - S^M)] + 4(S^A - S^M)Bo\}]$
II	$\frac{1}{Bo^2}[2Bo + 8 + 2\exp[-BoS^A] - \exp[-BoS^0]\{4S^0Bo + 4 + \exp[-BoS^0]\} - \exp[-Bo(S^A - S^M)]\{4(S^A - S^M)Bo + 4 + \exp[Bo(S^A - S^M)]\}]$
III	$\frac{1}{Bo^2}[2Bo - 2 + 2\exp[-Bo] + 2(a + b)(1 - \exp[-Bo]) + 3(a^2 + b^2) + 2ab\exp[-Bo]]$
IV	$\frac{2}{Bo^2}[Bo - 1 + \exp(-Bo)]$
V	$\frac{1}{Bo^2}[2Bo + 8 - (1 - a)\exp[-BoS^0]\{4S^0Bo + 4(1 + a) + (1 - a)\exp[-BoS^0]\}]$

Tabelle 7.4.2. (*Fortsetzung*)

VI	$\frac{1}{Bo^2}\,[2Bo + 8 - (1 - b)\exp[-Bo(S^A - S^M)]\,\{4(S^A - S^M)\,Bo + 4(1 + b) + (1 - a)\exp[-Bo(S^A - S^M)]\}]$
VII	$\frac{1}{Bo^2}\,[2Bo + 8]$
VIII	$\frac{1}{Bo^2}\,[2Bo + 3]$

Tabelle 7.4.3: Diffusionsmodell; Erklärungen zu den Tabellen 7.4.1 und 7.4.2

D_a, D, D_b = effektive Diffusionskoeffizienten vor, in, hinter dem Reaktor
S^0 = Eingabestelle
S^M = Meßstelle (Probenahme)
S^E = Eingang des Reaktors
S^A = Ausgang

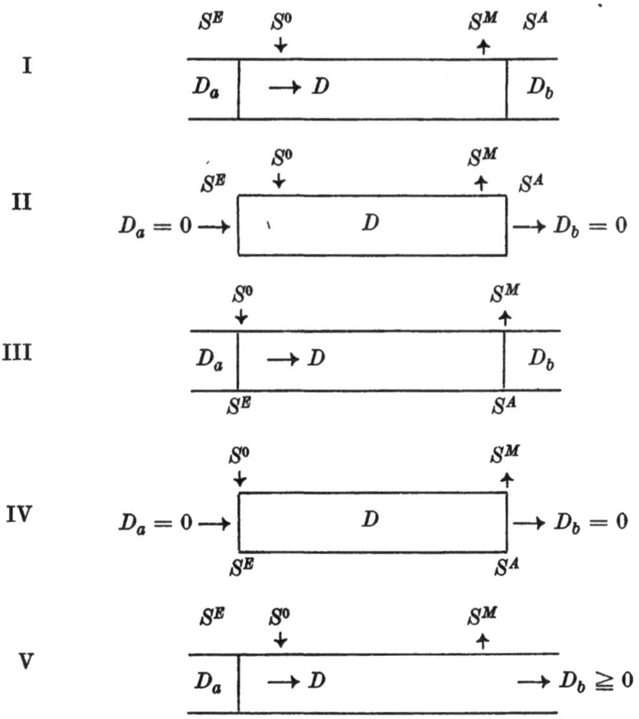

Tabelle 7.4.3. (*Fortsetzung*)

VI

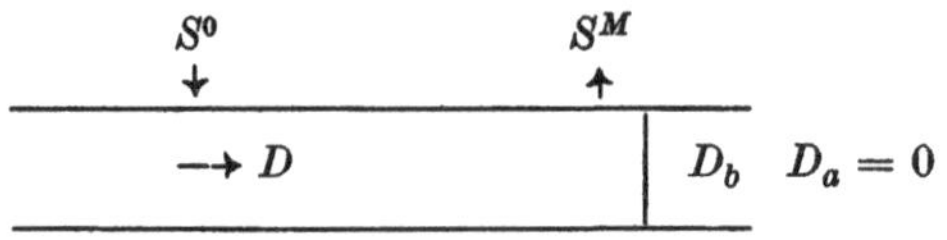

VII

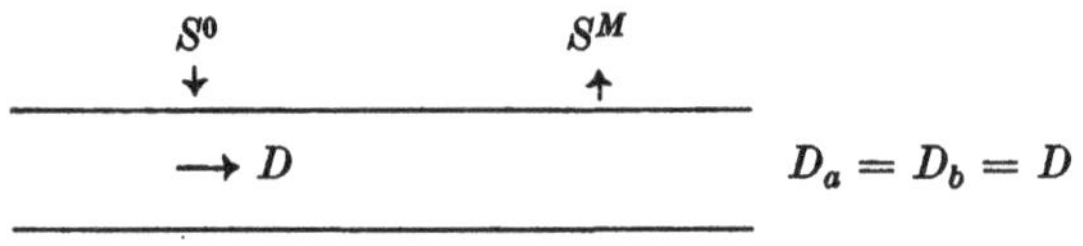

VIII

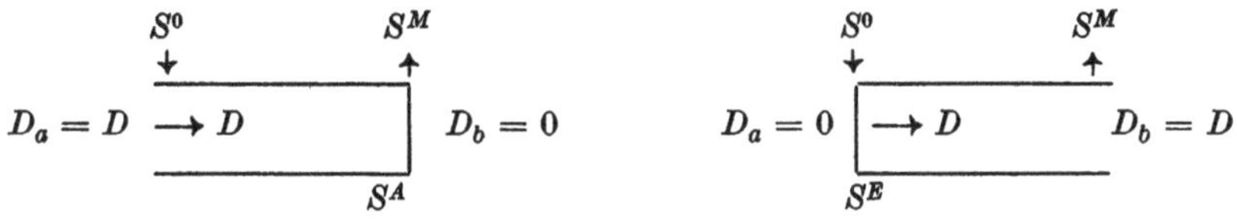

Tabelle 7.4.4: Diffusionsmodell (zwei Meßstellen); erste Momente bezüglich des Nullpunktes nach VAN DER LAAN [172]; Zeitachse $\Theta = t_v/\bar{t}_v$

A	$1 + \frac{1}{Bo}$
B	1
C	$1 - \frac{1-b}{Bo}(1 - \exp[-Bo])\exp[Bo(S_2^M - S^A)]$
D	$1 - \frac{1-b}{Bo}(1 - \exp[-Bo])$
E	$1 - \frac{1-b}{Bo}(1 - \exp[-Bo(S^A - S_1^M])$
F	$1 + \frac{1-b}{Bo}\exp[-Bo(S_2^M - S^A)](\exp(-BoS_2^M) - 1)$
G	$1 + \frac{1-a}{Bo}(1 - \exp[Bo_a S_1^M]) + \frac{1-b}{Bo}\exp[Bo(S_2^M - S^A)]$ $(\exp[Bo_a S_1^M - BoS_2^M] - 1)$
H	$1 + \frac{1}{Bo} - \frac{1-b}{Bo}\exp[-Bo(S^A - S_2^M)]$
J	$1 + \frac{1-a}{Bo}(1 - \exp[Bo_a S_1^M]) - \frac{1-b}{Bo}(1 - \exp[Bo_a S_1^M - BoS^A])$
K	$1 + \frac{1}{Bo} - \frac{1-b}{Bo}\exp[-Bo(S^A - S_2^M)]$
L	1

Tabelle 7.4.5: Diffusionsmodell (zwei Meßstellen), zweite Momente bezüglich des Nullpunktes; Zeitachse $\Theta = t_v/\bar{t}_v$

A $\frac{2}{Bo} + \frac{3}{Bo^2}$

B $\frac{2}{Bo}$

C $\frac{2}{Bo} + \frac{1-b}{Bo^2} \exp[Bo(S_2^M - S^A)] \{4(1+b)(\exp[-Bo] - 1) + 4Bo(S_2^M - S_1^M)$
$+ (1-b)(\exp[-2Bo] - 1)\exp[Bo(S_2^M - S^A)] + 4Bo(S^A - S_1^M)\exp[-Bo]\}$

D $\frac{2}{Bo} + \frac{1-b}{Bo^2} \{4(1+b)(\exp[-Bo] - 1) + (1-b)(\exp[-2Bo] - 1)$
$+ 4Bo\exp[-Bo]\}$

E $\frac{2}{Bo} + \frac{1}{Bo^2} \{-5 + 2b + 3b^2 + 2(1-b)Bo(S^A - S_2^M) + 4(1-b)[1 + b$
$+ Bo(S^A - S_1^M)]\exp[-Bo(S^A - S_1^M)] + (1-b)^2 \exp[-2Bo(S^A - S_1^M)]\}$

F $\frac{2}{Bo} + \frac{1}{Bo^2} \{6(1-a]BoS_1^M + 4(1-b^2)[\exp(-BoS^A) - \exp[-Bo(S_2^M - S^A)]]$
$+ 4(1-b)[Bo(S^A - S_1^M)\exp[-BoS^A] - Bo(S_2^M - S^A)\exp[-Bo(S_2^M - S^A)]]$
$+ (1-b)^2[\exp[-2BoS^A] - \exp[-2Bo(S_2^M - S^A)]]\}$

G $\frac{2}{Bo} + \frac{1}{Bo^2} \{3 + 2a - 5a^2 + 2(1-a)BoS_1^M + 4(1-a)BoS_1^M \exp[Bo_a S_1^M]$
$- 4[1-a^2)\exp[Bo_a S_1^M] + 4(1-b^2)\exp[-BoS^A](\exp[Bo_a S_1^M]$
$- \exp[BoS_2^M]) + 2(1-a)(1-b)\exp[-BoS^A](1 - \exp[2Bo_a S_1^M])$
$+ (1-a)^2 \exp[2Bo_a S_1^M] + 4(1-b)\exp[-BoS^A][Bo(S_2^M - S^A)\exp[BoS_2^M]$
$- Bo(S_1^M - S^A)\exp[Bo_a S_1^M]] + (1-b)^2 \exp[-2BoS^A](\exp[2Bo_a S_1^M]$
$- \exp[2BoS_2^M])\}$

H $\frac{2}{Bo} + \frac{1}{Bo^2} \{3 + 4(1-b^2)[\exp[-BoS^A] - \exp[Bo(S_2^M - S^A)]]$
$+ 4(1-b)[BoS^A \exp[-BoS^A] + Bo(S_2^M - S^A)\exp[Bo(S_2^M - S^A)]]$
$+ (1-b)^2[\exp[-2BoS^A] - \exp[2Bo(S_2^M - S^A)]]\}$

Tabelle 7.4.5. (Fortsetzung)

J

$$\frac{2}{Bo} + \frac{1}{Bo^2} \{-2 + 2a - 5a^2 + 2b + 3b^2 + 2(1-b)\, Bo(S^A - S_2^M) + 2(1-a)$$
$$\times\, BoS_1^M + 4(1-a)\,(BoS_1^M - 1 - a)\exp[Bo_aS_1^M] + 4(1-b)\,[1 + b - Bo(S_1^M$$
$$- S^A)]\exp[Bo_aS_1^M - BoS^A] + (1-b)^2\exp[2Bo_aS_1^M - BoS^A)]$$
$$+ (1-a)^2\exp[2Bo_aS_1^M] + 2(1-a)\,(1-b)\exp[-BoS^A]\,(1 - \exp[2Bo_aS_1^M])\}$$

K

$$\frac{2}{Bo} + \frac{1}{Bo^2} \{4(1-b)^2\,[\exp[-BoS^A] - \exp[Bo(S_1^M - S^A)]]$$
$$+ 4(1-b)\,[BoS^A\exp[-BoS^A] + Bo(S_2^M - S^A)\exp[Bo(S_2^M - S^A)]]$$
$$+ (1-b)^2\,[\exp[-2BoS^A] - \exp[2Bo(S_2^M - S^A)]]\}$$

L

$$\frac{2}{Bo} + \frac{1}{Bo^2} \{4(1-b^2)\,[\exp[-BoS^A] - 1] + 4(1-b)\,BoS^A\exp[-BoS^A]$$
$$+ (1-b)^2\,[\exp[-2BoS^A] - 1]$$

Tabelle 7.4.6: Diffusionsmodell, Erklärungen zu den Tafeln 7.4.4 und 7.4.5

$S_1{}^M$, $S_2{}^M$ = erste bzw. zweite Meßstelle (Probenahme)
(andere Symbole s. Tab. 7.4.3)

A

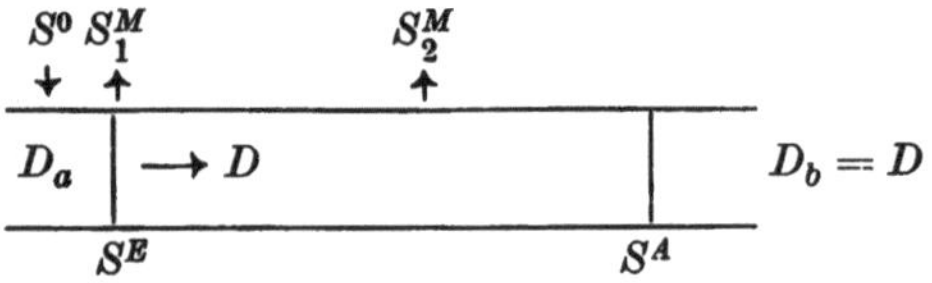

B

C

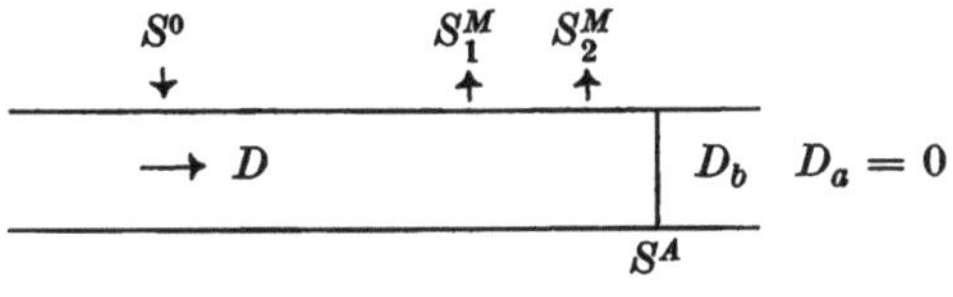

D

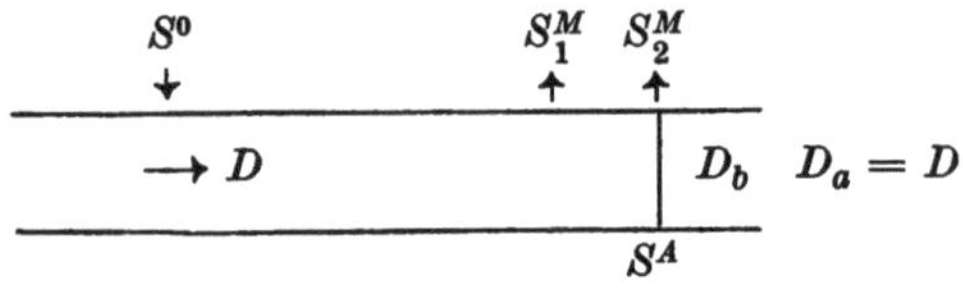

Tabelle 7.4.6. (*Fortsetzung*)

E

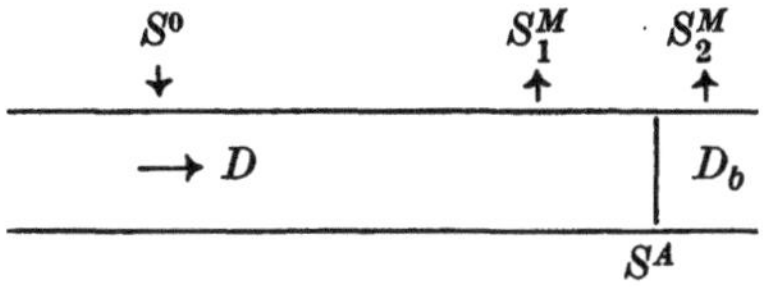

$D_a = D$

F

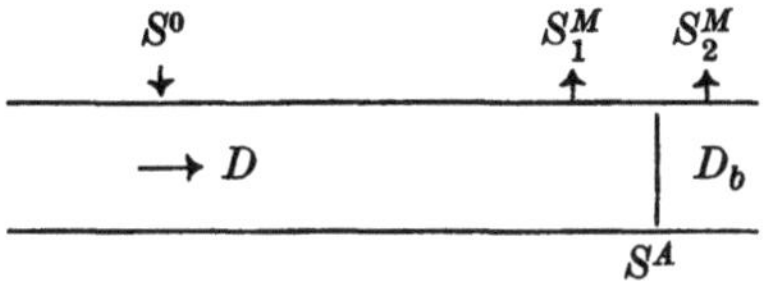

$D_a = D \gg D_b$

G

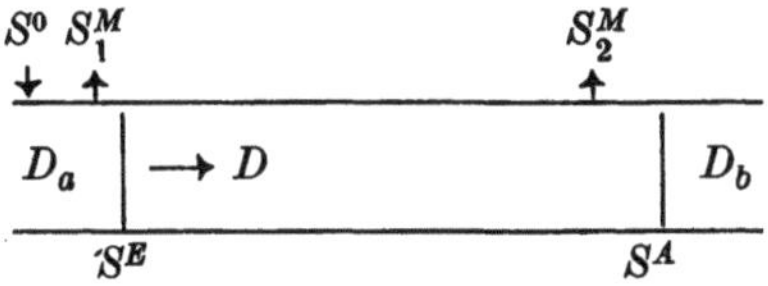

H

$D_a = 0$

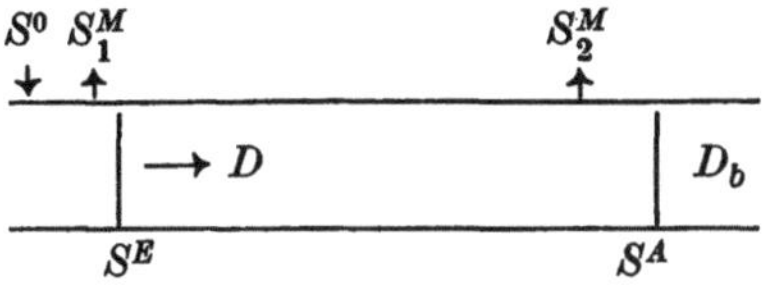

J

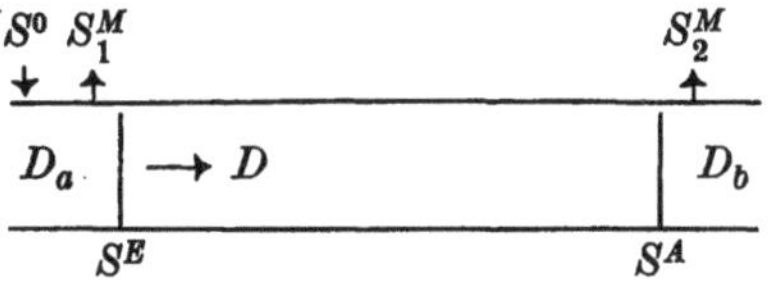

K

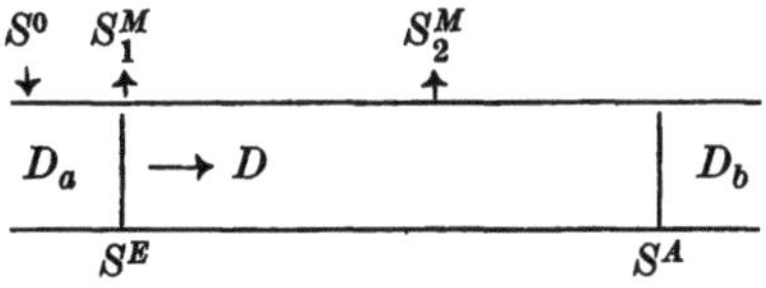

L

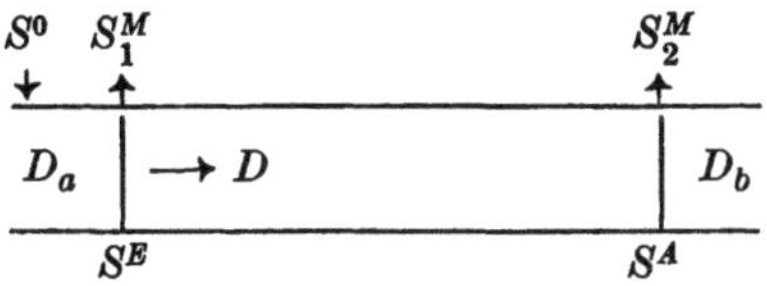

7.5. Programme zur Auswertung von Verweilzeitkurven

Für alle im Anhang enthaltenen Unterprogramme

VWZAUS: Auswertung von Verweilzeitkurven im Zeitbereich
FREGA1: Berechnung der Frequenzgangfunktion aus den Meßwerten des Amplitudenspektrums (Gewichtsfunktion)
FREGA2: Berechnung der Frequenzgangfunktion aus den Meßwerten impulsförmiger Ein- und Ausgangssignale
ZEMOO1: Anpassung von Verweilzeitkurven an ein Mischreaktor-Zellenmodell
REAKO1: Simulation des Ablaufs einer Reaktion im Mischreaktor-Zellenmodell

ist die Ein- und Ausgabe vom Nutzer zu organisieren.

Zur Vereinfachung sind alle Eingangsgrößen jeweils im COMMON-Block [INPUT] und alle Ausgangsgrößen im COMMON-Block [OUTPUT] zusammengefaßt, deren Inhalt in den Kurzbeschreibungen erklärt wird.

Für das Unterprogramm VWZAUS ist zur Erläuterung ein Rechenprogramm zur Ein- und Ausgabe angegeben.

SUBROUTINE VWZAUS

Problem:

Auswertung von Verweilzeitkurven durch Bestimmung charakteristischer Parameter und Funktionen und Auswertung bezüglich des Rührstufenmodells.

Eingabe: aus COMMON-Block [INPUT]:

N — Anzahl der Meßwerte (max. 200)
IND — Steuerparameter, wenn IND $\neq$ 0: Berechnung gewichteter Momente [ ]
S — Dämpfungsfaktor, wenn IND $\neq$ 0
T — Vektor der Länge N, Verweilzeitmeßpunkte
C — Vektor der Länge N, Indikatorkonzentrationsmeßpunkte

Ausgabe: auf COMMON-Block [OUTPUT]:

E —, F —, G —, H — } Vektoren der Länge N — 1,
E: E_θ-Funktion
F: F_θ-Funktion
G: I_θ-Funktion
H: λ_θ-Funktion

TR — Vektor der Länge N, normierte Verweilzeit
Vektoren der Länge 5, normale, normierte und gewichtete Momente 0. bis 4. Ordnung

MOM —, RMOM —, GMOM — } bezüglich des Nullpunktes

ZMOM –
RZMOM – } bezüglich des Mittelpunktes
GZMOM –

ST – Standardabweichung
SY – Asymmetriefaktor
EX – Exzeß
RZ – Vektor der Länge N – 2, Äquivalentrührstufenzahlen aus Kurvenpunkten
RZM – Vektor der Länge 4, Äquivalentrührstufenzahlen aus:
– 1. normalem Moment
– 2. reduziertem Moment
– 3. reduziertem Moment
– Asymmetriefaktor

PROGRAM EINAUS

Ein- und Ausgabeprogramm für VWZAUS

Aufgerufene Unterprogramme: VWZAUS

Eingabe: auf COMMON-Block [INPUT]:

1. Karte: FORMAT (2I10, E10.4) N, IND, S
folgende Karten: FORMAT (8F10.5) T_i, C_i (i = 1(1)N) im Wechsel ablochen

Ausgabe: aus COMMON-Block [OUTPUT].

FORTRAN-*Programmausdruck:*

```
      SUBROUTINE VWZAUS
C     ***********************
C
C------AUSWERTUNG GEMESSENER VERWEILZEITKURVEN
C     ----------------------------------------------------------------------
C
      COMMON /INPUT/ N,S,C(200),T(200),IND
      COMMON /OUTPUT/ E(200),F(200),G(200),H(200),TR(200),
     1               MOM(5),RMOM(5),GMOM(5),ZMOM(5),
                     RZMOM(5),GZMOM(5),
     2               ST,SY,EX,RZ(200),RZM(4)
      REAL MOM
      DIMENSION FLA(200)
C
C------INTEGRATION NACH DER TRAPEZREGEL
C
```

```
      DO 10 I=2,N
   10 FLA(I) =(C(I-1)+C(I))*(T(I)-T(I-1))/2.
      SUMFLA =0.
      DO 20 I=2,N
   20 SUMFLA = SUMFLA +FLA(I)
C
C------NORMALE MOMENTE BZGL. DES NULLPUNKTES
C
      MOM(1) = 1.
      DO 30 I=2,5
   30 MOM(I) = 0.
      DO 40 I=2,N
      U1=FLA(I)*(T(I)+T(I-1))/2.
      MOM(2) = MOM(2) + U1
      DO 40 J=3,5
      U1 = U1*(T(I)+T(I-1))/2.
   40 MOM(J) = MOM(J) + U1
      DO 50 J=2,5
   50 MOM(J) = MOM(J)/SUMFLA
C
C------REDUZIERTE MOMENTE BZGL. DES NULLPUNKTES
C
      U  = MOM(2)
      U2 = U*U
      U3 = U2*U
      U4 = U3*U
      RMOM(1) = 1.
      RMOM(2) = 1.
      RMOM(3) = MOM(3)/U2
      RMOM(4) = MOM(4)/U3
      RMOM(5) = MOM(5)/U4
C
C------GEWICHTETE MOMENTE BZGL. DES NULLPUNKTES
C
      IF (IND.EQ.0) GOTO 85
      DO 60 I=1,5
   60 GMOM(I) = 0.
      DO 70 I=2,N
      U1 = FLA(I)* EXP(-S*(T(I)+T(I-1))/2.)
      GMOM(1) = GMOM(1) + U1
      DO 70 J=2,5
      U1 = U1*(T(I)+T(I-1))/2.
   70 GMOM(J) = GMOM(J) + U1
      DO 80 J=1,5
   80 GMOM(J) = GMOM(J)/SUMFLA
```

```
C
C------NORMALE ZENTRALMOMENTE
C
   85 ZMOM(1) = 1.
      ZMOM(2) = 0.
      ZMOM(3) = MOM(3)- U2
      ZMOM(4) = MOM(4)- 3.*U*MOM(3) + 2.*U3
      ZMOM(5) = MOM(5)- 4.*U*MOM(4) + 6.*MOM(3)*U2 - 3.*U4
C
C------REDUZIERTE ZENTRALMOMENTE
C
      RZMOM(1) = 1.
      RZMOM(2) = 0.
      RZMOM(3) = ZMOM(3)/U2
      RZMOM(4) = ZMOM(4)/U3
      RZMOM(5) = ZMOM(5)/U4
C
C------GEWICHTETE ZENTRALMOMENTE
C
      IF (IND.EQ.0) GOTO 95
      V= GMOM(2)
      V2= V*V
      V3= V2*V
      V4= V3*V
      GZMOM(1) = 1.
      GZMOM(2) = 0.
      GZMOM(3) = GMOM(3) - V2
      GZMOM(4) = GMOM(4) - 3.*GMOM(3)*V + 2.*V3
      GZMOM(5) = GMOM(5) - 4.*GMOM(4)*V + 6.*GMOM(3)*V2
     1 - 3.*V4
C
C------REDUZIERTE ZEIT
C
   95 DO 90 I=1,N
   90 TR(I) = T(I)/U
C
C------E-FUNKTION, F-FUNKTION und I-FUNKTION
C
      SUM= 0.
      DO 120 I=2,N
      E(I) = C(I)* U/SUMFLA
      F(I) = FLA(I)/SUMFLA +SUM
      SUM = F(I)
  120 G(I)= 1-F(I)
```

```
C
C------INTENSITAETSFUNKTION
C
          N1 = N-1
          DO 130 I=2,N1
      130 H(I) = E(I)/G(I)
C
C------STANDARDABWEICHUNG, ASYMMETRIEFAKTOR UND
C         EXZESS
          ST  = SQRT (ZMOM(3))
          SY  = ZMOM(4)/(ST*ST*ST)
          EX = ZMOM(5)/(ST*ST*ST*ST)-3.
C
C------AUSWERTUNG BZGL. DES RUEHRSTUFENMODELLS
C
          CMAX = C(1)
          II = 0
          DO 140 I=2,N
          IF (CMAX.GE. C(I)) GOTO 140
          CMAX = C(I)
          II =I
      140 CONTINUE
          TMAX = T(II)
C
C------BESTIMMUNG DER AEQUIVALENTRUEHRSTUFENZAHL
C         DIREKT AUS MESSWERTEN
          N1= N-1
          DO 150 I=2,N1
          TTM = T(I)/TMAX
          SUM = TTM- ALOG(TTM)-1
          IF(SUM.EQ.0.0) RZ(I)= -1.
          GOTO 150
          RZ(I)= ALOG(CMAX/C(I))/SUM -1
      150 CONTINUE
C
C------BESTIMMUNG DER AEQUIVALENTRUEHRSTUFENZAHL
C         AUS MOMENTEN
          RZM (1) = 1./(1.- TMAX/U)
          RZM(2) = 1./RZMOM(3)
          RZM(3) = SQRT(2./RZMOM(4))
          RZM(4) = SY*SY/4.
          RETURN
          END
```

```
            PROGRAM EINAUS
C
C------EINGABE UND AUSGABE ZUR: AUSWERTUNG GE-
C           MESSENER VERWEILZEITKURVEN
C           ---------------------------------------------------
            COMMON /INPUT/ N,S,C(200),T(200),IND
            COMMON /OUTPUT/ E(200),F(200),G(200),H(200),TR(200),
           1                MOM(5),RMOM(5),GMOM(5),ZMOM(5),
           2                RZMOM(5),GZMOM(5),
           3                ST,SY,EX,RZ(200),RZM(4)
C
            REAL MOM
C
C------EINGABE: N,IND,S,T,C
C
        111 READ 100,N,IND,S
        100 FORMAT(2I10,E10.4)
            IF(N.LE.0) CALL EXIT
            READ 110,(T(I),C(I),I=1,N)
        110 FORMAT(8F10.5)
C
C------AUFRUF DER SUBROUTINE VWZAUS
C
            CALL VWZAUS
C
C------AUSGABE DER RESULTATE
C
            PRINT 200
        200 FORMAT ('1',9X,'TABELLE DER EINGEGEBENEN UND
           1BERECHNETEN FUNKTIONEN'
           2/10X,51('—'))
            PRINT 210
        210 FORMAT (/10X,'KONZ. X(I)',7X,'ZEIT T(I)',8X,'RED.ZEIT'
           1,9X,'E-FUNKTION',7X,'F-FUNKTION',7X,'I-FUNKTION',
           27X,'INT.-FKT.')
            I=1
            PRINT 220,I,C(1),T(1),TR(1)
        220 FORMAT (/,I3,3E17.5)
            PRINT 230,(I,C(I),T(I),TR(I),E(I),F(I), G(I),H(I),I=2,N)
        230 FORMAT (I3,7E17.5)
            PRINT 240
        240 FORMAT (///10X,'MOMENTE BEZGL. DES NULLPUNKTES
           1UND ZENTRALMOMENTE'
```

```
     1/10X,49('—'))
      PRINT 250
250   FORMAT (//44X,'0.MOMENT',9X,'1.MOMENT',9X,'2.
     1MOMENT',9X,'3.MOMENT'
     2,9X,'4.MOMENT')
      PRINT 260
260   FORMAT (//10X,'MOMENTE BEZGL. D. NULLPKT.')
      PRINT 270,(MOM(I),I=1,5)
270   FORMAT (/21X,'NORMALE MOMENTE',1X,5E17.5)
      PRINT 280,(RMOM(I),I=1,5)
280   FORMAT (/21X,'REDUZ. MOMENTE',2X,5E17.5)
      IF (IND.EQ.0) GOTO 295
      PRINT 290,(GMOM(I),I=1,5)
290   FORMAT (/21X,'GEWICH. MOMENTE',1X,5E17.5)
295   PRINT 300
300   FORMAT (/10X,'ZENTRALMOMENTE')
      PRINT 310,(ZMOM(I),I=1,5)
310   FORMAT (/21X,'NORMALE MOMENTE',1X,5E17.5)
      PRINT 320,(RZMOM(I),I=1,5)
320   FORMAT (/21X,'REDUZ. MOMENTE',2X,5E17.5)
      IF (IND.EQ.0) GOTO 335
      PRINT 330,(GZMOM(I),I=1,5)
330   FORMAT (/21X,'GEWICH. MOMENTE',1X,5E17.5)
335   PRINT 340,ST
340   FORMAT (///10X,'STANDARDABWEICHUNG:',E15.5)
      PRINT 350,SY
350   FORMAT (/10X,'ASYMMETRIEFAKTOR',2X,':',E15.5)
      PRINT 360,EX
360   FORMAT (/10X,'EXZESS',12X,':',E15.5)
      PRINT 370,S
370   FORMAT (/10X,'DAEMPFUNGSFAKTOR'/10X,'FUER
      GEW.MOMENTE:',2X,E15.5)
      PRINT 380
380   FORMAT(///10X,'AEQUIVALENTRUEHRSTUFENZAHLEN'
     1            /,10X,28(1H—),//,
     2           10X,'AUS KURVENPUNKTEN:')
      N1 =N—1
      DO 10 I=2,N1
      PRINT 390, I,RZ(I)
390   FORMAT (35X,I5,F15.5)
 10   CONTINUE
      PRINT 400,(RZM(I),I=1,4)
400   FORMAT (/,10X,'AUS 1.NORMALEN MOMENT:',8X,E15.5,/,
     1            10X,'AUS 2.REDUZ.ZENTRALMOMENT:',4X,
     2            E15.5,/,
```

```
      3          10X,'AUS 3.REDUZ.ZENTRALMOMENT:',4X,
      4          E15.5,/,
      5          10X,'AUS ASYMMETRIEFAKTOR:',9X,E15.5)
        GOTO 111
        END
```

SUBROUTINE FREGA1

Problem:

Unterprogramm zur Berechnung von Realteil FR, Imaginärteil FI und des Betrages FB der Frequenzgangfunktion $F(jW)$ sowie des Phasenganges in Bogenmaß PHBG und in Gradmaß PHGR des Verweilzeitspektrums (Gewichtsfunktion $g(t)$ eines Strömungssystems aus den Meßwerten TK und YK, die mittels Spline-Algorithmus vor der Bearbeitung geglättet werden (G(TAU)). Die Abszissenwerte TK können nicht-äquidistant sein.

Berechnungsformeln:

$$\text{Realteil} \quad \text{FR(W)} = \frac{\int_0^{\text{TMAX}} G\,\text{COS}\,(W \cdot T)\,dT}{\text{AREA}} \tag{1}$$

$$\text{Imaginärteil} \quad \text{FI(W)} = \frac{\int_0^{\text{TMAX}} G\,\text{SIN}\,(W \cdot T)\,dT}{\text{AREA}} \tag{2}$$

$$\text{AREA} = \int_0^{\text{TMAX}} G\,dT \tag{3}$$

$$\text{Betrag} \quad \text{FB(W)} = \sqrt{(\text{FR(W)})^2 + (\text{FF(W)})^2} \tag{4}$$

T — Zeit (max. 1000 Schritte)
W — Frequenz (max. 1000 Schritte)

Aufgerufene Unterprogramme: SPLKO, G, SPLINE, REIM, PHASE

Eingabe: aus COMMON-Block /INPUT/:

DT — Zeitschrittweite
TMAX — max. Zeit
DW — Frequenzschrittweite
WMAX — max. Frequenz
N — Anzahl der Meßwertpaare TK, YK (N $\leqq$ 50)
TK — Vektor der Länge 50, Zeitmeßpunkte (Abszissenwerte)
YK — Vektor der Länge 50, Konzentrationsmeßpunkte (Ordinatenwerte)

P — Vektor der Länge 50, Glättungskonstanten für Spline-Algorithmus, z. B. P(I) = 100.

Ausgabe: auf COMMON-Block /OUTPUT/:

FR — Vektor der Länge 1000, Realteil der berechneten Frequenzgangfunktion
FI — Vektor der Länge 1000, Imaginärteil der berechneten Frequenzgangfunktion
FB — Vektor der Länge 1000, Betrag der berechneten Frequenzgangfunktion
PHBG — Vektor der Länge 1000, Phasengang der berechneten Frequenzgangfunktion in Bogenmaß
PHGR — Vektor der Länge 1000, Phasengang der berechneten Frequenzgangfunktion in Gradmaß

SUBROUTINE SPLKO (N, X, U, Y2, P, A, B, C, D)

Aufgabe:

Berechnung der Spline-Koeffizienten A, B, C, D für eine Funktion, die durch N Meßwertpaare (Abszissenwerte X, Ordinatenwerte U) gekennzeichnet ist.

Eingabe:

N — Anzahl der Meßwertpaare X, U
X — Vektor der Länge N, Abszissenwerte } der Meßpunkte
U — Vektor der Länge N, Ordinatenwerte } der Meßpunkte
P — Vektor der Länge N, Glättungskonstanten, z. B. P(I) = 100.

Ausgabe:

Y2 — Vektor der Länge N, 2. Ableitungen an den Meßpunkten
A, B, C, D — Vektoren der Länge N, Spline-Koeffizienten an den Meßpunkten

SUBROUTINE REIM (W, G, XR, XI, XB, AREA)

Aufgabe:

Berechnung von Realteil XR, Imaginärteil XI und Betrag XB der Frequenzgangfunktion sowie der Flächen unter der Funktion G nach den Formeln (1) bis (4) von FREGA1

Aufgerufene Unterprogramme: G

Eingabe:

W — Frequenz

COMMON /INPUT/

Ausgabe:

XR	— Realteil	der Frequenzgangfunktion bei der Frequenz W
XI	— Imaginärteil	der Frequenzgangfunktion bei der Frequenz W
XB	— Betrag	der Frequenzgangfunktion bei der Frequenz W
AREA	— Fläche unter der Funktion G	

FUNCTION G(TAU)

Aufgabe:

Berechnung der nach dem Spline-Algorithmus geglätteten Meßfunktion (Amplitudenspektrum)

Aufgerufene Unterprogramme: SPLINE

Eingabe:

TAU — Zeit

COMMON /INPUT/

Ausgabe:

G — Spline-Funktionswert

SUBROUTINE SPLINE (TAU, TK, A, B, C, D, SPL)

Aufgabe:

Berechnung einer glättenden Spline-Funktion SPL nach einem kubischen Spline-Algorithmus

Eingabe:

TAU — Zeit (Abszisse)
TK — Vektor der Länge $\leqq 50$, Abszissenwerte der Meßpunkte
A, B, C, D — Vektoren der Länge $\leqq 50$, Spline-Koeffizienten an den Meßpunkten

Ausgabe:

SPL — Spline-Funktionswert für beliebigen Wert der unabhängigen Zeitvariablen TAU

SUBROUTINE PHASE(XR, XI, PB, PG)

Aufgabe:

Berechnung des Phasenganges der Frequenzgangfunktion sowohl in Bogen- als auch in Gradmaß.

Eingabe:

XR — Realteil } der Frequenzgangfunktion
XI — Imaginärteil }

Ausgabe:

PB — Phasengang in Bogenmaß
PG — Phasengang in Gradmaß

FORTRAN-*Programmausdruck:*

```
      SUBROUTINE FREGA1
C     **********************
C     UNTERPROGRAMM ZUR BERECHNUNG VON REALTEIL
C     FR, IMAGINAERTEIL FI UND DES BETRAGES FB DER
C     FREQUENZGANGFUNKTION SOWIE DES PHASENGANGES
C     IN BOGENMASS PHBG UND IN GRADMASS PHGR DES
C     VERWEILZEITSPEKTRUMS (GEWICHTSFUNKTION) EINES
C     STROEMUNGSSYSTEMS AUS DEN MESSWERTEN TK UND
C     YK,DIE MITTELS SPLINE-ALGORITHMUS VOR DER
C     BEARBEITUNG GEGLAETTET WERDEN
C
C     EINGABE-, AUSGABE- UND ARBEITSGROESSEN
C
      COMMON /INPUT/  DT,TMAX,DW,WMAX,N,TK(50),YK(50),
     *                P(50)
     *       /OUTPUT/ FR(1000),FI(1000),FB(1000),PHBG(1000),
     *                PHGR(1000)
     *       /PAR/    A(50),B(50),C(50),D(50),E(50)
C
      EXTERNAL G
C     AN DIESER STELLE HAT DAS EINLESEN DER EINGABE-
C     GROESSEN SOWIE DEREN UEBERTRAGUNG AUF DIE
C     DAFUER VORGESEHENEN FELDER ZU ERFOLGEN
C
C     AUFRUF DES UNTERPROGRAMMS SPLKO
C
      CALL SPLKO (N,TK,YK,E,P,A,B,C,D)
C
C     FREQUENZSCHLEIFE (W=OMEGA)
C
      W=0.
      I=0
    1 W=W+DW
      I=I+1
```

```
C
C       AUFRUF DES UNTERPROGRAMMS REIM, WELCHES
C       SELBST DIE FUNCTION G(TAU) BENUTZT
C
        CALL REIM (W,G,XR,XI,XB,AREA)
        FR(I)= XR/AREA
        FI(I)= XI/AREA
        FB(I)= XB/AREA
C
C       AUFRUF DES UNTERPROGRAMMS PHASE
C
        CALL PHASE (FR,FI,PB,PG)
        PHBG(I)= PB
        PHGR(I)= PG
C
        IF (W.LT.WMAX) GOTO 1
C
C       AN DIESER STELLE KANN DIE AUSGABE DER BERECH-
C       NETEN GROESSEN ERFOLGEN
C
        RETURN
        END
        SUBROUTINE SPLKO (N,X,U,Y2,P,A,B,C,D)
C
C       UNTERPROGRAMM ZUR BERECHNUNG DER SPLINE-
C       KOEFFIZIENTEN A,B,C,D
        DIMENSION X(2),U(2),Y2(2),P(2),A(2),B(2),C(2),D(2)
        N1=N-1
        N2=N-2
        N3=N-3
        N4=N-4
        Y2(1)=0.
        Y2(N)=0.
        DO 1 K=1,N1
            D(K)=1./(X(K+1)-X(K))
      1 CONTINUE
        D(N)=0.
        A1=0.
        A2=0.
        B1=0.
        A(1)=0.
        B(1)=0.
        B(2)=0.
        J1=0
```

```
      P1=1./P(1)
      P2=1./P(2)
      H=0.
      H1=D(1)
      H2=D(2)
      R1=(U(2)-U(1))*H1
C
      D0 2 K=1,N2
      K1=K+1
      K2=K+2
      IF(K.GT.1) H=B1-A1*A(J1)
      H3=D(K2)
      P3=1./P(K2)
      S=H1+H2
      T=2./H1+2./H2+6.*(H1*H1*P1+S*S*P2+H2*H2*P3)
      R2=(U(K2)-U(K1))*H2
      IF(K.LE.N3) A(K1)=Z*(B2-H*B(K1))
      B2=1./H2-6.*H2*(P2*S+P3*(H2+H3))
      IF(K.LE.N4) B(K2)=Z*A3
      A3=6.*P3*H2*H3
      Z=1./(T-A1*B(K)-H*A(K))
      R=6.*(R2-R1)
      IF(K.GE.2)R=R-H*C(J1)
      IF(K.GT.2)R=R-A1*C(J2)
      C(K)=Z*R
      J2=J1
      J1=K
      A1=A2
      A2=A3
      B1=B2
      H1=H2
      H2=H3
      P1=P2
      P2=P3
      R1=R2
C
    2 CONTINUE
      Y2(N1)=C(N2)
      IF(N3.EQ.0) GOTO 4
      Y2(N2)=C(N3)-A(N2)*Y2(N1)
      IF(N4.EQ.0) GOTO 4
      DO3 J=1,N4
      K=N2-J
      K1=K+1
      K2=K+2
```

```
      Y2(K)=C(K-1)-A(K)*Y2(K1)-B(K1)*Y2(K2)
    3 CONTINUE
    4 H1=0
      DO 5 K=1,N1
      J2=K+1
      C(K)=D(K)
      H2=D(K)*(Y2(J2)-Y2(K))
      A(K)=H2/6.
      D(K)=U(K)-(H2-H1)/P(K)
      B(K)=.5*Y2(K)
      H1=H2
    5 CONTINUE
      D(N)=U(N)+H1/P(N)
      DO 6 K=1,N1
      J2=K+1
      H=C(K)
      C(K)=(D(J2)-D(K))*H-(Y2(J2)+2.*Y2(K))/(6.*H)
    6 CONTINUE
      C(N)=(D(N)-D(N1))*H+(2.*Y2(N)+Y2(N1))/(6.*H)
      RETURN
      END

      SUBROUTINE REIM(W,G,XR,XI,XB,AREA)
C     UNTERPROGRAMM ZUR BERECHNUNG VON REALTEIL
C     XR, IMAGINAERTEIL XI UND BETRAG XB DER FRE-
C     QUENZGANGFUNKTION SOWIE DER FLAECHE UNTER
C     DER MESSFUNKTION
C
      COMMON /INPUT/ DT,TMAX,DW,WMAX,N,TK(50),YK(50),
     *P(50)
C
      T=0.
      XR= G(T)/2.
      XI= 0.
      AREA= G(T)/2.
C
    1 T=T+DT
C
      XR = XR +G(T)*COS(T*W)
      XI = XI +G(T)*SIN(T*W)
      AREA = AREA +G(T)
C
      IF (T.LT.TMAX) GOTO 1
C
      XR= (XR+(G(T)*COS(T*W))/2.)*DT
```

```
          XI=-(XI+(G(T)*SIN(T*W))/2.)*DT
          XB= SQRT (XR*XR+XI*XI)
C
          AREA =(AREA+ G(T)/2.)*DT
C
          RETURN
          END

          FUNCTION G(TAU)
C         UNTERPROGRAMM, WELCHES DAS GEGLAETTETE
C         VERWEILZEITSPEKTRUM LIEFERT
C
          COMMON /INPUT/ DT,TMAX,DW,WMAX,N,TK(50),YK(50),
         *                    P(50)
         *              /PAR/  A(50),B(50),C(50),D(50),E(50)
C
C         AUFRUF DES UNTERPROGRAMMS SPLINE
C
          CALL SPLINE (TAU,TK,A,B,C,D,SPL)
          G=SPL
          RETURN
          END

          SUBROUTINE SPLINE (TAU,TK,A,B,C,D,SPL)
C         UNTERPROGRAMM ZUR BERECHNUNG DER SPLINE-
C         FUNKTION AUS DEN MESSWERTEN TK,YK
C
          DIMENSION TK(2),A(2),B(2),C(2),D(2)
C
          IF (TAU.GE.TK(2)) GOTO 8
          J=1
          M=2
          GOTO 10
        8 IF (TAU.LT.TK(M)) GOTO 10
          J=M
          M=M+1
       10 Z=TAU-TK(J)
          SPL= D(J)+Z*(C(J) + Z*(B(J)+Z*A(J)))
          RETURN
          END

          SUBROUTINE PHASE (XR,XI,PB,PG)
C         UNTERPROGRAMM,WELCHES DEN PHASENGANG DER
C         FREQUENZGANGFUNKTION SOWOHL IN BOGEN- ALS
C         AUCH GRADMASS BERECHNET
C
```

```
      IF(XI) 101,102,103
  101 IF(XR) 111,112,113
  102 IF(XR) 121,150,123
  103 IF(XR) 131,132,133
C     VERWENDUNG DES ARCUSTANGES ZUR BESTIMMUNG
C     DER PHASE
  111 PB =-3.14159+ATAN(-XI/(-XR))
      GOTO 140
  112 PB =-1.57078
      GOTO 140
  113 PB =-ATAN(-XI/XR)
      GOTO 140
  121 PB =3.14159
      GOTO 140
  123 PB =0.
      GOTO 140
  131 PB =3.14159-ATAN(XI/(-XR))
      GOTO 140
  132 PB =1.57078
      GOTO 140
  133 PB =ATAN (XI/XR)
  140 PG =PB *57.2958
      RETURN
C     FALLS BETRAG GLEICH NULL IST PHASE UNBESTIMMT
  150 PRINT 155
  155 FORMAT (1H0, 'BETRAG NULL,PHASE UNBESTIMMT')
      RETURN
      END
```

SUBROUTINE FREGA2

Problem:

Unterprogramm zur Berechnung von Realteil FR, Imaginärteil FI und des Betrages FB der Frequenzgangfunktion $F(jW)$ sowie des Phasenganges in Bogenmaß PHBG und in Gradmaß PHGR aus den Meßwerten TKE, YKE, TKA, YKA impulsförmiger Ein- und Ausgangssignale eines Strömungssystems, die mittels Spline-Algorithmus vor der Bearbeitung geglättet werden. Die Abszissenwerte TKE und TKA können nichtäquidistant sein.

Berechnungsformeln:

$$\mathrm{XRE} = \int_0^{\mathrm{TMAX}} \mathrm{GEIN} \cdot \mathrm{COS}\,(W \cdot T)\, dT$$

$$\mathrm{XIE} = \int_0^{\mathrm{TMAX}} \mathrm{GEIN} \cdot \mathrm{SIN}\,(W \cdot T)\, dT$$

$$\mathrm{XRA} = \int_0^{\mathrm{TMAX}} \mathrm{GAUS} \cdot \mathrm{COS}\,(W \cdot T)\, dT$$

$$\mathrm{XIA} = \int_0^{\mathrm{TMAX}} \mathrm{GAUS} \cdot \mathrm{SIN}\,(W \cdot T)\, dT$$

$$\mathrm{AREAE} = \int_0^{\mathrm{TMAX}} \mathrm{GEIN}\, dT$$

$$\mathrm{AREAA} = \int_0^{\mathrm{TMAX}} \mathrm{GAUS}\, dT$$

$$\mathrm{RATIO} = \mathrm{AREAA}/\mathrm{AREAE}$$

$$\mathrm{FN} = \mathrm{XRE}^2 + \mathrm{XIE}^2$$

$$\mathrm{FR(W)} = \frac{\mathrm{XRE} \cdot \mathrm{XRA} + \mathrm{XIE} \cdot \mathrm{XIA}}{\mathrm{FN} \cdot \mathrm{RATIO}}$$

$$\mathrm{FI(W)} = \frac{\mathrm{XIE} \cdot \mathrm{XRA} - \mathrm{XRE} \cdot \mathrm{XIA}}{\mathrm{FN} \cdot \mathrm{RATIO}}$$

$$\mathrm{FB(W)} = \sqrt{(\mathrm{FR(W)})^2 + (\mathrm{FI(W)})^2}$$

$$\mathrm{PHBG(W)} = -\arctan \frac{\mathrm{FI(W)}}{\mathrm{FR(W)}}$$

T — Zeit (max. 1000 Schritte)
W — Frequenz (max. 1000 Schritte)

Aufgerufene Unterprogramme: SPLKO, GEIN, GAUS, SPLINE, REIM, PHASE

Eingabe: aus COMMON-Block [INPUT]:

DT — Zeitschrittweite
TMAX — max. Zeit
DW — Frequenzschrittweite
WMAX — max. Frequenz
NE — Anzahl der Meßwertpaare TKE, YKE der gemessenen Eingangsfunktion (NE $\leq$ 50)
NA — Anzahl der Meßwertpaare TKA, YKA der gemessenen Ausgangsfunktion (NA $\leq$ 50)

TKE — Vektor der Länge 50, Abszissenwerte der Meßpunkte der Eingangsfunktion
TKA — Vektor der Länge 50, Abszissenwerte der Meßpunkte der Ausgangsfunktion
YKE — Vektor der Länge 50, Ordinatenwerte der Meßpunkte der Eingangsfunktion
YKA — Vektor der Länge 50, Ordinatenwerte der Meßpunkte der Ausgangsfunktion
PE, PA — Vektoren der Länge 50, Glättungskonstanten für Spline-Algorithmus, z. B. PE(I) = PA(I) = 100.

Ausgabe: auf COMMON-Block /OUTPUT/

vgl. Ausgabe in FREGA1

FUNCTION GEIN (TAU)

Aufgabe:

Berechnung der nach dem Spline-Algorithmus geglätteten Eingangsmeßfunktion

Aufgerufene Unterprogramme: SPLINE

Eingabe:
TAU — Zeit

COMMON /INPUT/

Ausgabe:
GEIN — Spline-Funktionswert

FUNCTION GAUS (TAU)

Aufgabe:

Berechnung der nach dem Spline-Algorithmus geglätteten Ausgangsmeßfunktion

Aufgerufene Unterprogramme: SPLINE

Eingabe:
TAU — Zeit

COMMON /INPUT/

Ausgabe:
GAUS — Spline-Funktionswert

FORTRAN-*Programmausdruck:*

```
      SUBROUTINE FREGA2
C     ***********************
C     UNTERPROGRAMM ZUR BERECHNUNG VON REALTEIL
C     FR,IMAGINAERTEIL FI UND DES BETRAGES FB DER
C     FREQUENZGANGFUNKTION SOWIE DES PHASENGANGES
C     IN BOGENMASS PHBG UND IN GRADMASS PHGR AUS DEN
C     MESSWERTEN TKE,YKE,TKA,YKA IMPULSFOERMIGER
C     EIN- UND AUSGANGSSIGNALE EINES STROEMUNGS-
C     SYSTEMS, DIE MITTELS SPLINE-ALGORITHMUS VOR DER
C     BEARBEITUNG GEGLAETTET WERDEN
C
C
C     EINGABE-,AUSGABE-UND ARBEITSGROESSEN
C
      COMMON /INPUT/ DT,TMAX,DW,WMAX,NE,TKE(50),
     *                                   YKE(50),PE(50),
     *                                   NA,TKA(50),
     *                                   YKA(50),PA(50)
     *        /OUTPUT/ FR(1000),FI(1000),FB(1000),PHBG(1000),
     *        PHGR(1000)
     *        /PAREIN/ AE(50),BE(50),CE(50),DE(50),EE(50)
     *        /PARAUS/ AA(50),BA(50),CA(50),DA(50),EA(50)
C
C     EXTERNAL GEIN,GAUS
C
C     AN DIESER STELLE HAT DAS EINLESEN DER EINGABE-
C     GROESSEN SOWIE DEREN UEBERTRAGUNG AUF DIE
      DAFUER VORGESEHENEN FELDER ZU ERFOLGEN
C
C     ZWEIMALIGER AUFRUF DES UNTERPROGRAMMS SPLKO
C
      CALL SPLKO (NE,TKE,YKE,EE,PE,AE,BE,CE,DE)
      CALL SPLKO (NA,TKA,YKA,EA,PA,AA,BA,CA,DA)
C
C     FREQUENZSCHLEIFE (W=OMEGA)
C
      W=0.
      I=0
    1 W=W+DW
      I=I+1
```

```
C
C        ZWEIMALIGER AUFRUF DES UNTERPROGRAMMS REIM,
C        WOBEI DIE FUNKTIONEN GEIN UND GAUS ZUR AN-
C        WENDUNG KOMMEN
C
         CALL REIM (W,GEIN,XRE,XIE,XBE,AREAE)
         CALL REIM (W,GAUS,XRA,XIA,XBA,AREAA)
C
         RATIO= AREAA/AREAE
         FN= XRE*XRE+XIE*XIE
         FR(I)= (XRE*XRA+XIE*XIA)/(FN*RATIO)
         FI(I)= (XIE*XRA-XRE*XIA)/(FN*RATIO)
         FB(I)= XBA/XBE
C
C        AUFRUF DES UNTERPROGRAMMS PHASE
C
         CALL PHASE (FR,FI,PB,PG)
         PHBG(I)= PB
         PHGR(I)= PG
C
         IF (W.LT.WMAX) GOTO 1
C
C        AN DIESER STELLE KANN DIE AUSGABE DER
C        BERECHNETEN GROESSEN ERFOLGEN
         RETURN
         END

         FUNCTION GEIN(TAU)
C        UNTERPROGRAMM, WELCHES DIE GEGLAETTETE
C        EINGANGSFUNKTION LIEFERT
C
         COMMON /INPUT/ DT,TMAX,DW,WMAX,NE,TKE(50),
        *                                   YKE(50),PE(50),
        *                                   NA,TKA(50),
        *                                   YKA(50),PA(50)
        *        /PAREIN/  AE(50),BE(50),CE(50),DE(50),EE(50)
C
C        AUFRUF DES UNTERPROGRAMMS SPLINE
C
         CALL SPLINE (TAU,TKE,AE,BE,CE,DE,SPLE)
         GEIN =SPLE
C
         RETURN
         END
```

```
      FUNCTION GAUS(TAU)
C     UNTERPROGRAMM,WELCHES DIE GEGLAETTETE
C     AUSGANGSFUNKTION LIEFERT
C
      COMMON /INPUT/ DT,TMAX,DW,WMAX,NE,TKE(50),
     *                                  YKE(50),PE(50),
     *                                  NA,TKA(50),
     *                                  YKA(50),PA(50)
     *        /PARAUS/  AA(50),BA(50),CA(50),DA(50),EA(50)
C
C     AUFRUF DES UNTERPROGRAMMS SPLINE
C
      CALL SPLINE (TAU,TKA,AA,BA,CA,DA,SPLA)
      GAUS=SPLA
C
      RETURN
      END
```

SUBROUTINE ZEMOO1

Problem:

Auswertung einer äquidistanten, normierten *VWZ*-Meßkurve durch Anpassung an ein Mischreaktor-Zellenmodell (Markow-Ketten-Methode). Mit Hilfe der Methode der kleinsten Fehlerquadrate wird eine durch Variation der Volumenströme $\dot{v}_{ij}$ und der Zellenvolumina v_i erzeugte E-Kurve an die experimentelle Kurve optimal angepaßt.

Aufgerufene Unterprogramme:

- Lösung nichtlinearer Gleichungssysteme (vom Nutzer zu erstellen)
- ZEMOO2

Eingabe: aus COMMON-Block /INPUT/:

MT — Anzahl äquidistanter Meßwerte (max. 100)
DP — Abstand der Meßpunkte
E — Vektor der Länge 100, Meßwerte
NZ — Anzahl von Zellen des anzupassenden Modells (max. 10)
VP — Feld der $\dot{v}_{ij}$ vom Typ (10,10)
Anfangswerte der Anpassung
V — Feld der v_i der Länge 10,
Anfangswerte der Anpassung

ITVP — Parameter für die Anpassung,

$$\text{wenn ITVP(I,J)} = \begin{Bmatrix} 0 \\ +1 \\ -1 \end{Bmatrix} \quad \text{wird VP(I,J)} \begin{Bmatrix} \text{nicht variiert} \\ \text{variiert} \\ \text{als abhängiger Parameter variiert} \end{Bmatrix}$$

ITV — Parameter für die Anpassung,

$$\text{wenn ITV} = \begin{Bmatrix} 0 \\ 1 \end{Bmatrix} \text{ werden die } V(I) \begin{Bmatrix} \text{nicht variiert} \\ \text{variiert} \end{Bmatrix}$$

Ausgabe: auf COMMON-Block /INPUT/:

VP — Feld der $\hat{v}_{ij}$ vom Typ (10,10), Werte beim Abbruch der Anpassung
V — Feld der v_i der Länge 10, Werte beim Abbruch der Anpassung

auf COMMON-Block /OUTPUT/:

FQS — Fehlerquadratsumme der Anpassung beim Abbruch
P — zweidimensionales Feld vom Typ (10.10), Übergangswahrscheinlichkeiten p_{ij}
ESIM — Vektor der Länge 100, simulierte E-Kurve
EF — Vektor der Länge 100, Fehler zwischen simulierter und experimenteller E-Kurve, EF(I) = ESIM(I) — E(I)
NAB — Abbruch der Anpassung
bei NAB = −1 wegen $v_i < 0$
bei NAB = 1 wegen $v_{ij} < 0$.
bei NAB = 0 kein vorzeitiger Abbrauch
N — Zahl variierter Parameter
X — Vektor der Länge 90, Werte der variierten Parameter beim Abbruch

SUBROUTINE ZEMOO2

Aufgabe:

Berechnung der abhängigen $\hat{v}_{ij}$-Werte, der Übergangswahrscheinlichkeiten p_{ij}, der simulierten E-Kurve ESIM(I), der Anpassungsfehler EF(I) und der Fehlerquadratsumme FQS sowie Angabe des Abbruchkriteriums NAB.

Aufgerufene Unterprogramme:

- ZMEOO3
- Lösung linearer Gleichungssysteme (vom Nutzer zu erstellen)

Eingabe: COMMON /INPUT/

Ausgabe: COMMON /OUTPUT/

SUBROUTINE ZEMOO3 (N1, A, B)
Hilfsprogramm zur Berechnung der abhängigen $\dot{v}_{ij}$-Werte.

Eingabe:

N1 — Anzahl abhängiger $\dot{v}_{ij}$-Werte
A — Feld der abhängigen $\dot{v}_{ij}$-Werte, der Länge 10
B — Vektor der Länge 10,
Einfluß-Ausfluß-Bilanz für die Zellen $\left(B(I) = \sum_k \dot{v}_{ik} - \sum_k \dot{v}_{ki}\right)$

COMMON /INPUT/

Ausgabe:

COMMON /OUTPUT/

FORTRAN-*Programmausdruck:*

```
          SUBROUTINE ZEMOO1
C-                  *********
C
C-----     AUSWERTUNG EINER AEQUIDISTANTEN,
C          NORMIERTEN VWZ - MESSUNG
C
C          ANPASSUNG EINES MR - ZELLENMODELLS
C
C          NOTWENDIGE UP : LOESUNG EINES NICHTLINEAREN
                          GLEICHUNGSSYSTEMS
                          LOESUNG EINES LINEAREN
                          GLEICHUNGSSYSTEMS
          COMMON /INPUT/  MT,DT,E(100),NZ,VP(10,10),V(10),
        1                 ITVP(10,10),ITV
          COMMON /OUTPUT/ FQS,P(10,10),ESIM(100),EF(100),
        1                 NAB,N,X(90)
          N = 0
          NAB=0
          DO 1 I=1,NZ
          DO 1 J=1,NZ
          IF (I-J) 2,1,2
        2 IF (ITVP(I,J)) 1,1,7
        7 N = N+1
          X(N) = VP(I,J)
        1 CONTINUE
          IF (ITV) 3,3,4
        4 DO 3 I=2,NZ
          N = N + 1
```

```
      X(N) = V(I)
    3 CONTINUE
C
C******** AUFRUF EINES UP ZUR LOESUNG EINES NICHT-
C                 LINEAREN GLEICHUNGSSYSTEMS AUS MT
                  GLEICHUNGEN MIT N UNBEKANNTEN
C
C                 DAS UP RUFT ZEMOO2 ZUR BERECHNUNG
C                 DER FUNKTIONSWERTE EF AUF
C
      IF (NAB) 6,5,6
    5 CALL ZEMOO2
    6 RETURN
      END

      SUBROUTINE ZEMOO2
C                 *********
C
C----- BERECHNUNG DER ABHAENGIGEN VP-WERTE,
C                 DER UEBERGANGSWAHRSCHEINLICH-
C                 KEITEN,
C                 DER SIMULIERTEN VWZ-VER-
C                 TEILUNG,
C                 DER ANPASSUNGSFEHLER DER
C                 E-WERTE,
C                 DER FEHLERQUADRATSUMME  SOWIE
C     ANGABE DES ABBRUCHKRITERIUMS BEI VP<0 BZW.
C     V<0
C
      COMMON /INPUT/  MT,DT,E(100),NZ,VP(10,10),V(10),
                      ITVP(10,10),ITV
      COMMON /OUTPUT/ FQS,P(10,10),ESIM(100),EF(100),NAB,
                      N,X(90)
      DIMENSION Q(10),DD(10,10),QF(10),QP(10)
      N1 = 0
      DO 1 I = 1,NZ
      DO 1 J = 1,NZ
      IF (1-J) 2,1,2
    2 IF (ITVP(I,J)) 1,1,3
    3 N1 = N1 + 1
      VP (I,J) = X(N1)
    1 CONTINUE
      IF (ITV) 21,21,22
   22 DO 23 I = 2,NZ
      N1 = N1 + 1
```

```
      V(I) = X(N1)
   23 CONTINUE
   21 N1 = 0
      DO 24 I= 1,NZ
      DO 24 J= 1,NZ
      IF (I-J) 25,24,25
   25 IF (ITVP(I,J)) 26,24,24
   26 N1 = N1 + 1
      Q(N1) = VP(I,J)
   24 CONTINUE
      CALL ZEMOO3 (N1,Q,QF)
      DO 4 I=1,N1
      Q(I) = Q(I) + 1.
      CALL ZEMOO3 (N1,Q,QP)
      Q(I) = Q(I) - 1.
      DO 4 J = 1,N1
      DD(J,I) = QP(J) - QF(J)
    4 CONTINUE
C
C******** AUFRUF EINES UP ZUR LOESUNG EINES
C                 LINEAREN GLEICHUNGSSYSTEMS
C                 AUS N1 UNBEKANNTEN UND GLEICHUNG
C                 MATRIX DER LINKEN SEITE        DD
C                 VEKTOR DER RECHTEN SEITE       QF
C
C                 VEKTOR DER ERGEBNISSE          QF
C
      CALL ZEMOO3 (N1,QF,Q)
      DO 5  I=1,NZ
      DO 5  J=1,NZ
      IF (I-J) 6,5,6
    6 IF (VP(I,J)) 7,5,5
    7 NAB = 1
      GOTO 100
    5 CONTINUE
      V(1) = 1.
      DO 8  I=2,NZ
      V(1) = V(1) - V(I)
    8 CONTINUE
      DO 9  I=1,NZ
      IF (V(I)) 10,10,9
   10 NAB = -1
      GOTO 100
    9 CONTINUE
      DO 11 I=1,NZ
```

```
      Q(I) = .0
      DO 11 J=1,NZ
      Q(I) = Q(I) + VP(I,J)
   11 CONTINUE
      Q(1) = Q(1) + 1.
      DO 12 I=1,NZ
      P(I,I) = EXP(-Q(I)/V(I)*DT)
      QF(I) = 1.-P(I,I)
      DO 12 J=1,NZ
      IF (I-J) 13,12,13
   13 P(I,J) = VP(I,J)/Q(I)*QF(I)
   12 CONTINUE
      DO 14 I=2,NZ
      Q(I) = .0
   14 CONTINUE
      Q(1) = 1.
      DO 15 M=1,MT
      DO 16 I=1,NZ
      QF(I) = .0
      DO 16 J=1,NZ
      QF(I) = QF(I) + P(J,I)*Q(J)
   16 CONTINUE
      DO 17 I=1,NZ
      Q(I) = QF(I)
   17 CONTINUE
      ESIM(M) = Q(NZ)/V(NZ)
      EF(M) = ESIM(M) - E(M)
   15 CONTINUE
      GOTO 18
  100 DO 19 M=1,MT
      EF(M) = 1.0E-5
   19 CONTINUE
   18 FQS = .0
      DO 20 M=1,MT
      FQS = FQS + EF(M)*EF(M)
   20 CONTINUE
      RETURN
      END

      SUBROUTINE ZEMOO3 (N1,A,B)
C                       *********
C
C----- HILFSPROGRAMM ZUR BERECHNUNG DER
C      ABHAENGIGEN VP-WERTE
C
```

```
      COMMON /INPUT/ MT,DT,E(100),NZ,VP(10,10),V(10),
                     ITVP(10,10),ITV
      COMMON /OUTPUT/ FQS,P(10,10),ESIM(100),EF(100),NAB,
                      N,X(90)
      DIMENSION A(10),B(10)
      N2 = 0
      DO 1 I=1,NZ
      DO 1 J=1,NZ
      IF (I-J) 2,1,2
    2 IF (ITVP(I,J)) 3,1,1
    3 N2 = N2 + 1
      VP(I,J) = A(N2)
    1 CONTINUE
      DO 4 I=1,N2
      B(I) = .0
      DO 4 J=1,NZ
      IF (I-J) 5,4,5
    5 B(I) = B(I) + VP(I,J) - VP(J,I)
    4 CONTINUE
      B(1) = B(1) - 1.
      RETURN
      END
```

SUBROUTINE REAKO1

Problem:

Simulation des Ablaufs einer Reaktion mit NK Komponenten und NR Konstanten in einem Reaktor, der aus NZ Mischreaktorzellen besteht (Markow-Ketten-Methode).

Aufgerufene Unterprogramme: REAKO2

Eingabe: aus COMMON-Block /INPUT/:

NZ — Anzahl der MR-Zellen (max. 20)
NK — Anzahl der Reaktionskomponenten (max. 10)
NR — Anzahl der Reaktionskonstanten (max. 20)
DT — Simulationszeitschrittlänge
TMAX — maximale Simulationszeit
TPRINT — Zeitabstand eines Ergebnisdruckes
VP — zweidimensionales Feld vom Typ (20,20), Übergangsströme $\dot{v}_{ij}$ zwischen den Zellen
V — Vektor der Länge 20, Zellvolumina v_i
VPEIN — Reaktoreingangsvolumenstrom

C — zweidimensionales Feld vom Typ (10,20), Anfangskonzentrationen c_{ki} der Komponenten k in den Zellen i

CE — Vektor der Länge 10, im aufrufenden Programm zu vereinbaren, Arbeitsfeld

RK — Feld der Länge 20, Reaktionskonstanten

Ausgabe:

Unterprogramm zum Druck der Ergebnisse nach jeweils TPRINT (vom Nutzer zu erstellen).

SUBROUTINE REAKO2 (LAMBDA, CEIN)

Aufgabe:

Beispiel eines Unterprogramms bei Ablauf der Reaktion 1. Ordnung $A \rightarrow B$. Berechnung der reaktionsbedingten Konzentrationsänderungen.

Eingabe:

LAMBDA (REAL LAMBDA) — Vektor der Länge 20, Austrittsintensitäten λ_i der Zellen ($\lambda_i = 1/\tau_i$)

CEIN — zweidimensionales Feld vom Typ (10,20), Eingangskonzentrationen der Zellen c_{ki}^{ein} für Komponenten k und Zellen i

COMMON /INPUT/

Ausgabe: auf COMMON-Block /INPUT/:

C — zweidimensionales Feld vom Typ (10,20), reaktionsbedingte Konzentrationsänderung der Komponente k in Zelle i

FORTRAN-*Programmausdruck:*

```
      SUBROUTINE REAKO1
C                     *********
C
C-----  SIMULATION DES ABLAUFS EINER REAKTION
C       MIT NK KOMPONENTEN UND NR KONSTANTEN
C
C       DER REAKTOR BESTEHT AUS NZ MR-ZELLEN
C
C
      COMMON /INPUT/ NZ,NK,NR,DT,TMAX,TPRINT,VP(20,20),
     C               V(20),VPEIN,C(10,20),CE(10),RK(20)
      DIMENSION LAMBDA(20),CEIN(10,20),P(20,20),VPSUM(20),
```

```
     *  CH(10,20)
        REAL LAMBDA
        DO 1 I=1,NZ
        VRSUM = .0
        DO 2 J=1,NZ
        VPSUM(I) = VPSUM(I) + VP(I,J)
      2 CONTINUE
        VPSUM(NZ)= VPSUM(NZ)+ VPEIN
        LAMBDA(I)= VPSUM(I)/V(I)
        P (I,I) = EXP (-LAMBDA(I)*DT)
        R = 1 - P(I,I)
        DO 1 J=1,NZ
        IF (I.NE.J)  P(I,J) = R * VP(I,J)/VPSUM(I)
      1 CONTINUE
C
C********  DRUCK DER UEBERGANGSINTENSITAETEN LAMBDA(I)
C                   UND DER UEBERGANGSWAHRSCHEINLICH-
C                   KEITEN FUER TEILCHEN P(I,J)
C
        DO 3 I=1,NZ
        DO 3 J=1,NZ
        P (I,J) = P(I,J) * V(I) / V(J)
      3 CONTINUE
        PEIN = VPEIN / V(1) * DT
C
C********  DRUCK DER EINTRITTSWAHRSCHEINLICHKEIT PEIN
C                   UND DER UEBERGANGSWAHRSCHEINLICH-
C                   KEITEN FUER KONZENTRATIONEN P
C
C********  DRUCK DES TABELLENKOPFES FUER TABELLE
C
        T = .0
        TR= .0
     10 DO 4 I=1,NK
        DO 5 J=1,NZ
        CH (I,J) = .0
        CEIN(I,J)= .0
        DO 5 K=1,NZ
        CH (I,J) = CH(I,J) + C(I,K)*P(K,J)
        CEIN(I,J)= CEIN(I,J)+C(I,K)*VP(K,J)/VPSUM(J)
      5 CONTINUE
        CH (I,1) = CH(I,1) + CE(I) * PEIN
        CEIN(I,1)= CEIN(I,1)+CE(I) * VPEIN /VPSUM(1)
      4 CONTINUE
        CALL REAKO2 (LAMBDA,CEIN)
```

```
C
C-----    DIESES UP BERECHNET DIE KONZENTRATIONS-
C         AENDERUNGEN DURCH REAKTION IN DT NACH
C         (     R(0)                          )
C         (-----------------------------------)
C         (    .------------------------------)
C         (  R(0)-----------------------------)*
C         (  ----    -     LAMBDA             )
C         (  R(0)                             )
C         (      ((R(0)
C         (EXP((----    -      LAMBDA)*DT) - 1 )
C         (      ((R(0)  -     LAMBDA)     )     )
C
C         DIE ERGEBNISSE WERDEN AUF FELD C GESPEICHERT
C
          DO 7 I=1,NK
          DO 7 J=1,NZ
          C (I,J) = C(I,J) + CH(I,J)
        7 CONTINUE
          T = T+DT
          TP= TP+ DT
          IF (TP,LT.TPRINT) GOTO 6
          TP= .0
C
C******** DRUCK DER ZEIT T UND DER KONZENTRATIONEN
C         C(I,J)
C
        6 IF (T.LT.TMAX) GOTO 10
          RETURN
          END

          SUBROUTINE REAK20 (LAMBDA,CEIN)
C                            ********
C
C-----    BEISPIEL EINES UP BEI ABLAUF DER REAKTION
C         A --> B 1.ORDNUNG
C
          COMMON /INPUT/ NZ,NK,NR,DT,X(423),C(10,20),CE(10),
          RK(20)
          DIMENSION LAMBDA (20),CEIN(10,20),R(10),CH(10)
          REAL LAMBDA
          DO 1 I = 1,NZ
C
C-----    NR = 2
C
```

```
      R(1) = - RK(1)*C(1,I)
      R(2) = - R(1)
      CH(1)= .0
      CH(2)= .0
      IF (R(1).EQ..0) GOTO 2
      CH(1)= -RK(1)*(LAMBDA(I)*(CEIN(1,I)-C(1,I))
      +R(1))/R(1)-LAMBDA(I)
      CH(1)= R(1)*(EXP(CH(1)*DT) -1.)/ CH(1)
      CH(2)= -CH(1)
    2 C(1,I) = CH(1)
      C(2) = CH(2)
    1 CONTINUE
      RETURN
      END
```

8. Literatur

[1] AKERMAN, K.: Isotopenpraxis **3**, 253 (1967)
[2] AKERMAN, K., GUIZERIX, J., MARGRITA, R., SANTOS-COTTIN, M.: Atomwirtschaft **18**, 300 (1973)
[3] AKERMAN, K., SAUERWEIN, K.: Atomwirtschaft **19**, 137 (1974)
[4] AKSE, H., MOCKING, G. I.: News Letter Appl. Nucl. Meth. Biol. Agricult. **2**, 1 (1974)
[5] ANDERSSEN, A. S., WHITE, E. T.: Can. Journ. Chem. Engng. **47**, 288 (1969)
[6] ARIS, R.: "*The Optimal Design of Chemical Reactors*", Academic Press, New York, 1961
[7] ARIS, R.: Proc. Roy. Soc. A **235**, 67 (1956).
[8] ARIS, R.: Chem. Engng. Sci. **12**, 266 (1959).
[9] Autorenkollektiv: „*Prozeßmeßtechnik*", VEB Deutscher Verlag für Grundstoffindustrie, Leipzig, 1973
[10] Autorenkollektiv: „*Reaktionstechnik*" (aus der Reihe „*Verfahrenstechnik*"), VEB Deutscher Verlag für Grundstoffindustrie, Leipzig, 1975
[11] BAILIE, R. C.: Proc. Internat. Symp. Fluidization Eindhoven, (1967), 322
[12] BAUMGÄRTNER, F.: „*Tabelle zur Neutronenaktivierung*", Verlag Karl Thiemig KG, München, 1967
[13] BHARUCHA-REID, A. T.: "*Elementy teorii markovskich processov i ich prilozenia*" (russ.), Verlag „Nauka", Moskau, 1969
[14] BENEDEK, P., LÁSZLÓ, A.: „*Grundlagen des Chemieingenieurwesens*", VEB Deutscher Verlag für Grundstoffindustrie, Leipzig, 1965
[15] BERRY, P. F., u. a.: IAEA Symposium, Prag 1966, SM-84/41
[16] BIBBY, D. M., ODHAM, G.: Int. Journ. Appl. Rad. Isot. **21**, 491 (1970)
[17] BISCHOFF, K. B., LEVENSPIEL, O.: Chem. Engng. Sci. **17**, 245 (1962)
[18] BISCHOFF, K. B., LEVENSPIEL, O.: Chem. Engng. Sci. **17**, 257 (1962)
[19] BODE, H. W.: "*Network Analysis and Feedback Amplifier Design.*", D. Van Nostrand Co., Princeton, 1945
[20] BODENSTEIN, M., WOLGAST, K.: Zeitschr. physik. Chem. **61**, 622 (1908)
[21] BOLTZMANN, L.: Wied. Ann. Physik **53**, 959 (1894)
[22] BONDY, D., ROBIN, G., VIDAL, J. P.: IAEA Symp. Prag 1966, SM-84/29
[23] BRACK, G.: „*Dynamik technischer Systeme*", VEB Deutscher Verlag für Grundstoffindustrie, Leipzig, 1974
[24] BRÖTZ, W.: „*Grundriß der chemischen Reaktionstechnik*", Verlag Chemie, Weinheim, 1958
[25] CAMPBELL, B. L.: Int. J. Appl. Rad. Isot. **14**, 286 (1963)
[26] CERRO, R. L., PARERA, J. M.: Ind. Engng. Chem. Fundamentals **9**, 181 (1970)
[27] M. S. K. CHEN, FAN, L. T.: Can. Journ. Chem. Engng. **49**, 704 (1971)
[28] CHEN, M. S. K.: Chem. Engng. Sci. **26**, 17 (1971)

[29] Clayton, C. G.: Nucleonics **18**, 7, (1960)
[30] Clayton, C. G., u. a.: IAEA Symposium, Prag 1966, SM-84/39
[31] Crank, I.: *"The Mathematics of Diffusion"*, Clarendon Press, Oxford, 1967
[32] Curl, R. L.: Am. Inst. Chem. Engng. Journ. **9**, 175 (1963)
[33] Curl, R., L., McMillan, M. L.: Am. Inst. Chem. Engng. Journ. **12**, 819 (1966)
[34] Damköhler, G.: Zeitschr. Elektrochem. angew. phys. Chem. **42**, 846 (1936)
[35] Damköhler, G.: *„Einfluß von Diffusion, Strömung und Wärmetransport auf die Ausbeute chemischer Reaktionen"*, in: Eucken-Jakob: Akademischer Verlagsgesellschaft Geest & Portig, Leipzig, 1937, Bd. III, Heft 1, S. 359.
[36] Danckwerts, P. V.: Chem. Engng. Sci., Genie Chimique, **2**, 1 (1953)
[37] Danckwerts, P. V.: Chem. Engng. Sci. **8**, 95 (1958)
[38] DeGroot, R. R., Mazur, P.: *„Non Euqilibrium Thermodynamics"*, Amsterdam, North-Holland, Publ. 1962
[38] Denbigh, K. G.: *„Teorija chimiceskij reaktorov"* (Perevod s angliskogo), izd. nauka, Moskva, 1968
[40] Denbigh, K. G., Dombrowski, N., u. a.: Chem. Engng. Sc. **17**, 573 (1962)
[41] Dilman, W. W., Aizenbud, M. B., Schulz, E. Z.: Chim. promyslennost' (russ.), H. 2, 123 (1966)
[42] Ebach, E. A., White, R. R.: Am. Inst. Chem. Engng. Journ. **4**, 161 (1958)
[43] Eden, G. E., Melbourne, K. V.: Int. J. Appl. Rad. Isot. **8**, 172 (1960)
[44] Erfurth, H., Just, G., Pippel, W.: *„Modellierung und Optimierung chemischer Prozesse"*, VEB Deutscher Verlag für Grundstoffindustrie, Leipzig, 1973
[45] Fisz, M.: *„Wahrscheinlichkeitsrechnung und mathematische Statistik"*, VEB Deutscher Verlag der Wissenschaften, Berlin, 1970
[46] Geyer, H.: Dissertation, TU Dresden (1975)
[47] Geyer, H.: Chem. Techn. **27**, 140 (1975)
[48] Geyer, H.: Isotopenpraxis **11**, 201 (1975)
[49] Gibert, A., u. a.: Proc. of the First Int. Conf. on the peaceful uses of atomic energy, 19, 355
[50] Gitt, W.: „Parameterbestimmung an linearen Regelstrecken mit Hilfe von Kennwert-Ortskurven für Systemantworten determinierter Testsignale", Diss., TH Aachen, (1970)
[51] Gordejev, L. S., Kafarov, W. W.: Ž. Prikl. Chim. (Leningrad) **47**, 2250 (1974)
[52] Gorski, B., Beyer, C., Ulrich, H.: Isotopenpraxis **9**, 282 (1973)
[53] Goto, H., Goto, S., Matsubara, M.: Chem. Engng. Sci. **30**, 71 (1975)
[54] Goto, S., Matsubara, M.: Chem. Engng. Sci. **30**, 61 (1975)
[55] Gudkow, W. D., Matros, J. Sch.: Teoret. Osnovy chim. technologii osnovy **3**, 938 (1969)
[56] Haber, F.: Zeitschr. f. Elektrochem. **16**, 244 (1910)
[57] Häntsch, W.: Diss. TH Leuna-Merseburg (1974)
[58] Hartmann, K.: *„Analyse und Steuerung von Prozessen der Stoffwirtschaft"*, Akademie-Verlag, Berlin, 1971 VEB Deutscher Verlag für Grundstoffindustrie, Leipzig, 1971
[59] Hartmann, K.: Dissertation B, TH Leuna-Merseburg (1974)
[60] Hayton, I. D.: Int. J. Appl. Rad. Isot. **19**, 565 (1968)
[61] Herforth, L., Koch, H.: *„Praktikum der angewandten Radioaktivität"*, VEB Deutscher Verlag der Wissenschaften, Berlin, 1968
[62] Herforth, L., Löffler, H., Pippel, W.: *„Grundlagen und Anwendungen der Radioaktivität"*, 7. u. 8. Lehrbrief, VEB Verlag Technik, Berlin, 1967
[63] Hermann, W., u. a.: Isotopentechnik **1**, 232 (1960)

[64] HOFFMANN, P., u. a.: JAEA Symp. „Radioisotope Tracers in Industrie and Geophysics“, SM-84/30, Prag (1966)
[65] HOFSTETTER, E. M.: *„Zufällige Prozesse“* in: MARGENAU, H. und MURPHY, G.: *„Die Mathematik für Physik und Chemie“*, Bd. II, Leipzig (1966).
[66] HOVENKAMP, S. G.: Int. J. appl. Radiat. Isotopes **19**, 63 (1968)
[67] HUELSMAN, L.: *„Digitale Berechnungen in der elementaren Netzwerktheorie“*, R.-Oldenbourg-Verlag, München, Wien (1972)
[68] HULL, D. E., FRIES, B. A., u. a.: Nucleonics **14**, 50 (1965)
[69] HULL, D. E.: Int. J. appl. Radiat. Isotopes **4**, 1 (1958)
[70] INOSE, S. K., SATO, M., SHIRAISHI, S. N.: Proc. of the First Int. Conf. on the peaceful uses of atomic energy., **15**, 211.
[71] IRMER, K.: Dissertation, TU Dresden, (1969)
[72] IRMER, K.: Isotopenpraxis **6**, 220 (1970)
[73] KAFAROV, W. W.: *„Metody kibernetiki v chimii i chimiceskoj technologii*, Verlag Chimija, Moskau, 1968
[74] KAFAROV, W. W., KLIPINIZER, W. A., u. a.: Teoreticeskije Osnovy Chim. Technologii **2**, H. 5, 793 (1968)
[75] KAFAROV, W. W., KLIPINIZER, W. A.: Teoreticeskije Osnovy Chim. Technologii **2**, H. 6, 909 (1968)
[76] KAFAROV, W. W., KLIPINIZER, W. A.: Doklady Akademii Nauk SSSR **188**, H. 4 (1969)
[77] KAFAROV, W. W., KLIPINIZER, W. A.: Teoreticeskije Osnovy Chim. Technologii, **4**, H. 1, 136 (1970)
[78] KAFAROV, W. W., WOROBJEW, W. P., KLIPINIZER, W. A.: Teoreticeskije Osnovy Chim. Technologii **6**, H. 4, 588 (1972)
[79] KAFAROV, W. W., WYGON, W. G., GORDEJEW, L. S.: Teoreticeskije Osnovy Chim. Technologii **6**, H. 4, 588 (1972)
[80] KAPLICK, K., LORENZ, G.: *„Experimentelle Verfahren zur Prozeßanalyse“*, VEB Deutscher Verlag für Grundstoffindustrie, Leipzig, 1973.
[81] KARDOS, J.: Chem. Techn. **23**, 211 (1971)
[82] KATTAN, A., ADLER, R. I.: Chem. Engng. Sci. **27**, 1013 (1972)
[83] KATTANEK, S., KRÖGER, R., BODE, C.: *„Ähnlichkeitstheorie“* in *„Beiträge zur Verfahrenstechnik“*, VEB Deutscher Verlag für Grundstoffindustrie, Leipzig, 1967
[84] KATTANEK, S.: *„Technische Reaktionsführung“* in *„Lehrbuch der chemischen Verfahrenstechnik“*, VEB Deutscher Verlag für Grundstoffindustrie, Leipzig, 1967
[85] KINDLER, H.: *„Der Regelkreis“*, Akademie-Verlag, Berlin, 1972
[86] KISCHE, R.: Diplomarbeit, TU Dresden (1959)
[87] KLAUS, G.: *„Wörterbuch der Kybernetik“*, Dietz-Verlag, Berlin, 1968
[88] KLINKENBERG, I. A.: Trans. Inst. Chem. Engrs. **43** T, 141 (1965)
[89] KNOPP, R., WINKLER, C. G.: Kerntechnik **16**, 372 (1974)
[80] KOMOLGOROW, A. N.: Math. Annalen, **104**, 145 (1931)
[91] KORBEL, K., DABEK, T., WOLSKI, K.: Isotopenpraxis **6**, 64 (1970)
[92] KRAMERS, H., ALBERTA, G.: Chem. Engng. Sci. **2**, 178 (1953)
[93] KULIK, B. T., KRAUS, M.: Algorithmus zur digitalen Simulation vermaschter nichtlinearer Systeme, msr 15, H. 6 (1972)
[94] LANDAU/LIFSCHITZ: *„Lehrbuch der theoretischen Physik“*, Bd. 5, 2. ber. Auflage, Akademie-Verlag, Berlin, 1970
[95] LAPA, W. G.: *„Matematičeskije Osnovy Kibernetiki“*, Verlag Bistscha Schkola, Kiew, 1971
[96] LANGE, F. H.: *„Signale und Systeme“*, VEB Verlag Technik, Berlin, 1965

[97] LANGE, W., PIPPEL, W., BENDEL, F.: Zeitschr. Physik. Chem. **212**, 238 (1959)
[98] LEVENSPIEL, O.: Chemical Reaction Engineering, WILEY INTERNAT. EDITION, New York, London (1966)
[99] LEVENSPIEL, O., BISCHOFF, K.: Chem. Engng. Sci. **17**, 257 (1962)
[100] LEVENSPIEL, O., FITZGERALD, TH., KHANG, S. I.: Chem. Engng. Sci. **29**, 300 (1974)
[101] LIANG TSENG FAN: Industr. Engng. Chem. **52**, 921 (1960)
[102] MAC'MULLIN, R. B., WEBER, M.: Trans. Americ. Ind. Chem. Engrs. **31**, 409 (1935)
[103] MARKOV, A. A.: „*Issledovanije Verojatnostej*", 4. Ausgabe, Moskau (1924)
[104] MASON, D. R., PIRET, E. L.: Industr. Engng. Chem. **42**, 817 (1950)
[105] McCORD, J. R.: Chem. Engng. Sci. **27**, 1613 (1972)
[106] MEYN, G.: Atomkernenergie **17**, 1, 63 (1971)
[107] MICHAILOV, M., SORAZIN, H.: Atompraxis **16**, 195 (1970)
[108] MOLERUS, O.: Chem. Ing. Technik **38**, 137 (1966)
[109] MÜLLER, K.: Dissertation TU Dresden (1969)
[110] NAKASA, H., OHNO, H.: JAEA Symp. Prag, SM-84/17, (1966)
[111] NAOR, P., SHINNAR, R.: Industr. Engng. Chem. Fund. **2**, 278 (1963)
[112] NAUMANN, E. B.: Journ. Macromol. Sci. c **10**, 75 (1974)
[113] NAUMANN, E. B.: Chem. Engng. Sci. **30**, 1133 (1975)
[114] NG, G. Y. C., RIPPIN, O. W. T.: 3rd Europ. Symp. Chem. Reaction Eng., Pergamon Press, Oxford, 1965, 161
[115] NISHIMURA, Y., MATSUBARA, M.: Chem. Engng. Sci. **25**, 1785 (1970)
[116] OPPELT, W.: „*Kleines Handbuch technischer Regelvorgänge*", Verlag Chemie, Weinheim, 1964
[117] OPPELT, W., WICKE, E.: „*Grundlagen der chemischen Prozeßregelung*", R.-Oldenbourg-Verlag, München—Wien, 1964
[118] OSTERGAARD, K., MICHELSEN, M. L.: Can. Journ. Chem. Engng. **47**, 107 (1969)
[119] PIPPEL, W.: „Verweilzeit als Größe zur Modellierung chemisch-technologischer Prozesse", Dissertation B, TU Dresden (1975)
[120] PIPPEL, W.: Dissertation, TU Dresden (1962)
[121] PIPPEL, W., LANGE, W.: Zeitschr. physik. Chem. **238**, 289 (1968)
[122] PIPPEL, W., LANGE, W.: Zeitschr. physik. Chem. **238**, 104 (1968)
[123] PIPPEL, W., PHILIPP, G.: „Utilization of MARKOV Chains for simulation of dynamics of chemical systems", Chem. Engng. Sci. **32**, 543 (1977)
[124] PIPPEL, W., u. a.: „Ermittlung von Durchmischungseffekten mittels radioaktiver Nuklide an den Anlagen: 1. diskont. Polykondensationsreaktor; 2. Mischtrommel; 3. Schmelzrost", Forsch.-Ber. VF-55, Inst. f. Anwandung rad. Isotope, TU Dresden (1966)
[125] PIPPEL, W.: „Ein Verfahren zur Auswertung von Verweilzeitspektren", Chem. Techn. **17**, 729 (1965)
[126] PIPPEL, W.: „Bestimmung der Rührstufenzahl aus mit radioaktiven Nukliden gemessenen Verweilzeitspektren", Isotopenpraxis **2**, 136 (1966)
[127] PIPPEL, W., RUNGE, K., MÜLLER, K.: „Zur Auswertung von Verweilzeitspektren mit Hilfe des Digitalrechners ZRA-1", Teil I; „Erläuterung des Rechenprogramms" Chem. Techn. **20**, 614 (1968)
[128] PIPPEL, W., MÜLLER, K., RUNGE, K.: „Zur Auswertung von Verweilzeitspektren mit Hilfe des Digitalrechners ZRA-1", Teil II; „Praktische Ergebnisse unter Verwendung des Rechenprogramms", Chem. Techn. **20**, 667 (1968)
[129] PIPPEL, W., MÜLLER, K., RUNGE, K.: Teil III; „Einige Fehlerquellen und ihre Auswirkungen", Chem. Techn. 22, 86 (1970)

[130] PIPPEL, W., RUNGE, K., MÜLLER, K.: „Untersuchung von Mischvorgängen mit Hilfe des radioaktiven Nuklids Na-24", Isotopenpraxis **4**, 363 (1968)

[131] PIPPEL, W., GEYER, H., u. a.: „Über die Vermischung des Festbettes in Gas-Feststoff-Wirbelschichten", Chem. Techn. **20**, 750 (1968)

[132] PIPPEL, W.: „Anwendung der BOLTZMANN-Transformation auf das Dispersionsmodell mit ortsabhängiger Prozeßkonstante", Chem. Techn. **26**, 202 (1974)

[133] PIPPEL, W., PHILIPP, G.: Chem. Engng. Sci. **32**, 1535 (1977)

[134] PIPPEL, W., BUENO-CIFUENTES, M. E.: „Estudio de las curvas de la distribucion del tiempo de permanencia para un reactor de lecho fijo (anillos FENSKE) mediante el metodo de trazadores", Bel. Arb., UTE, Laboratorio Central de Quimica, Santiago, Chile (1970)

[135] PIPPEL, W., PHILIPP, G.: „Bestimmung der Parameter eines stochastischen Reaktormodells aus experimentell ermittelten Verweilzeitkurven", Chem. Techn. **26**, 515 (1974)

[136] PREY, G.: Mitteilungsblatt Chem. Gesellsch. **21**, 9/10, 209 (1974)

[137] PRIGOGINE, I.: "*Introduction to thermodynamics of irreversible processes*", Springfield Illinois, USA, 1955

[138] PRIGOGINE, I., DEFAY, R.: „*Chemische Thermodynamik*", VEB Deutscher Verlag für Grundstoffindustrie, Leipzig, 1962

[139] PUTMAN, J. L., SMITH, D. B.: Int. J. Appl. Rad. Isot. **1**, 24 (1956)

[140] RAO, D. P., EDWARDS, L. L.: Chem. Engng. Sci. **28**, 1179 (1973)

[141] RICHTER, M.: Chem. Techn. **25**, 327 (1973)

[142] RICHTER, M.: Isotopenpraxis **12**, 90 (1976)

[143] ROSENBLADT, P., SCHEEL, K. H.: Darstellung kontinuierlicher Mehrfachsysteme auf dem Digitalrechner, msr **11**, H. 9 (1968)

[144] RUNGE, K.: Dissertation TU Dresden (1971)

[145] RUNGE, K.: Isotopenpraxis **5**, 60 (1969)

[146] RUNGE, GRAHL, G.: Isotopenpraxis **10**, 133 (1974)

[147] RUNGE, K., GEYER, H., MÜLLER, K., KIRMES, D.: Isotopenpraxis **6**, 92 (1970)

[148] RUNGE, K., GEYER, H.: Isotopenpraxis **7**, 220 (1971)

[149] RUNGE, K., ZAPPE, D.: Isotopenpraxis **5**, 102 (1969)

[150] SLIN'KO, M. G.: „*Modelirowanie chimiceckij reaktorov*", Verlag Wissenschaft, Moskau, 1968

[151] SMITH, J. M.: "*Chimical Engineering Kinetics*", McGraw-Hill Book Company Inc., New York, 1965

[152] SOLODOWNIKOW, W. W.: „*Einführung in die statistische Dynamik linearer Regelsysteme*", VEB Verlag Technik, Berlin, u. R.-Oldenbourg-Verlag, München—Wien, 1963

[153] STROBEL, H.: „Das Approximationsproblem der experimentellen Systemanalyse", msr 10, H. 12 (1967), msr 11, H. 1 und 2, (1968).

[154] SCHLITT, H.: „*Stochastische Vorgänge in linearen und nichtlinearen Regelkreisen*", Verlag Technik, Berlin, 1968

[155] SCHMIDT, K., u. a.: Isotopenpraxis **7**, 271 (1971)

[156] SCHOENEMANN: Dechema-Monographien, Bd. 21, Verlag Chemie, Weinheim, 1952

[157] SCHOLZ, W.: Diplomarbeit TU Dresden (1970)

[158] SCHÜGERL, K.: Fortschr. Ber. VDI Zeitschr. **7**, H. 8 (1968)

[159] SCHÜGERL, K.: Proc. Symp on Fluidization, Eindhoven, **732** (1967)

[160] SCHWARZ, H.: „*Einführung in die moderne Systemtheorie*", Vieweg u. Sohn, Braunschweig, 1969

[161] STEIN, H. W.: Dissertation TU Berlin (1966)

[162] Stolz, W.: „*Radioaktivität*", BSB B. G. Teubner Verlagsgesellschaft, Leipzig, 1975
[163] Strobel, H.: „Das Approximationsproblem der experimentellen Systemanalyse", msr 10, H. 12 (1967), msr 11, H. 1 u. 2 (1968)
[164] Taylor, G. I.: Proc. Roy. Soc. A **223**, 446 (1954)
[165] Taylor, G. I.: Proc. Roy. Soc. A **225**, 446 (1954)
[166] Taylor, G. I.: Proc. Roy. Soc. A **225**, 473 (1954)
[167] Taylor, H. H., Leonard, E. F.: Am. Inst. Chem. Eng. Journ. **11**, 686 (1965)
[168] Trealeaven, C. R., Tobgy, A. M.: Chem. Engng. Sci. **27**, 1497 (1972)
[169] Turner, J. C. R.: Chem. Engng. Sci. **26**, 549 (1971)
[170] Unbehauen, R.: „*Systemtheorie*", Akademie-Verlag, Berlin, 1970
[171] van Deemter, J. J.: Chem. Engng. Sci. **13**, 143 (1961)
[172] van der Laan, E. Th.: Chem. Engng. Sci. **7**, 187 (1958)
[173] van Krevelen, D. W.: Chem.-Ing.-Techn. **30**, 553 (1958); Chem.-Ing.-Techn. **34**, 728 (1962)
[174] Villermaux, J.: Chem. Engng. Sci. **29**, 1053 (1974)
[175] Villemaux, J., Devillon, J. C.: 5th. Europ. 2nd Intern. Symp. Chem. Reaction Eng., B-1-13, May 1972
[176] Villermaux, J., Zoulalian, A.: Chem. Engng. Sci. **24**, 151, 3 (1969)
[177] Walas, S. M.: "*Reaction Kinetics for Chemical Engineers*", McGraw-Hill Book Company Inc., New York, 1959
[178] Weinstein, H., Adler, R. J.: Chem. Engng. Sci. **22**, 65 (1967)
[179] Weissmantel, C., u. a.: „*Markierung durch radioaktive Nuklide*", in W. Hartmann: „*Meßverfahren unter Anwendung ionisierender Strahlung*", Akademische Verlagsgesellschaft Geest & Portig, Leipzig, 1969
[180] Wen, C. Y., Chung, S. F.: Can. Journ. Chem. Engng. **43**, 101 (1965)
[181] Werner, G. W.: Dissertation TH Ilmenau (1964)
[182] Wittmer, P., u. a.: „Zum dynamischen Verhalten von Polymerisationsreaktoren", Chem. Ing. Techn. **37**, H. 4 (1965)
[183] Wolf, D., Resnick, W.: Ind. Engng. Chem. Fundamentals **2**, 287 (1963)
[184] Wunsch, G.: „*Moderne Systemtheorie*", Akademische Verlagsgesellschaft Geest & Portig, Leipzig, 1962
[185] Zimpel, R., Vocke, H.: Kolloquiumsvortrag TU Dresden (1978)
[186] Zoulalian, A., Villermaux, J.: Advances in Chemistry Series, Number 133, Chemical Reaction Engineering — II, 348
[187] Zwietering, Th, N.: Chem. Engng. Sci. **11**, 1 (1959) 1

Bei Fragen zur Produktsicherheit wenden Sie sich bitte an:
If you have any questions regarding product safety,
please contact:

Walter de Gruyter GmbH
Genthiner Straße 13
10785 Berlin
productsafety@degruyterbrill.com